식품화학

정은자 · 김만수 · 강창수 공저

도서출판 진 로

머리말

우리나라는 고령 사회가 급속히 진행됨에 따라 식생활과 관련된 만성질환이 증가하고 있으며, 건강과 식생활에 대한 관심이 높아지고 있습니다. 또한 식품과 관련된 산업이 발달하여 다양하고 복잡한 형태의 식품이 계속 개발되고 있으며, 외식산업의 발달 및 국제화로 세계 각국의 음식점 및 다양한 형태의 식품점이 증가하고 있습니다. 따라서 식품을 선택 시 식품의 영양성분 및 가공 특성, 성분 변화와 성분 간의 반응, 신체적 기능과 관련된 여러 가지 기능성 성분 등 식품에 대한 올바른 이해의 중요성과 필요성이 강조되고 있습니다. 그러므로 식품의 구성성분에 대한 올바른 이해와 식품의 특성에 대해 전문적이고 충분한 지식을 갖는 것은 필수적이며 우리가 섭취할 식품에 대하여 여러 가지 관점에서 검토 하여야 합니다.

본서는 식품에 대한 올바른 지식을 전달하고 식생활의 변화와 관심에 부응하고자 식품을 구성하는 일반성분인 수분, 탄수화물, 지질, 단백질, 비타민, 무기질과 특수성분인 식품의 색, 식품의 맛, 식품의 냄새, 식품의 물성 등의 구조 및 특성 등 기초적인 화학적 본질에 대하여 서술하였습니다. 또한 이 들의 조리, 가공, 저장 중에 일어나는 여러 가지 변화와 특성 등에 대해 기술하여 식품화학의 지식과 요점 파악에 도움이 되도록 하였습니다.

따라서 본서는 전문대학이나 대학교에서 식품화학을 배우려는 대학생과 대학원생 및 이와 관련된 분야에서 활동하는 분들과 영양사, 조리사, 위생사, 식품기사 등 면허나 자격시험을 준비하는 학생들에게 도움이 되었으면 하는 바램에서, 그 동안 강단에서 강의하며 교육한 학습 자료와 출간된 여러 가지 국내외 문헌들을 참고하여 교재나 참고서로 활용할 수 있도록 저술하였습니다.

이 책의 부족하고 미비한 점이 많을 것으로 생각되며, 이점에 대하여 독자 여러분의 지도 편달을 부탁드립니다. 끝으로 이 책을 쓰는데 많은 도움을 주신 동료 교수님과 선후배님들, 출판에 정성과 격려를 아끼지 않으셨던 진로출판사 임종철 사장님과 편집부 직원들에게 감사를 드립니다.

2015. 4.

저자 일동

차례

제 1 장 서론

1절. 식품과 식품화학

1. 식생활과 건강

식생활은 인간의 건강하고 행복한 삶을 유지하기 위한 가장 중요한 기본 조건이며, 균형된 식생활은 현대인의 건강과 질병예방에 필수적인 생활습관이라고 알려져 있다. 따라서 건강지향적인 식생활이 삶을 풍요롭게 한다는 것을 인식하면서 식품에 대한 관심이 높아지고 있다.

인간은 매일 여러 가지 식품을 섭취하고 있으며 인류가 식용으로 하는 식품은 동물, 식물 등 생명체이다. 사람이 일상 섭취하고 있는 식품의 종류는 약 300여종이며, 구황식품을 포함하면 약 2,000여종 이상이나 된다. 이렇듯 다양한 식품을 섭취하는 것은 식품이 인간 생명의 원동력으로 생명을 영위하는데 필수적으로 필요하기 때문이다.

식품은 사람에게 필요한 영양소를 한 가지 이상 함유하는 유해하지 않은 천연식품, 반조리 식품 및 조리식품, 가공식품의 총칭이다. 식량은 처리나 가공하지 않으면 먹을 수 없는 벼나 밀을 말하며, 식품재료는 직접 섭취할 수 없는 원료상태인 쌀이나 밀가루를 말한다. 식물 또는 식이는 식재료를 적절히 처리하여 먹기 알맞게 만든 빵이나 밥 등을 말한다. 식픔과 식품재료는 엄격히 구별하기 어려우며 식품재료도 식품이라 할 수 있다.

2. 식품과학과 식품화학

식품과학은 다분야적 학문으로 식품의 생산에서 소비자가 섭취할 때까지의 전과정(수확 후 관리, 가공식품의 품질관리, 영양성, 기능성, 유통 상품성, 기호성 등)을 다루는 분야이다. 따라서 농학, 식품재료학, 식품가공학, 식품저장학, 생물학, 화학, 미생물학, 생화학, 영양학, 위생학, 독성학, 발효식품학, 공학, 의학, 조리과학, 효소학, 식품포장학, 기능성식품학, 식생활문화, 심리학, 경제학 등의 많은 학문분야와 연계하여 연구하고 발전하는 종합적인 학문이다.

식품화학은 식품과학의 범주에 속하는 핵심 학문분야로 식품의 구성성분의 화학구조와 성질, 기능성, 상호성 등과 식품의 취급, 조리, 가공, 저장, 유통 등 모든 과정 중에 일어나는 물리·화학적인 변화 현상을 연구하는 학문이다. 따라서 식품화학은 식품의 다양한 상태와 환경 조건을 바탕으로 식품 성분간의 상호반응과 가공조건에 따른 변화를 다룬다.

식품화학의 연구 분야는 식품 구성의 종류와 구조, 성질, 기능성과 안정성 등을 다루는 정적 식품화학과 식품 성분의 가공이나 저장 중의 식품 간의 상호반응, 전환, 생성 등과 물리화학적 특성 변화를 다루는 동적 식품화학으로 분류한다.

2절. 식품의 성분과 기능

식품에는 여러 가지 영양소가 함유되어 있으며 인간은 생명유지와 생명현상을 영위하기 위해 식품 속에 함유된 여러 가지 영양소를 공급 받아야 한다. 영양소란 영양유지를 위해 외부로부터 받아들이는 물질로 탄수화물, 단백질, 지질, 비타민, 무기질 등으로 그 작용에 따라 에너지를 공급하는 열량영양소, 신체 성분을 구성하는 구성영양소, 체내에서 일어나는 여러 가지 생리작용을 조절하는 조절영양소로 분류할 수 있다.

1. 식품의 구성성분

식품은 대부분 수분, 단백질, 지질, 당질과 미량의 무기질과 비타민류를 함유하고 있으며, 이들 각각의 성분은 성질이 다 다르고 식품의 조리과정에서 일어나는 현상에 대해 각각 크고 작은 영향을 미친다. 또한 식품에 따라 구성하는 성분의 종류와 함량에 차이가 크다. 식품의 성분은 일반성분과 특수성분으로 분류할 수 있으며 다음과 같다.

1) 식품의 일반성분

식품의 일반성분은 수분과 고형물로 크게 분류할 수 있으며, 고형물은 유기물과 무기물로 나뉜다. 무기물은 연소되지 않은 부분으로 회분 또는 무기질이라고 한다. 유기물은 탄소를 함유한 화합물로 단백질, 지질, 탄수화물(당류, 섬유소), 비타민 등으로 나뉜다. 따라서 식품의 일반성분이란 식품을 구성하는 기본 성분으로 수분, 탄수화물, 지질, 단백질, 비타민, 회분을 말한다.

2) 식품의 특수성분

식품의 특수성분이란 식품의 일반성분 이외의 색, 맛, 향을 내는 기호성분들과 식품 중에 들어있는 효소와 유독성분 등을 말한다.

2. 식품의 기능

식품에는 여러 가지 성분이 함유되어 있으며, 식품의 기능은 영양기능, 기호기능, 생체조절기능의 세가지 기능이 있다.

1) 영양기능

식품의 영양기능은 식품이 가지고 있는 1차 기능으로 생명유지기능이라고 하며 영양소 공급 기능을 말한다. 균형 잡힌 영양 섭취는 육체적, 정신적으로 정상적인 발달을 돕고 생명을 유지하는 기본적인 기능을 수행한다.

2) 기호적 기능

기호적 기능은 식품의 감각기능이라고도 하며 식품의 2차적 기능이다. 기호적 기능은 식품의 색, 맛, 냄새, texture 등으로 영양적으로 우수하더라도 기호를 충족시키지 못하면 식품의 가치가 저하된다. 따라서 기호적 기능은 식품 선택에 영향을 미치는 기능으로 식품의 관능적 특성을 말한다.

3) 생체조절기능

식품의 생체조절기능은 식품의 3차적 기능으로 1차 기능과 2차 기능 외에 건강과 관련된 기능을 말한다. 즉, 인체의 질병예방 및 노화억제, 면역력 증강 등 생리적 활성을 부여하여 사람의 건강과 장수 등에 영향을 미치는 기능이다. 최근 많은 관심이 집중되어 요즈음 식품에 함유된 생리기능 성분에 관한 과학적인 연구가 활발히 진행되고 있다.

3. 식품성분표

식품성분표는 식품에 함유된 여러 가지 영양성분인 식품의 일반성분과 미량성분의 함량을 수록한 책자를 말한다. 식품성분표에 기재내용은 각 식품의 가식부분(edible portion) 100g에 함유된 에너지(kcal), 수분(g), 단백질(g), 지질(g), 회분(g), 탄수화물(g), 식이섬유(g), 무기질(mg), 비타민(mg, ug)과 아미노산(mg), 지방산(g), 콜레스테롤(mg), 수용성 및 불용성 식이섬유(g), 미량성분의 함량 등이다.

우리나라 식품성분표는 농촌진흥청에서 1970년 처음 발간한 후 1981년부터 5년 주기로 개정되어 왔다. 현재는 제8개정판이 2011년에 농업과학기술원 농촌자원개발연구소에서 제1편과 제2편으로 발간되었다. 제1편은 2,757 종의 식품의 일반성분과 무기성분, 비타민이 수록되어있고, 제2편에는 각 식품의 아미노산, 지방산, 콜레스테롤, 식이섬유, 미량성분의 함량이 수록되어 있다. 식품성분표는 식생활의 지침서로 단체급식의 식단작성 및 식단평가, 국민건강영양조사의 평가, 국가 영양·건강 정책수립, 국가식량계획 수립, 식품의 품질평가, 영양교육 프로그램 등에 활용되고 있다.

제2장 식품과 수분

물은 인간과 모든 생명체의 생명유지에 필수적으로 필요한 성분이며, 식품의 구성 성분 중 가장 많은 비율을 차지하고 있다. 식품의 수분함량은 식품의 외관, 성질, 풍미 등에 영향을 미치며, 화학적, 미생물학적 부패의 원인이 되기도 한다. 식품에서 물은 물질의 이동과 화학반응을 진행시키고 식품의 형태 및 조직 유지와 구조 안정화 등에 영향을 미친다. 특히 물의 기능 중 용매의 역할은 가장 중요하며 식품 속에서 가용성 물질의 용매로 존재한다. 물의 형태는 고체, 액체, 기체의 세가지 형태로 존재할 수 있으며, 액체 상태의 물은 생물체에게 필요한 물리적 환경을 제공한다.

1절. 물 분자의 구조와 특성

1. 물 분자의 구조

물 분자는 1개의 산소원자에 2개의 수소원자가 공유결합을 하고 있으며 결합각은 104.5℃이다. 이 때 O-H 핵 간의 거리는 0.96Å이다. 원자가 화학결합을 할 때 전자를 끌어당기는 힘을 전기음성도라그 하는데, 물 분자에서 산소는 수소보다 전기음성도가 커서 산소 원자는 전자를 강하게 끌어당기고 있어 공유된 전자쌍이 산소원자 쪽으로 치우쳐 있어서 산소원자는 음전하(-)를 띠고, 2 개의 수소원자는 양전하(+)를 띠게 된다. 따라서 물 분자는 양극과 음극을 같이 가지고 있는 전기적 쌍극자이므로 물의 여러 가지 특징의 원인이 되고 있다. 물에 염류가 잘 녹는 것도 물 분자의 쌍극성(dipole) 대문이다.

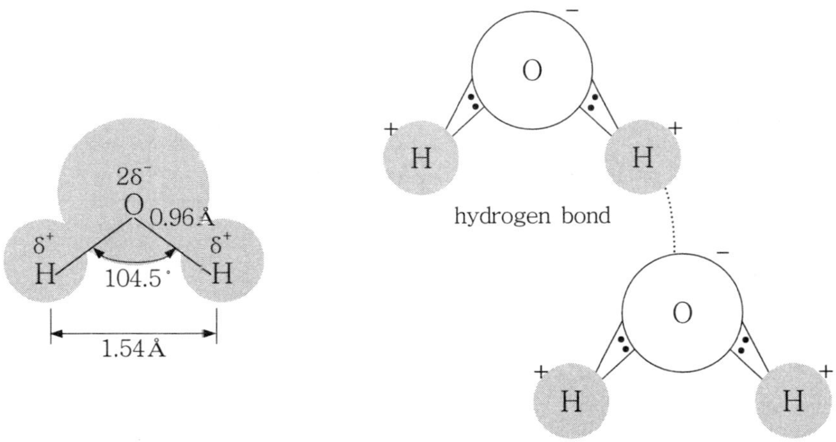

[그림 2-1] 물 분자의 구조와 물 분자 사이의 수소결합

또한 물 분자들은 서로 쉽게 이웃한 물 분자와 수많은 수소결합(hydrogen bond)을 통하여 클러스터(cluster)를 형성하면서 이로 인해 여러 가지 특이적 성질을 나타내게 된다.

2. 물 분자의 특성

물 분자는 하나의 산소원자와 두 개의 수소원자로 이루어져 있고 H_2O로 표시하며 분자량은 18이다. 물 분자는 양극성을 띠는 극성분자로 다른 물 분자와 수소결합에 의한 동적 cluster를 형성하므로 내부 응집력을 나타낸다. 따라서 이러한 수소결합의 성질로 분자량이 비슷한 다른 물질에 비해 끓는 점, 녹는 점, 기화열, 융해열 등이 높다.

[표 2-1] 물 분자와 분자량이 비슷한 화합물의 물리적 성질

	분자식	분자량	비점(℃)	융점(℃)
물	H_2O	18	100	0
암모니아	NH_3	17	-33	-78
메 탄	CH_4	16	-161	-184
불화수소	HF	20	19	-92

물의 극성은 용매로서의 특성에 영향을 미쳐 NaCl과 같은 이온화되는 이온성 화합물과 알코올과 같은 부분적 전하를 띠는 극성물질은 물에 녹는 경향을 나타낸다. 산소나 질소와 같은 전기적으로 음성인 원자를 함유한 알코올, 유기산, 아민 등의 유기분자는 이들 분자의 쌍극자와 물 분자의 쌍극자 사이의 인력으로 용해되는 경향을 나타내므로 친수성(hydrophillic)이다. 그러나 탄화수소, 일부 아미노산, 단백질과 같은 비극성 화합물은 용해도에 영향을 미치는 쌍극자 상호작용이나 이온과 쌍극자작용이 일어나지 않으므로 물에 녹지 않아 소수성(hydrophobic)이다.

물의 존재 상태는 온도와 압력의 영향을 받아 대기압 하에서 0~100℃에서는 액체로 존재한다. 물을 얼리면 부피가 감소하여 4℃에서 가장 작은 부피를 갖는다. 물은 0℃에서 얼게 되며 부피가 9% 증가하므로 물보다 얼음(0.88~0.92)이 비중이 낮아 물위에 뜨게 된다.

2절. 식품속의 수분의 형태

식품 중에 존재하는 수분은 결합수와 유리수의 두 가지 형태로 존재한다. 유리수(free water)는 자유수라고도 하며, 당류, 염류, 수용성 단백질, 수용성 비타민 등을 용해하는 용매로 작용하는 물이다. 결합수(bound water)는 수분이 식품 내에서 단순히 물로 존재하는 것이 아니라 식품을 구성하는 물질인 탄수화물이나 단백질 분자들과 결합하여 그 일부를 형성할 때 이런 상태의 물을 말한다.

식품 속에서 유리수와 결합수는 독립적으로 존재하는 것이 아니고 상황에 따라서 일부의 유리수가 결합수로 바뀔 수 있고, 일부의 결합수가 유리수로 바뀔 수 있다. 유리수와 결합수의 이동은 가역적이며 일정한 온도에서 평형상태에 있다. 그러나 그 평형은 온도와 물에 녹아있는 물질의 종류나 양 등이 그 평형에 영향을 미친다. 예를 들어 식품에 설탕을 넣으면 유리수의 일부가 설탕과 결합하여 유리수의 양이 감소한다.

1. 유리수(free water)

유리수는 이동이 자유로우며, 운동이 자유스러워 조직 내의 유기물로부터 간단히 분리될 수 있다. 또한 식품을 얼리면 등결하여 얼음의 결정을 형성하고, 식품을 건조시키면 증발하며, 미생물이 이용할 수 있는 상태의 물이다. 유리수는 식품 내에서 용매로 작용하는 보통 형태의 물로, 다음과 같이 보통의 물이 가지는 일반적인 성질을 가지고 있다.

1) 용매로 작용

물은 식품중의 여러 가지 성분 즉, 당류, 수용성 단백질, 수용성 비타민, 염류 등의 용매(solvent)로 작용하며, 전분이나 지질과 같은 불용성물질을 물속에 분산시켜 colloid 용액을 형성한다.

2) 비점과 융점이 높다.

물은 분자량은 비교적 작지만 분자량이 비슷한 다른 화합물에 비하여 비점(boiling point)과 융점(melting point)이 높다. 물은 극성물질로 분극한 물 분자들이 수많은 수소결합에 의해 결합되어 있어 분자운동이 저해된다. 따라서 물을 끓이거나 얼음을 녹이려면 많은 열을 필요로 한다.

3) 비열이 크다.

물 1g을 14.5℃에서 15.5℃ 올리는데 필요한 열량을 비열(specific heat)이라고 한다. 물의 비열은 1cal/g℃로 다른 용매에 비해 비열이 크다. 비열이 크다는 것은 가열이나 냉각 시 빨리 덥거나 차게 하기 어렵다는 의미로, 생물이 외계의 온도변화에 영향을 많이 받지 않고 생활할 수 있는 것은 물의 비열이 크기 때문이다.

4) 비중은 4℃에서 가장 크다.

물의 비중은 4℃에서 1로 가장 크다. 0℃에서는 0.917로 4℃에서 멀어질수록 비중은 1보다 작아진다. 따라서 얼음은 물보다 비중이 작기 때문에 물 위에 뜬다.

5) 표면장력이 크다.

표면장력(surface tention)은 액체의 표면에서 표면을 작게 하려고 작용하는 장력을 말한다. 물은 물 분자 사이의 수소결합이 크게 작용하므로 물의 표면에 있는 물 분자가 내부에 있는 물 분자에 끌려 물의 표면장력은 액체 중에서 가장 크다. 따라서 물은 모세관 현상에 의한 상승효과가 커서 식물이 위까지 물을 흡수할 수 있게 되는 원리이다.

6) 점성이 크다.

물은 물 분자 사이의 상호인력이 있기 때문에 다른 용매에 비해 점성이 크다. 따라서 물속에 있는 생물은 가까운 곳에서 일어나는 작은 기계적 교란에도 쉽게 동요되지 않는다.

2. 결합수(bound water)

결합수는 탄수화물이나 단백질 등 식품을 구성하는 성분들과 직·간접으로 결합하여 그 일부분을 형성하는 상태의 물로, 움직임이 자유스럽지 못하며, 보통 형태의 물과 달리 다음과 같은 특성을 가지고 있다.

1) 0℃ 이하의 낮은 온도에서 얼지 않는다.

결합수는 0℃에서는 물론 그보다 더 낮은 온도(-18~ -30℃)에서도 쉽게 얼지 않는다.

2) 용매로 작용하지 않는다.

결합수는 당류, 염류, 수용성 단백질, 수용성 비타민 등의 가용성 용질에 대하여 용매로 작용하지 않는다.

3) 100℃ 이상으로 가열하여도 제거 되지 않는다.

결합수의 수증기압이 보통 형태의 물보다 낮기 때문에 대기 중에서 100℃ 이상으로 가열하거나 건조해도 제거되지 않는다.

4) 식품에 압력을 가해도(압착)제거되지 않는다.

결합수는 동물이나 식물 조직에 큰 압력을 가하여 압착하여도 제거되지 않는다.

5) 미생물의 생육에 이용되지 못한다.

결합수는 미생물의 생육과 번식에 이용되는 유리수와 달리 미생물의 생육에 이용되지 못한다.

6) 보통의 물보다 밀도가 크다.

결합수는 유리수 보다 밀도가 크다.

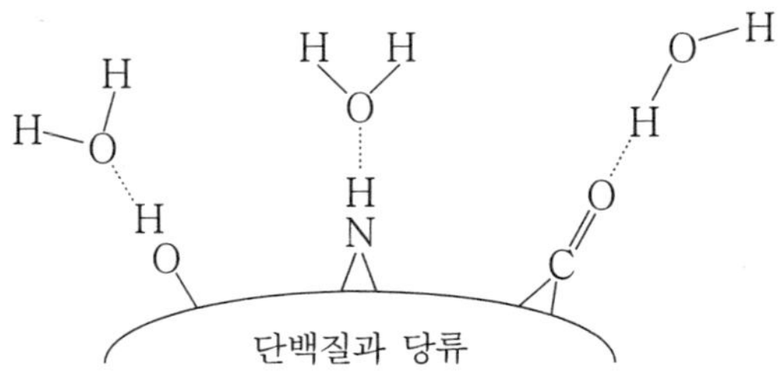

[그림 2-2] 물 분자와 식품성분과의 결합

3. 결합수의 측정

식품에 함유된 결합수의 측정방법에는 시차열분석법(differntial thermal analysis, DTA)과 핵자기공명(nuclear magnetic resonance, NMR)을 측정하는 기계를 사용하여 측정하는 방법 등이 있는데 핵자기공명을 이용하여 측정하는 방법이 널리 사용되고 있다. 이 방법은 물 분자 중의 수소원자를 측정하는 방법이다. 물과 같은 액체상의 성분에 존재하는 수소원자는 NMR 장치의 어떤 특정 주파수에서 예민한 공명현상을 일으키지만 얼음과 같은 고체상의 성분에 존재하는 수소원자는 예민하지 못하다. 따라서 결합수가 동결하지 않는 범위의 영하의 온도에서 유리수는 동결하여 얼음이 되고 결합수만 액체상으로 존재한다. 이 때 액체상(liquid phase)의 물의 수소원자를 NMR 장치를 통하여 측정하여 결합수의 양을 측정할 수 있다.

3절. 수분활성도

1. 수분활성도(water activity, Aw)

식품의 수분함량은 대기 중의 상대습도에 영향을 받아 시간이 흐르면 식품 중의 수분과 대기 중의 수분 사이에 변동이 일어나 대기 중의 수분과 평형상태에 이르게 된다. 또한 실제로 미생물의 생육과 번식에 영향을 주는 식품의 수분함량은 미생물이 실제로 이용가능한 수분량이며, 전체 식품의 수분함량이 아니다. 식품의 반응성이나 저장성은 식품의 퍼센트 수분함량이 아닌 대기 중 상대습도를 고려한 수분활성도의 영향을 받는다. 따라서 식품의 수분활성도(water activity, Aw)라는 개념을 사용하는 것이 바람직하다.

수분활성도(Aw)는 어느 한 식품이 어떤 임의의 온도에서 그 식품이 나타내는 수증기압(P)에 대한 순수한 물의 수증기압(P_0)의 비로 정의되며 다음과 같다.

$$Aw = \frac{P(\text{식품의 수증기압})}{P_0(\text{순수한 물의 수증기압})}$$

식품 속에 들어있는 물에는 영양성분이 용해되어 있으므로 순수한 물보다 수증기압이 낮아 식품의 수분활성은 항상 1보다 작은 값을 나타낸다($Aw<1$).

즉, 식품 중의 결합수가 많을수록 식품의 수증기압은 낮아지고, 결국 수분활성도가 낮아져 미생물 번식이 어려워진다.

수분활성도는 평형상대습도(equilibrium relative humidity, ERH)와 관계가 있다. 평형상대습도란 식품을 공기 중에 방치했을 때 공기 중의 상대습도에 따라 흡습이나 건조가 진행되다가 공기 중의 수증기압과 식품 중의 수증기압이 평형에 이르면 중지하는데 이때의 상대습도를 말한다. 상대습도(relative humidity, RH)는 실질적으로 식품의 수분활성도의 정의와 같으며, 상대습도는 바로 그 상대습도와 평형을 이루고 있는 식품의 수분활성도의 100배와 같으므로 다음과 같이 나타낼 수 있다.

$$평형상대습도(ERH) = \frac{P}{P_0} \times 100 = Aw \times 100$$

2. 용질의 종류 및 농도와 수분활성도

식품의 수증기압은 그 식품 속에 용해되어 있는 용질의 종류와 양에 따라 영향을 받으므로 그 값이 식품마다 다르다. 따라서 식품의 수분활성도는 물의 몰수(mole number)를 Mw, 물에 녹아 있는 용질의 몰수를 Ms라고 했을 때 다음과 같이 표시할 수 있다.

$$Aw = \frac{Mw(물의\ 몰수)}{Mw(물의\ 몰수) + Ms(용질의\ 몰수)}$$

몰수는 함량(농도)/분자량이므로 용질의 농도가 높거나 분자량이 작은 것이 수분활성을 낮추는데 효과적이다. 수분활성도 산출의 예를 들어보면 15%의 수분과 10%의 소금을 함유하고 있는 어느 식품의 경우의 수분활성도는 다음과 같은 식에 의해 0.83이 된다.

$$Aw = \frac{\frac{15}{18}}{\frac{15}{18} + \frac{10}{58.5}}$$

또한 수분 25%와 설탕 20%를 함유한 식품의 수분활성도는 다음과 같이 0.96이 된다.

$$Aw = \frac{\frac{25}{18}}{\frac{25}{18} + \frac{20}{342}}$$

한 예를 더 들어보면 수분 25%와 포도당 20%를 함유한 식품의 수분활성도는 다음과 같이 0.926이 된다.

$$Aw = \frac{\frac{25}{18}}{\frac{25}{18} + \frac{20}{180}}$$

따라서 포도당이 설탕보다 수분활성도를 더 감소시키며, 분자량이 작은 것이 수분활성도의 저하 효과가 크다는 것을 알 수 있다.

3. 식품의 수분함량과 수분활성도

식품의 수분함량이 높아 60% 이상이면 수분활성도는 0.97 이상으로 높다. 그러나 그 수치의 차이는 거의 없다. 그러나 식품의 수분함량이 60% 이하로 낮아지면 수분활성도도 크게 낮아지며, 그 수치의 차이가 커진다.

수분함량이 적은 곡류나 두류(13~15%)의 수분활성도는 0.60~0.64 정도이고, 과일이나 채소, 어패류(60~90%)와 같이 수분함량이 많은 식품의 수분활성도는 0.97~0.99의 값을 나타낸다. 수분활성도가 높으면 미생물의 번식으로 식품저장이 어려워지며 식품저장에 적당한 수분활성도는 0.70~0.75 정도이다.

[표 2-2] 식품의 수분함량과 수분활성도

식 품	수분함량(%)	수분활성도(Aw)
과 일	93~97	0.97
채 소	90~93	0.97
주스류	90~93	0.97
달 걀	72~78	0.97
육 류	65~70	0.97
건조과일	18~22	0.72~0.8
꿀	18~18	0.75
젤 리	13	0.64~0.69
국 수	12	0.5
크래커	8~10	0.1

4. 중간수분식품

식품의 보존성을 높이려면 수분활성도를 낮추어 주어야 한다. 그 방법으로는 식품을 건조시켜 자유수의 양을 감소시키는 방법, 용질을 첨가하여 결합수의 양을 높여주는 방법, 냉동으로 자유수를 동결시키는 방법 등이 있다. 이러한 방법으로 수분활성도를 미생물의 생육을 억제할 수 있는 수준까지 낮추어 주면 저장성을 높일 수 있다. 이러한 식품을 중간수분식품(intermediate moisture food, IMF)이라고 하며 수분활성도가 0.65~0.85, 수분함량은 20%~40% 정도의 범위인 식품을 말한다. 중간수분식품은 수분활성도를 미생물의 생육을 억제할 수 있는 수준으로 낮추고, 고유의 조직감은 그대로 살린 식품이다, 따라서 중간수분식품은 냉장이나 냉동을 하지 않고 비교적 오랫동안 보존할 수 있고, 다른 과정 없이 바로 먹을 수 있는 식품으로 jam, jelly, 건조과일, 양갱, 훈제품, 가다랭이포, 말린 생선, 곶감, 육포 등이 이에 속한다.

그러나 지질의 산화와 비효소적 갈변반응의 수분활성도는 이 범위에서 최대치를 나타내므로 주의하여야 한다.

4절. 등온흡(탈)습곡선

1. 등온흡습곡선과 탈습곡선

식품 중의 수분함량은 대기 중의 수분함량에 영향을 받으며, 식품을 일정한 온도와 각종 상대습도에 두면 식품의 수분은 대기 중의 상대습도와 평형에 이르게 되며, 이때의 수분함량을 평형수분함량(equilibrium moisture content, EMC)이라고 한다. 따라서 식품이 일정한 온도에서 대기 중의 수분을 흡수하여 평형수분함량에 도달하는 곡선을 등온흡습곡선(moisture adsorption isotherm), 수분을 방출하여 얻어지는 곡선을 등온탈습곡선(moisture desorption isotherm)이라고 하며, 대부분 2개의 굴곡점을 갖는 역 S자형의 곡선(sigmoid curve)을 나타낸다.

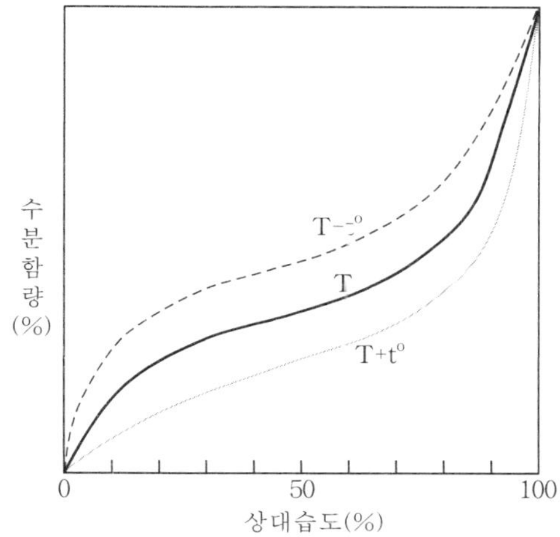

[그림 2-3] 등온흡습곡선과 탈습곡선에 미치는 온도의 영향

등온흡습곡선의 경사(slope)와 굴곡점(point of inflection)은 그 식품의 수분과 각 성분들과의 결합력(water binding capacity)이나, 유리수와 결합수의 상대적인 양과 비율을 나타내 준다. 일정한 상대습도와 온도에서 식품의 평형수분함량은 식품의 성질에 따라 영향을 받으므로 각 식품의 등온흡습곡선의 형태는 다양하게 다르다.

등온흡습곡선과 등온탈습곡선은 온도에 따라 달라진다(그림 2-3). 온도가 높아질수록 일정한 상대습도에 대응하는 수분함량은 적어지고, 온도가 낮아질수록 일정한 상대습도에 대응하는 수분함량은 커진다.

2. 히스테리시스(hysterisis) 현상

대부분의 식품에서 흡습(adsorption) 과정과 탈습(desorption) 과정은 가역적이지 않다. 따라서 등온흡습곡선과 등온탈습곡선의 이러한 불일치 현상을 히스테리시스 현상(hysteresis effect), 또는 이력현상이라고 한다. 히스테리시스 현상은 같은 수분활성도에서 탈습시가 흡습 시 보다 수분함량이 더 많게 되는 현상을 말하며, 이 효과는 등온곡선의 굴곡점에서 가장 크다. 이는 건조식품이 흡습할 때 보다 습기에 찬 식품이 탈습할 때 같은 수분활성도에서의 수분함량이 더 많게 되는 현상으로 건조식품의 제조나 저장에 영향을 미친다.

예를 들면, 식품보존을 위하여 탈습곡선에 따라 최적수분함량(M)으로 건조시키는 과정에서 잘못되어 M_1까지 건조되면, 수분함량은 Ⅰ영역에 있게 되어 식품의 품질변화가 일어나게 되므로 수분함량을 M_2까지 증가시킬 필요가 있다(그림 2-4). 이때 흡습곡선에 따라 수분함량을 M_2까지 증가시킬 경우, 히스테리시스현상에 의해 식품의 수분함량은 Ⅱ영역이 아닌 Ⅲ영역에 있게 되어 미생물에 의한 변질이 일어날 수 있다. 따라서 건조식품에 수분을 재 흡수시킬 때는 흡습곡선에 따라 가장 안정성이 큰 수분함량을 구해야 한다.

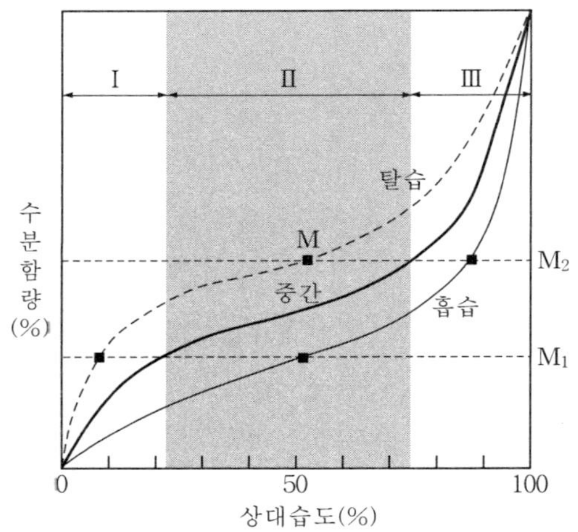

[그림 2-4] 히스테리시스 현상을 나타내는 등온흡(탈)습곡선

히스테리시스의 원인은 식품표면의 모세관 튜브 내의 수분이 탈습 시 나간만큼 흡습되지 못하기 때문에 일어나는 현상이다. 이는 모세관 튜브 입구의 수축으로 전량이 다 흡수되지 못하기 때문에 수분의 가역적 흡수가 불가능하므로 탈습 시의 수분함량이 더 크게 되는 현상이다.

히스테리시스 현상은 식품의 종류에 따라 약간씩 차이가 있으며, 온도 상승 시에는 흡습·탈습 곡선간의 히스테리시스 정도가 감소한다. 또한 식품을 오래 저장하면 흡습능력이 떨어지므로 히스테리시스 정도가 커진다.

3. 등온흡(탈)습곡선의 구분과 각 영역별 성질

식품의 등온흡습곡선은 상대습도의 정도에 따라 단분자층 영역, 다분자층 영역, 모세관 응축 영역의 3경역으로 나뉜다. Ⅰ영역은 수분함량이 매우 적은 곡선

부분으로 식품 중의 물 분자가 단분자층을 이루는 영역(monomolecular layer region)이고, II영역은 상대습도의 증가에 따라 수분함량이 증가하여 식품속의 물 분자가 다분자층을 형성하는 영역(multimolecular layer region)이다. III영역은 식품 속의 수분이 여러 성분들의 용매로 작용하는 모세관 응축 영역(capillary condensation region)이며 이 세 가지 영역의 특징은 다음과 같다.

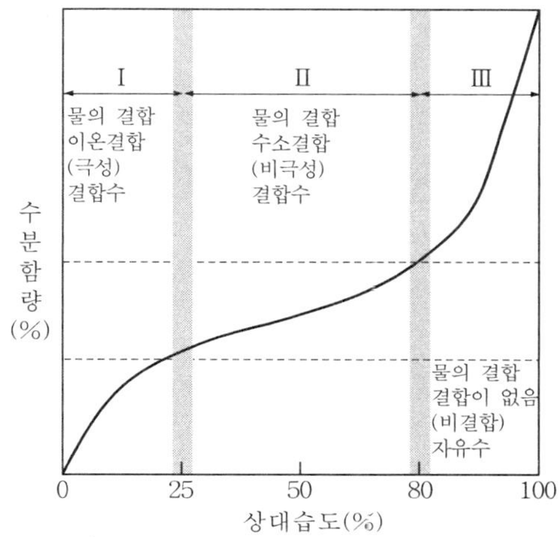

[그림 2-5] 등온흡(탈)습곡선의 각 영역의 성질

1) 제1형 영역(I)

등온흡습곡선의 I영역은 수분이 대단히 적은 곡선 부분으로 식품 중의 수분이 식품성분 중의 amino기나 carboxyl기와 같은 이온기와 단단히 이온결합을 형성하여 결합수로 존재하는 영역이다. I영역은 제1굴곡점까지로 식품 중의 물 분자들이 단분자층(monomolecular layer)을 형성하며 용매로서의 가치가 거의 없어 고형분의 일부처럼 존재한다. 이 영역은 식품의 수분함량이 5~10%에 해당되는 것으로, 식품 중의 평형수분함량이 BET(Brunauer-Emmett-Teller) 단분자층 형성 수분함량이나 그보다 낮은 수분함량을 가진 영역이다. BET point는 식품마다 조금씩 차이가 있으나 대개 0.3~0.4 정도에서 형성하며, 이론적으로 물 분자들로 완전하게 덮여있는 상태로 지방의 산패가 최소로 일어나는 영역이다.

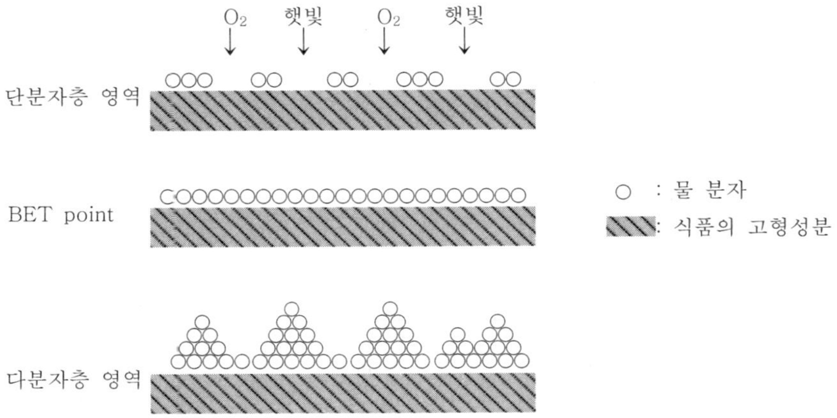

[그림 2-6] 각 영역에서의 식품 중의 물 분자의 구성분포

2) 제2형 영역(Ⅱ)

Ⅱ영역은 상대습도의 증가에 따라 수분 함량이 증가하여 식품 중의 물 분자가 이온결합을 하는 단분자층과는 달리 물 분자 사이나, 용질 분자와 주로 수소결합에 의해 결합되어 있다. 즉 비극성 결합을 이루어 결합수 형태로 존재하여 다분자층(multimolecular layer)을 형성하는 영역이다. 이 영역에서는 다분자층을 이루고 있는 물 분자들이 식품 중의 성분이 공기에 노출되는 것을 막아주므로 건조식품의 경우 저장성과 안정성이 가장 좋은 최적의 수분함량을 나타내는 영역이다. 지방함량이 많은 식품에서는 산화촉진제 역할을 하는 금속이온의 이동이 가능한 영역으로 수분활성도가 증가할수록 산패가 활발하게 진행된다.

3) 제3형 영역(Ⅲ)

Ⅲ영역은 식품의 평형수분 함량이 다분자층 형성 수분함량 보다 많아 식품의 다공질구조 특히 모세관에 수분이 자유롭게 응결하는 영역이다. 이 영역은 물 분자가 결합되어 있지 않고 자유로이 이동하는 유리수 형태로 존재하는 영역으로 식품 중의 수분이 식품성분에 대해 용매로 작용하는 영역이다. 또한 식품의 품질 저하를 가져오는 효소에 의한 반응이 촉진되고, 화학반응 및 미생물의 증식도 일어나는 영역으로, 식품 중 대부분의 물이 여기에 속한다. 과일과 채소의 대부분이 이 영역에 속해 있으므로 쉽게 변질될 가능성이 높다.

5절. 수분활성도와 식품의 저장성

식품의 수분활성도는 효소작용, 화학반응, 미생물의 생육 및 번식에 영향을 미치므로 식품의 안전성과 매우 밀접한 관계를 가지고 있다. 그림 2-7은 식품의 등온흡습곡선의 각 영역에서 일어날 수 있는 여러 가지 과정을 나타내고 있다. 즉 식품의 수분활성도는 식품의 품질에 영향을 줄 수 있는 효소반응, 화학반응, 미생물의 생육 등과 관계가 있어 식품의 저장성에 영향을 미친다.

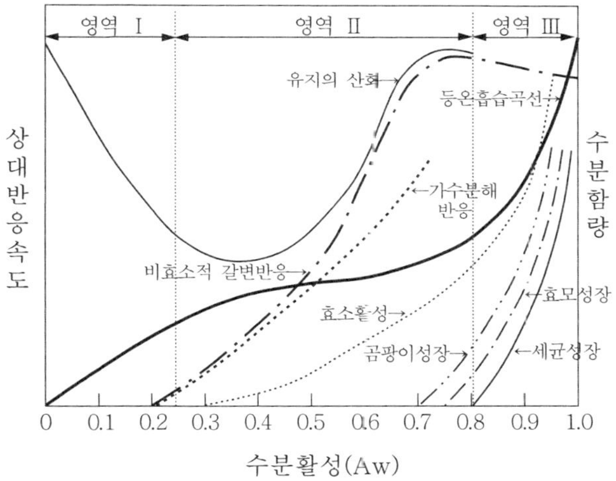

[그림 2-7] 식품의 수분활성도와 여러 변화의 상대적 속도(20℃)

1. 미생물의 생장과 수분활성도

미생물의 생육과 번식에는 수분이 필요하다. 따라서 수분활성도는 미생물의 생장과 번식에 많은 영향을 미친다. 미생물이 자랄 수 있는 수분활성도를 보면 세균의 경우는 0.90~0.94 이상으로 0.9 이하에서는 생육할 수 없다. 또한 효모의 경우는 0.88 이상, 곰팡이는 0.8 이상이다. 내건성곰팡이는 0.65 이상, 내삼투압성 효모는 0.6 이상에서 생육할 수 있다. 따라서 수분활성도가 큰 식품일수록 미생물이 번식하기 쉽고 저장성도 떨어지며, 그림 2-7에 나타난 바와 같이 미생물은 어떤 제한수분활성도(limiting water activity) 이하에서는 생장활동이 완전히 억제되는 것을 볼 수 있다.

2. 효소작용과 수분활성도

수분활성도는 효소 작용에도 영향을 미쳐 효소의 작용 속도 및 최종 활성 단계에도 영향을 미친다. 일반적으로 수분활성도가 높을 때가 낮을 때보다 효소작용이 활발하다. 특히 가수분해 효소의 경우 용매로 물 분자가 필요하므로 최종 가수분해 정도는 수분활성도에 따라 달라진다. 대부분의 효소의 경우 수분활성도가 0.85 이하일 때 불활성화 되는데 amylase, peroxidase, phenol oxidase 등이 이에 속한다. 수분활성이 낮을 때 이렇게 효소 작용이 억제되거나 정지되는 것은 이러한 환경에서 기질의 이동이 용이하지 못하여 효소 작용이 억제되기 때문이다. 그러나 lipase는 0.1~0.3의 수분활성도 범위에서도 효소의 활성을 나타낸다.

3. 유지의 산화반응과 수분활성도

유지의 산화반응은 수분활성도에 따라 반응속도가 달라진다. 제1영역에서 단분자층 수분함량보다 낮은 범위에서는 산화속도가 증가하고, 수분활성도가 증가함에 따라 반응속도가 낮아져 0.3~0.4에서 가장 낮다. 이는 물의 단분자층이 지방질의 산화를 방지하는 작용을 하기 때문이다. 그러나 다시 이보다 수분활성도가 커질수록 반응속도가 증가하다가 일정수준 이상에서는 산화속도가 거의 변화하지 않는 것으로 나타났다.

4. 비효소적 갈변반응과 수분활성도

비효소적 갈변반응의 하나인 maillard 반응은 수분활성도가 낮은 단분자층 형성 영역에서는 낮은 반응속도를 보이다가 수분활성도의 증가와 함께 반응속도가 증가하여 0.6~0.7에서 최대에 도달하였다가 0.8 이상에서는 반응속도가 감소하는 현상을 보여주고 있다. 이러한 높은 수분활성도에서 반응속도가 낮아지는 이유는 반응물질의 희석효과(dilution effect) 때문인 것으로 보이며, 낮은 수분활성도에서 반응속도가 저하되는 것은 용매로서의 물이 존재하지 않아 반응물질(reactants)의 이동이 불가능하기 때문인 것으로 설명된다.

제3장 탄수화물

탄수화물(carbohydrates)은 자연계에 널리 분포되어 있으며 식물체의 주성분이다. 또한 식물체의 저장물질이나 구조를 이루는 성분이며 에너지원으로 중요하다. 탄수화물은 C, H, O의 세 종류 원소로 구성된 화합물로, 일반적인 분자식은 $C_n(H_2O)_m$이다. 그러나 일반식에 부합되지 않는 rhamnose($C_6H_{12}O_5$)나 deoxy-ribose($C_5H_{10}O_4$)와 같은 탄수화물도 있으며, C, H, O 이외에 N이나 S를 함유하고 있는 glucosamine이나 chondroitin sulfate와 같은 탄수화물도 있다. 따라서 탄수화물은 화학적으로 분자 내에 한 개의 aldehyde(-CHO)기나 ketone(-C=O)기를 가지고 있으며, 두 개 이상의 수산기(-OH)를 가지고 있는 polyhydroxy화합물과 이들의 축합물 또는 유도체들이라고 정의 할 수 있다. 탄수화물은 가수분해로 생성되는 당분자의 수에 따라 단당류, 소당류, 다당류로 분류된다.

1절. 탄수화물의 분류

탄수화물은 가수분해에 의해 생성되는 당분자의 수에 따라 한 개의 당으로 된 단당류(monosacchrides)와 2~10개의 당으로 구성된 소당류(oligosaccharides), 그 이상의 당으로 구성된 다당류(polysaccharides)로 분류한다.

단당류는 더 이상 가수분해 되지 않는 당류로 가장 간단한 구성단위이며, 탄소 수에 따라 3탄당, 4탄당, 5탄당, 6탄당 등으로 분류된다. 소당류는 2개~수개의 단당류가 결합된 당으로 구성 단당류의 수에 따라 이당류(disaccharides), 삼당류(trisaccharides), 사당류(tetrasaccharides) 등으로 구분한다. 다당류는 다수의 단당류가 축합된 분자량이 큰 탄수화물이며, 한 가지 단당류로만 구성된 단순다당류(simple polysaccharides)와 두가지 이상의 단당류들로 구성된 복합다당류(conjugated polysaccharides)로 분류된다.

자연계에 존재하는 탄수화물을 분류하면 다음과 같다.

[표 3-1] 탄수화물의 분류

단당류 (monosaccharides)	삼탄당(triose) : glyceraldehyde, dihydroxyacetone
	사탄당(tetrose) : erythrose, threose
	오탄당(pentose) : xylose, ribose, arabinose
	육탄당(hexose) : glucose, fructose, galactose, mannose
소당류 (oligosaccharides)	이당류(disaccharides) : sucrose, lactose, maltose, trehalose
	삼당류(trisaccharides) : raffinose, gentianose
	사당류(tetrasaccharides) : stachyose
	5~8당류
다당류 (polysaccharides)	단순다당류(simple polysaccharides) : starch, inulin, dextrin, cellulose, glycogen
	복합다당류(conjugated polysaccharides) : hemicellulose, pectin, alginic acid

2절. 단당류(monosaccharide)

단당류는 가장 단순한 탄수화물로 더 간단한 화합물로 가수분해될 수 없는 탄수화물로 탄소 수에 따라 분류(3탄당, 4탄당, 5탄당, 6탄당)한다.

3탄당과 4탄당은 유리상태로 존재하지 않으며 식품에 들어있는 중요한 단당류는 5탄당과 6탄당으로 화학기의 위치에 따라 단맛, 용해도 등의 차이가 있다.

단당류는 두 개 이상의 수산기(-OH)와 한 개의 aldehyde기나 ketone기를 가지고 있는 polyhydroxy aldehyde, polyhydroxy ketone이다. aldehyde기를 가지고 있는 당을 aldose, ketone기를 가지고 있는 당을 ketose라고 한다. 따라서 aldehyde기를 갖는 5탄당을 aldopentose, ketone기를 갖는 6탄당을 ketohexose라고 한다. 가장 간단한 aldose는 glyceraldehyde이고, 가장 간단한 ketose는 dihydroxyacetone이다.

aldose	ketose
CH=O	CH_2OH
|	|
CHOH	C=O
|	|
CH_2OH	CH_2OH
glyceraldehyde	dihydroxyacetone

[그림 3-1] Glyceraldehyde와 dihydroxyacetone

1. 단당류의 광학 이성체(optical isomer)

당 용액에 편광을 통과시키면 편광면을 회전시키는데 이와 같이 편광면을 회전시키는 능력이 있는 물질을 광학 활성체(cptical active substance)라고 한다. 이렇게 편광면을 회전시키는 성질을 선광성이라고 하며, 편광을 회전시키는 정도를 선광도(optical rotation)라고 한다. 이 때, 회전시키는 회전방향이 오른쪽이면 우선성(dextrorotatory)으로 (+)를, 왼쪽이면 좌선성(levorotatory)으로 (-)를 당의 이름 앞에 붙여 표시한다. 이와 같이 우선체나 좌선체처럼 물리적·화학적 성질은 같으면서 편광면을 회전시키는 방향이 다른 이성체를 광학 이성체(optical isomer)라고 한다.

광학적 선광도는 polarimeter로 측정하며 당류의 선광도를 나타낼 때는 비선광도(specific rotation)의 값을 사용한다. 비선광도는 100g의 광학 활성물질을 100ml의 용액에 용해시켜 측정관에 넣고 나트륨(Na) 방전관에서 나오는 편광(D선)을 사용하여 20℃에서 측정하며 계산식은 다음과 같다.

$$[\alpha]_D^{20} = \frac{100 \times \text{측정한 선광도}(\alpha)}{\text{sample cell의 길이(dm)} \times \text{광학활성화합물의 농도(c, g/mL)}}$$

이 때 측정된 회전각도($[\alpha]_D^{20}$)는 광학활성화합물의 농도(c, g/mL), sample cell의 길이(L, cm), 측정에 사용된 빛(sodium D광)의 파장과 온도(t, ℃)에 비례한다. 선광도는 여러 요인에 의해 달라지므로 일정한 조건에서 측정하여야 한다.

광학적 이성체는 그 분자 중의 1개 이상의 부제탄소(asymmetric carbon)의 존재에 기인하는데, 부제탄소란 서로 다른 4개의 원자나 원자단이 결합되어 있는 탄소를 말하며, 부제탄소 수가 n개이면 가능한 입체이성체의 수는 2^n개(Van't Hoff 법칙)이다. 부제탄소는 비대칭 탄소원자라고도 하며 분자 중에 이와 같은 부제탄소가 존재하면 결합되어 있는 원자와 원자단의 입체적 배치만 다르고 구성 원자와 결합의 종류가 같은 입체 이성체가 생기며 이들은 광학적으로 활성을 갖는다. 따라서 이성체란 분자식은 같으나 서로 다른 입체구조를 가진 당을 말하며, 천연으로 존재하는 단당류는 한 개 이상의 부제탄소를 가지고 있다. 삼탄당의 하나인 glyceraldehyde는 한 개의 부제탄소원자를 가지고 있으므로 다음과 같이 두 개의 이성체가 생긴다.

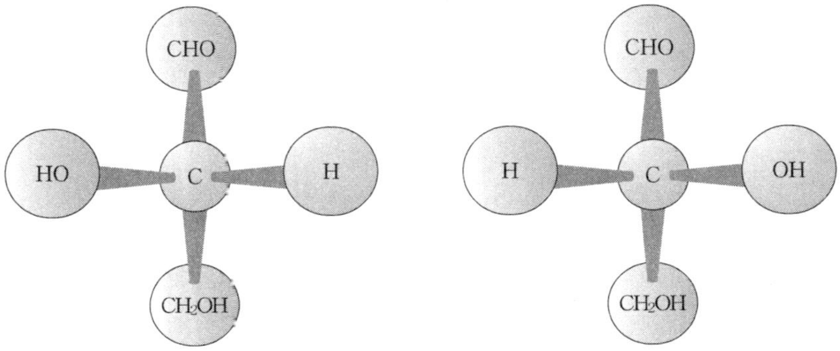

L-glyceraldehyde　　　　D-glyceraldehye

* 는 부제탄소원자　　　　* 는 부제탄소원자

[그림 3-2] Glyceraldehyde의 입체이성체

따라서 부제탄소원자와 결합한 -OH기가 우측에 있는 당을 D-형, 좌측에 있는 당을 L-형이라고 한다. 부제탄소원자가 증가함에 따라 이성체의 수가 증가하며, 여러 개일 경우에는 가장 큰 번호의 부제탄소(1번 탄소에서 가장 멀리 있는 탄소)에 결합한 -OH기의 위치가 오른 쪽이면 D형, 왼쪽이면 L형이라고 한다. 이렇게 부제탄소를 가진 거울상의 입체이성체(D와 L)를 enantiomer라고 한다. 부제탄소원자가 여러 개일 경우, 한개의 부제탄소원자에서만 원자단이 다르게 배치되어 있는 2개의 당을 epimer라고 한다. D-glucose와 D-mannaose, D-glucose와 D-galactose는 epimer 관계에 있다. D-glucose와 D-galactose는 4번 탄소의 OH기의 위치만 다르므로 epimer이다. 단당류의 D와 L은 실제의 선광 방향과

관계가 있는 것이 아니고 입체배열을 나타내는 부호이다. 따라서 D와 L은 입체이성체이며, 실제 당의 선광성을 나타내려면 D나 L 기호 다음에 (+), 혹은 (-)를 넣어 D(+)-glucose, D(-)-fructose 등으로 표시한다.

2. 단당류의 화학구조

1) 쇄상구조

단당류는 쇄상구조(open chain formula)와 환상구조(cyclic structure)로 존재한다. 쇄상구조는 사슬구조라고도 하며, aldose는 어미에 -ose를, ketose는 -ulose를 붙여서 명명한다. D형의 aldose계열과 ketose계열의 쇄상구조를 독일의 유기화학자 E. Fischer가 제시한 Fischer식에 따라 표시하여 그림 3-3과 그림 3-4에 나타내었다.

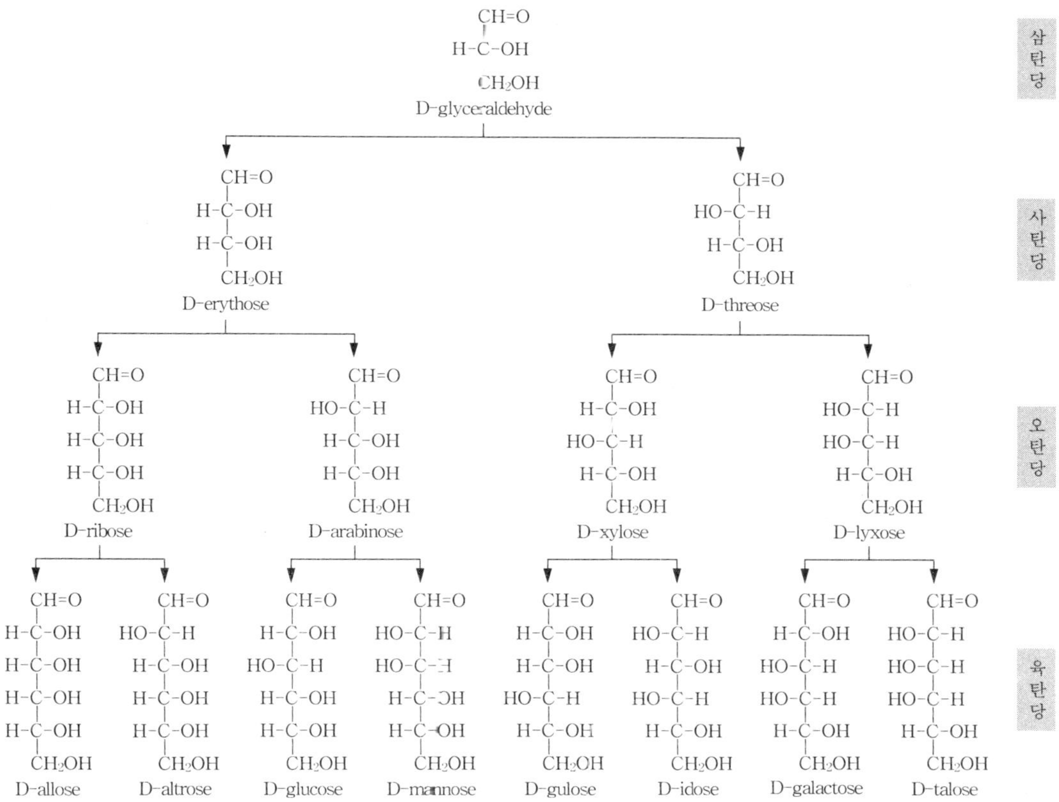

[그림 3-3] D-aldose계열 당의 구조

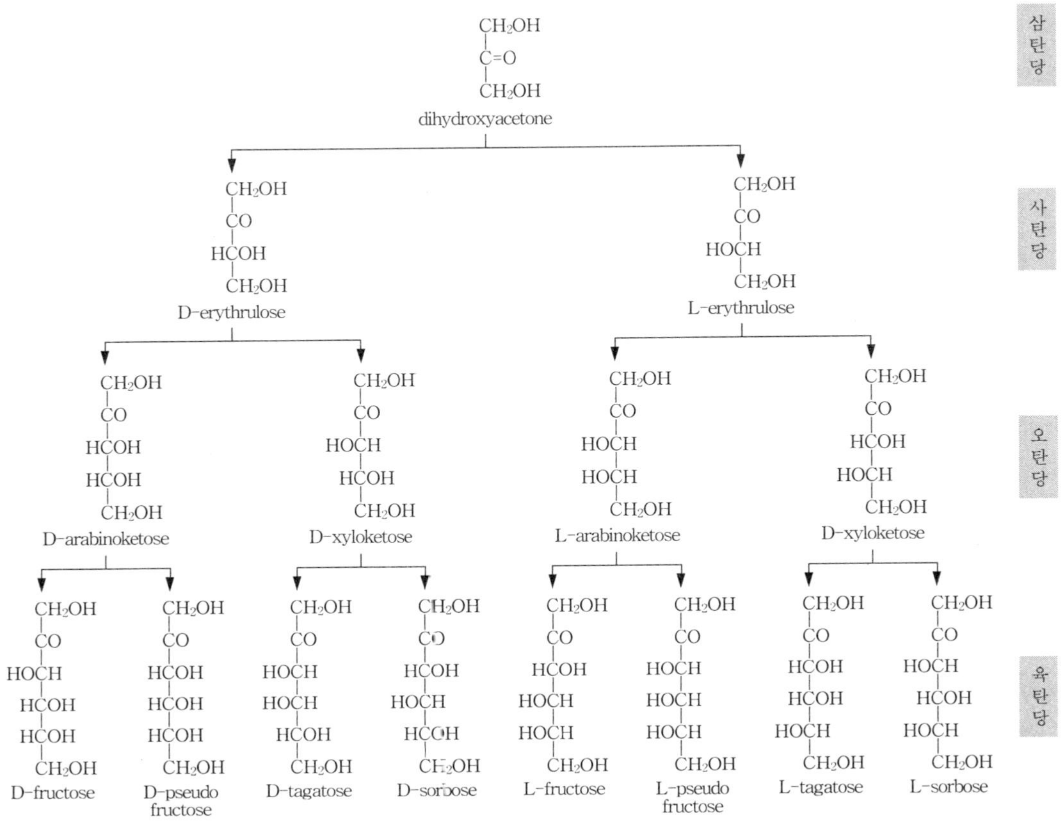

[그림 3-4] Ketose계열 당의 구조

2) 환상구조

단당류는 분자 내에 aldehyde기 또는 ketone기와 alcohol기를 함께 가지고 있다. 따라서 aldehyde기 또는 ketone기가 2번 탄소 이하의 alcohol기와 축합 반응으로 hemiacetal을 형성하여 환상구조를 이룬다. 이 반응은 가역적으로 진행된다.

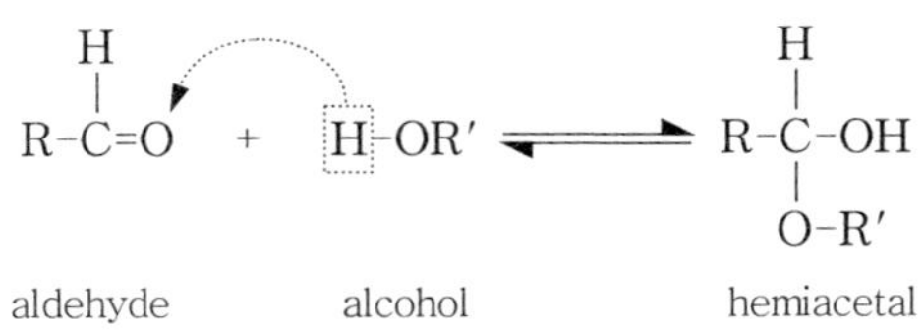

단당류가 이러한 고리구조를 가지면 aldehyde기나 ketone기는 새로운 -OH기를 형성하는데 이를 hemiacetal OH기, 또는 glycosidic OH기라고 한다. 이 구조에서 C_1은 hemiacetal 탄소로 아노머 탄소(anomeric carbon)라고 하며, 부제탄소가 되므로 이 탄소원자의 입체배치에 따라 이성체가 생긴다. 이 때 hemiacetal OH기가 그 당의 D와 L을 결정하는 부제탄소원자의 OH기와 같은 방향에 있을 때 α형, 반대 방향에 있을 때 β형이라고 한다. 이 α와 β의 이성체를 anomer라고 하며, 일반적으로 당의 수용액에서 α, β의 두 가지 형이 평형을 이루고 있다.

Anomer를 Haworth 투영식으로 나타낼 때 C_1의 OH기가 고리 아래에 있으면 α-이성체, 위에 있으면 β-이성체이다. D-glucose의 경우 각각 α-D-glucopyranose, β-D-glucopyranose라고 부른다(그림 3-6).

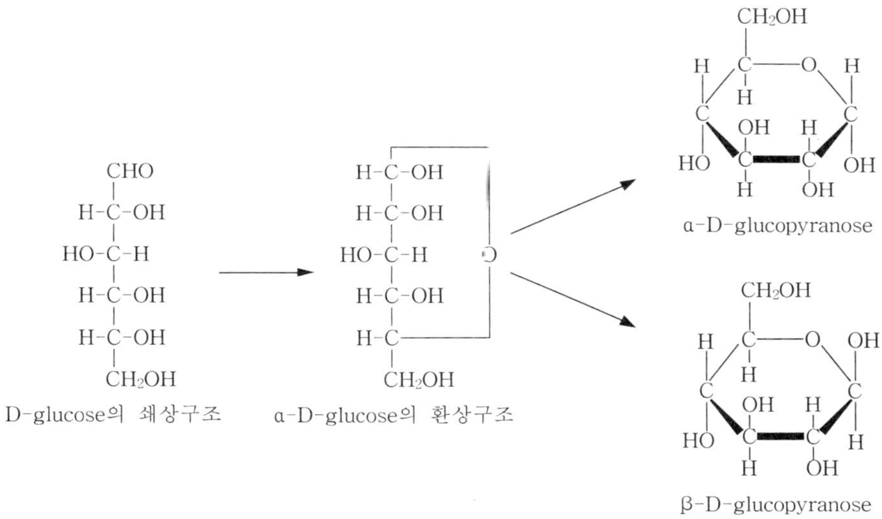

[그림 3-5] Aldohexose인 glucose의 쇄상 및 환상구조

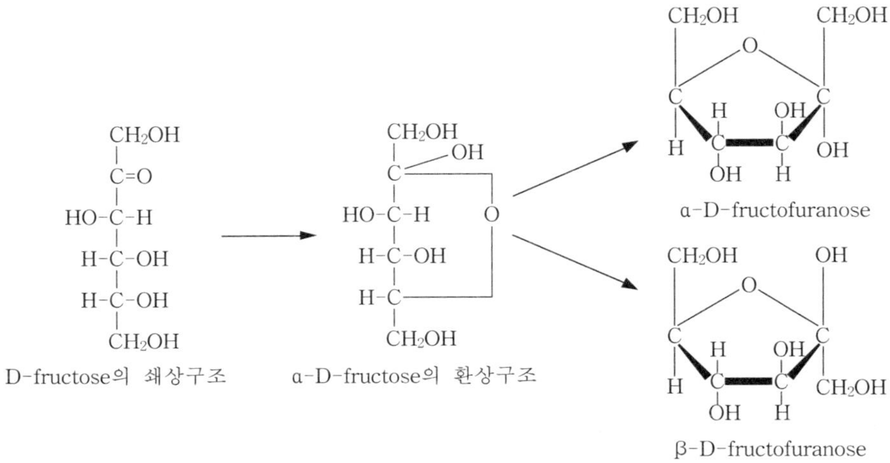

[그림 3-6] Ketohexose인 fructose의 쇄상 및 환상구조

Haworth구조식은 당 분자의 구조를 잘 표현하여 널리 사용되고 있으나, 실제로 단당류의 입체모양은 이것과 다르다. 단당류는 탄소원자의 결합각으로 입체배열이 달라져서 단순한 평면모양이 아닌 것으로 밝혀졌다.

따라서 aldose나 ketose의 pyranose형은 chair형, boat형, twisted-boat형, half-chair형 등의 입체구조가 있는데, 이 중에서 보통은 열역학적으로 가장 안정한 chair형으로 존재한다.

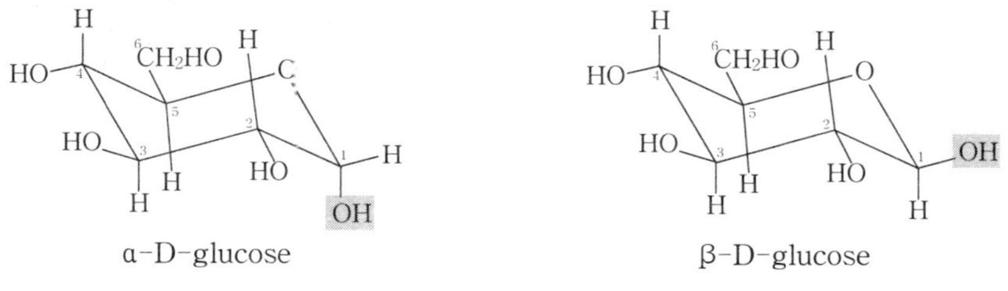

[그림 3-7] D-glucose의 chair형태의 구조

쇄상구조에서 환상구조로 바뀌면서 생긴 glycosidic OH기는 반응성이 강하며, 환원성을 가지고 있다. 단당류 두개가 결합할 때 glycosidic OH기가 다른 당의 -OH기와 결합하는데 이것을 glycoside bond라고 한다.

Aldohexose인 glucose는 C_1과 C_5의 OH기가 hemiacetal을 형성하여 6각형의

환상구조를 만들고, C_1과 C_4의 OH기와 반응하여 5각형의 환상구조를 만든다. 단당류가 6각형의 환상구조를 만들 때 이는 pyran의 골격과 비슷하므로 pyranose라고 하며, 5각형의 환상구조를 이룰 때 이는 furan과 비슷하므로 furanose라고 한다.

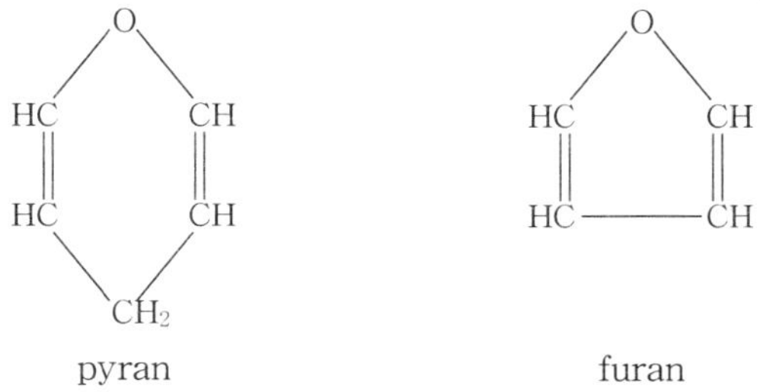

[그림 3-8] Pyran과 furan의 구조

3. 단당류의 성질

1) 용해성

단당류는 분자 중에 -OH기를 많이 가지고 있어 물에 잘 녹으며, 당의 종류에 따라 정도의 차이가 있다. 단당류는 alcohol과 acetone에는 용해되기 어려우며 ether, chloroform, benzene 등의 유기용매에는 용해되지 않는다.

2) 감미도

대부분의 단당류는 일반적으로 단맛을 가지고 있으나, 단맛의 정도는 단당류의 종류에 따라 다르며, D-fructose의 단맛이 가장 강하다. anomer 이성체는 서로 단맛이 다르며, 수용액의 온도에 따라 이들의 평형상태가 달라지기 때문에 감미의 정도가 달라진다.

3) 변선광

당의 수용액을 방치했을 때 시간이 경과함에 따라 선광도가 변화하여 평형에 이르면 일정치의 선광도를 나타내는 현상을 변선광, 또는 변광회전(mutarotation)이라고 한다. 예를 들어 α-glucose의 선광도는 우선성으로 (+)112.2°이고,

β-glucose는 우선성으로 (+)18.7°인데 α-glucose의 수용액을 방치했을 때, 시간 경과에 따라 선광도가 변화하여 일정치의 선광도 (+)52.7°를 나타내는 현상을 말한다. 이는 수용액에서 당의 환상구조가 쇄상구조를 거쳐 이성체인 환상구조로 전환되기 때문이며, α형과 β형이 평형에 도달하면 37 : 63의 비율로 존재하여 고유의 선광도를 나타낸다.

3) 환원성

유리상태의 glycosidic OH기를 가지고 있는 단당류는 환원성을 가지고 있어 모두 환원당이다. 단당은 alkali 용액에서 Cu^{2+}를 환원시켜 이산화동(Cu_2O)의 붉은색 침전을 생성한다(Fehling test). 이 성질은 환원당의 정성 및 정량분석법으로 이용되고 있다.

4) ester화

당의 -OH기는 산과 반응하여 ester를 형성한다. glucose-1-phosphate, glucose-6-phosphate 등의 당 인산 ester는 당질대사의 중간생성물로 생체 내에서 중요한 역할을 한다.

5) 탈수반응

단당류를 강한 산과 함께 가열하면 3 분자의 물을 잃고, pentose는 furfural을 hexose는 hydroxymethyl furfural을 형성한다.

6) 배당체의 형성

당류의 glycosidic OH기가 비당물질(aglycone)과 글리코시드 결합을 한 화합물을 배당체(glycoside)라고 한다. 비당부분의 종류에 따라 여러 가지 배당체가 있다. 감자 싹의 유독성분인 solanin, 딸기와 포도에 함유된 색소성분인 anthocyanin, 밀감에 함유된 naringin, hesperidin 등은 배당체이다.

4. 단당류의 종류

단당류는 결정형으로 물에 잘 녹으며, 탄소원자 수에 따라 3탄당, 4탄당, 5탄당, 6탄당으로 구분한다. 3탄당과 4탄당은 유리상태로 거의 존재하지 않으며, 5탄당과 6탄당이 식품에 함유되어 있는 중요한 단당류이다.

1) 5탄당(pentose)

5탄당은 자연계에서 유리상태로 거의 존재하지 않으며, 효모에 의해 발효되지 않는다. 주로 다당류나 핵산의 구성성분으로 존재하며, pentosan은 5탄당으로 이루어진 다당류로 초식동물에는 중요한 사료의 성분이나 인체 내에는 소화효소가 없어서 이용되지 못하므로 영양 성분으로서의 가치는 없다. 자연계에 존재하는 주요 5탄당에는 D-xylose, D-ribose, L-arabinose, 2-deoxy-D-ribose 등이 있다.

(1) D-xylose

D-xylose는 pentosan인 xylan의 구성단위이며, 자연계에 유리상태로 거의 존재하지 않는다. xylose는 단맛이 강한 편으로 sucrose의 약 60%의 단맛을 가지고 있어 저칼로리 감미료로 이용된다. xylose는 볏짚, 밀짚, 옥수수의 줄기와 낙화생의 껍질 등에 들어있다.

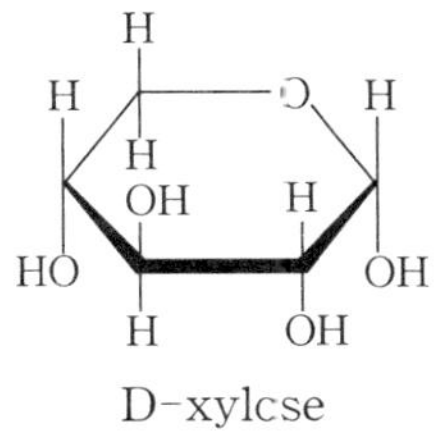

D-xylose

(2) D-ribose와 D-deoxyribose

D-ribose는 핵산(ribonucleic acid, RNA)의 구성성분이며, deoxyribose는 deoxyribonucleic acid(DNA)의 구성성분으로, 생체 내에서 중요한 역할을 한다. 이들은 riboflavin, ATP, Coenzyme 등의 구성성분이다.

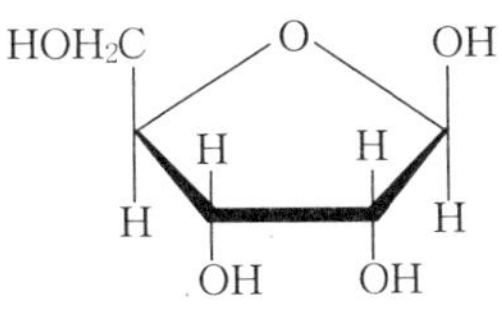

D-ribose

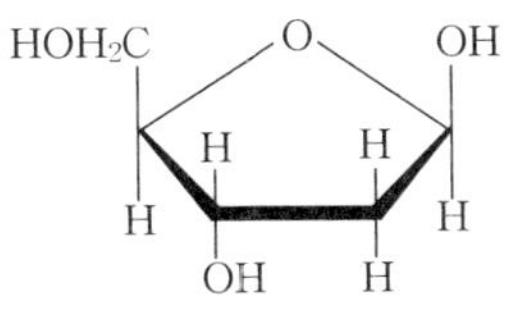

D-deoxyribose

(3) L-arabinose

L-arabinose는 아라비아 검(arabic gum)의 다당류인 araban의 구성단위이며, pectin, hemicellulose 등의 구성성분이다. 유리상태로는 존재하지 않으며, 자연계에서 유일하게 L-형으로 존재하는 당이다.

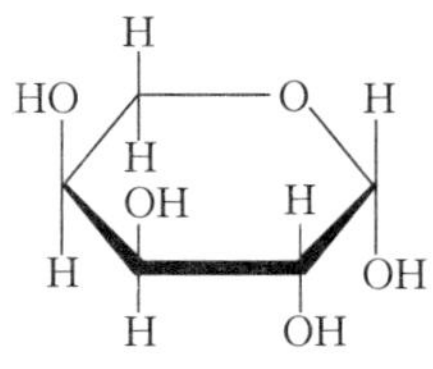

L-arabinose

2) 6탄당(hexose)

6탄당은 자연식품에 유리상태로 널리 분포되어 있으며, 다당류의 주요 구성단위이다. 식품성분으로 중요한 6탄당에는 aldose인 D-glucose, D-galactose, D-mannose와 ketose인 D-fructose 등이 있으며 모두 환원당이다. 이들은 모두 효모에 의해 발효되므로 zymohexose라고 한다.

(1) D-glucose

Glucose는 유리형 또는 결합형으로 식물체에 널리 분포되어 있으며 유리상태로는 과일과 포도에 많이 들어있다. 포도에서 처음 발견되어 포도당(grape sugar)이라고 불리어졌으며, 우선성의 당이란 의미로 관습적으로 dextrose라고도 한다. 포유동물의 혈액에는 혈당으로 0.1% 정도 존재한다. 동물 체내에서는 glycogen의 형태로 저장되어 에너지원으로 사용된다. Starch, dextrin, cellulose 등의 다당류와 maltose, lactose, sucrose 등의 이당류를 구성하는 단당류이다.

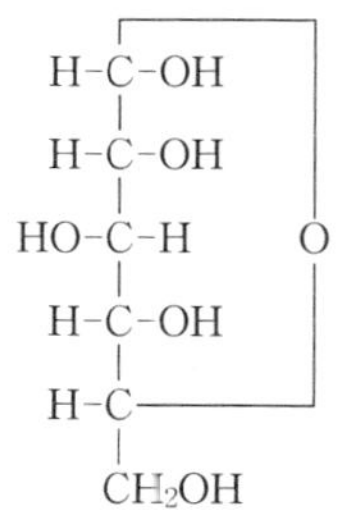

α-D-glucose

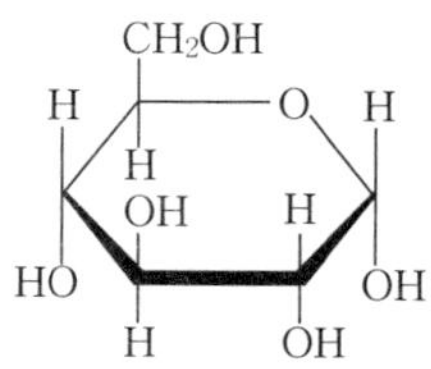

α-D-glucose

Glucose에는 α형과 β형의 두 이성체가 존재하며 α형이 β형보다 단맛이 강하며, α형이나 β형의 수용액을 방치했을 때 가역적으로 이성화(isomerization, mutarotation)가 일어나 α형과 β형의 혼합비가 약 2 : 3인 평형혼합용액(equilibrium mixture solution)이 된다.

(2) D-fructose

Fructose는 ketone기를 가진 ketohexose로 좌선성의 당이란 의미로 levulose라고도 한다. fructose는 과일, 벌꿀 중에 유리상태로 존재하며, 소당류인 sucrose, raffinose, gentianose 등의 구성성분으로 존재한다. 또한 돼지감자에 들어있는 다당류인 inulin(fructan)의 구성단위이다.

천연당류 중 단맛이 가장 강하고, 용해도(solubility)가 가장 커서 과포화 되기 쉬우므로 결정화되기 어렵다. 또한 점도가 작고, 매우 강한 흡습조해성(hygroscopic property)을 가지고 있다.

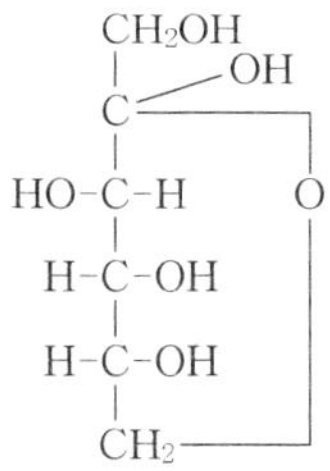

α-D-fructose

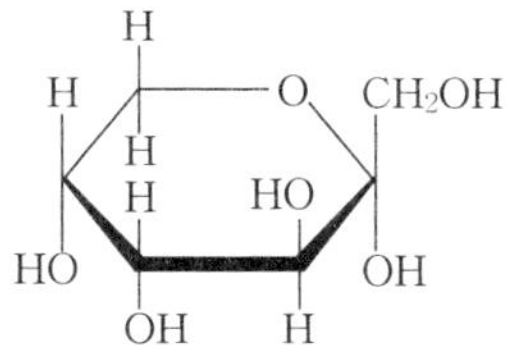

α-D-fructopyranose

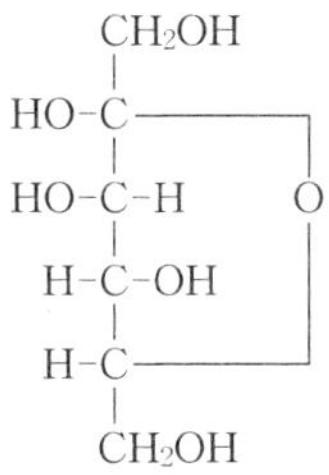

β-D-fructose

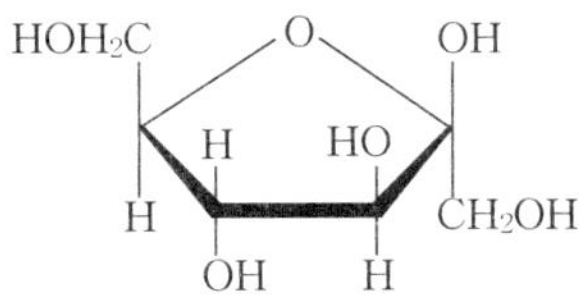

β-D-fructofuranose

자연계에서 결합상태로 존재할 때는 불안정한 furanose(β-D-fructofuranose)의 형태로 존재한다. 유리상태일 때는 주로 안정한 형태인 6각형의 pyranose(β-D-fructopyranose)의 형태를 취하고 있다. fructose는 환원당으로 α형과 β형의 두개의 이성체가 존재하며 β형이 α형보다 단맛이 3배 더 강하다. fructose의

α형이나 β형의 수용액을 방치했을 때 mutarotation이 일어나 평형혼합용액이 되는데, 이 때 온도의 영향을 받아 온도가 상승하면 α형으로 기울게 된다. 따라서 온도가 낮아지면 단맛이 강한 β형으로 기울어지게 되어 단맛이 증가한다.

(3) D-galactose

Galactose는 자연계에 유리상태로 존재하지 않으며, 체내에서 단백질이나 지방과 결합해 동물의 뇌, 신경조직 내의 당지질인 cerebroside의 구성성분으로 존재한다. 환원당이며 α형과 β형의 이성체가 존재하며 소당류인 lactose, raffinose, melibiose, starchyose 등의 구성 단당류이며, galactan, agar, gum arabic, hemicellulose 등의 다당류의 구성 당으로 존재한다.

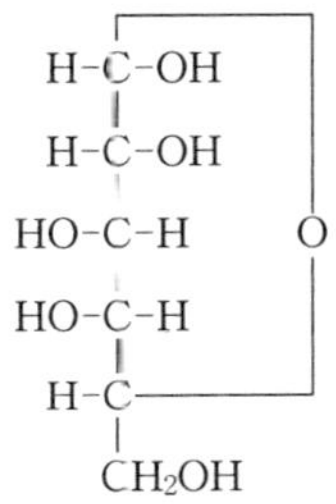

α-D-galactose

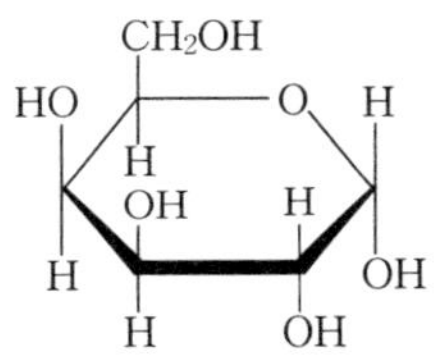

α-D-galactopyranose

(4) D-mannose

Mannose는 자연 상태에서 유리상태로 거의 존재하지 않으며, 결합상태로 곤약의 주성분인 다당류인 mannan의 구성 당으로 존재한다. 또한 당단백질의 구성 당으로 난백 등에 들어있다. mannose는 환원당이며, α형과 β형의 이성체가 존재하며 단맛은 약하다.

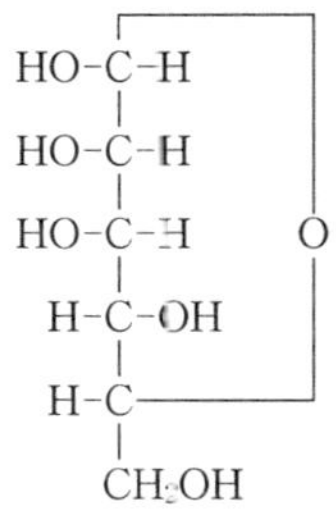

β-D-mannose

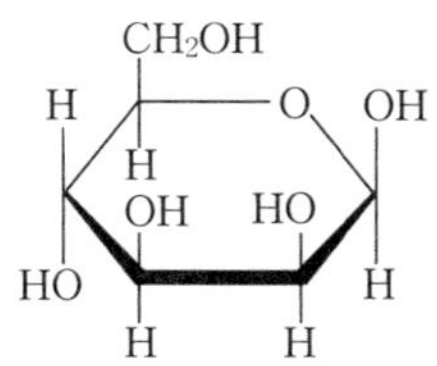

β-D-mannopyranose

5. 단당류의 유도체

당의 산화·환원반응, 아미노기나 황과의 결합 등으로 당의 일부가 변화하여 생성된 단당류와 비슷한 화합물을 단당류의 유도체라고 한다.

1) Sugar alcohol

당알코올은 단당류의 carbonyl기(=CO)가 alcohol기(-OH)로 환원된 화합물로 carbonyl기가 없기 때문에 inositol을 제외하고는 환상구조를 갖지 않는다. 대부분 단맛을 가지고 있으나 체내에서 이용되지 못하므로 설탕 대체 저칼로리 감미료로 이용되고 있다.

(1) Mannitol

Mannitol(mannit)은 mannose의 환원에 의해 얻어지며, 갈조류인 미역, 다시마 등의 해조류와 버섯, 양파 등의 식물계에 널리 분포되어 있다. 당뇨병 환자의 감미료로 사용된다.

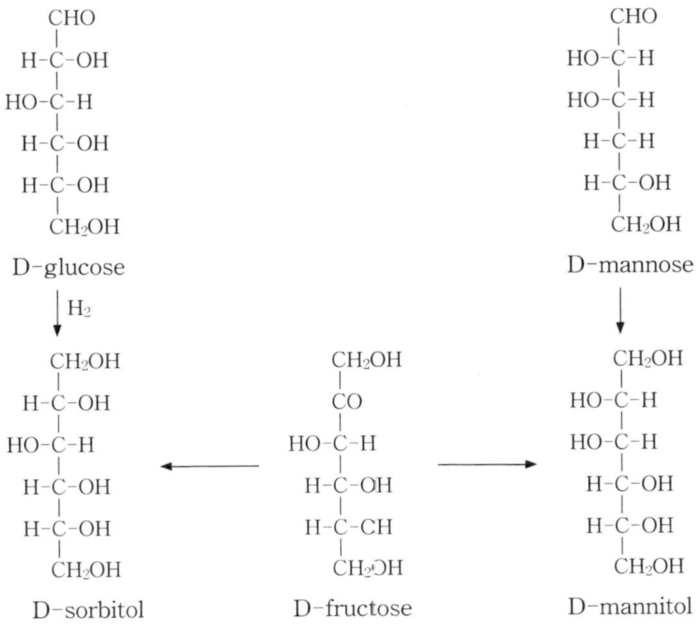

Mannitol은 ketose인 fructose의 환원에 의해서도 얻어지며, mannitol과 sorbitol은 C_2-epimer로 fructose의 환원에 의해 두 종류의 sugar alcohol이 얻어진다.

(2) Sorbitol

Sorbitol(sorbit)은 glucose가 환원되어 생성된 당알코올로 glucitol이라고도 하며 과일에 많이 들어있다. 공업적으로 비타민 C의 합성원료로 사용되며, 감미료나 보습제로도 이용된다.

(3) Dulcitol

Ducitol(dulcit)은 galactose가 환원되어 생성된 당알코올로 약간의 단맛을 가지고 있으며, 여러 식물에서 얻어진다.

(4) Ribitol

Ribitol(ribit)은 ribose가 환원된 당알코올로 비타민 B_2의 구성성분이다.

(5) Xylitol

Xylose의 환원에 의해 얻어지는 xylitol은 입안에서 용해될 때 청량감을 주고 충치예방의 효과가 있으며, 캔디나 추잉검 제조에 많이 사용되고 있다. 에너지가 설탕보다 낮으며, 당뇨환자 치료식에도 사용된다.

(6) Erythritol

Erythrose의 aldehyde기가 alcohol기로 환원하여 얻어진 당알코올로, 해조류나 이끼류의 성분으로 들어있다. 열량이 아주 낮으나 단맛은 설탕의 80% 정도이다. 입안에서 청량감을 준다.

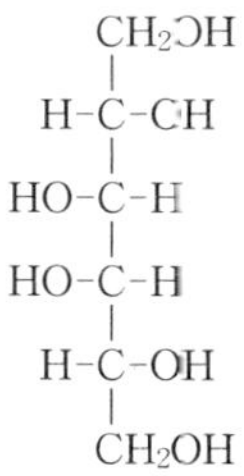
D-dulcitol

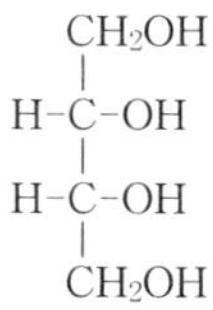
D-erythritol

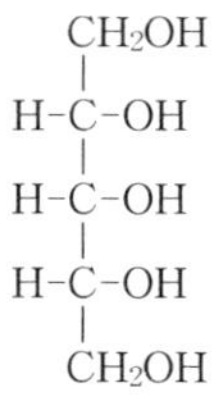
D-ribitol

(7) Inositol

환상구조의 당알코올인 inosotol(innosit)은 9개의 입체이성체가 존재하며, 이 중에서 천연에서 발견되는 대표적인 inositol은 meso-inositol이다. meso-inositol은 비타민 B복합체의 하나로 동물, 식물, 미생물에 널리 분포되어 있다. 이 meso-inositol은 myo-inositol, 근육당(muscle sugar)라고도 하는데 이는 동물체의 근육과 내장, 뇌 등에 존재하기 때문이다.

두류나 미강 등 곡류 종피에 많이 들어 있는 phytic acid는 meso-inositol의 6인산 ester(meso-inositol hexaphosphate)이며, phytic acid의 염인 phytin은 meso-inositol의 6인산 ester의 Ca이나 Mg염이다. 이들 phytic acid나 phytin은 Ca, Zn, Fe 등 2가 이온과 결합하여 체내 흡수율을 저하시킨다.

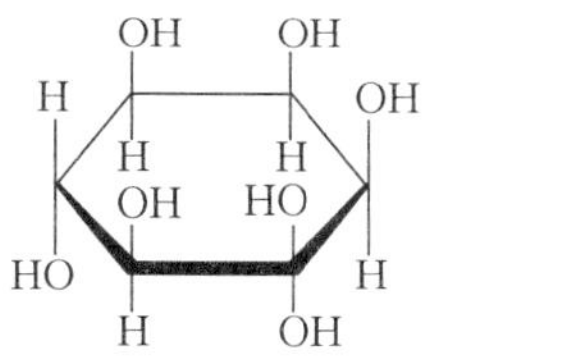

inositol(hexahydroxycyclohexane)

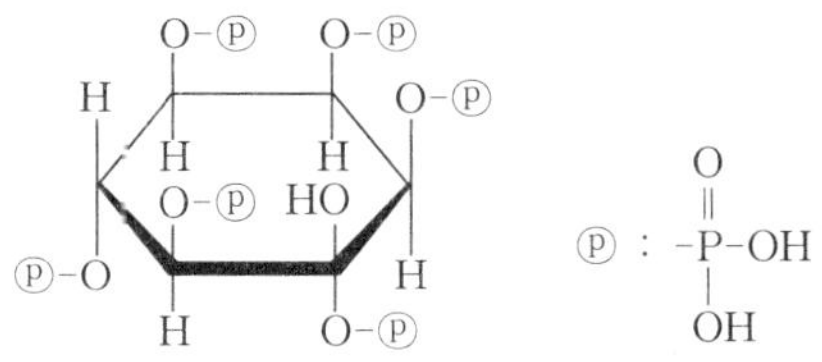

phytic acid

2) Amino sugar

아미노당은 단당류의 C_2의 수산기(-OH)가 amino기(-NH_2)로 치환되어 생긴 화합물로 자연계에서는 glucosamine과 galactosamine이 중요하며 이들은 N-acetyl유도체로 존재한다.

(1) Glucosamine(chitosamine)

Glucosamin은 glucose의 아미노당으로 게나 새우 같은 갑각류 껍질의 주성분인 키틴(chitin)의 구성성분이다. chitin은 amino기의 수소원자 하나가 acetyl기로 치환된 N-acetylglucosamine의 중합체이다.

(2) Galactosamine(chondrosamine)

Galactosamin은 galactose의 아미노당으로 연골, 힘줄에 들어있는 당단백질 중의 콘드로이틴 황산염(condroitin sulfate)의 구성성분이다.

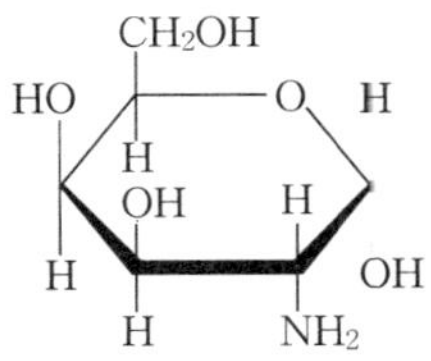

α-D-galactosamine

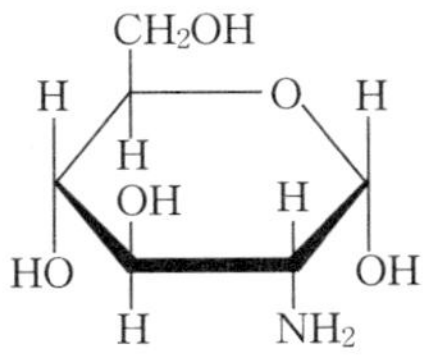

α-D-glucosamine

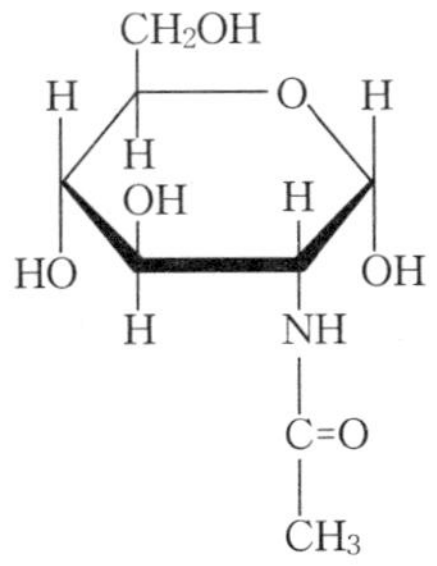

N-acetyl-D-glucosamine

3) Deoxy sugar

데옥시당은 단당류의 산소원자 하나가 제거된 당으로 수산기(-OH)가 수소(H) 원자로 치환된 환원형의 화합물이다.

(1) D-deoxy ribose

D-deoxy ribose는 ribose의 C_2에서 산소가 제거된 것으로 세포핵 중의 DNA (deoxy ribonucleic acid)의 구성성분이며, 동물, 식물에 널리 분포되어 있는 5탄당이다.

(2) L-rhamnose

L-rhamnose는 mannose의 C_6에서 산소가 제거된 methyl pentose이다. 배당체 형태로 hesperidin, naringin 등 flavonoid와 결합하여 식물색소의 성분으로 존재한다.

(3) L-fucose

L-fucose는 L-galactose의 C_6에서 산소가 제거된 methyl pentose이다. 해조류에 들어있는 다당류인 fucan의 구성성분이다.

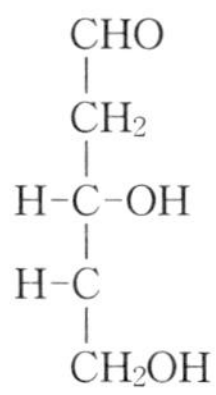

D-2-deoxyribose

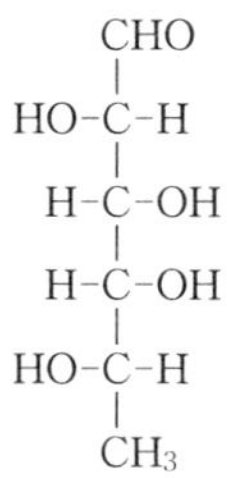

L-fucose

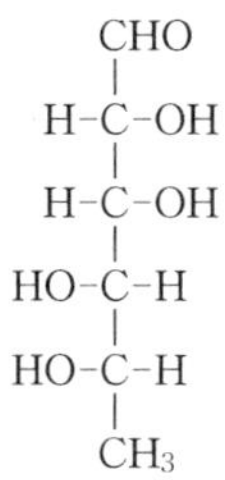

L-rhamnose

4) Thio sugar

티오당은 유황당이라고도 하며 단당류의 C_1의 aldehyde(-CHO)의 산소원자가 유황으로 치환된 것이다. 티오당 중 D-thioglucose는 무, 마늘, 고추냉이의 매운 맛 성분인 sinigrin의 구성당으로 존재한다.

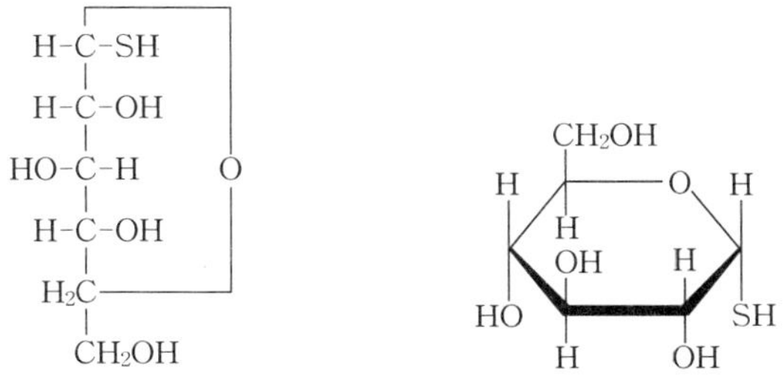

α-D-thioglucose

5) Uronic acid

Uronic acid는 단당류의 C_6에 있는 제1급 alcohol기(-OH)가 carboxyl기(-COOH)로 산화된 화합물이다. uronic acid는 aldehyde기와 carboxyl기를 같이 가지고 있으며 환원성이 있다. 자연계에는 aldohexose에서 유도된 glucuronic acid, galacturonic acid, mannuronic acid 등이 분포되어 있다.

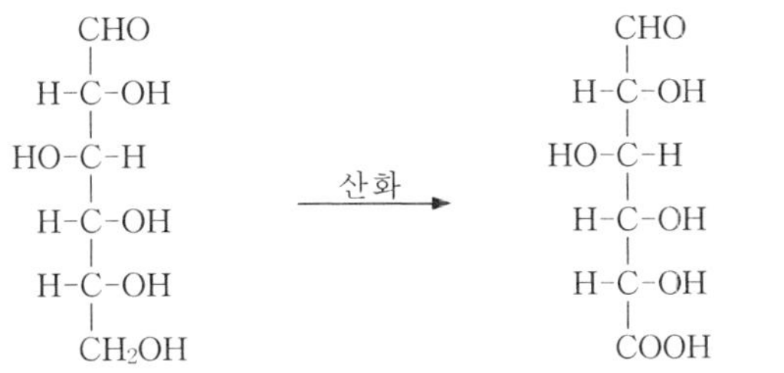

D-glucose D-glucuronic acid

D-glucuronic acid의 형성

(1) D-glucuronic acid

D-glucuronic acid는 식물계에서 식물 gum질의 구성성분으로 존재하며, 동물체에서는 hyaluronic acid, heparin, chondroitin sulfate 등의 구성성분으로 존

재한다. glucuronic acid는 간에서 해독작용에 관여하여, 동물체내에서 phenol계 독성물질이 생기면 결합하여 무독한 conjugated glucuronide를 형성하여 뇨 중에 배설된다.

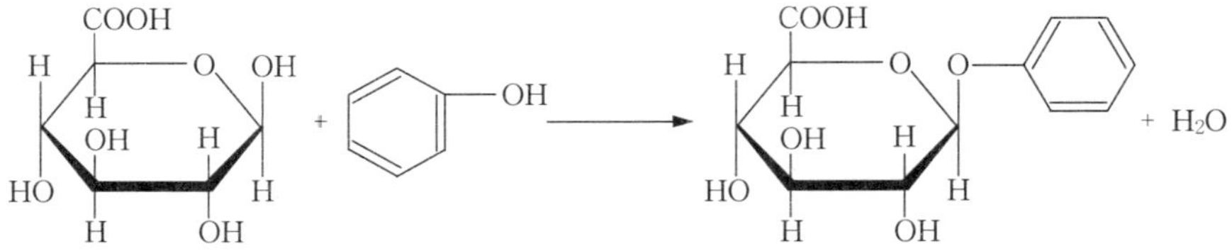

glucuronic acid　　phenol　　phenylglucuronide

(2) D-galacturonic acid

Galactose의 uronic acid인 galacturonic acid는 과일과 채소에 함유된 pectin의 구성성분으로 존재한다.

(3) Mannuronic acid

Mannuronic acid는 갈조류에 들어있는 다당류인 alginic acid의 구성성분으로 존재한다.

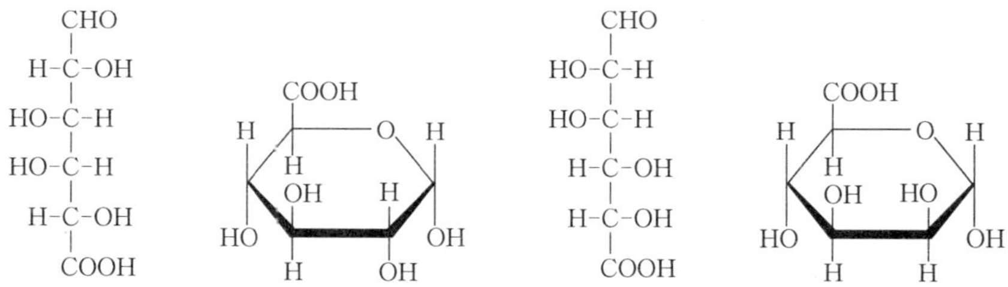

D-galacturonic acid　　D-mannuronic acid

6) Aldonic acid

Aldonic acid는 aldose의 1번 탄소의 aldehyde기(-CHO)가 산화되어 carboxy기(-COOH)로 된 화합물로 환원성이 없다. glucose의 aldehyde기가 산화되어 aldonic acid가 된 gluconic acid는 곰팡이, 세균 등에 존재한다.

7) Saccharic acid

단당류의 C_1의 aldehyde기(-CHO)와 C_6의 제1급 alcohol기(-OH)가 산화되어

carboxy기(-COOH)로 된 화합물로 당산이라고도 한다. D-glucose의 C_1과 C_6이 carboxyl기로 된 D-glucosaccharic acid는 인도 고무나무 액에 존재한다. D-galactose에서 유도된 D-galactosaccharic acid는 점액 중에 존재한다.

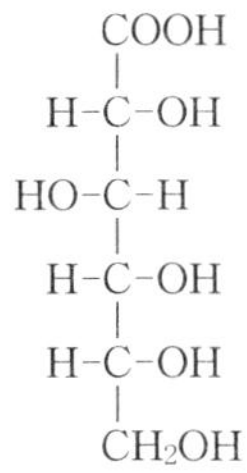

D-gluconic acid

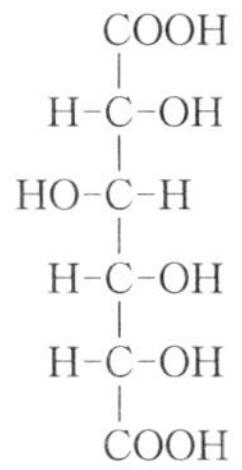

D-glucosaccharic acid

3절. 소당류(oligosaccharides)

소당류는 단당류들이 축합에 의해 결합한 당류로 일반적으로 2~10개의 단당류가 glycoside결합으로 결합한 당이다. 구성 단당류는 대부분 hexose이고, 구성하는 단당류의 수에 따라 이당류, 삼당류, 사당류라고 부른다. 소당류에는 동일 단당류로만 결합된 것과 2종 이상의 다른 단당류가 결합한 당류가 있으며, 식품 중에는 이당류가 가장 많이 들어 있고 삼당류나 사당류는 적으며 특수한 것에만 들어있다.

1. 이당류(disaccharides)

이당류는 두 분자의 단당류가 glycoside결합으로 결합한 당류로, 결합방식에 따라 환원당과 비환원당으로 구별한다. 이당류의 일반식은 $C_{12}H_{22}O_{11}$이며, 식품 성분으로 중요한 이당류는 자당, 유당, 맥아당 등이다. 산과 함께 가열하거나 효소를 작용시키면 가수분해 되어 두 분자의 단당류로 된다.

1) 맥아당(maltose)

포도당 2 분자가 α-1,4결합으로 연결된 이당류로 전분의 구성단위이다. 맥아당은 환원당이며 단맛은 자당을 100으로 했을 때 60 정도이다. 전분을 β-amylase로 가수분해할 때 생성되며, 엿기름(malt)이나 발아한 곡류 중에 많이 들어 있으며 엿당이라고도 한다. 맥아당은 물에 녹기 쉬우며 산이나 효소에 의해 가수분해 되어 두 분자의 glucose가 되며 효모에 의해 발효되는 당이다.

맥아당은 α-glucose 두 분자가 α-1,4 결합(α-1,4-glycosidic linkage)한 α-maltose와 α-glucose와 β-glucose가 1,4 결합한 β-maltose의 두 형태로 존재한다.

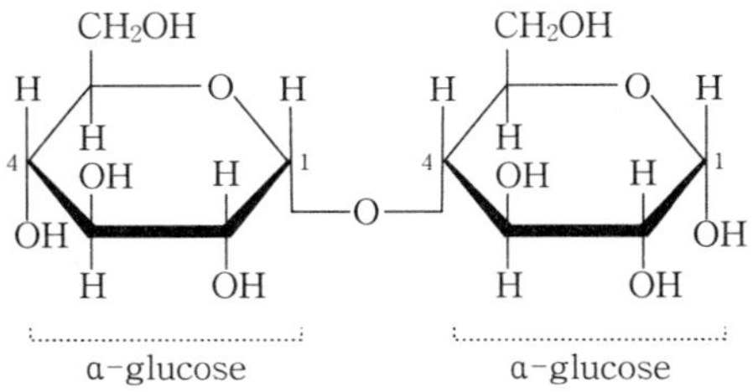

α-maltose
(4-O-α-D-glucopyranosyl-α-D-glucopyranose)

2) 설탕(sucrose)

Sucrose는 서당 또는 자당이라고도 하며 α-D-glucose의 C_1의 glycosidic OH기와 β-D-fructose의 C_2의 glycosicic OH기가 결합을 하고 있는 이당류이다. 따라서 glycosidic OH기 끼리 결합하여 유리된 glycosidic OH기가 없어서 비환원당이며 α, β의 이성체가 존재하지 않으므로, 이성화도 일어나지 않는다.

Sucrose는 과일, 꽃 등 식물계에 널리 존재하며 특히 사탕수수와 사탕무에 많이 들어있어 그 즙을 농축하여 결정화 시켜 정제한 것이 설탕이다. 설탕은 자연식품 감미의 주요성분이며, 단맛의 변화가 없어 감미료의 표준물질로 사용되고 있다.

Sucrose의 비선광도는 $[\alpha]_D^{20}$=+66.5°로 우선성이다. 그러나 sucrose를 묽은 산이나 효소(invertase)로 가수분해하면 D-glucose($[\alpha]_D^{20}$=+52.5°) 한 분자와 D-fructose($[\alpha]_D^{20}$=-92°) 한 분자가 생성된다. 이때, 좌선성인 fructose와 우선성인 glucose가 동량 생성되며 이 생성물을 invert sugar라고 한다. 이 혼합물의 비선광도는 $[\alpha]_D^{20}$=-20°로 sucrose의 우선성이 좌선성으로 변하므로 sucrose의 가수분해를 전화(inversion)라고 한다. 전화당은 벌꿀에 많이 들어있으며 단맛이 sucrose보다 강하고 환원력이 있으며, 용해도가 더 크다.

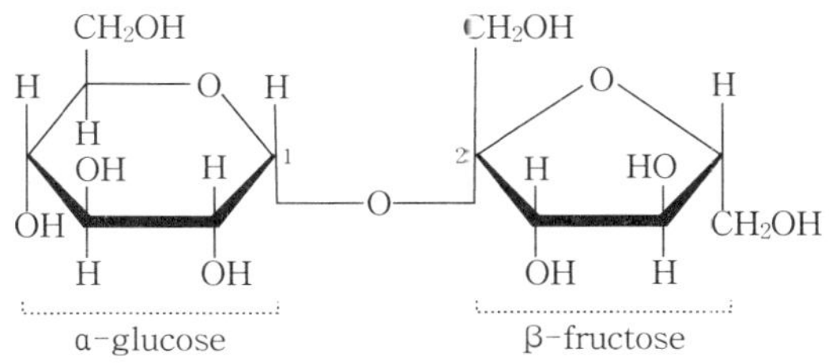

Sucrose
(1-α-D-glucopyranosyl-β-D-fructofuranoside)

$$C_{12}H_{22}O_{11} + H_2O \xrightarrow{\text{산 또는 invertase}} C_6H_{12}O_6 + C_6H_{12}O_6$$

sucrose → D-glucose, D-fructose

sucrose $[\alpha]_D^{20}=+66.5°$

D-glucose $[\alpha]_D^{20}=+52.2°$, D-fructose $[\alpha]_D^{20}=-92°$

$[\alpha]_D^{20}=(+52°-92°)/2=-20°$

3) 유당(lactose)

Lactose는 포유동물의 유즙에 존재하며 식물계에는 존재하지 않는다. lactose는 β-galactose의 C_1의 glycosidic OH기와 α, 또는 β-glucose의 C_4번의 OH기가 β-1,4결합한 이당류로 glucose가 α형이면 α-lactose, glucose가 β형이면 β-lactose라고 한다. 보통의 유즙에는 α와 β가 2 : 3의 비율로 존재하며, β-lactose가 α-lactose보다 단맛이 강하다. lactose는 환원당이며, 효모에 의해서 발효되지 않으며, 우유에 약 4.5%, 모유에 약 7% 정도 들어있다.

Lactose는 장내 유산균의 발육을 왕성하게 하여 장내 pH를 산성으로 만들어 유해균 발육을 억제하므로 정장작용을 한다. 또한 Ca의 흡수를 촉진하는 작용을 한다.

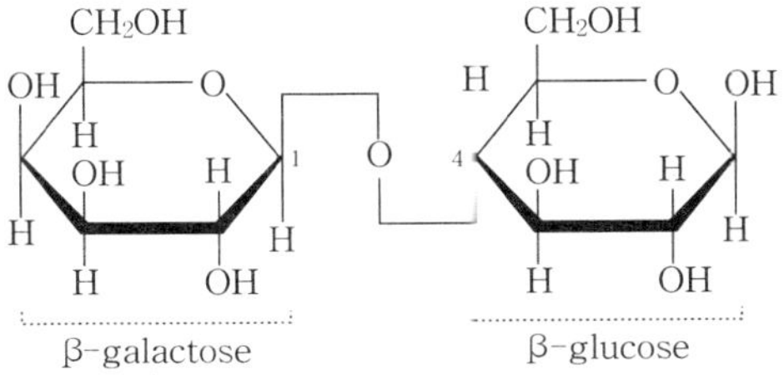

β-lactose
(4-O-β-D-galactopyranosyl-β-D-glucopyranose)

4) Gentiobiose

Gentiobiose는 β-glucose의 C_1과 glucose의 C_6이 1,6결합한 이당류로 glucose가 α인 것을 α-gentiobiose, glucose가 β인 당을 β-gentiobiose라고 한다.

gentiobiose는 전분의 가수분해 과정에서 맥아당과 함께 소량 생성되는데 쓴맛을 가지고 있다.

삼당류인 gentianose와, 살구씨나 복숭아 등에 들어있는 쓴맛 성분인 배당체의 하나인 amygdalin의 구성성분이며 효모에 의해서 발효되지 않는다.

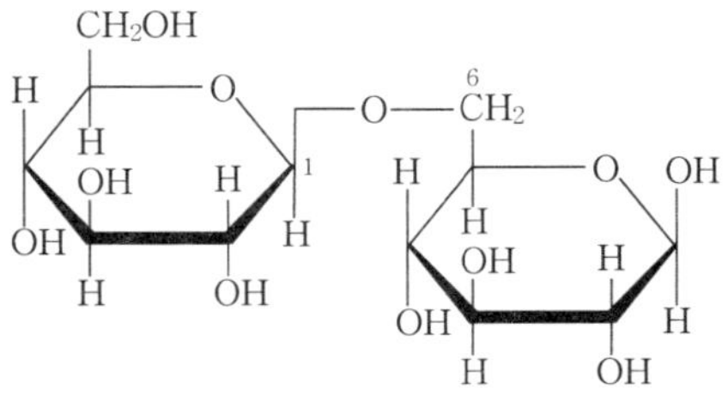

β-gentiobiose
(6-β-D-glucopyranosyl-β-D-glucopyranose)

5) Isomaltose

Isomaltose는 α-glucose의 C_1과 β-glucose의 C_6이 축합한 이당류이다. isomaltose는 전분의 가수분해로 얻어진 물엿 등에 gentiobiose와 함께 부산물로 존재하며, 전분의 가수분해 최종산물인 glucose에서 역으로 생성되기도 한다. Isomaltose는 glycogen, dextran, amylopectin 등에 함유되어 있다.

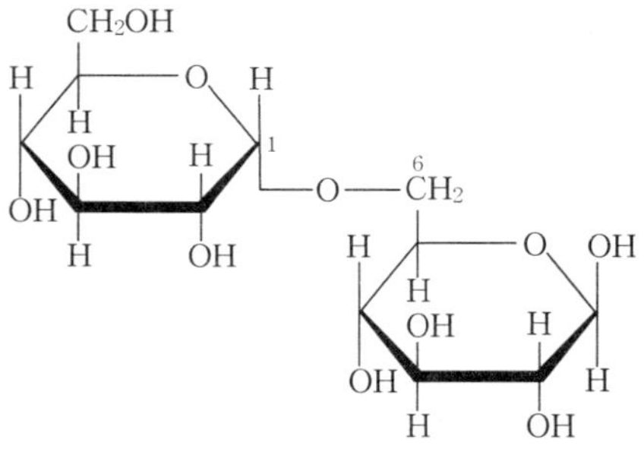

β-isomaltose
(6-α-D-glucopyranosyl-β-D-glucopyranoside)

6) Cellobiose

Cellobiose는 자연계에서는 유리상태로 존재하지 않고 cellulose의 구성단위로 가수분해 시 생성되며 단맛이 없다. 구조는 β-D-glucose 두 분자가 β-1,4결합으로 축합된 이당류이다.

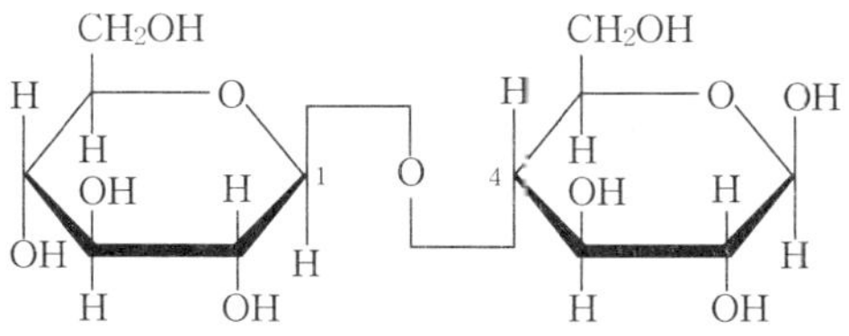

β-cellobiose
(4-O-β-D-glucopyranosyl-β-D-glucopyranose)

7) Rutinose

β-rhamnose와 β-glucose가 β-1,6결합한 이당류로 환원당이다. 메밀의 배당체인 rutin, 감귤류의 hesperidin, naringin 등 배당체의 구성성분이다.

8) Trehalose

Trehalose는 α-glucose 두 분자가 α-1,1결합한 이당류로 glycosidic OH기끼리 결합해 환원성이 없으므로 비환원당이다. 다당류인 trehamannan의 구성성분으로 버섯, 효모, 맥각 등에 존재하며, 효모에 의해 발효되지 않는다.

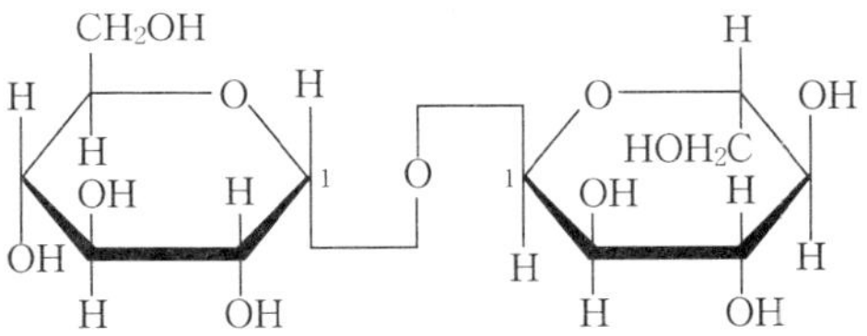

α-trehalose
(1-α-D-glucopyranosyl-α-glucopyranoside)

9) Mellibiose

Mellibiose는 α-galactose의 C_1과 glucose의 C_6이 축합 결합한 이당류로 환원당이다. glucose가 α인 것이 α-melibiose, β인 것이 β-melibiose이다. melibiose는 삼당류인 raffinose의 구성성분으로 자연계에 존재한다.

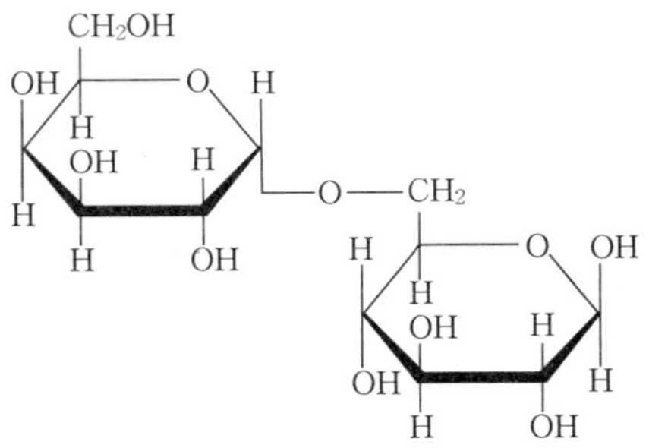

β-melibiose
(6-α-D-glucopyranosyl-β-D-glucopyranose)

2. 3당류와 4당류 및 그 이상의 소당류

1) Raffinose

Raffinose는 galactose와 glucose, fructose로 이루어진 3당류로 galactosyl-glucosyl-fructoside의 구조를 가지고 있다. 비환원당으로 효모에 의해 melibiose와 fructose로 분해되며, 대두나 면실 등 식물의 종자나 뿌리에 존재한다. raffinose는 약한 단맛을 가지고 있으며 콩과식물의 종자에 특히 많이 들어있다.

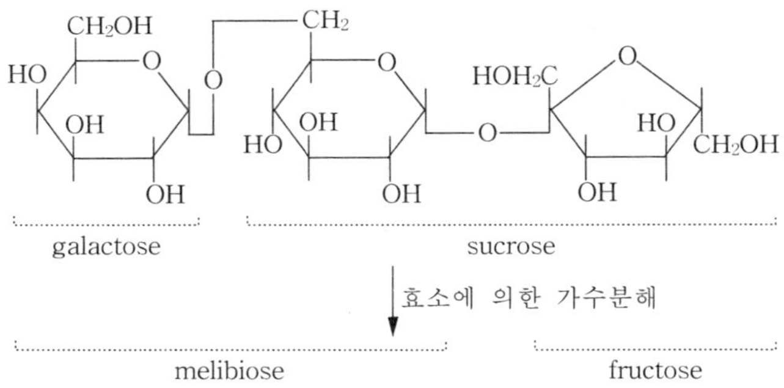

Raffinose
(6-O-α-D-galactopyranosyl-α-D-glucopyranosyl-β-D-fructofuranoside)

2) Gentianose

Gentianose는 gentiobiose의 glucose C_1에 β-D-fructose가 α,β-1,2결합으로 축합된 삼당류로 비환원당이며 단맛이 없다. 식물체에 존재하는 효소 invertin이나 산에 의해 gentiobiose와 fructose로 분해된다. 용담속에 속하는 식물의 뿌리에 존재하는 삼당류이다.

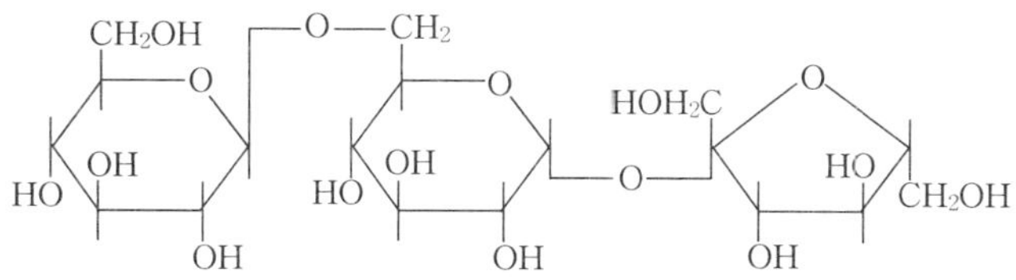

Gentianose

3) Starchyose

Starchyose는 galactosyl-glucosyl-fructoside의 구조를 가지고 있는 raffinose의 galactose의 C_6에 또 한 분자의 galactose가 α-1,6결합으로 결합한 4당류로 비환원당이다. 면실과 대두에 많이 함유되어 있으며 장내세균에 의해 가스를 형성한다. 비피더스균의 활성을 증가시키며 변비예방, 혈압강하 등의 효과가 있는 것으로 알려져 있다. stachyose는 효모에 의해서 부분적으로 가수분해 된다.

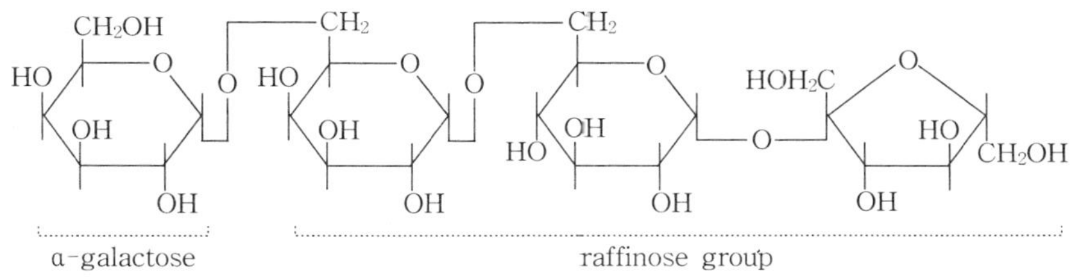

Stachyose

4) Pentasaccharide와 hexasaccharide

모유에는 여러 종류의 oligosaccharides가 극소량 함유되어 있어 모유로부터 분리되어 그 구조도 밝혀지고 있다. 사람의 젖에는 trisaccharides도 함유되어 있지만 pentasaccharide와 hexasaccharide도 함유되어 있다. 최근에는 이들이 분리되어 구조도 밝혀지고 있다. 이러한 사람의 젖에 함유된 oligosaccharides는 영아의 장내 미생물에 유익한 것들로 bifidus인자라고도 한다.

5) Cyclodextrin

Cyclodextrin은 cyclic oligosaccharide의 한 종류로 전분을 미생물이 분비하는 특수한 전이효소인 cyclomaltodextrin glucanotransferase와 반응시켜 생성

된다. glucose 6~8개가 α-1,4결합으로 연결된 환상의 oligosaccharide이다. 결합한 포도당의 수에 따라 6개가 결합한 α-cyclodextrin, 7개가 결합한 β-cyclodextrin, 8개가 결합한 γ-cyclodextrin 등으로 나뉜다.

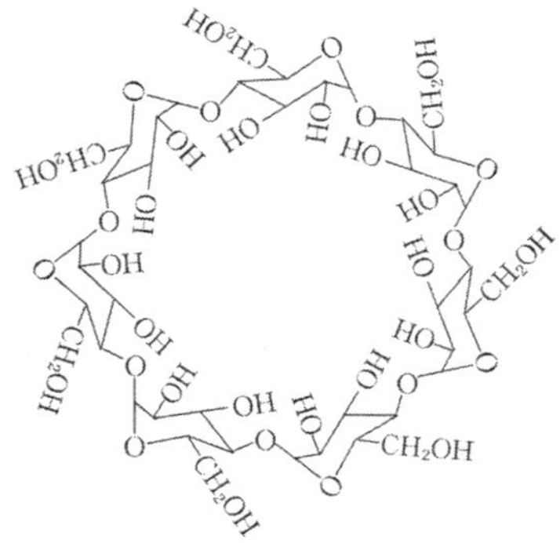

β-cyclodextrin의 구조

Cyclodextrin은 도넛 모양의 구조를 하고 있으며, 내부에 다른 물질이 들어가 포접화합물을 형성할 수 있다.

식품산업에서 향료, 안료, 안정제 등으로 다양하게 이용되고 있다.

4절. 다당류(polysaccharides)

다당류는 수많은 단당류나 그 유도체가 glycoside 결합으로 연결된 분자량이 매우 큰 고분자 탄수화물로, 분자량이 수만 내지 수백만에 이른다. 다당류는 자연계에 존재하는 탄수화물의 대부분을 차지하고 있다.

다당류는 구성당의 종류에 따라 단순다당류와 복합다당류로 분류한다. 같은 종류의 단당류로만 구성된 다당류를 simple polysaccharides(starch, inulin, dextrin, cellulose, glycogen, chitin 등)라고 하며, 두 가지 이상의 서로 다른 단당류가 결합한 것을 conjugated polysaccharides(pectin, hemicellulose, 천연의 gum질 등)라고 한다. 출처에 따라 동물성 다당류와 식물성 다당류로 분류하며, 그 기능에 따라 저장 다당류와 구성 다당류 등으로 분류하기도 한다. 또한 다당류는 영양학적으로 소화효소에 의해 분해되는 소화성 다당류와 소화되지 않는 난소화성 다당류인 식이섬유(dietary fiber)로 분류하기도 한다.

1. 단순다당류

1) 전분(starch)

(1) 전분입자의 형태

전분은 대표적인 식물의 저장 탄수화물로 식물체 내에서 탄소동화작용으로 합성되어 종자나 뿌리 등에 저장되며 에너지원으로 사용된다. 특히 전분은 곡류나 감자류 등에 다량 함유되어 있다.

전분은 수백, 수천 개의 포도당이 중합되어 있으며 입자(granule)의 형태로 존재하며 식물의 종류에 따라 그 입자의 모양과 크기가 다르다. 전분입자의 특징은 전분입자를 둘러싸고 있는 막이 없으며 그런데도 입자가 일정한 형태를 유지하고 있다는 것이다. 이는 전분분자들 상호간의 수소결합에 의해 강하게 결합되어 있기 때문인 것으로 사료된다.

전분입자의 모양과 크기는 전분입자들의 출처에 따라 다르나 일반적으로 곡류 전분입자는 작고(직경 2~10μ) 균일하며, 감자류 등 뿌리 전분입자는 크고(3~150μ) 불균일한 모양을 가지고 있다. 전분입자의 모양은 대부분 원형이나 타원형, 막대형 등이며 쌀의 전분입자는 육각형과 유사하다(그림 3-9).

[표 3-2] 전분입자의 크기

출 처	전분입자의 크기	출 처	전분입자의 크기
쌀	2~10μ	감 자	13~100μ
보 리	25~50μ	고구마	15~55μ
밀	2~38μ	칡	7~75μ
옥수수	4~26μ	타피오카	5~36μ

전분은 흰색의 입자로 맛과 냄새가 없으며 물에 잘 녹지 않고 물보다 비중이 커서(1.55~1.65) 물에 가라앉아 현탁액을 형성하며, 물과 함께 가열하면 호화가 일어나 투명해지며 점성을 갖게 된다.

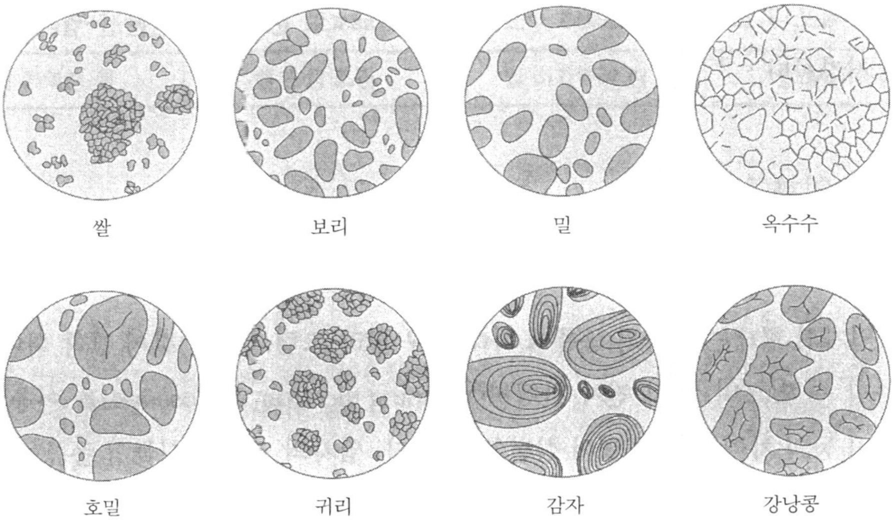

[그림 3-9] 전분입자의 형태

(2) 전분의 구조

전분은 수백 내지 수천 개의 glucose가 중합된 것으로 amylose와 amylopectin의 두 종류로 구성되어 있다. amylose와 amylopectin은 분자 구조와 화학적·물리적 성질이 다른 성분으로 분자식은 $(C_6H_{11}O_5)_n$이다. 전분의 amylose와 amylopectin의 비율은 전분의 종류에 따라 다르다. 일반적으로 전분의 amylose의 함량은 15~30%, amylopectin은 70~85%로 구성되어 있으며, 약 2 : 8의 비율로 들어 있다. 그러나 찹쌀, 찰옥수수, 차조 등의 전분은 거의 amylopectin만으로 되어있다.

[표 3-3] 각종 전분의 amylose와 amylopectin의 비율(%)

출 처	amylose 함량(%)	amylopectin 함량(%)	출 처	amylose 함량(%)	amylopectin 함량(%)
메밀	28	72	고구마	20	80
보리	27	73	타피오카	18	82
수수	27	73	찰옥수수	0~6	94~100
옥수수	26	74	쌀	20	80
밀	25	75	찹쌀	0	100
감자	23	77	찰보리	3	97
칡	21	79			

① Amylose

Amylose는 glucose가 α-1,4결합만으로 연결된 직선상의 긴 사슬모양을 한 고분자 화합물로 그 평균 중합도는 전분의 종류에 따라 다르나 일반적으로 200~3,000 정도이다.

Amylose는 직쇄상으로 연결되어 있으나 amylose사슬은 α-glucose가 6~8분자마다 한 번씩 감으면서 길게 이어져 전체적으로는 나선상 구조(α-helical structure)를 이루고 있다. amylose는 나선형 구조를 하고 있으므로 나선 내부공간에 지방산이나 요오드(iodine)분자 등 다른 화합물이 들어가 포접화합물(inclusion compound)을 형성할 수 있다. 특히 요오드 분자들과 반응하여 특유한 청색 반응을 일으킨다. 이 때 glucose의 분자 수와 나선의 수, 즉 amylose 사슬의 길이에 따라 포접화합물의 색이 다르게 나타난다. glucose의 평균 중합도가 12 이하에서는 무색, 12~15 정도는 갈색, 20~30 정도에서는 적색, 35~45 정도는 자색을 나타내고, 45 이상에서는 청색을 나타낸다. amylose 사슬의 길이가 길수록, 즉 중합도가 클수록 짙은 청색을 나타낸다.

전분 중의 amylose 함량은 blue value를 측정하여 알 수 있다. blue value는 전분입자의 구성성분과 요오드와의 친화성을 나타낸 값이다. 즉, 전분이 요오드와 결합하여 나타내는 청색 복합체의 형성 정도를 나타내는 값인데 amylose의 blue value는 0.8~1.2이며 amylopectin의 blue value는 0.15~0.22 정도이다. 따라서 전분의 blue value가 높다는 것은 amylose의 함량이 높음을 나타낸다.

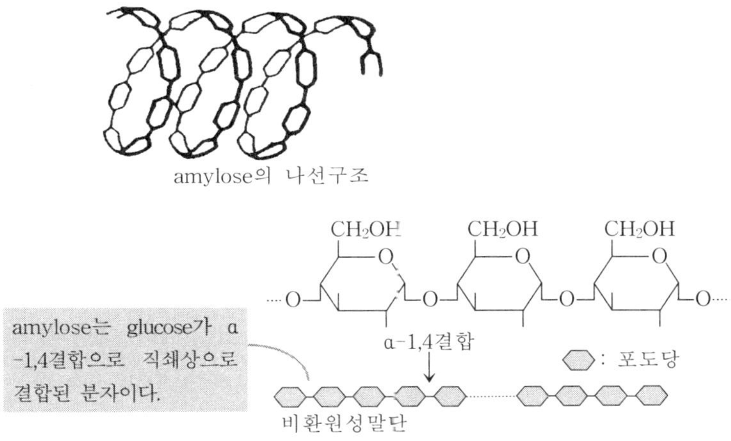

[그림 3-10] Amylose의 구조

② Amylopectin

Amylopectin은 glucose가 α-1,4 결합으로 연결된 amylose사슬의 군데군데에 다른 amylose사슬이 α-1,6결합에 의해 가지를 친 형태의 분자구조를 형성하고 있는 가지를 많이 가진 분지상 구조이다. amylopectin의 α-1,6결합 사이의 평균 포도당의 수는 전분의 종류에 다라 다르나 대체로 18~27개로 보고 있다.

Amylopectin 분자 중의 glucose의 중합도는 전분의 종류에 따라 차이가 있으나 일반적으로 6,000~37,000 정도로 amylose보다 훨씬 분자량이 크다. amylopectin은 분지구조를 가지고 있어, 포접화합물을 형성하지 않으며 요오드와의 정색반응은 적자색을 나타낸다.

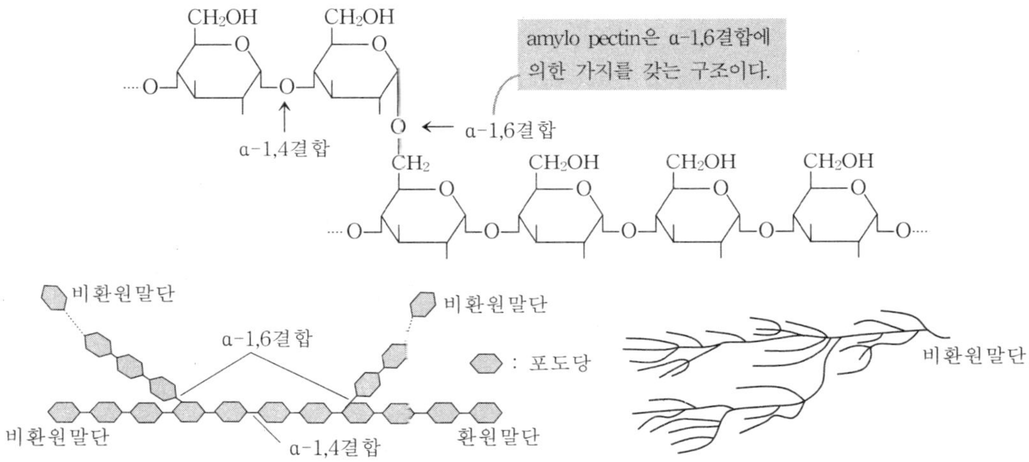

[그림 3-11] Amylopectin의 구조

2) Dextrin

전분을 효소나 산, 열 등으로 가수분해하면 가수분해 정도에 따라 여러 중합도를 가진 생성물들이 얻어지는데, 이 때 최종 생성물인 glucose와 maltose가 되기 이전의 모든 가수분해 생성물들을 총칭하여 dextrin이라고 한다. dextrin은 가수분해 정도에 따라 즉, 분자량이나 중합도에 따라 soluble starch, amylodextrin, erythrodextrin, achromodextrin, maltodextrin으로 분류한다.

(1) Soluble starch

가용성 전분은 생전분을 묽은 염산 용액에 침지하여 실온에서 일주일 정도 방치한 다음, 용액이 산성을 띠지 않을 때까지 수세한 후 건조시켜 얻는다. 전분의 가수분해 생성물이지만, 보통의 dextrin과 구별하여 전분의 유도체와 같이 취급한다. 분자량이 가장 크며, 냉수에는 잘 분산되지 않으나 뜨거운 물에 잘 분산되어 투명한 콜로이드용액을 형성한다. 요오드 반응에서는 청색을 나타낸다.

(2) Amylodextrin

Soluble starch보다 좀 더 가수분해가 진행된 것으로 soluble starch와 성질이 비슷하며, 요오드 정색반응에서도 청색을 나타낸다.

(3) Erythrodextrin

Amylodextrin보다 좀 더 가수분해가 진형 된 것으로 냉수에 잘 녹는다. 1~3%의 maltose를 가지고 있으므로 환원성을 가지며, 요오드 정색반응에서 적갈색을 나타낸다.

(4) Achromodextrin

Achromodextrin은 erythrodextrin보다 좀 더 가수분해가 진행 된 것으로, 환원성이 있으며, 요오드 정색반응을 나타내지 않는다.

(5) Maltodextrin

Achrodextrin보다 좀 더 가수분해가 일어나 maltose나 glucose로 가수분해되기 바로 직전의 dextrin으로, 환원성이 가장 크며 중합도가 가장 적다. 요오드와의 정색반응을 나타내지 않는다.

[표 3-4] 각종 dextrin의 성질

종 류	요오드반응	$[\alpha]_D^{20}$	환원력
			(maltose = 100)
Amylodextrin	청 색	190~195°	0.6~2
Erythrodextrin	적갈색	194~196°	3~8
Achromodextrin	무 색	192°	10
Maltodextrin	무 색	181~182°	20~43

3) Cellulose

Cellulose는 모든 고등생물의 세포벽의 주성분으로 복합다당류인 pectin, lignin, hemicellulose 등과 함께 존재한다. 자연계에 널리 분포되어 있는 탄수화물로 그 함량은 식물의 종류에 따라 다르다.

Cellulose는 세포벽에서 여러 개의 cellulose 분자들이 모여 서로 수소결합으로 규칙적으로 강하게 결합되어 결정상의 micelle을 형성하며, 이 micelle을 구성하는 cellulose 분자의 다발이 다시 모여 큰 다발의 microfibril(미세섬유)을 이루며, 이 microfibril이 다시 모여서 cellulose섬유(fiber)를 형성하고 있다.

(1) Cellulose의 구조

Cellulose는 전분과 같이 glucose가 중합된 다당류이나 그 중합도가 전분보다 훨씬 크다. 또한 전분이 나선구조를 하고 있는데 비해 cellulose는 β-glucose끼리 β-1,4결합에 의해 연결된 긴 직쇄상의 구조로 micelle구조가 견고하다.

Cellulose를 가수분해하면 95~96%의 β-D-glucose가 얻어지며 cellulose의 구성단위는 β-glucose 두 분자가 β-1,4결합으로 연결된 이당류인 cellobiose라고 할 수 있다.

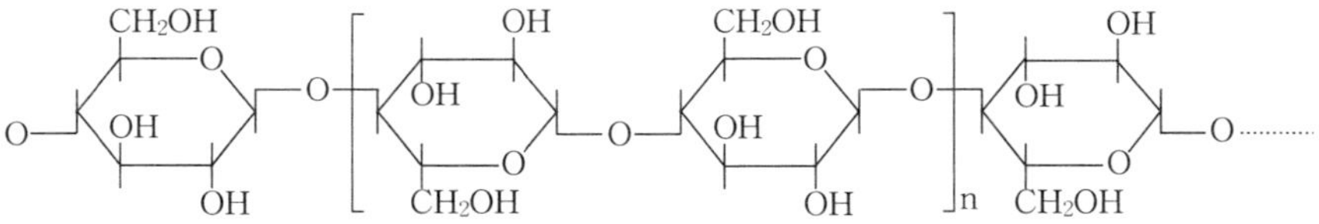
β-D-glucose β-D-glucose β-D-glucose β-D-glucose

Cellulose

(2) Cellulose의 분자량

Cellulose는 솜이나 모시 등에 존재하며 분자량은 출처에 따라 다르나 대체적으로 β-glucose가 2,800~10,000개가 중합된 것으로 추정하며 그 분자량은 450,000~1,720,000 정도로 추정하고 있다.

(3) Cellulose의 결정성

Cellulose fiber의 일부 영역은 cellulose분자들이 불규칙하게 배열되어 있는 무정형영역(amorphous region)을 이루고 있다. 따라서 cellulose 섬유는 결정성 영역(crystalline region)과 무정형영역을 가지고 있는 결정성 물질(crystallite)의 하나이다. 결정성 영역의 비율은 출처에 따라 다소 차이가 있으나 대체로 30~70% 정도이다. 예를 들어 솜에서 얻은 cellulose fiber는 70%의 결정성 영역과 30%의 무정형 영역으로 구성되어 있다. 결정성 영역이 많을수록 섬유의 탄성이 증가하며, 이러한 섬유질 식품은 질기다.

(4) Cellulose의 이용

Cellulose를 분해하는 효소인 cellulase는 하등동물이나 세균, 곰팡이 등 미생물에 존재한다. 인체는 cellulose를 분해하는 효소가 없어서 cellulose는 거의 소화되지 않고 체외로 배설된다. 따라서 영양적 가치는 없으나 장관의 운동을 자극하여 변통을 좋게 하는 효과가 있다. 따라서 저칼로리 식품 제조에 사용되며, 염색성과 보향성이 좋아 착색 안료로 식품 착색용도로 사용된다.

(5) Celulose의 유도체

Cellulose의 구조 일부를 화학적으로 변화시켜 식품첨가물로 사용하는데 이를 cellulose의 유도체라고 한다. 이들은 먼저 cellulose에 NaOH를 가해 알칼리 cellulose를 만든 후 제조한다.

$$\underset{\text{cellulose}}{ROH} + NaOH \longrightarrow \underset{\text{alkali cellulose}}{RONa} + H_2O$$

① Methyl cellulose(MC)

알칼리 cellulose에 CH_3Cl를 반응시켜 methyl cellulose($ROCH_3$)를 만든다. methyl cellulose는 친수성 colloid를 형성하여 식품의 안정제로 사용된다. 또한 흡습성이 강하므로 수분 유지가 필요한 가공식품에 사용한다.

② Carboxymethyl cellulose(CMC)

알칼리 cellulose에 monochloroacetic acid를 작용시켜 carboxymethyl cellulose를 얻는다. carboxymethyl cellulose는 물에 잘 녹고 점성을 크게 해준다. 따라서 식품의 안정제나 증점제로 아이스크림, 토마토케첩, 잼, 청량음료 등에 사용한다.

③ Hydroxypropyl cellulose(HPC)

Hydroxypropyl cellulose는 알칼리 cellulose에 propylene oxide를 반응시켜 만든다. Hydroxypropyl cellulose는 methyl cellulose와 달리 수분을 잘 흡수하지 않는 성질이 있어 분말 상태 식품의 건조 유지에 사용한다.

4) Glycogen

Glycogen은 동물의 저장 탄수화물로 간장이나 근육에 함유되어 있으며, 조개류, 굴 및 효모에 함유되어 있다. Glycogen은 glucose의 중합체로 구조가 amylopectin과 유사하나 가지가 더 많고 사슬이 더 짧다.

구성단위는 α-glucose로 α-1,4결합으로 연결되어 있으며, α-1,6결합으로 가지를 친 구조를 가진 중합체이다. 가지와 가지 사이의 glucose의 수는 3~4개 정도로 극단적으로 가지가 갈라져 말단 가지의 glucose 중합도가 약 6~7 정도이며 glycogen의 분자 형태는 전체적으로 가지가 많아 구형인 것으로 생각된다.

전분과 같이 호화를 일으키지 않으므로 노화현상도 일어나지 않으며 요오드와 반응 시 적갈색을 나타낸다.

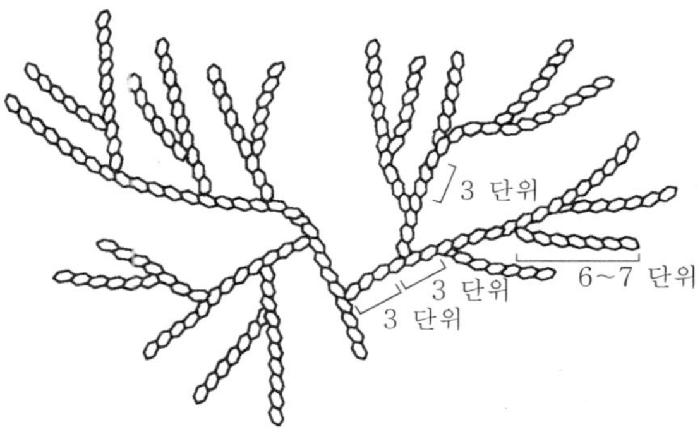

[그림 3-12] Glycogen의 모형도

5) Inulin

Inulin은 돼지감자, 우엉뿌리, 다알리아 뿌리, 백합 뿌리 등에 함유된 대표적인 fructan으로 β-fructofuranose가 β-1,2결합으로 연결된 중합체이다. 중합도 30

정도의 작은 분자로 저장다당류이다. Inulin은 inulase에 의해 fructose로 분해되나 사람은 분해효소가 없기 때문에 분해시키지 못한다. Inulin은 전분과 달리 요오드에 의해 정색반응을 나타내지 않는다.

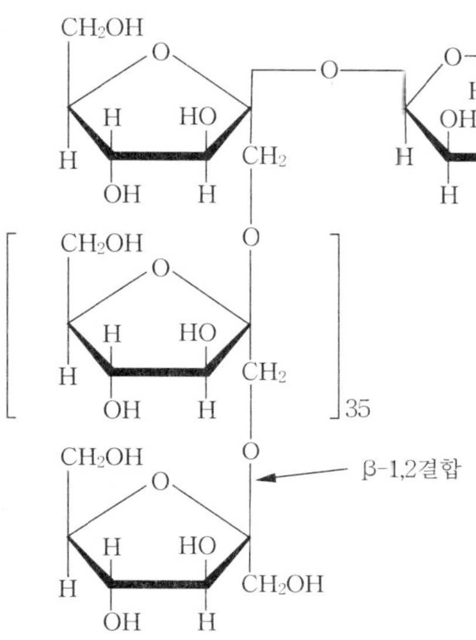

Inulin

6) Chitin

Chitin은 동물의 구조형성 다당류로 새우, 게 등 갑각류의 껍질에 존재한다. chitin은 amino sugar인 N-acetyl glucosamine이 β-1,4결합으로 중합된 직선상의 단순다당류이다.

Chitin은 갑각류나 곤충과 같은 하등동물의 골격조직에서 탄산칼슘($CaCO_3$)에 의해 경화된 형태를 유지하고 있다. 따라서 새우, 게 등의 갑각류 껍질을 염산을 작용시켜 탄산칼슘을 녹여 제거하여 정제한 후 백색의 chitin을 얻는다. 이렇게 얻은 chitin을 강산으로 가수분해하면 acetic acid와 N-glucosamine을 얻는다. 이렇게 chitin에서 acethyl기가 제거된 것이 chitosan이다. chitosan은 항균, 항암작용 등 여러 가지 생리활성을 가지고 있는 것으로 밝혀져 다양하게 이용되고 있다.

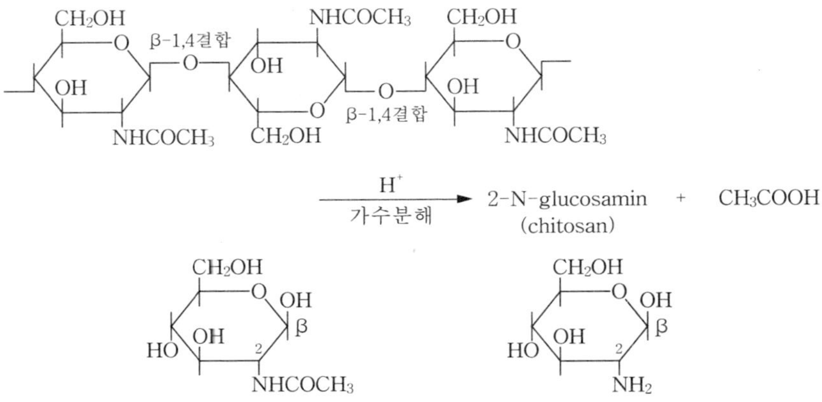

2-N-acetyl glucosamin 2-N-glucosamin

Chitin

2. 복합다당류

1) Hemicellulose

Hemicellulose는 cellulose, pentosan, lignin 등과 함께 식물 세포벽의 구성 성분으로 존재한다. hemicellulose는 분자량이 cellulose의 반 정도이나 cellulose와 화학구조상 관련이 없다. 또한 cellulose와 물리적, 화학적 성질도 다르며, 식이섬유의 성분으로 중요하다. hemicellulose는 cellulose처럼 섬유상으로 존재하지 않으며 대부분 비섬유상이다.

Hemicellulose는 hexose(glucose, galactose, mannose), pentose(xylose, arabinose, rhamnose), uronic acid(glucuronic acid, galacturonic acid) 등이 결합한 복합다당류이다. 따라서 cellulose는 가수 분해시키면 glucose가 생성되나, hemicellulose는 주로 xylose를 생성한다. xylose 외에 arabinose, galactose 등으로 구성되어 있다.

2) Glucomannan

Glucomannan은 mannan이라고도 하며, 곤약감자의 주성분으로 곤약만난이라고도 한다. glucomannan은 mannose와 glucose가 결합한 다당류로 구성비율이 약 2 : 1이다. 소화가 되지 않아 인체에서 거의 흡수되지 않기 때문에 저칼로리 식품 제조에 사용된다.

3) Pecin 물질(pectic substances)

Pectin 물질은 식물조직의 세포벽이나 세포와 세포 사이를 연결시켜주는 세포간질(middle lamella)에 존재하는 다당류로, 세포사이를 결착시켜주는 역할을 한다. 따라서 pectin이 분해하면 세포가 분리되어 버리기 때문에 식물조직이 연해진다. 그러므로 pectin은 채소류나 과일류의 가공 저장 중에 조직 및 신선도 유지에 중요하다. pectin 물질은 cellulose, hemicellulose 등과 함께 식물의 뿌리, 과일류, 감귤류의 껍질, 해조류 등에 널리 분포되어 있다.

Pectin 물질은 분자 내에 친수성기를 많이 가지고 있어 물 분자에 의해 수화될 수 있으므로 당과 산의 존재 하에서 gel을 형성한다. pectin은 pH 3.0~3.5, 당 50% 이상과 가열하면 jelly화 한다.

(1) Pectin의 구조

Pectin은 pectin물질이라고도 불리며 어느 단일 물질이 아닌 어느 한 group에 속하는 물질들에 대한 일반명이다. pectin은 그 분자 내에 carboxyl기의 일부가 methyl ester, 또는 염의 형태로 되어 있는 친수성 polygalacturonic acid로서 교질성을 가지고 있으며, 적당한 양의 산과 당이 존재할 때 gel을 형성할 수 있는 물질에 대한 일반명이라고 kertesz는 정의하였다.

펙틴의 기본구조는 α-D-galacturonic acid가 α-1,4결합으로 연결된 직선상의 고분자 물질이며 amylose와 유사한 α-helical form을 가지고 있다. 유기산기는 유리산, Na이나 Ca의 염, methyl ester 등의 형태를 가지고 있다.

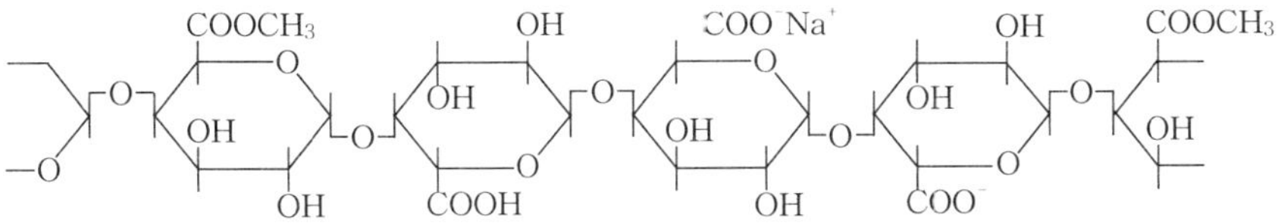

Pectin의 구조

직선상의 pectin 분자들은 그림 3-13과 같이 분자들 사이의 상호간에 수소결합을 비롯한 이차적인 결합을 통하여 하나의 집합체를 형성하여 거대 분자(macro molecule)로 존재하고 있는 것으로 생각된다.

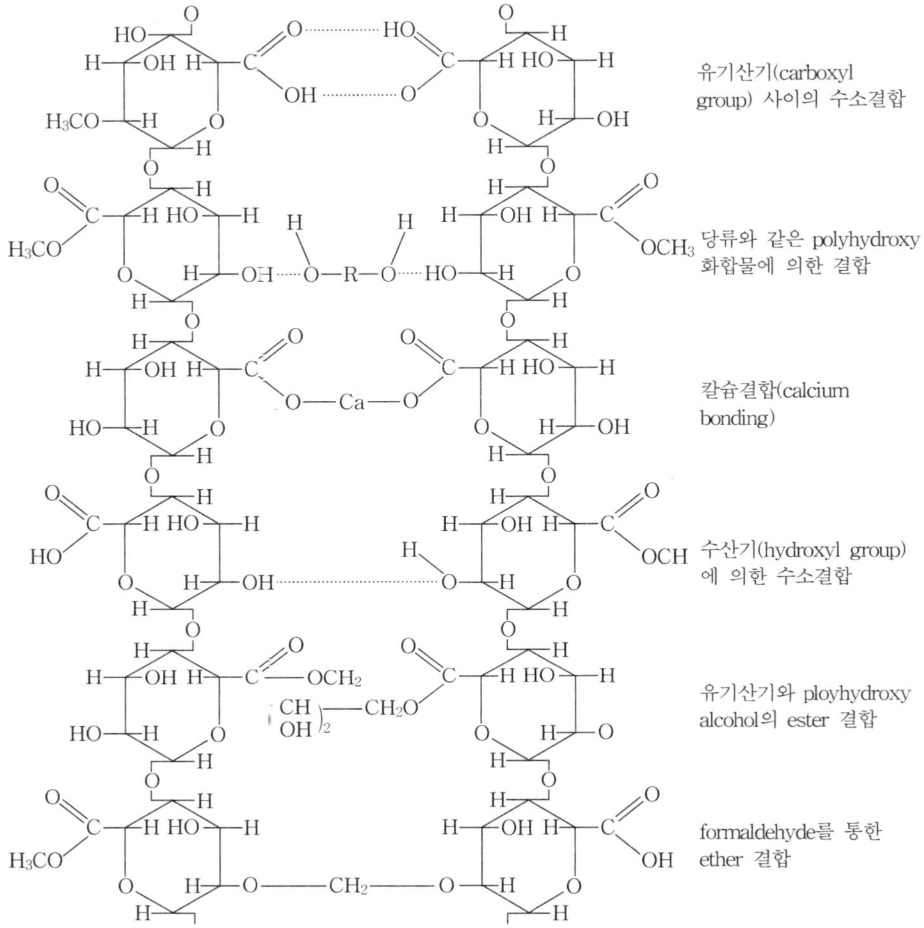

[그림 3-13] Pectin 분자간의 결합양식

(2) Pectin의 구성성분

Pectin을 가수분해하면 주성분인 galacturonic acid가 가장 많이 생성되나, arabinose, rhamnose, galactose, xylose 등의 당류와 acetic acid 등이 함께 생성된다. 이들 성분이 pectin의 정상적인 구성성분인지 정제과정에서 기인된 것인지는 아직 확실하지 않으며, pectin이 galacturonic acid만으로 된 중합체인지도 확실하지 않다. 표 3-5는 과일에서 추출한 pectin의 구성성분으로 과일이나 채소의 종류에 따라서 그 구성성분이 다르다.

[표 3-5] 과일에서 추출된 pectin의 성분

사과에서 추출된 pectin 성분		레몬에서 추출된 pectin 성분	
galacturonic acid	87%	galacturonic acid	87~95.2%
arabinose	9.3%	arabinose	3~7.7%
galactose	1.4%	galactose	0.05~6.4%
rhamnose	1.2%	acetic acid	1.9~4.7%
xylose	0.9%		
fucose	소량		

(3) 펙틴 물질의 분류

Pectin 물질은 protopectin, pectin, pectinic acid, pectic acid 등으로 분류한다. 이들은 모두 기본단위가 α-D-galacturonic acid이며, α-D-galacturonic acid가 1,4결합으로 연결된 긴 사슬로 되어 있다.

① Protopectin

Protopectin은 pectin의 전구체로 덜 익은 과일과 채소에 함유되어 있으며, 불용성이다. 과일이 익어감에 따라 효소(protopectinase)의 작용으로 가용성인 pectin 등으로 가수 분해된다.

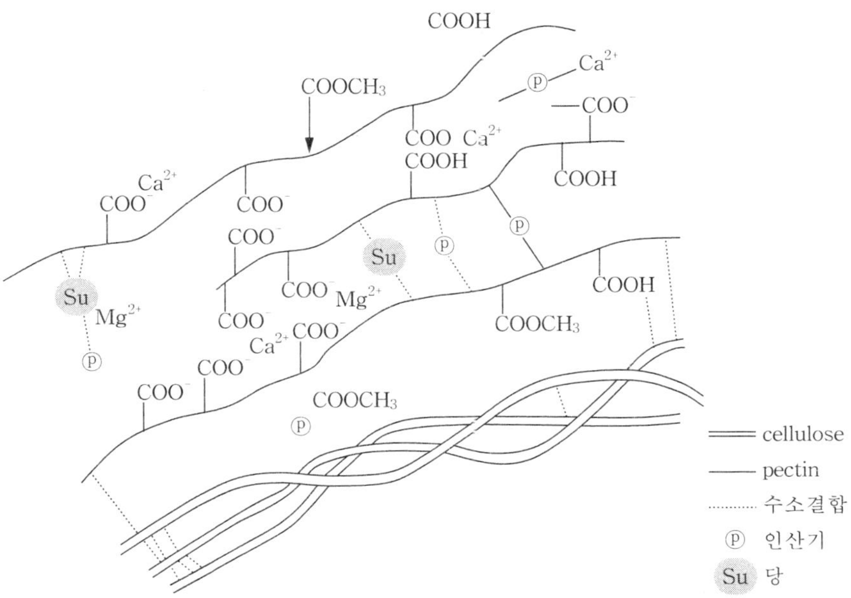

[그림 3-14] 세포 내에서의 protopectin의 구조

분자량은 잘 알려져 있지 않으나 매우 크며, jelly화가 안 일어난다. propopectin은 식물세포 내에서 Ca과 Mg 등의 이온과 결합하거나 cellulose, hemicellulose 등과 결합하여 3차원적인 망상구조를 형성하고 있다.

② Pectic acid

Pectic acid는 α-D-galacturonic acid가 100~800개 정도가 α-1,4결합으로 연결된 중합체로서 분자 중의 carboxyl기에 methyl ester기가 전혀 존재하지 않는 poly galacturonic acid이다. 유리 carboxyl기를 가지고 있어 Ca나 Mg과 결합하여 염을 형성하며, 칼슘과 결합하여 불용성 calcium pectate를 형성한다. 과숙한 과일에 함유되어 있다.

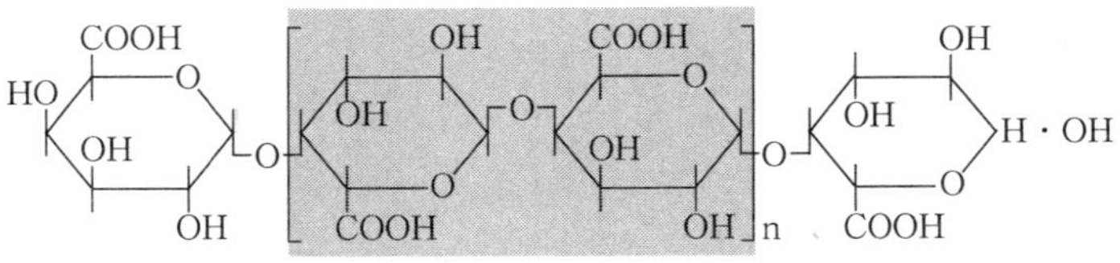

Pectic acid

③ Pectinic acid

Pectinic acid는 pectic acid 분자 내의 유기산기의 일부가 methyl ester ($-COOCH_3$) 형태로 되어 있는 수용성의 polygalacturonic acid 이다. methyl ester화 되어 있지 않은 유리 carboxyl기가 완전히 염의 형태를 이루고 있는 중성염, 일부만 염의 형태를 이루고 있는 산성염 또는 그 혼합물로 존재할 수 있다. pectinic acid는 성숙한 과일에 들어 있으며, 물과 교질용액을 형성한다.

④ Pectin

Pectin은 단일 물질이 아니며 분자 내의 carboxyl기의 일부가 methy ester나 유기산의 형태, 또는 Na염이나 K염, ammonium염의 형태로 되어 있는 수용성 pectinic acid을 말한다. pectin의 분자량은 출처에 따라 차이가 있으나 일반적으로 20,000~30,000 정도로 추정된다.

Pectin은 ester화도(DE)에 따라 DE가 50% 이상이면 high methoxyl pectin, 50% 이하이면 low methoxyl pectin으로 나뉜다. pectin은 사과나 감귤류에 특히 많이 들어있다. ester화도(degree of esterification))는 methyl ester의 백분율을 말한다.

4) Lignin

Lignin은 조섬유의 한 성분으로 식물 조직 내에 cellulose나 hemicellulose 등과 함께 존재하나 본질적으로는 탄수화물이 아니며, 방향족 화합물의 중합체이다. 이 lignin은 식물 세포의 세포막에 존재하며 결착제 작용을 하고 있으나 식물 세포막의 목질화(lignification)를 가져오는 주요성분이다. 따라서 목질화된 부분의 세포막에 많이 들어있다.

Lignin을 산이나 알칼리 등으로 분해시키면 coniferyl alcohol, eugenol, catechol, phenol, n-propyl guaiacol, methyl alcohol 등이 생성된다. lignin은 이들 방향족 알코올류 중 coniferyl alcohol의 중합체로 알려져 있다.

5) Mucopolysaccharides

Mucopolysaccharides는 생체의 점성물질, 연조직, 결체조직 등 동물조직에 존재하는 성분으로 amino sugar, uronic acid 등으로 이루어진 다당류로 다음과 같은 것들이 있다.

(1) Hyaluronic acid

Hyaluronic acid는 동물의 피부, 연조직, 결체조직 등에 들어 있는 다당류로 동물조직의 세포와 세포사이에 존재하며, 이들을 결합하는 물질로 생각된다.

Hyaluronic acid의 구조는 2-N-acetyl glucosamine과 D-glucuronic acid가 β-1,4 및 β-1,3결합으로 번갈아 연결된 가지가 많은 구조를 하고 있다. hyaluronic acid의 분자량은 200,000~400,000 정도로 추정되고 있다.

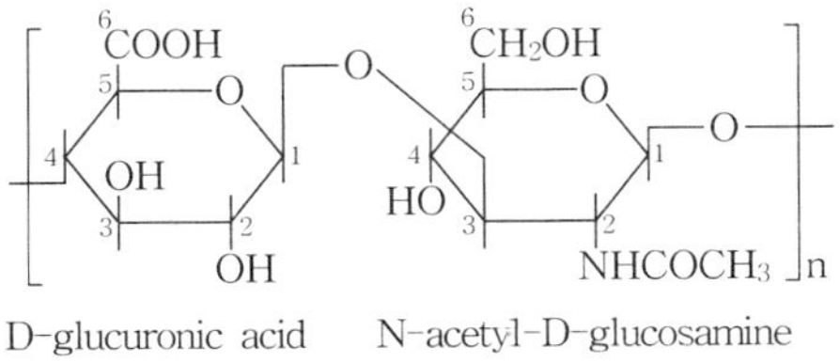

Hyaluronic acid

(2) Chondroitin sulfates

Chondroitin sulfates는 동물의 연골 및 결체조직, 피부 등에 함유되어 있으며 특히 연골에는 20~40% 정도 함유되어 있다. chondroitin sulfates의 구조는 2-N-acetyl galactosamine과 D-glucuronic acid가 β-1,4와 β-1,3결합으로 번갈아 연결되어 있으며, 2-N-acetyl galactosamine의 C_6에 있는 -OH기는 황산과 ester결합으로 연결되어 있다. 이 황산기와 D-glucuronic acid의 carboxyl기는 보통 염의 형태로 존재한다.

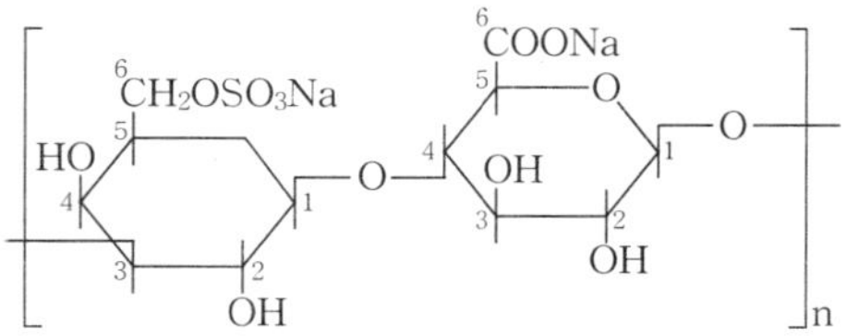

N-acetyl-D-galactosamine D-glucuronic acid

Chondroitin sulfates

(3) Heparin

Heparin은 고등동물의 조직에 존재하며 glucosamine, glucuronic acid, 황산으로 구성된 다당류이다. heparin은 혈액 응고 방지작용을 가지고 있다.

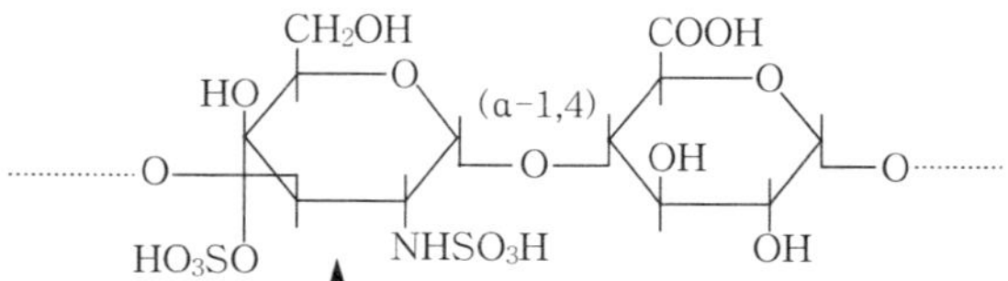

glucosamine(황산 ester) glucuronic acid

Heparin

3. 천연 gum질

Gum질은 물에 분산되어 낮은 농도에서 점도를 증가시키거나 gel을 형성하는 다당류 및 그 유도체를 말하며 hydrocolloid(친수콜로이드)라고도 한다. 이들은 물과 결합하여 점성의 용액이나 gel을 형성하는 친수성 분자를 가지고 있다.

천연 gum질은 출처에 따라 식물에서 추출되는 검질(gum arabic, locust bean gum, gum tragacanth), 해조류에서 추출되는 검질(carageenan, agar, alginates, furcellaran), 동물에서 추출되는 검질(gelatin, chitin), 미생물이 생산하는 검질(dextran, xanthan gum) 등으로 분류된다.

이러한 gum질은 안정제(stabilizer), 결착제(binding agent), 유화제(emulsifier), 팽윤제(swelling agent), 점증제(thickening agent), gel 형성제(gelling agent) 등으로 식품공업에 널리 이용되고 있으며, 그 종류 및 특성은 다음과 같다.

1) 식물에서 추출되는 gum질

(1) Gum arabic

아라비아 gum은 열대나 아열대 지방에서 자라는 아카시아 나무 수액에서 얻어진다. 아라비아 gum은 β-D-galactose가 β-1,3결합으로 연결된 주 사슬에 L-arabinose, L-rhamnose, D-glucuronic acid가 β-1,6결합으로 연결되어 가지가 많이 달린 복잡한 구조를 이루고 있다. 분자량은 출처에 따라 차이가 있으나 대체로 250,000~1,000,000 정도로 추정되고 있다.

아라비아 gum은 점착제나 안정제 등으로 사용되며, 제과제빵이나 청량음료 등에 유화제로 쓰인다.

```
                    1-L-arabinose 3-1-β-D-galactose
                                  1
                                  |
                                  6
1-β-D-galactose-3-1-β-D-galactose-3-β-D-galactose-3-1-β-D-galactose-3
        6                                   6
        |                                   |
        1                                   1
 L-rhamnose-1-3-β-D-galactose      β-D-galactose-3-1-L-rhamnose
                     6                      6
                     |                      |
                     1                      1
              D-gluconic acid        D-gluconic acid
                     4                      4
                     |                      |
                     1                      1
                L-arabinose           L-arabinose
```

Gum arabic의 븐자구조

(2) Gum guar

구아식물의 종자에서 얻어지는 gum질로, 구조는 galactomannan으로 β-1,4결합으로 연결된 mannose의 주 사슬에 galactose가 mannose 2개마다 α-1,6결합으로 연결되어 있다. 분자량은 220,000 정도이며, galactose와 mannose의 비율은 약 2 : 1이다. 천연 gum질 중 점도가 가장 크며, 냉수에서 팽윤하고 가열조리에 의해 점성을 잃지 않는다. 아이스크림, 빵, 드레싱, 치즈 등에 사용된다.

(3) Gum tragacanth

Gum tragacanth는 이란, 터키, 시리아 지방에서 자라는 관목의 수용성 침출액으로 얻어지는 gum질이다. Tragacanth gum의 구조는 아직 확실하게 밝혀지지는 않았으나 D-galactose, D-galacturonic acid, D-xylose, D-fucose, D-arabinose 등을 함유하고 있으며, 그 carboxyl기는 Ca, Mg, K의 염의 형태로 존재하는 복잡한 다당류이다. Tragacanth gum은 물속에서 팽윤되어 gel을 형성하는 성질이 있으며, 안정제로 mayonnaise, salad dressing, ice cream, cheese 등에 사용되고 있다.

(4) Locust bean gum

Locust bean gum은 지중해 연안과 미국 캘리포니아에서 재배되고 있는 두과식물인 메뚜기콩의 배유부분에 많이 함유되어 있다. Locust bean gum의 구조는 D-mannose가 β-1,4결합으로 연결된 직쇄상의 중합체에 D-galactose가 mannose 4단위마다 α-1,6결합으로 연결된 galactomannan의 중합체이다. Locust bean gum은 매우 강한 친수성으로 salad dressing, ice cream, cheese 등에 사용되고 있다.

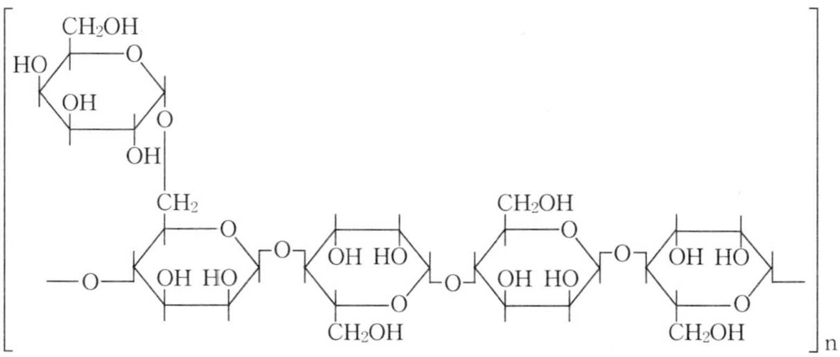

Locust bean gum의 분자구조

2) 해조류에서 추출되는 gum질

(1) Carrageenan

홍조류 세포벽에 들어있는 다당류로 galactan의 혼합물이다. carrageenan은 β-D-galactose, α-3,6-anhydro-D-galactose 및 황산기로 구성되어 있으며, 구조 중의 황산기의 위치나 수에 따라 kappa-carrageenan, lambda-carrageenan, iota-carrageenan으로 분류된다.

일반적으로 carrageenan은 한천에 비해 낮은 온도에서 gel을 형성하며, gel은 탄력성이 있고 보수성이 강하다. 따라서 carrageenan은 gel 형성제, 점착제, 안정제 등으로 사용된다.

(2) Agar

우뭇가사리 등의 홍조류의 세포벽 구성성븐으로 홍조류에서 추출하는 다당류이다. 한천은 황산기를 함유한 galactan으로 agarose와 agaropectin의 두 성분으로 구성되어 있으며, 구성 비율은 70 : 30이다.

Agarose는 이당류인 agarobiose(β-D-galactose, α-L-3,6-anhydro-galactose의 β-1,4결합)가 α-1,3 결합으로 연결된 분자이다. agaropectin은 agarose구조에 황산기, pyruvic acid, D-glucuronic acid가 결합된 다당류로 agarobiose 10~15개마다 황산 ester group을 가지고 있다. 실제로 agropectin분자들은 황산 ester의 황산기와 Ca이온이 이온결합을 통해 결합하고 있다.

한천은 gel 형성 능력이 매우 강하며, 일단 gel화 되면 고온에서도 잘 견디므로 고온에서 제조하는 제과, 제빵의 안정제로 널리 사용된다. 또한 미생물의 배지로도 사용되며, 우유나 유제품, 청량음료 등에도 안정제로 사용된다.

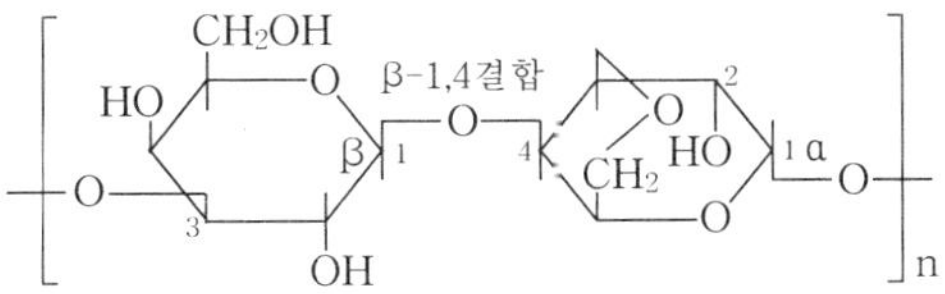

Agarobiose

(3) Alginic acid

Alginic acid는 미역, 다시마 등 갈조류의 세포벽에 존재하며, 점성을 나타내는 다당류이다. 당의 유도체인 β-D-mannuronic acid(β-1,4결합)와 α-L-glucuronic acid(α-1,4결합)로 구성된 복합다당류로 alginic acid를 추출하여 Ca염이나 Na염의 형태로 한 것을 algin이라고 한다. alginic acid는 물에 녹지 않으나 alginic acid의 Na염은 물에 녹아 점성을 나타내므로, 아이스크림이나 드레싱의 안정제, 마요네즈의 증점제 등으로 사용된다.

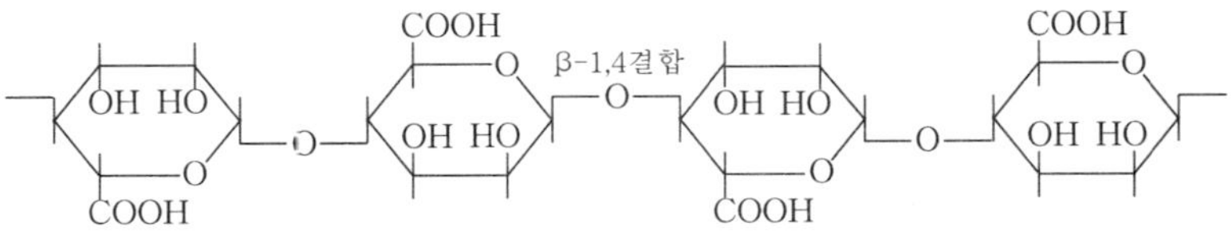

Alginic acid의 구조

(4) Furcellaran

홍조류에서 추출한 다당류로 점착작용이 크며, 한천 대용으로 개발한 gum질이다. 구조는 명확하게 밝혀지지 않았으나 D-galactose-4-sulfate와 3,6-anhydro-D-galactose로 구성된 한천과 유사한 구조인 것으로 알려져 있으며, 분자량은 20,000~80,000 정도로 추정하고 있다. 유제품의 점착제나 jam과 jelly 등에 pectin 대용으로 사용되며, pectin을 사용한 jam이나 jelly 보다 장시간 가열하지 않아도 되기 때문에 색이나 향기 유지에 효과적이다.

3) 미생물이 생성하는 gum질

(1) Dextran

Dextran은 미생물이 생성하는 gum질의 대표로 *Leuconostoc*에 속하는 미생물이 sucrose와 fructose를 소비하여 단순다당류인 dextran을 생산한다. dextran은 α-glucose가 α-1,6결합으로 연결되어 있고, α-1,3, α-1,4결합에 의한 분지구조를 하고 있으며 평균 분자량은 약 400만이다. dextran은 점성이 매우 크며 혈청대용품이나 아이스크림의 증점제 등으로 사용되고 있다.

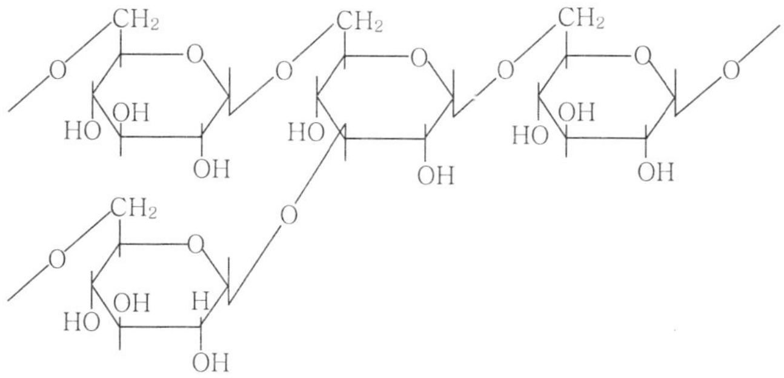

Dextran의 구조

(2) Xanthan gum

Xanthan gum은 미생물(*Xanthomonas campestris*)의 발효과정에서 생산되는 점도가 큰 gum질이다. xanthan gum의 구조는 β-D-glucose가 β-1,4결합으로 연결된 주 사슬에 mannose와 glucuronic acid로 된 가지가 연결되어 있다. xanthan gum은 낮은 농도에서 점도가 높은 용액을 형성하며, 산성에서도 점성의 변화를 일으키지 않으며, 열안정성이 크다. 따라서 마요네즈, 케첩 등 산성 식품의 증점제 및 레토르트 식품에 사용한다.

제4장 탄수화물의 변화

1절. 전분의 호화

전분입자 속에 들어있는 전분분자는 서로 수소결합에 의해 규칙적으로 결합하여 micelle구조를 형성하고 있다. 전분에 물을 가하여 다량의 수분 존재 하에서 가열하면 전분입자들의 분산액은 점도가 큰 colloid 용액을 형성하며, 농도가 클 때나 냉각하였을 때 반고체의 gel을 형성한다.

이러한 전분의 물리적 변화를 호화(gelatinization), 교질화, α화라고 한다. 생전분은 규칙적인 배열을 가진 미세한 결정 상태로 β-starch이라고 하고, micelle 구조가 부서져서 불규칙한 분자배열을 가진 무정형 상태의 호화전분을 α-starch 라고 한다. β-starch는 물 분자나 효소의 작용을 받기 어려워 소화가 어려우나, α-starch는 효소작용을 받기쉬워 소화가 잘된다.

1. 호화의 메커니즘

전분 호화과정의 mechanism을 단계별로 구분하면 다음과 같이 진행된다.

1) 수화(hydration)단계

전분입자에 물을 가하면 물 분자가 amylose나 amylopectin 분자사이에 침투하여 들어간다. 전분입자가 냉수 중에서 일부 물 분자가 흡수되어 수화되는 단계로 외관상 변화가 없으며, 가역적인(reversible) 변화이다. 즉, 다시 흡수된 수분을 건조시키면 쉽게 제거되어 원래 상태로 되돌아 갈 수 있다. 이 때 전분입자들의 현탁액의 온도가 점차 상승하면 약 20~30%의 물을 흡수하게 된다.

2) 팽윤(swelling)단계

전분입자들의 현탁액의 온도가 상승함에 따라 물의 흡수량이 증가되어 전분입자가 팽윤하는 단계로 비가역적(irreversible)인 변화이다. 이 때 amylose와 amylopectin 분자들 사이에 많은 물 분자들이 들어가 분자들 사이의 간격이 늘어나게 되며, 전분 중의 수용성 성분들이 전분입자 속에서 빠져나와 물에 녹게 된다.

팽윤단계에서 옥수수 전분의 예를 보면 60℃에서는 자기 중량의 300%의 물을 흡수하고, 70℃에서는 1,000%의 물을 흡수한다고 한다. 또한 온도상승으로 최고의 팽윤상태를 지나 전분입자들이 형태를 잃고 붕괴되기 직전에는 2,500%에 달하는 수분을 흡수한다고 한다. 이러한 변화가 일어나는 온도를 호화온도라고 하는데, 전분입자가 동시에 호화되는 것이 아니므로 호화온도는 일반적으로 온도범위로 나타낸다.

[표 4-1] 각종 전분의 크기와 호화온도

전분의 종류	입자크기(μm)	호화온도(℃)
고구마전분	15~55	60~78
감자전분	10~100	59~68
옥수수전분	5~30	62~72
찰옥수수전분	5~25	63~72
찹쌀전분	2~10	68~78
멥쌀전분	3~8	61~78
밀전분	5~35	58~64

3) Micelle의 붕괴 단계

위의 단계에 따라 각 전분의 현탁액이 호화 온도에 도달하여 전분입자들은 붕괴되어 형태를 잃고 colloid용액으로 변하게 되는 과정으로 호화가 완결되는 단계이다. 호화된 colloid용액은 투명도가 증가하고, 점도가 급속히 증가한다. 또한 호화전분은 광선의 투과율이 증가하며, 결정성 물질의 특징인 방향부동성(anisotropy, 비등방성)이 없어지고, 복굴절(birefringence)이 상실된다.

4) Gel의 형성 단계

호화된 전분의 colloid용액은 전분의 농도가 높거나, 온도가 내려가면 무질서하게 흩어져있던 전분 분자들이 반고체의 gel을 형성한다. 또 이 gel을 가열하면 다시 colloid 상태 즉, sol 상태로 가역적으로 변화한다. 밀가루 풀의 경우와 같이 전분 gel을 교반하면 쉽게 액상인 sol로 되고, 방치하면 다시 반고체의 gel로 돌아가는 전분의 gel을 thixotropic gel(의액성 gel)이라고 한다.

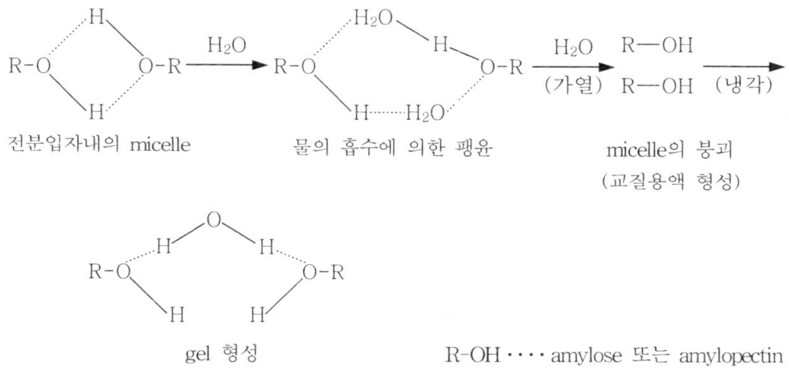

[그림 4-1] 전분입자의 호화과정

2. 호화전분의 X-선 회절도

전분입자는 amylose와 amylopectin 분자 중의 OH기가 수소결합에 의해 규칙적으로 집합된 결정성 영역(micelle)과 비결정성 영역으로 형성되어 있다. 결정성 물질에 X선을 조사하면 규칙적으로 배열된 분자들에 의해 일정한 산란현상을 일으켜 결정성 구조를 나타내주는 뚜렷한 반점(spot)이나 동심원륜(concentric ring)이 나타난 X-ray diffraction pattern을 볼 수 있다. 전분의 결정성은 X-ray diffraction pattern에 의해 명확하게 구별된다.

생전분의 종류에 따라 X-ray diffraction pattern의 종류가 다르다. 쌀이나 옥수수 전분 등의 곡류전분은 A도형을 나타내고, 감자나 밤, 바나나 등의 전분은 B도형을 나타내며 고구마, 칡, 타피오카, 녹두 등의 전분 등은 C도형의 X-ray diffraction pattern을 나타낸다. 이들 도형은 결정성에 근거하므로 전분의 호화가 일어나면 결정성이 모두 소실되어 뚜렷한 회절도를 나타내지 않고 불명료하고 희미한 무정형의 V도형을 나타낸다. 따라서 생전분은 A, B, C도형을 나타내고 호화된 전분은 모두 V도형을 나타낸다.

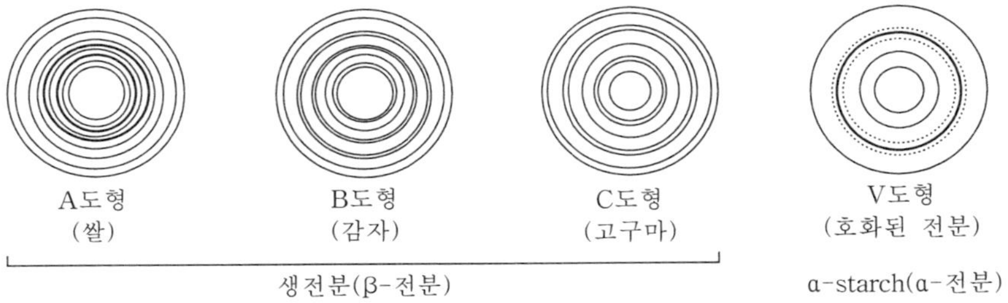

[그림 4-2] 전분의 X-ray diffraction pattern의 모형

3. 호화에 영향을 주는 요인

1) 전분의 종류

전분의 종류에 따라 전분입자의 크기, 형태, 내부구조, amylose와 amylopectin의 함량, 결정화도 등이 다르므로 전분의 종류는 호화에 영향을 미친다. 일반적으로 곡류전분(쌀, 옥수수)의 호화 온도가 서류전분(고구마, 감자)의 호화온도보다 높다. 이는 전분입자의 크기나 내부 micelle구조의 안정성에 기인하는 것으로 사료된다. 또한 amylopectin이 많은 찹쌀이나 찰옥수수 전분은 호화가 잘 일어나지 않는다.

2) 수분

전분은 수분함량이 많을수록 호화가 잘 일어난다. 전분의 호화과정에서 전분입자의 팽윤과 붕괴는 물 분자가 전분분자들 사이에 들어가야 일어난다. 따라서 수분 함량이 충분할 때 호화가 잘 일어나고, 수분이 적으면 호화가 지연된다. 밥을 지을 때보다 빵이나 쿠키를 구울 때에 보다 높은 온도를 필요로 하는 것은 수분 함량의 차이 때문이며, 수분이 많은 죽은 밥보다 호화가 빠르다.

3) 온도

호화 최저 온도 이상이 되어야 호화가 일어나며, 온도가 높을수록 호화가 잘 일어난다. 호화에 필요한 최저 온도는 전분의 종류에 따라 다르나 대개 60℃ 정도이다. 전분의 호화과정에서 온도를 높여주면 수화가 쉽게 일어나 팽윤이 증가한다.

4) pH

전분분자들 사이의 수소결합은 산과 알칼리에 의해 영향을 받는다. 특히 알칼리성에서는 전분의 팽윤과 호화가 촉진된다. 전분 현탁액에 NaOH를 가하면 가열하지 않아도 호화가 쉽게 일어난다.

5) 염류

염류는 일반적으로 수소결합에 영향을 미쳐 호화온도를 내려준다. 따라서 대부분의 염류(NaOH, KOH, KI, NH_4NO_3, $AgNO_3$)는 전분 입자의 팽윤과 호화를 촉진시켜 주므로 swelling agents라고 한다. 그러나 황산염들은 호화를 억제한다. 예를 들어 $MgSO_4$의 진한 용액에서의 전분은 115℃ 까지 가열하여도 호화되지 않는다.

6) 당류

당은 농도가 낮을 때는 호화에 별로 영향을 미치지 않으나 농도가 20% 이상이 되면 호화를 억제한다. 이는 혼합물 중에 함유된 물 분자와 설탕이 수화되기 때문에 전분 입자의 팽윤을 방해하기 때문이다. 따라서 전분 식품에 당을 첨가할 때는 전분을 먼저 호화시킨 후 당류를 첨가하는 것이 좋다.

2절. 전분의 노화

호화된 α전분을 실온에서 장시간 방치하면 전분분자들이 서로 모여서 다시 micelle구조를 형성하는데 이를 노화(retrogradation, β화)라고 한다. 주로 amylose에 의해 일어나는 노화는 호화전분을 상온에 방치했을 때 β-starch로 되돌아가는 현상을 말한다. 그러나 호화가 일어나기 전의 원래의 상태로는 되돌아 갈 수 없다. 왜냐하면 호화과정에서 amylose와 amylopectin이 너무 많이 위치를 바꾸었기 때문이다.

노화가 일어나서 β-starch로 돌아가면 X-ray diffraction pattern은 명료하게 나타나는데, β-starch의 X-ray diffraction pattern은 원료 전분의 종류와 관계없이 항상 B도형을 나타낸다.

1. 노화의 mechnism

호화상태에서 불규칙배열을 하고 있던 sol 상태의 전분분자들이 온도가 낮아지면 수소결합에 의해 부분적으로 규칙적인 분자배열의 micelle구조를 형성하여 β-starch의 상태로 다시 돌아가게 되는 현상을 노화(retrogradation)라고 한다. 이러한 현상은 전분분자들의 수소결합에 의한 결합이 전분분자와 물 분자간의 수소결합에 의한 결합보다 강하기 때문에 일어난다. 호화로 불규칙하게 배열하고 있던 전분분자들이 시간 경과에 따라 가까이에 있는 다른 전분분자의 OH기와 일정한 거리에서 수소결합을 하고 이를 기점으로 점차로 전분분자끼리의 수소결합을 형성하게 된다. 노화가 일어날 때는 분자의 회합점(association point)에서 그물 모양의 구조가 형성되고 이를 중심으로 수소결합이 증가하면서 회합점이 커진다. 회합부분이 증가하면 용해도는 감소하고 수화수는 손실되며 침전되는 경향을 갖는데, 이 때 gel은 불투명해지며 물을 밖으로 방출하는 이액현상(syneresis)이 나타난다. 성장된 회합부분은 micelle상태의 분자 배열로 되돌아가 β-starch가 된다.

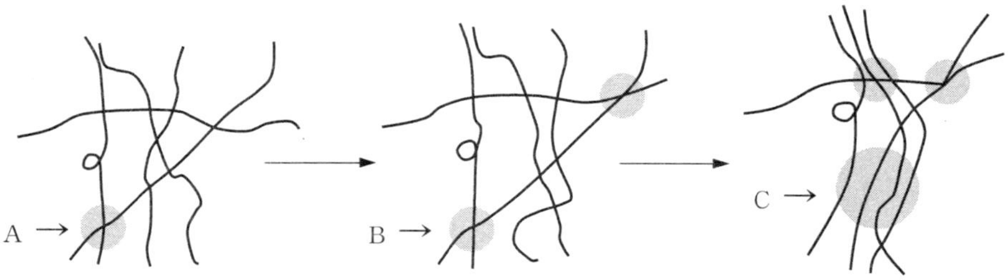

[그림 4-3] 노화의 모형도

2. 노화에 영향인자

1) 전분의 종류

전분의 노화 역시 호화와 마찬가지로 전분의 종류에 따라 전분입자들의 내부 구조, 크기, 형태 등이 다르므로 전분의 종류는 노화에 중요한 영향을 미친다. 곡류전분이 감자, 고구마 등 뿌리 전분보다 노화되기 쉽다. 따라서 밀, 옥수수 전분은 노화되기 쉬우며, 감자, 타피오카, 고구마 전분은 곡류전분보다 노화되기 어렵다.

2) Amylose와 amylopectin의 함량

Amylose함량이 많은 전분일수록 노화가 잘 일어난다. 이는 amylose는 분자량이 작고 직선상의 분자 구조를 가지고 있어 쉽게 호화되지만 호화된 후에도 불안정하여 노화되기 쉽기 때문이다. 즉, 직선상 구조로 입체장애를 받지 않고 부분적인 결정구조를 가지기 쉬우므로 노화되기 쉽다. 그러나 amylopectin은 가지를 많이 가지고 있어 구조의 복잡성으로 입체장애를 받아 노화가 어렵다. 따라서 찹쌀떡, 찰옥수수 등 amylopectin이 많은 전분은 노화되기가 어렵다.

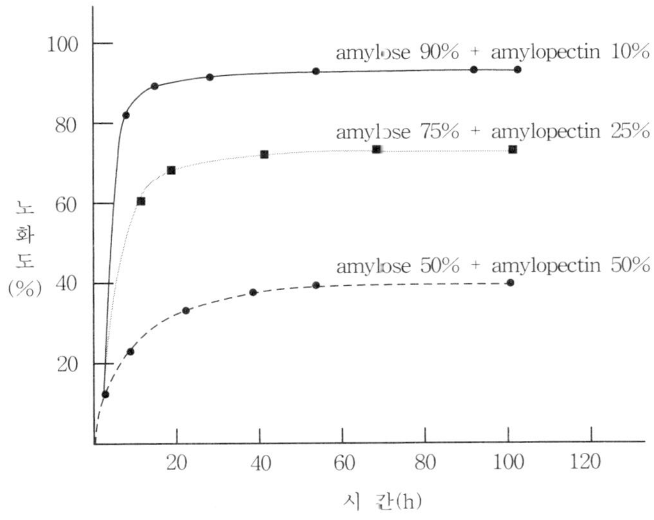

[그림 4-4] Amylose와 amylopectin혼합액의 노화속도

3) 온도

전분의 노화가 가장 잘 일어나는 온도는 0~5°C이다. 이는 온도가 낮을수록 α-전분의 교질구조가 불안정해지기 때문이다. 따라서 냉장보관한 밥이나 빵은 실온에서 보관한 밥이나 빵보다 노화가 빠르게 일어난다. 그러나 60°C 이상이나 0°C 이하에서도 노화가 억제된다. 특히 -20℃ 이하에서는 노화가 거의 일어나지 않는다. 이는 냉동된 후에는 전분분자의 자유로운 이동이 억제되므로 전분 분자들의 집합체 형성이 방해 받기 때문이다.

4) 수분함량

전분의 수분함량이 30~60%에서 노화가 가장 잘 일어난다. 수분함량이 30% 이하이거나 60% 이상에서는 전분분자들의 침전과 회합이 방해를 받으므로 노화가 잘 일어나지 않는다. 특히 수분함량이 10~15%에서는 노화가 거의 일어나지 않는다. 설탕을 첨가하면 설탕이 탈수제로 작용해 노화가 억제된다.

5) pH

전분의 노화는 일반적으로 산성에서 촉진되며, 강산은 그 농도가 낮아도 노화 속도를 현저히 증가시켜 pH 2에서 최고치를 나타낸다. 그러나 약산은 노화에 별 영향을 미치지 않으며 pH가 중성영역에서도 노화 속도에 영향을 미치지 않는다. 그러나 알칼리성에서는 노화가 억제되며, pH 7 이상인 알칼리성 용액에서는 노화가 잘 일어나지 않는다.

6) 염류 또는 각종 이온

염류 또는 이온의 존재는 전분분자들의 수소결합과 관련이 있어 전분 노화에 영향을 마친다. 일반적으로 $CaCl_2$, $ZnCl_2$ 등 대부분의 염류는 노화를 억제한다. 또한 음이온은 $CNS^- > PO_3^- > CO_3^{2-} > I^- > NO_3^-$의 순서로, 양이온은 $Ba^{++} > Sr^{++} > Ca^{++} > K^+ > Na^+$ 순으로 노화를 억제하는 작용이 크다. 그러나 황산염(sulfates)은 노화를 촉진한다.

3. 노화 방지법

1) 수분함량 조절법

수분함량을 조절하여 노화를 억제할 수 있는데, α화된 전분을 80°C 이상의 고온에서 수분이 15% 이하가 되게 건조시키면 노화되는 것을 방지할 수 있다. 이는 호화전분에서 급속히 수분을 제거하면, starch 분자가 옆 분자와 교착된 상태로 고정되므로 노화가 어렵게 된다. 이 방법으로 노화가 방지된 식품은 라면, 비스킷, 건빵, 쿠키, 크래커 등이다.

2) 냉동법

전분의 노화는 60°C 이상이나 0°C 이하에서도 노화가 억제되며, 특히 -20℃ 이하에서는 전분 분자의 자유로운 이동이 억제되므로 노화가 거의 일어나지 않는다. 따라서 α전분을 0°C 이하에서 수분함량이 15% 이하가 되게 건조시키는 냉동건조(freeze-dry)법으로 노화를 억제시킬 수 있으며 이 방법을 이용한 식품에는 냉동건조미, 냉동빵 등이 있다.

3) Sugar 첨가법

호화된 전분에 다량의 당을 첨가하면 당이 탈수제 역할을 하여 α전분을 단시간에 건조시킨 것과 같은 효과로 노화가 방지되며, 설탕의 농도가 클수록 그 효과가 크다. 양갱이나 케이크는 이러한 당의 노화억제방법을 이용한 식품이다.

4) 유화제 첨가법

유화제는 α전분의 안정도를 증가시켜 전분분자들의 부분적인 결정성 영역(partial crystalline region)형성을 방지하기 때문에 노화를 억제한다. 노화방지에 사용되는 유화제는 monoglycerides, diglycerides, sucrose fatty acid ester, fatty acid lactylates 등이다.

3절. 전분의 호정화(dextrinization)

1. 호정화

호정화(dextrinization)는 전분에 물을 넣지 않고 건열로 비교적 높은 온도인 150~190℃정도로 직접 가열하면 전분분자가 열분해나 부분적인 가수분해로 가용성전분을 거쳐 dextrin으로 변화하는 현상을 말한다. dextrin은 자연전분보다 분자량이 작고, 용해도의 증가로 물에 잘 녹고, 효소의 작용을 받기도 쉬워져 소화가 잘된다. brown roux를 만들기 위해 밀가루를 볶을 때나 미숫가루를 볶을 때 등 전분질 식품을 볶는다거나, 빵을 구울 때나 또는 쌀이나 옥수수를 튀기는 팽화 과정에서 호정화가 일어난다.

2. 덱스트린

호정화에 의해 생성된 dextrin은 전분을 가수분해할 때 포도당이나 맥아당이 되기 전에 생성되는 전분의 가수분해 중간 산물로 전술한 바와 같이 물에 녹고, 전분처럼 gel을 형성하지 않으며 단맛이 있다. 분자량이나 중합도에 따라 soluble starch, amylodextrin, erythrodextrin, achromodextrin, maltodextrin으로 분류하며 maltodextrin은 glucose와 maltose로 가수분해 되기 직전의 dextrin으로 일반적으로 식품첨가물로 사용되는 dextrin을 말한다.

4절. 전분의 변화

1. 변성전분

천연전분을 물리적 · 화학적 방법으로 처리하여 성질을 개량하거나 어떤 기능적 성질을 갖도록 제조한 전분의 유도체를 변성전분(modified starch)이라고 한다. 변성전분은 부가되는 관능기와 관능기의 치환도의 정도에 따라 성질이 다르다.

변성전분의 특성은 호화온도의 저하, 호화액의 투명성과 점탄성의 개선, 교반이나 가압에 의한 호화 억제, 냉장이나 장기 브관 중 노화억제 등이다. 따라서 우동이나 라면, 메밀국수 등의 면발 개선이나 떡이나 빵, 만두피 등의 점탄성 개선 시 이용된다.

대표적인 변성전분은 초산전분, 인산전분, 산화전분, 하이드록시프로필전분 등이다.

2. 난소화성 전분

전분을 160~170℃의 건열로 가열하면 결합의 일부가 절단되어 가수분해 생성물이 생성되나, 결합의 전이도 일어나 α-1,4결합 대신 α-1,6결합, β-1,6결합, β-1,2결합 등도 다수 생성된다. 이들 결합은 인체의 소화 효소로 분해할 수 없으므로 이들은 수용성 식이섬유이며, 난소화성 전분 또는 저항성 전분(resistant starch)이라고 한다. 난소화성 전분은 저열량 기능성 식품소재로 사용된다.

3. 전분의 가수분해

1) 전분 분해효소

전분은 가수분해 효소에 의해 구성 당으로 분해된다. 자연계에는 여러 가지 종류의 전분분해효소들이 존재하고 있으며, 중요한 전분 분해효소와 효소의 작용은 다음과 같다.

(1) α-amylase

α-amylase는 endoenzyme으로 전분의 α-1,4결합을 무작위로 가수분해하여 저분자량의 dextrin, oligosaccharides, maltose, glucose등을 형성한다. α-amylase는 α-1,6결합은 분해하지 못하므로 α-amylase가 작용하지 못하고 남은 부분을 α-limit dextrin이라고 한다.

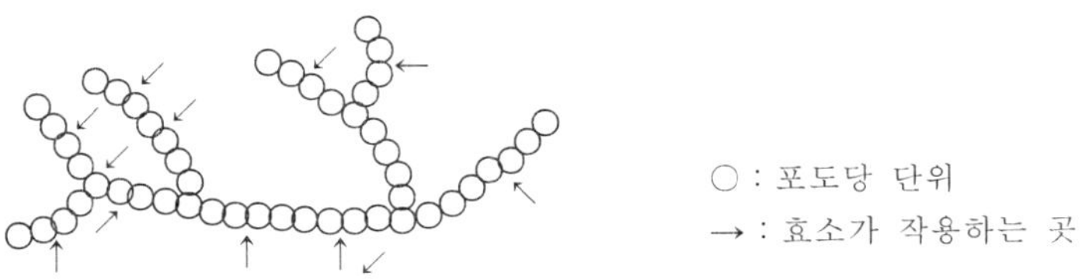

[그림 4-5] α-amylase에 의한 전분의 가수분해

α-amylase는 전분을 가수분해하여 현탁액을 급속도로 맑은 용액으로 만들므로 액화효소(liquefying enzyme)라고 한다.

α-amylase는 발아 중인 종자에 많이 들어있고, 타액이나 췌장액, 세균과 곰팡이 등의 미생물에 존재한다.

(2) β-amylase

β-amylase는 exoenzyme으로 전분의 α-1,4결합을 맥아당 단위로 비환원성 말단에서부터 차례로 가수분해하며, α-1,6결합은 분해하지 못한다. 따라서 β-amylase가 작용하지 못하고 남은 부분을 β-limit dextrin이라고 한다. 이 효소의 작용으로 분자내부는 분해되지 않고 남게 되므로 β-limit dextrin은 α-limit dextrin보다 분자량이 크다.

β-amylase는 전분분자를 maltose단위로 분해하므로 환원력이 증가하고, 단맛이 증가하므로 당화효소(saccharifying enzyme)라고도 한다. β-amylase는 감자류, 두류, 타액, 엿기름 등에 널리 존재한다.

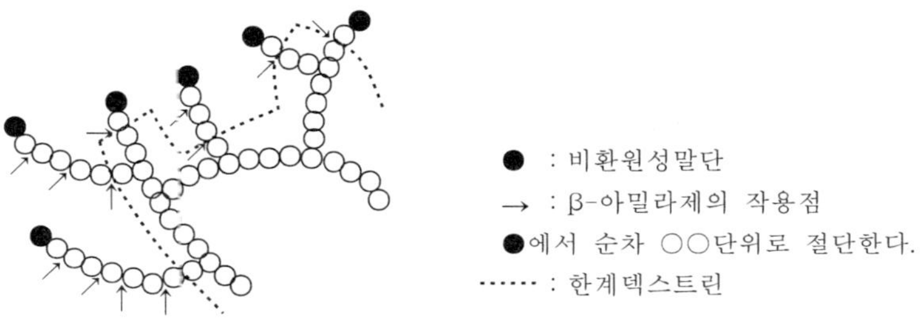

[그림 4-6] β-amylase 작용에 의한 전분의 가수분해

(3) Glucoamylase

Glucoamylase는 전분의 α-1,4결합과 α-1,6결합을 전분분자의 비환원성말단에서부터 glucose 단위로 가수분해하므로, 고 순도의 결정 포도당 생산에 이용된다. glucoamylase는 α-1,3결합도 가수분해하며, amylose뿐 아니라 amylopectin 분자도 80~90%를 분해하므로 전분을 거의 포도당으로 분해한다. glucoamylase는 amyloglucosidase, γ-amylase라고도 하며, 곰팡이, 효모, 세균, 동물의 간조직 등에 존재한다.

(4) Phosphorylase

Phosphorylase는 amylose에 작용하여 glucose를 생성하는 동시에 glucose를 인산화하는 효소로 amylose를 분해해 glucose-1-phosphate를 생성하는 가인산 분해 효소이다.

Phosphorylase는 두류나 고구마 등에 존재한다.

(5) Amylo-(1,6)-glucosidase

Amylo-(1,6)-glucosidase는 exoenzyme으로 효모나 동물조직에 존재한다. Amylo-(1,6)-glucosidase는 amylopectin과 glycogen의 α-1,6결합을 가수분해하며 limit dextrin에도 작용한다. 그러나 이 효소는 α-1,6결합으로 중합된 다당류인 dextran에는 작용하지 않는 특이성을 가지고 있다.

(6) Amylo-(1,4→1,6)-transglucosidase

Amylo-(1,4→1,6)-transglucosidase는 고구마와 동・식물 조직에 존재하는데 Q-enzyme이라고도 한다. amylo-(1,4→1,6)-transglucosidase는 α-1,4결합을 가진 glucose의 중합체에 작용하여 α-1,4결합을 절단한 후 다른 glucose의 중합체와 dextrin류 등에 작용하여 α-1,6결합을 형성시켜 glucose 중합체에 가지를 만들어주거나 가지의 수를 증가시켜주는 효소(branching enzyme)이다. 아직 정확히 알려져 있지는 않으나 식물체에서 amylose를 amylopectin으로 전환시키는데 관련된 효소로 추정된다.

2) 전분의 당화

전분을 가수분해하여 maltose, glucose, 여러 가지의 dextrin류의 혼합물인 물엿 등을 만드는 과정을 전분의 당화라고 한다. 전분의 가수분해물 중 dextrin류는 물엿의 굳기나 점도 등에 영향을 미친다.

일반적으로 전분을 가수부해할 때 그 가수분해 정도(degree of hydrolysis)는 포도당 당량(dextrose equivalent, D.E.)으로 표시한다. 가수분해도가 낮은 물엿의 D.E.는 20~50 정도이며, 포도당과 같이 순수한 것은 D.E가 거의 100에 가깝다.

5절. Pectin물질의 변화

1. Pectin의 gel 형성

Pectin은 물에서 교질용액을 형성하며, 어떠한 특정 조건에서 반고체의 gel을 형성한다. 즉, 적당량의 당과 적당량의 유기산이 존재할 때, 또는 pectin의 종류에 따라 다가이온(polyvalent ions)들이 존재할 때 gel을 형성한다.

1) Methoxyl기의 함량

Pectin 중의 methyl ester의 함량 즉, methoxyl($-OCH_3$)기의 함량은 pectin의 크기 및 성질에 영향을 미친다. pectin분자 속의 모든 carboxyl기가 methyl ester화 되어 있다고 가정하면 methoxyl기의 전체 중량에 대한 %는 이론상으로 16.32%이다. 그러나 실제로 galacturonic acid의 carboxyl기가 전부 methyl ester화 된 상태는 생각할 수 없으며, 실제과일이나 채소에서 얻어지는 methoxyl기의 함량은 0~14% 정도이다.

$$\%\ \text{methoxyl기 함량} = \frac{\text{pectin분자 내의 methoxyl기의 수} \times CH_3O}{\text{pectin분자 내의 galacturonic acid의 수} \times C_6H_{10}O_7} \times 100$$

$$\frac{n \times CH_3O}{n \times C_6H_{10}O_7} \times 100 = \frac{31}{190} \times 100 = 16.32\%$$

따라서 methoxyl기 함량이 7% 이상인 pectin을 high methoxyl pectin, 7% 미만인 pectin을 low methoxyl pectin이라고 한다. 성숙기 과일의 pectin 함량은 7~13%의 것이 많다.

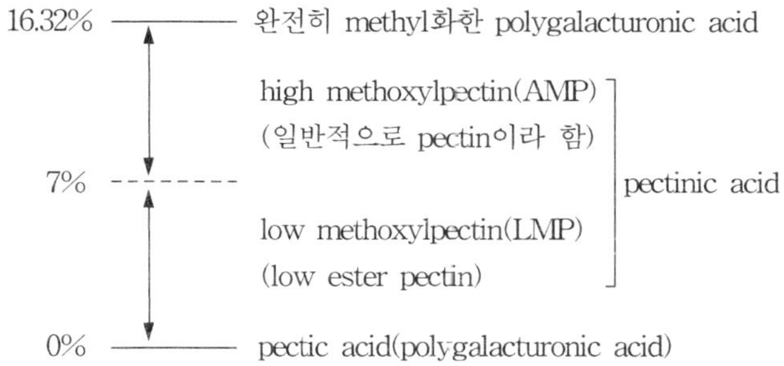

[그림 4-7] HMP, LMP의 methoxyl화 정도

High methoxyl pectin과 low methoxyl pectin은 그 성질도 다르며, gel형성 조건이나 gel 형성 mechanism도 현저히 다르다.

2) Gel형성 mechanism

(1) High methoxyl pectin

High methoxyl pectin은 유기산과 설탕을 함께 첨가하여 가열하면 jelly화 한다. 이 원리를 이용하여 jam과 marmalade를 만든다. jelly화의 최적조건은 pectin 1%, pH 3.2, 설탕 65%이다. pH 3.6 이상에서는 jelly가 형성되지 않으며, pH 2.7 이하에서는 pectin의 가수분해가 일어나 jelly형성이 안 된다. 또한 설탕 70% 이상에서는 설탕결정이 석출된다.

Pectin분자 중의 methyl ester화 되어있거나 비해리 상태의 carboxyl기 외의 모든 carboxyl기는 음하전을 갖는다. 따라서 pectin분자들은 음으로 하전된 친수성의 colloid를 형성한다. 이 용액 내에서 pectin분자들은 물 분자들에 의한 수화현상과 pectin분자 상호간의 음하전에 의한 반발현상에 의해 안정화되어 있다. 따라서 설탕과 산을 첨가하여 pectin분자끼리의 접촉을 용이하게 하여 입체적인 망상구조를 만들고 그 내부에 물을 함유하는 gel이나 jelly를 형성시켜야 한다.

High methoxyl pectin의 경우 pectin의 gel 및 jelly화에 영향을 주는 요인들은 다음과 같다.

① Pectin

일반적으로 pectin의 분자량이 클수록 물 흡수 능력이 크며, syneresis현상이

덜 일어난다. 또한 pectin의 분자량이 클수록 gel형성 속도는 느리나 형성된 gel은 단단하다. pectin의 gel형성은 pectin의 methyl ester화 정도에 따라서 달라지며, pectin의 jelly화가 잘 일어나려면 약 8%의 methyl ester화가 필요하다.

② pH

산의 첨가는 산에 의해 형성된 수소이온(H^+)이 pectin분자 중의 유리 carboxyl기의 음전하를 중화시켜줌으로 pectin분자들의 안정성을 감소시켜 pectin분자끼리 결합하여 3차원적인 망상구조를 형성하게 해주어 jelly화를 쉽게 한다.

③ 설탕

설탕을 첨가하면 pectin분자에 결합하고 있는 물 분자가 당과 결합하여 pectin분자와 결합된 물이 제거되므로 pectin분자의 탈수제 작용을 한다. 그 결과 pectin분자들끼리 결합되기 쉬운 상태로 만들어 망상구조의 jelly를 형성한다.

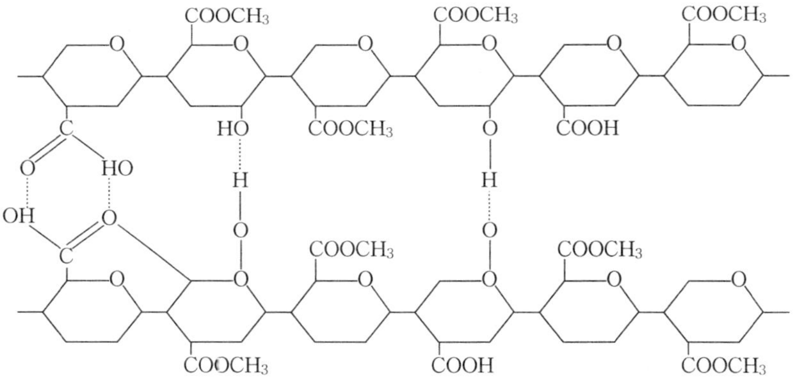

[그림 4-8] High methoxy pectin의 gel화

(2) Low methoxyl pectin

Low methoxyl pectin은 유기산과 당의 첨가에 의해서 gel을 형성하지 하지 않고, 2가 이상의 금속이온(Ca^{+2}, Mg^{+2})에 의해 gel을 형성한다. 이는 Low methoxyl pectin 분자들의 carboxyl기($-COO^-$)가 Ca 등의 이온과 이온결합이 형성되어 bridge를 만들어 pectin분자들을 횡적으로 연결시켜 3차원적인 망상구조의 gel을 형성하기 때문이다.

Low methoxyl pectin으로 jam이나 jelly를 만들 경우 설탕을 첨가하지 않아도 되므로 저 당도 제품을 만들 수 있어 저 calorie식품으로도 이용된다.

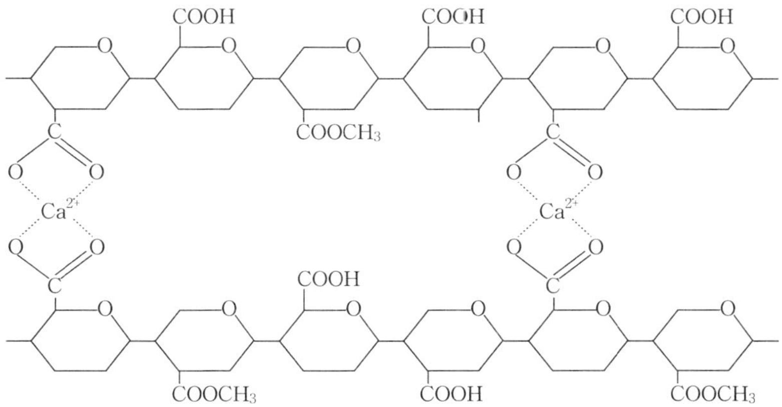

[그림 4-9] Low methoxyl pectin의 gel화

2. Pectin 분해효소

Pectin분해효소는 pectin물질의 성질에 변화를 가져오므로 식품의 품질관리에 중요하다. pectin 분해효소들의 작용은 과실이나 채소의 조직 연화를 초래하고, 과즙 속의 고체성분과 물의 분리현상(syneresis)을 가져오므로 가공 초기에 blanching에 의해 불활성화 시켜야 한다. 그러나 일부 과즙의 경우 pectin에 의한 혼탁을 제거하는데 사용되기도 한다.

1) Protopectinase

Protopectinase는 식물조직의 세포막 사이에 존재하며 불용성인 protopectin을 가수분해하여 수용성의 pectin으로 하며, 그 결과 식물조직의 연화를 가져온다.

$$\text{불용성 protopectin} \xrightarrow{\text{protopectinase}} \text{수용성 pectin}$$

2) Pectin esterase

Pectin esterase(PE)는 pectin의 methyl ester를 가수분해하여 pectic acid와

methanol을 형성하는 효소로 pectin methoxylase, pectin methyl esterase, pectase라고도 한다. pectin esterase는 밀감이나 토마토에 많이 들어있으며 곰팡이에도 이 효소를 가지는 것들이 많다. exoenzyme으로 최적온도는 40℃ 정도이며 저온에서도 활성을 유지해 냉동 저장 시에도 불활성화 되지 않는다.

3) Pectin polygalacturonase

Pectin polygalacturonase(PG)는 poly galacturonic acid의 α-1,4결합을 가수분해하는 효소로 pectinase, polygalacturonase, pectolase라고도 부른다. 따라서 두 분자의 galacturonic acid 사이의 glycoside결합을 끊어 주어 poly galacturonic acid의 분자크기를 감소시켜 분자량이 작아진다. 이 효소가 작용하면 과실이나 채소가 연해진다.

Pectin polygalacturonase는 주로 곰팡이류와 세균류에 존재한다. 과실에는 덜 익었을 때보다 완전히 익었을 때 그 활성이 200배 증가하는 것으로 알려져 있다.

Pectin polygalacturonase(PG)는 polymethyl galacturonic acid 에 작용하는 polymethyl galacturonase(PMG)와 methyl ester기가 모두 제거된 pectic acid인 polygalcturonic acid에 작용하는 polygalcturonase(PG)로 구분된다.

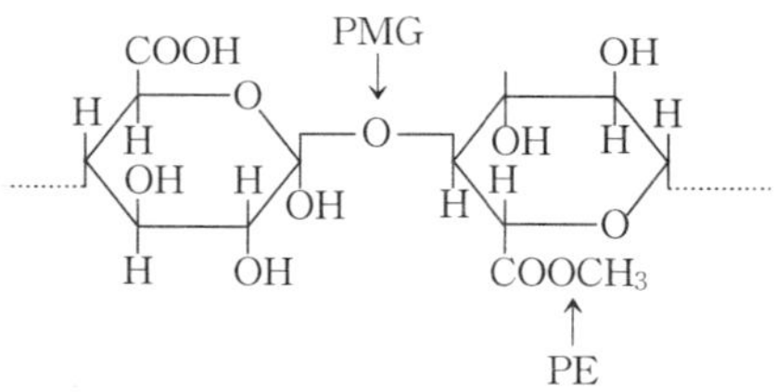

[그림 4-10] PE와 PMG의 작용부위

제5장 지방질(Lipids)

지방질은 동물이나 식물의 구성성분으로 널리 분포되어 있으며, 지질을 구성하고 있는 구성요소는 당질과 같이 탄소, 수소, 산소이지만 탄소와 수소에 비해 산소의 양은 제한되어 있다. 지방질은 물에 녹지 않으며 ether, chloroform, acetone, benzene, 이황화탄소(CS_2), 사염화탄소(CCl_4) 등 비극성 용매에 용해되는 소수성이 강한 물질로, 지방산의 ester로 존재하거나 지방산의 ester을 형성할 수 있는 물질을 말한다. 그러나 지방질에 포함시키는 물질 중 다소 어긋나는 물질도 있다. lecithin이 그 예로 다소 물에 녹으며 acetone에는 녹지 않는다. 또한 squalene과 carotenoid 등은 탄화수소에 속하는 물질이나 지방질에 포함시키고 있다.

지방질의 성질은 일반적으로 지질을 구성하고 있는 지방산의 종류와 양에 의해 달라진다. 포화지방산이 많은 지질은 상은에서 고체 상태이고, 불포화지방산을 많이 함유한 지질은 상온에서 액체이며 산패되기 쉽다. 따라서 상온에서 액체인 것을 '유(oil)'라고 하며, 대부분 식물성기름으로 불포화지방산을 많이 함유하고 있다. 상온에서 고체인 것을 '지(fat)'라도 부르며 대부분 동물성기름으로 포화지방산의 함량이 높은 기름이다.

1절. 지방질의 분류

지방질은 극성에 따라 극성지질, 비극성지질, 중성지질로 분류하기도 하고, 알칼리에 의해 가수 분해되는 비누화 특성에 따라 검화 지질(saponifiable lipid)과 비누화 되지 않는 불검화 지질(nonsaponifiable lipid)로 분류하기도 한다. 검화

지질에는 중성지방, 왁스류, 인지질, 당지질 등이 속하며, 불검화 지질에는 sterol류, 탄화수소, 지용성 색소 및 지용성 비타민 등이 속한다. 또한 기름, 라드, 버터 등 가시 지방질(visible lipid)과 유제품, 생선, 견과류 등 식품에 들어있는 지방질인 비가시 지방질(invisible lipid)로도 분류한다.

또한 출처에 따라 식물성 지질(plant oil)과 동물성 지질(animal oil)로 분류한다.

지방질은 일반적으로 구조와 성질에 따라 분류하며, 지방질을 구조에 따라 분류하면 다음과 같다

1. 단순지질(simple lipid)

단순지질은 지방산과 각종 alcohol의 ester화합물로 동물체 내에서는 주로 지방조직에 energy의 저장체로 존재한다.

① 중성지방(neutral fat) : 지방산과 3가 alcohol인 glycerol의 ester로 tri-acylglycerol

② 왁스류(waxes) : 고급 지방산과 고급 1가 alcohol의 ester

③ Sterol ester : 지방산과 sterol의 ester

2. 복합지질(compound lipid)

복합지질은 생체막의 구성성분으로 지방산과 alcohol의 ester에 다른 원자단이 결합된 화합물이다.

① 인지질(phospholipid) : 지방산과 glycerol, 질소화합물, 인산의 결합

② 당지질(glycolipid) : 지방산과 sphingosine, 당(주로 galactose)류의 결합

③ 단백지질(proteolipid) : 지방질과 단백질의 결합

④ 황지질(sulfolipid) : 지방산, alcohol류, 황산이 결합한 지방질

3. 유도지질(derived lipid)

유도지질은 지방질의 분해산물을 말한다. 즉, 유도지질은 단순지질이나 복합지질의 가수분해로 얻어지는 이들의 구성성분으로, 물에 녹지 않고 유기용매에 녹는 화합물을 말한다.

① 지방산 : 직쇄상의 carboxyl산
② Alcohol : glycerol, sterol, 고급 1가 alcohol 등 직쇄 및 환상 alcohol
③ 탄화수소 : 지방족 탄화수소, squalene, carotenoid 등
④ 지용성 비타민 : A, D, E, K

2절. 지방산

지방산은 자연계에 존재하는 지방질을 가수분해 하여 얻을 수 있는 유기산(organic acid)이다. 따라서 지방산은 지방질의 중요한 구성성분으로 탄화수소 사슬의 말단에 1개의 carboxyl기(-COOH)와 짝수 개의 탄소원자가 직쇄상으로 결합되어 있는 일염기산으로 일반식은 RCOOH로 표시한다. 지방산은 양쪽 말단에 각각 CH_3와 carboxyl기를 하나씩 가지고 있으며 그 사이는 methylene기(-CH_2-)로 연결되어 있다.

천연에 존재하는 지방산은 대부분 탄소수가 짝수 개(4~30개)이나 예외적으로 홀수 개인 것도 있다.

일반적으로 C_{12}개 이하를 저급지방산(short chain fatty acid), C_{14}개 이상은 고급지방산(long chain fatty acid)으로 분류하며, 식품에 많이 들어있는 지방산은 탄소수가 12~22개이다. 또한 지방산의 분자 내에 이중결합의 유무에 따라 이중결합이 없는 포화지방산(saturated fatty acid)과 이중결합이 있는 불포화지방산(unsaturated fatty acid)으로 분류하며, 영양학적으로 필수지방산과 비필수지방산으로 분류한다.

1. 포화지방산

포화지방산은 단일결합으로만 이루어진 지방산으로 버터, 쇠기름, 돼지기름 등 동물성 식품의 유지에 비교적 많이 함유되어 있다. 자연계에 많이 존재하는 포화지방산은 탄소수가 4~30개인 지방산이다. 그들 중에서 식품 중에 가장 많이 함유된 지방산은 탄소수가 16개인 palmitic acid과 18개인 stearic acid이다.

일반식은 $C_nH_{2n}O_2$ 또는 $C_nH_{2n+1}COOH$로 표시하며, 일반적으로 저급지방산은 휘발성이고 고급지방산은 비휘발성이다. 탄소수가 증가할수록 물에 녹기 어렵고, 친유성을 갖는다. 또한 탄소수가 증가할수록 융점(melting point)이 높아지며, 상

온에서 고체이다.

버터와 야자유에는 butyric acid, caproic acid 등 저급지방산이 많이 들어있고, 탄소수가 26개 이상의 지방산은 주로 왁스류에 많이 들어있다.

[표 5-1] 주요 포화지방산

일반식	탄소수	일반명	계통명	녹는점(℃)	소재
$C_nH_{2n}O_2$ 또는 $C_nH_{2n+1}COOH$	C_4	Butyric	Butanoic	-7.9	버터
	C_6	Caproic	Hexanoic	-3.2	버터, 야자유
	C_8	Caprylic	Octanoic	16.3	
	C_{10}	Capric	Dodecanoic	31.3	
	C_{12}	Lauric	Dodecanoic	43.9	
	C_{14}	Myristic	Tetradecanoic	54.4	
	C_{16}	Palmitic	Hexadecanoic	62.9	일반 동·식물성 유지
	C_{18}	Stearic	Octadecanoic	69.6	
	C_{20}	Arachidic	Eicosanoic	75.4	땅콩기름, 돼지기름
	C_{22}	Behenic	Docosanoic	80.0	땅콩기름, 콩기름
	C_{24}	Lignoceric	Tetracosanoic	84.2	당지질, 땅콩기름
	C_{26}	Cerotic	Hexacosanoic	87.7	밀랍
	C_{28}	Montanic	Octacosanoic	90.9	montan랍
	C_{30}	Melissic	Triacontanoic	93.6	밀랍

2. 불포화지방산

불포화지방산은 한 분자 내에 1~6개의 이중결합을 갖는 지방산을 말하며, 포화지방산보다 융점이 낮아 상온에서 액체로 존재하며, 이중결합의 수가 많을수록 융점이 낮아진다. 불포화지방산은 이중결합 수에 따라 monoenoic acid(oeic acid 계열), dienoic acid(linoleic acid 계열), trienoic acid(linolenic acid 계열), tetraenoic acid, pentaenoic acid 등 polyenoic acid(고도의 불포화 지방산 계열) 등으로 구분한다. 이들 이중결합의 위치는 각 불포화지방산에 따라 다르다. 불포화지방산의 이중결합의 위치는 carboxyl기의 탄소를 1번으로 하여 나타내나 carboxyl기의 반대 끝에 있는 methyl기(CH_3)의 탄소를 1번으로 하여 오메가(ω)로 이중결합의 위치를 나타내기도 한다. EPA, DHA, linolenic acid는 ω-3계 지방산이고, linoleic acid와 arachidonic acid는 ω-6계지방산이다.

불포화지방산은 대두유, 미강유, 채종유, 옥수수유, 참기름 등 식물성 기름에 많이 함유되어 있으며 같은 탄소수의 포화지방산과 비교하여 융점이 현저히 낮다. 예를 들어 stearic acid($C_{18:0}$)의 융점은 69.6℃인데 같은 탄소수를 가진 linoleic acid($C_{18:2}$), linolenic acid($C_{18:3}$)의 융점은 -5℃와 -11℃로 이중결합의 수가 많아질수록 융점이 낮아진다.

동·식물에 널리 분포되어 있는 대표적인 불포화지방산은 oleic acid, linoleic acid, linolenic acid이다.

[표 5-2] 주요 불포화지방산

계열	일반식	탄소수	일반명	계통명	녹는점(℃)	소재
Oleic acid 계열	$C_nH_{2n-2}O_2$	C_{10}	Caproleic	9-decenoic	-	버터
		C_{12}	Lauroleic	12-dodecenoic	-	버터
		C_{14}	Myristoleic	9-tetradecenoic	-	어유, 고래기름
		C_{16}	Palmitoleic	9-hexadecenoic	0.5	어유, 고래기름
		C_{18}	Oleic	9-octadecenoic	16.3	일반 동·식물성유지
		C_{18}	Vaccenic	11-octadecenoic	39.5	버터, 쇠고기, 돼지기름
		C_{18}	Ricinoleic	12-hydroxy-9-octadecenoic	5.5	피마자기름
		C_{20}	Gadoleic	9-eicosenoic	23.5	어유, 고래기름
		C_{22}	Erucic	13-docosenoic	33.5	채종유
		C_{24}	Nervonic	15-tetracosenoic	42.5	어유
Linoleic 계열	$C_nH_{2n-4}O_2$	C_{10}	Stillingic	2,4-decadienoic	-	stillingia유
		C_{18}	Linoleic	9,12-octadecadienoic	-5.0	일반 동·식물성유지
Linoienic acid 계열	$C_nH_{2n-6}O_2$	C_{16}	Hirogonic	6,10,14-hexadecatrienoic	-	정어리기름
		C_{18}	Linolenic	9,12,15-octadecatrienoic	-11.0	일반 동·식물성유지
Polyethenoid 계열	$C_nH_{2n-8}O_2$	C_{18}	Moroctic	4,8,12,15-octadecatetraenoic	-	정어리기름
		C_{20}	Arachidonic	5,8,11,14-eicosatetraenoic	-49.5	인지질, 간유
	$C_nH_{2n-10}O_2$	C_{22}	Claupanodonic	4,8,12,15,19-docosapentaenoic	-	정어리기름, 어유
		C_{24}	Nisinic	4,8,12,15,18,21-tetracosahexenoic	-	정어리기름

어유와 고래 기름에는 이중결합수가 더 많은 eicosapentaenoic acid($C_{20:5}$, EPA)와 docosahexaenoic acid($C_{22:6}$, DHA) 등 다가 불포화지방산이 많이 들어 있다. 불포화지방산은 이중결합이 많을수록 불안정하여 산화되기 쉬우며, 특히 어유는 산화가 매우 쉽다. 식품에 함유된 주요 불포화 지방산은 표 5-2와 같다.

3. 트랜스 지방산(trans fatty acid)

불포화지방산은 이중결합을 가지고 있으므로 분자내 원자나 원자단의 상대적 입체위치가 다른 기하 이성체가 존재한다. 따라서 불포화지방산은 1개의 이중결합에 대해 입체적으로 다른 두 종류의 구조가 존재할 수 있으며, 이들 이중결합의 기하이성체를 cis형과 trans형 지방산이라고 한다. 이중결합에 붙어있는 수소가 같은 쪽으로 있는 지방산이 cis형, 반대쪽에 있는 지방산이 trans형이다.

천연의 불포화지방산은 대부분이 불안정한 cis형으로 존재하며, 안정한 trans형으로 이성화되기 쉽다. trans형 지방산은 반추동물의 젖이나 근육에 소량 존재하는데, 액체유지에 수소를 첨가하여 고체유지로 만드는 경화과정이나 가열에 의해 생성된다.

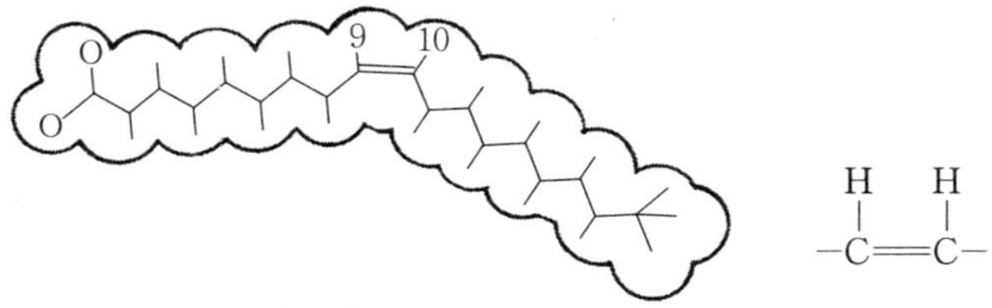

시스형(cis form)

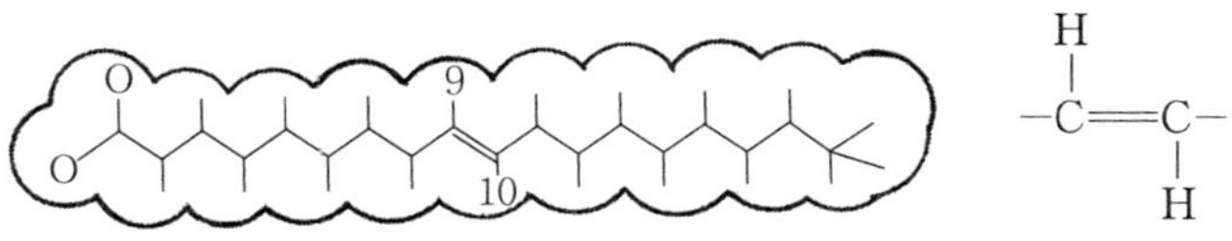

트랜스형(trans form)

[그림 5-1] Cis형과 trans형 지방산

4. 필수지방산(essential fatty acid)

불포화지방산 중에서 영양상 필수적이면서 체내에서 합성되지 않거나 합성되는 양이 적어 식사를 통하여 섭취해야하는 지방산을 필수지방산(essential fatty acid, EFA)이라고 한다. 필수지방산은 생체막의 중요한 구성성분으로 인체의 정상적인 성장과 신체기능 유지에 필요하며, 혈중 콜레스테롤을 저하시키는 역할을 한다. 따라서 정상적인 기능 유지를 위해 외부로부터 공급하여야만 하는 필수지방산은 linoleic acid, linolenic acid, arachidonic acid이며, 이들은 비타민 F라고도 불린다.

5. 특수 지방산

지방산은 유지의 구성성분으로 탄화수소 사슬의 말단에 1개의 carboxyl기(-COOH)와 짝수 개의 탄소원자가 직쇄상으로 결합되어 있다. 지방산은 양쪽 말단에 각각 CH_3와 carboxyl기를 하나씩 가지고 있으며, 천연에 존재하는 지방산은 대부분 탄소수가 짝수개(4~30개)이다.

그러나 최근 여러 가지 분석기기의 발달로 이와 다른 다음과 같은 특수한 지방산들이 자연계에 존재하고 있음이 밝혀지고 있다.

1) 홀수 개의 탄소를 가진 지방산

자연계에 존재하는 지방산은 대부분 탄소수가 짝수개 인데 홀수 개의 탄소수를 가지고 있는 홀수 지방산들이 있다. 대표적인 홀수 지방산으로는 돌고래의 지방산에서 발견된 탄소 수가 5개인 isovaleric acid와 결핵균에서 발견된 탄소수가 19개인 tuberculostearic acid가 있다.

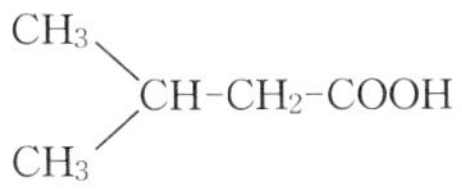

Isovaleric acid

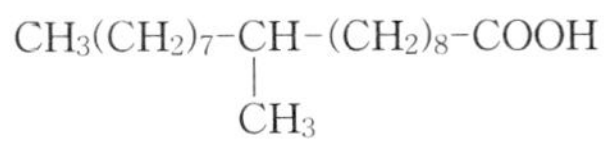

Tuberculostearic acid

2) Carboxyl기를 2개 가지고 있는 지방산

지방산은 탄화수소 사슬의 말단에 1개의 carboxyl기(-COOH)와 짝수 개의 탄소원자가 직쇄상으로 결합되어 있는 monocarboxylic acid이다. 그러나 자연에 존재하는 유지 중에는 carboxyl기를 두 개 가지고 있는 dicarboxylic acid가 가 존재하는데, Japan wax의 구성성분인 japanic acid는 dicarboxylic acid이다.

$$HOOC-(CH_2)_{19}-COOH$$

Japanic acid

3) 환상의 지방산

자연계에 존재하는 지방산은 양쪽 말단에 각각 CH_3와 carboxyl기를 하나씩 가진 직쇄상 구조인데, 유산균의 지방질에서 발견된 lactobacillic acid는 환상구조를 가지고 있다.

$$\overset{CH_2}{CH_3(CH_2)_5CH_2-CH-CH-(CH_2)_9COOH}$$

Lactobacillic acid

4) 삼중결합이 있는 지방산

대부분의 지방산은 분자 내에 단일결합이나 이중결합을 가지고 있는데, 과테말라에서 자라는 나무의 종자유에 들어있는 tariric acid와 같은 삼중결합(triple bond)을 가진 지방산도 있다.

$$CH_3-(CH_2)_{10}-C\equiv C-(CH_2)_4-COOH$$

Tariric acid

6. 지방산의 명명법

1) 일반명

지방산의 일반명은 일반적으로 불리는 명칭으로 관용명이라고도 한다. 일반명은 그 지방산의 유래 및 특징에 근거하여 붙여졌으며, 지방산마다 관습에 따라 붙여진 이름으로 butyric acid, caproic acid, stearic acid, palmitic acid 등 오래전부터 사용 되어 온 이름을 말한다.

2) 계통명

계통명은 지방산의 구조를 나타내는 계통적인 명칭으로 지방산의 탄소수와 이중결합의 수에 근거하여 IUPAC(International Union of Pure and Applied Chemistry) 방법으로 체계적으로 붙여진 명칭이다.

포화지방산은 IUPAC 탄화수소 어미의 'e'를 빼고 -oic acid를 붙인다. 예를 들어 butane(C_4)의 경우 butanoic acid(butyric acid, C_4)가 되며, tetradecane(C_{14})의 경우 tetradecanoic acid(myristic acid, C_{14})가 된다.

불포화지방산은 단일이중결합의 불포화지방산은 탄화수소 명칭에서 'ane'을 빼고 enoic acid를, 여러 개의 이중결합을 가지고 있는 불포화지방산의 경우에는 탄화수소 명칭에서 'ane'을 빼고, 이중결합 수(di, tri, tetra, penta, hexa)와 enoic acid를 붙인다. 이중결합의 위치를 표시할 때는 carboxylic acid에 있는 탄소로부터 세어 숫자로 표시한다. 예를 들어 단일 이중결합의 oleic acid의 경우 octadeane(C_{18})이므로 9-octadecenoic acid라고 하며, 이중결합이 3개인 linolenic acid의 경우는 9,11,15-octadecatriencic acid라고 한다.

3) 탄소수와 이중결합으로 나타내는 명칭

지방산을 구성하고 있는 탄소의 수와 이중결합의 수 사이에 콜론(:)을 사용하여 숫자로 표시하기도 한다. 예를 들어 oleic acid는 ($C_{18:1}$)로, linolenic acid는 ($C_{18:3}$)으로 포화지방산인 stearic acid는 ($C_{18:0}$)로 표시한다.

4) 오메가 명명법

지방산의 끝부분인 methyl기의 탄소로부터 세어서 몇 번째 탄소에 첫 번째 이중결합이 있는지 이중결합의 위치를 오메가(ω)로 표시하기도 한다. 예를 들어 linoleic acid는 $-CH_3$기로부터 첫 번째 이중결합이 여섯 번째 탄소에 있으므로 ω-6지방산이라 하고, linolenic acid는 methyl기로부터 첫 번째 이중결합이 세 번째 탄소에 있으므로 ω-3지방산이라고 한다.

7. 주요 유지의 지방산 조성

천연에 존재하는 유지의 여러 가지 물리화학적 성질은 그 구성 지방산의 조성에 의해 영향을 받는다. 유지의 구성 지방산 중 전체 지방산의 10% 이상을 차지하는 지방산을 주요 지방산(major fatty acic)라고 하며, 대표적인 식용유지의 지방산 조성은 표 5-3과 같다.

여러 가지 식용유지를 구성하는 지방산의 종류와 함량은 다양하나, 대부분의 식용유지의 경우 palmitic acid, stearic acid, oleic acid, linoleic acid가 주요 구성 지방산으로 존재하고 있다. 그러나 유지방에는 저급지방산인 butyric acid, caproic acid, capric acid, caprylic acid 등을 함유하고 있으며, 채종유는 erucic acid를 40~50% 함유하고 있다. 피마자유는 수산기를 가지고 있는 ricinoleic acid를 전체 구성 지방산의 80% 이상 함유하고 있으며, 야자유와 palm핵유는 lauric acid의 함량이 높다. 또한 정어리 등 생선기름에는 고도의 불포화지방산인 EPA($C_{20:5}$), DHA($C_{20:6}$)를 다량 함유하고 있다.

[표 5-3] 천연 식용유지의 지방산 조성

유지종류	지방산																						
유 지	4:0	6:0	8:0	10:0	12:0	14:0	14:1	16:0	16:1	17:0	17:1	18:0	18:1	18:2	18:3	20:0	20:1	20:2	20:4	22:0	22:1	22:2	24:0
콩기름						0.1		11.0	0.1			4.0	23.4	53.2	7.8	0.3				0.1			
들기름								6.5	0.1			2.0	17.8	15.3	58.3								
땅 콩						0.1		11.6	0.2	0.1		3.1	46.5	31.4		1.5	1.4	0.1		3.0			1.0
면실유						0.9		24.7	0.7	0.1		2.3	17.6	53.3	0.3	0.1							
미강유			0.1	0.1	0.4	0.5		16.4	0.3			2.1	43.8	34.0	1.1	0.5	0.4			0.2			0.1
옥수수유								12.2	0.1			2.2	27.5	57.0	0.9	0.1							
올리브유								13.7	1.2			2.5	71.1	10.0	0.6	0.9							
유채유								3.9	0.2			1.9	64.1	18.7	0.2	0.6	1.0	0.6		0.2	1.0	0.3	1.0
참기름								9.9	0.3			5.2	41.2	43.2	0.2								
코코넛유		0.5	0.8	6.4	48.5	17.6		8.4				2.5	6.5	1.5		0.1							
팜 유					0.3	1.1		45.1	0.1			4.7	38.8	9.4	0.3	0.2							
팜핵유		0.3	3.9	4.0	49.6	16.0		8.0				2.4	13.7	2.0		0.1							
해바라기유					0.5	0.2		6.8	0.1			4.7	18.6	68.2	0.5	0.4							
닭기름					0.2	1.3	0.2	23.2	6.5	0.3	0.1	6.4	41.6	18.9	1.3								
라 드				0.1	0.1	1.5		24.3	3.1	0.5	0.3	12.3	45.1	9.9	0.1	0.2	1.3	0.1	0.4				
버 터	3.8	23	1.1	2.0	3.1	11.7	0.8	26.2	1.9	0.7	0.2	2.5	28.2	2.9	0.5		0.2		0.1				
우 지				0.1	0.1	3.3	0.2	25.5	3.4	1.5	0.7	21.6	38.7	2.2	0.6	0.1			0.4	0.1			

3절. 단순지질(simple lipid)

단순지질은 자연식품에 가장 풍부하게 함유되어 있으며 지방산과 각종 알코올로 이루어진 ester의 총칭으로 triacylglycerol(triglyceride), wax류, sterol ester 등이 여기에 속한다. acylglycerol(glyceride)은 glycerol과 지방산의 ester로 일반적으로 동·식물 지방질에 가장 많이 함유되어 있고, wax류는 고급 alcohol과 고급지방산의 ester로 동·식물 표면의 보호물질로 존재한다.

1. Triacylglycerol

Triacylglycerol은 식물체 조직에 에너지 저장체로 존재하며, 3가 alcohol인 glycerol에 3분자의 지방산이 ester결합을 하고 있다. 지방산의 수에 따라 glycerol에 지방산 1분자가 결합 한 것을 monoacylglycerol(monoglyceride), 2분자가 결합한 것을 diacylglycerol(diglyceride) 3분자가 결합한 것은 triacylglycerol(triglyceriole)이라고 한다.

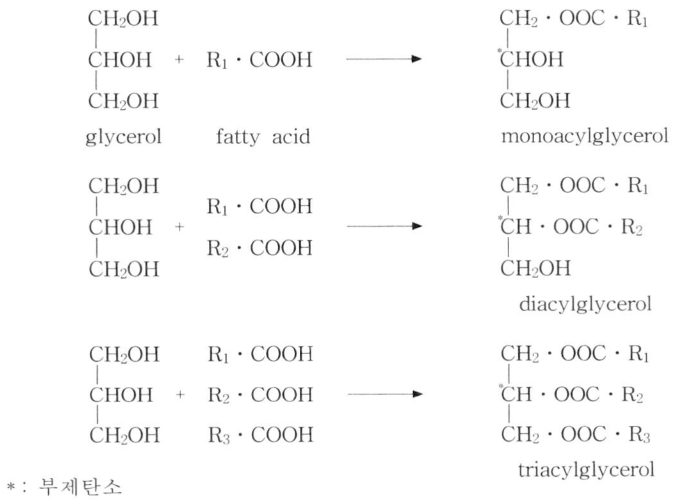

Triacylglycerol

대부분의 유지는 주로 triacylglycerol의 형태로 존재한다. triacylglycerol은 glycerol과 결합한 3분자의 지방산이 같을 때 simple triacylglycerol, 서로 다른 3분자의 지방산이 결합했을 때 mixed triacylglycerol이라고 하며, 대부분의 천연유지는 혼합 triacylglycerol의 형태로 존재한다. triacylglycerol에는 이온화 할 수 있는 group이 없어 중성지방(neutral lipid)이라고도 한다.

유지는 실제로 수많은 종류의 triacylglycerol의 혼합물이다. 유지를 구성하고 있는 지방산의 종류가 많을수록 여러 종류의 triacylglycerol이 존재한다. 예를 들어 어떤 유지 속에 두 가지의 지방산(oleic acid, palmitic acid)만 존재한다고 할 때, 가능한 triacylglycerol의 종류는 다음과 같이 6종류이다. 지방산의 종류가 모두 같은 단순 triacylglycerol과 지방산의 결합된 위치가 다른 위치이성체가 생긴다.

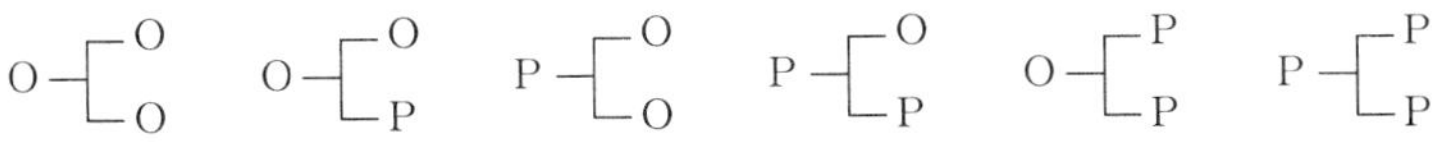

[: glycerol기　O : oleic acid　P : palmitic acid

6종류의 이성체

이성체의 수를 계산할 때, 일반적으로 어떤 유지가 n개의 지방산으로 구성되어 있을 때 가능한 구성 triacylglycerol의 수는 다음 식에 의하여 표시된다.

$$N_1 = \frac{1}{2}(n^2 + n^3)$$

또한 위치이성체를 고려하지 않고 위치이성체를 같은 것으로 생각할 때는 다음 식에 의해 존재 가능한 triacylglycerol의 수(N_0)를 계산할 수 있다.

$$N_0 = \frac{1}{6}n(n+1)(n+2)$$

예를 들어 어떤 유지의 구성지방산 수가 3개일 경우에 가능한 triacylglycerol의 총수는 18개이며, 위치이성체를 고려하지 않았을 때는 10개가 된다.

2. 왁스류

왁스류(waxes)란 고급 1가 alcohol과 고급지방산의 ester로, 식품의 잎이나 과일의 껍질, 동물의 피부나 새의 깃털 등의 동·식물에 널리 존재한다. 왁스는 융점이 사람이 소화시킬 수 있는 유지의 한계보다 훨씬 높아 인체 내에서 소화되지 않아 영양적 가치는 없으며, 광택제나 기타 공업용으로 쓰인다. 왁스류는 출처에 따라 다음과 같이 분류한다.

1) 식물성 왁스류

식물성 왁스는 잎의 표면이나 줄기 등에 존재하며 식물체의 외피를 보호하고 미생물의 침입과 수분의 증발을 막는 역할을 한다. 식물성 왁스에는 carnauba wax, candelilla wax, japan wax 등이 있다.

(1) Carnauba wax

Carnauba wax는 식물의 잎 표면에서 존재하며, 융점이 83~93℃이다. 황색의 왁스로, 주성분은 myricyl cerotate, carnaubyl cerotate 이다. 구성 alcohol은 myricyl alcohol, carnaubyl alcohol 등이며, 구성지방산은 cerotic acid($C_{26:0}$)이다. 주로 전기 절연체나 기타 광택제로 사용된다.

(2) Candelilla wax

Candelilla wax는 식물의 잎이나 줄기에 존재하며, 융점이 67~70℃로 황갈색의 왁스이다. candelilla wax의 주성분은 carnauba wax와 유사하다.

(3) Japan wax

Japan wax는 일본산 옻나무 열매에 함유되어 있으며 융점이 53℃인 황색의 고체 왁스이다. 주요 구성지방산은 palmitic acid이며 dicarboxylic acid인 japanic acid도 들어있다

2) 동물성 왁스류

동물성 왁스는 새의 깃털, 피부, 머리카락 등에 존재하며 보호막으로 존재한다. 벌집의 밀납, 고래 기름의 경랍, 양모 중의 라놀린 등이 있다.

(1) 밀랍

밀랍(bee wax)은 꿀벌집에서 얻어지는 성분으로 융점은 62~65℃인 황백색의 왁스이다. 주성분은 myricyl alcohol과 palmitic acid의 ester인 myricyl palmitate이며 가구나 종이 등의 광택제로 사용된다.

(2) 경랍

경랍(supermolceti wax)은 밀향고래 기름에서 얻어지는 왁스로 융점은 41~46℃이다. 주성분은 cetyl palmitate이며, 비누나 화장품 등에 사용된다.

3. Sterol ester

Sterol ester은 지방산과 sterol의 ester을 말한다. steroid핵의 C_3의 -OH기와 지방산이 ester결합을 하거나 배당체의 형태로 존재하며 cholesterol ester 등이 이에 속한다.

4절. 복합지질(compound lipid)

복합지질은 단순지질에 다른 성분이 결합된 지질이다. 즉 지방산과 alcohol 이외에 인산, 당류, 질소화합물, 단백질, 유황화합물 등을 함유하고 있으며 당지질, 인지질, 단백지질, 황지질 등이 있다. 복합지질은 생체 내 여러 곳에 존재하며 특히 세포막의 구성성분으로 중요한 생리작용을 하고 있는 것이 많다. 분자 내 전하를 갖는 극성지질이므로 계면활성제로 식품공업에서 많이 이용된다.

1. Phospholipids(phosphatides)

인지질은 가수분해하여 인산을 생성하는 지방질로, 알코올과 지방산과 인산 및 염기성 질소화합물이 결합된 복합지질이다. alcohol 부분이 glycerol인 glycerophospholipid와 alcohol 부분이 glycerol대신 amino alcohol인 sphingosine을 함유한 sphingophospholipid로 분류할 수 있다.

인지질은 동식물이나 미생물의 세포막이나 mitochondria막의 중요한 구성성분이며, 대사기능이 활발한 뇌, 심장, 신장 등의 기관과 난황 및 콩 등의 식품에 많이 들어있다.

인지질은 glycerol의 2개의 OH기가 지방산과 ester결합을 하고, 3번째의 OH기가 인산과 결합되며 여기에 질소염기가 결합되어 있다. 따라서 인지질은 phosphatidic acid의 유도체로 phosphatidic acid를 기본구조로 가지고 있는 복합지질이다. 인지질의 모형은 다음과 같다.

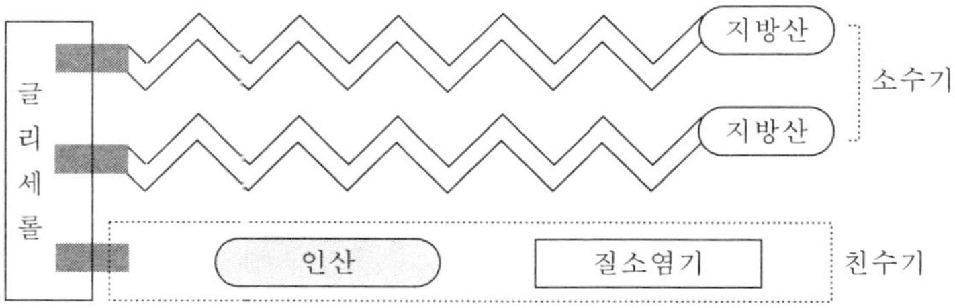

인지질의 모형

Phosphatidic acid는 triacylglycerol과 glycerophosphoric acid의 구조와 밀

접한 관계를 가지고 있다. phosphatidic acid는 동물과 식물 조직 중에서 K, Mg, Cu 등의 양이온과 결합하여 분포되어 있으며, phosphatidic acid의 유도체인 phosphatidyl ester은 인지질로 자연식품에 함유되어 있다.

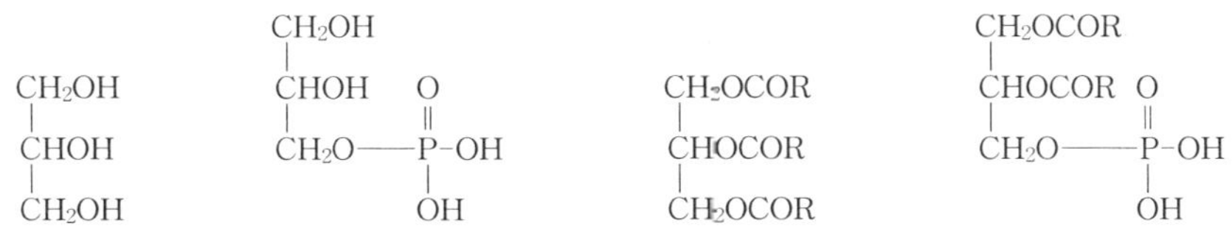

Glycerol Glycerophosphoric acid Triacylglycerol Phosphatidic acid

1) Glycerophospholipid

(1) Lecithin(phosphatidyl choline)

Lecithin은 세포막의 구성성분으로 glycerol, 지방산 2분자, 인산, 질소함유 염기물질인 choline이 결합한 인지질이다. 즉, phosphatidic acid의 인산기에 choiline이 결합한 phosphatidyl choline의 구조로 되어 있다.

Lecithin은 분자 내에 한쪽에는 소수성인 지방산기와 다른 한쪽에는 친수성인 인산과 choline부분을 함께 가지고 있는 양성물질의 하나이다.

Lecithin은 뇌와 신경, 동물조직, 대두, 난황 등에 많이 들어 있으며, 극성지질이므로 아이스크림, 초콜릿, 마가린, 샐러드 등의 식품의 제조에 유화제로 사용된다.

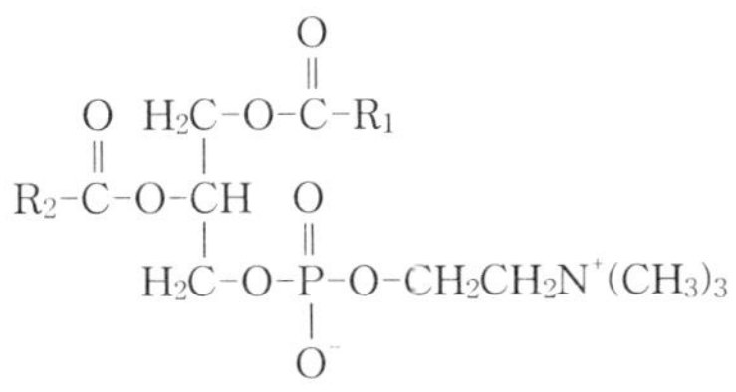

Lecithin의 구조

(2) Cephline(phosphatidyl serine, phosphatidyl ethanolamine)

Cephaline에는 phosphatidic acid의 인산기에 serine이 결합한 phosphatidyl serine과 ethanolamine이 결합한 phosphatidyl ethanolamine의 두 종류가 있다.

Cephaline은 lecithin의 choline부분에 ethanolamine이나 serine이 결합한 glycerophospholipid로 lecithin과 유사한 극성지질이므로 유화력이 있으나 lecithin보다 약하다. lecithin과 함께 세포막을 구성하며 난황과 대두 등에 많이 들어있으며 뇌, 신경 등 동물 조직에도 들어있다.

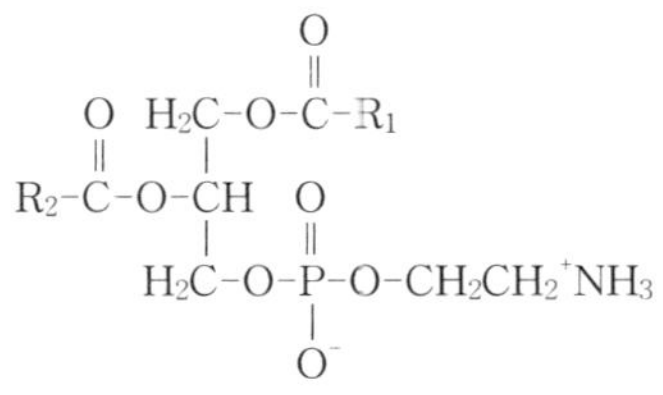

phosphatidyl ethanolamine

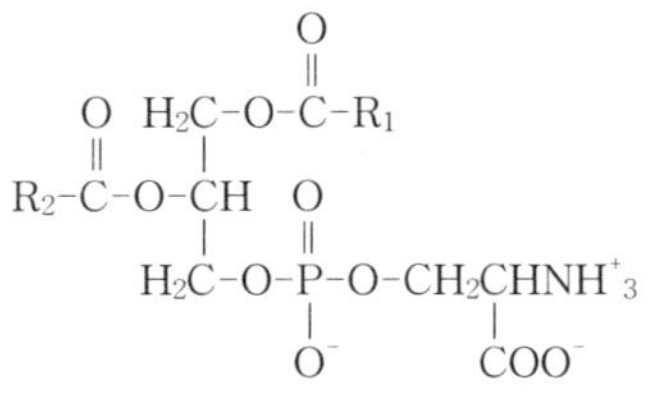

phosphatidyl serine

Cephaline

(3) Phosphoinositide(phosphatidyl ioinositol)

Phosphoinositide는 phosphatidic acid의 인산기에 환상의 당알코올인 meso inositol이 ester결합을 하고 있는 phosphatidyl inositol을 말한다. phosphoinositide는 동물의 뇌, 심장, 신경조직이나 콩, 밀 등의 곡류의 배아와 효모 등에 들어있다.

Monophosphoinositide를 가수분해하면 인산, mesoinositol, glycerol, 지방산 2분자가 생성된다. 구성지방산은 stearic acid, palmitic acid, oleic acid, linoleic acid 등이며, 특히 linoleic acid와 stearic acid의 함량이 높다. monophosphoinositide외에 diphosphoinositide, triphosphoinositide류가 뇌 조직에 상당량 존재하는 것으로 알려져 있다.

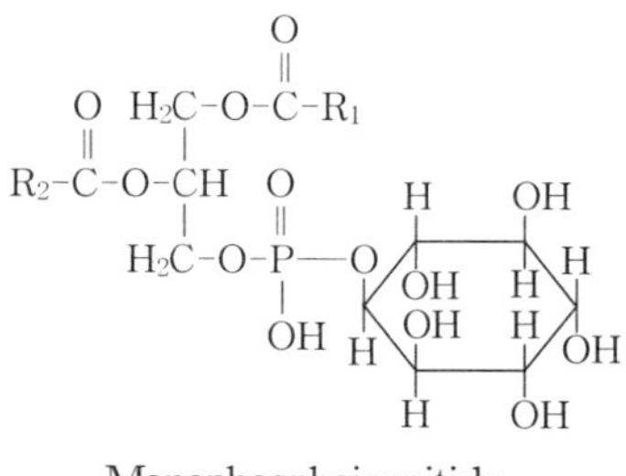

Monophosphoinositide

(4) Plasmalogen

Plasmalogen은 phosphatidyl유도체와 구조가 유사하다. 그러나 glycerol의 하나의 탄소원자가 지방산 대신 pamitic aldehyde, stearic aldehyde, oleic aldehyde등 고급지방산 aldehyde와 결합되어 있다. 따라서 plasmalogen은 phosphatidic acid와 고급지방산 aldehyde와 질소화합물로 구성되어 있다. 질소화합물로는 ethanolamine, serine, choline 등이 결합되어 있다.

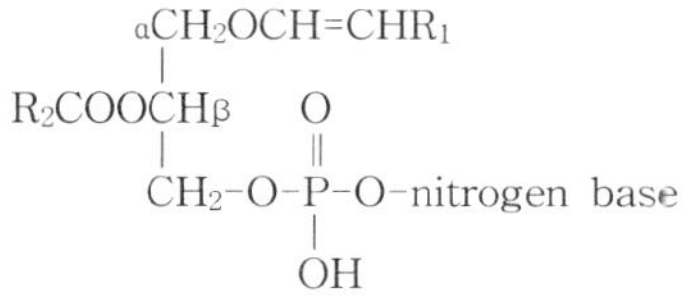

α : 불포화 ether
β : 지방산

Plasmalogen

Plasmalogen은 심장근육에서 추출한 인지질에 많이 존재하는 것으로 알려져 있다.

2) Sphingophospholipid

Sphingophospholipid는 sphingosine의 유도체로 glycerol 대신 amino alcohol인 sphingosine을 가지고 있는 인지질을 말한다. sphingosine과 당을 가지고 있는 지질을 glycosphingolipid라고 하며 이 둘을 sphingolipid라고도 한다.

(1) Sphingomyelin

Sphingomyelin은 glycerophospholipid의 glycerol 대신 sphingosine을 가지는 인지질로 sphingosine, 지방산, 인산, 질소함유 염기인 choline이 결합된 복합지질이다. sphingomyelin은 뇌와 신경조직에 당지질과 공존한다.

Sphingomyelin의 구성지방산은 lignoceric acid($C_{24:0}$)이며, palmitic acid, nervonic acid, stearic acid 등도 들어있다.

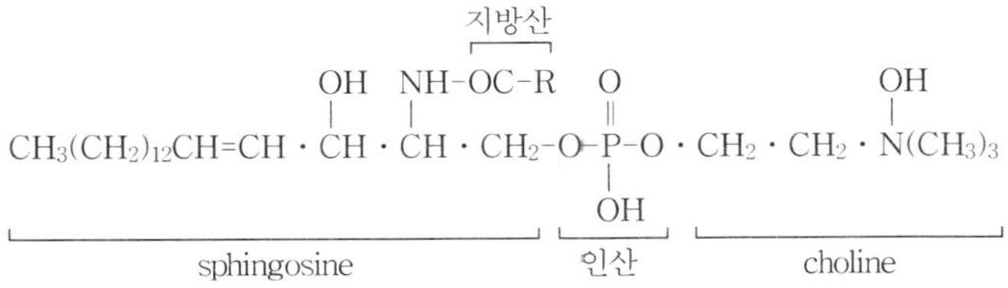

Sphingomyelin

2. 당지질(glycolipid)

당지질은 sphingosine과 지방산 및 당질로 구성된 복합지질이다 즉, 지방산과 sphingosine이 결합한 ceramide에 당이 결합한 당지질이다. 주로 뇌와 신경조직에 들어 있으며, 대표적인 당지질에는 cerebroside와 ganglioside가 있다.

1) Cerebroside

Cerebroside는 주로 동물의 뇌, 비장 등에 존재하며, 인산기를 가지고 있지 않은 대표적인 sphingolipid이다. 가수분해하면 sphingosine, 지방산, 6탄당이 생성된다. 구성당은 대부분 galactose와 glucose이다.

Cerebroside는 단일물질이 아니며, 그 구성 지방산의 종류에 따라 kerosine (lignoceric acid), cerebon(hydroxy lignoceric acid), nervon(nervonic acid), hydroxynervon(hydroxy nervonic acid)의 네 종류로 세분된다.

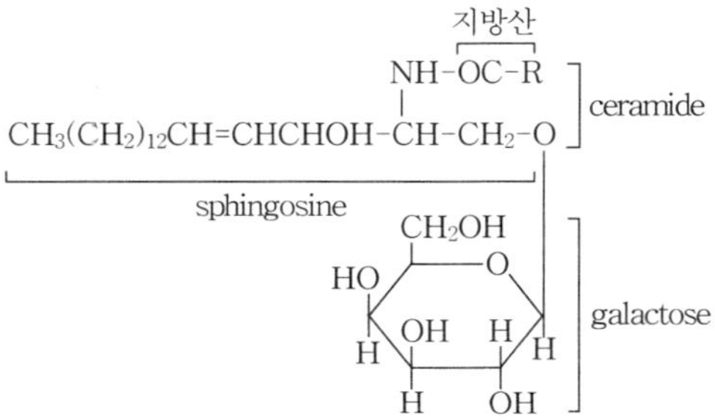

Cerebroside

2) Ganglioside

Ganglioside는 주로 신경조직의 신경절 세포에 존재하며 sphingosine, 지방산, 하나나 그 이상의 hexcse(galactose, glucose), 1개 이상의 cialic acid(N-acetyl neuraminic acid)가 결합된 복잡한 sphingolipid이다.

3. 단백지질(proteolipid)

단백지질은 미토콘드리아, 소포체, 세포막 등의 구성성분으로 지질의 소수기와 단백질의 비극성 아미노산과의 소수결합에 의해 결합된 복합지질로 lipoprotein이라고도 한다. 단백지질은 한 분자 내에 소수기와 친수기를 함께 가지고 있으므로 유화력이 있다. 단백지질을 구성하는 지질 성분은 phospholipid, triacylglycerol, cholesterol이나 cholesterol ester이며, 단백질은 주로 비극성 아미노산으로 구성되어 있다.

5절. 유도지질(derived lipid)

유도지질은 단순지질이나 복합지질이 가수분해 되어 형성된 유리지방산과 alcohol류와 중성지방과 성질과 구조는 다르나 이들과 함께 지용성 용매로 추출되는 sterol, 탄화수소, 지용성 비타민, 지용성 색소 등을 유도지질이라고 한다. 이들은 대부분 비누화 되지 않는 지질이다.

1. Sterol류

Sterol은 steroid핵을 가지고 있는 환상구조의 고급 알코올류 화합물을 말하며, 천연지질의 대표적인 불검화성 지질이다.

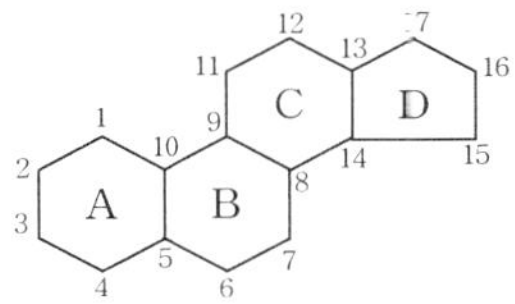

Steroid 핵

Sterol은 steroid 기본구조의 3번 탄소에 OH기를 가지고 있으며, 17번째 탄소에 탄소 8~10개의 탄화수소 side chain을 가지고 있다. sterol은 이중결합의 위치나 탄화수소 side chain의 차이에 따라 여러 가지 종류가 있으며, 출처에 따라 동물성 스테롤과 식물성 스테롤로 분류된다.

1) 동물성 스테롤

(1) Cholesterol

Cholesterol은 인지질과 세포막의 구성성분으로 동물의 근육조직, 뇌 조직, 혈액 등에 많이 들어있다.

Cholesterol은 담즙산과 스테로이드 호르돈 합성, 비타민 D의 합성에 관여하며, 난황, 간장, 버터, 어란, 성게, 새우, 오징어 등의 식품에 많이 함유되어 있다.

Cholesterol의 과잉섭취는 동맥경화를 유발한다. 자외선에 의하여 비타민 D_3로 전환되므로 provitamin D라고 한다.

Cholesterol의 분자식은 $C_{27}H_{45}OH$이며, 대부분 유리상태로 존재하나 일부는 지방산과 ester결합한 sterol ester 형태로 존재한다.

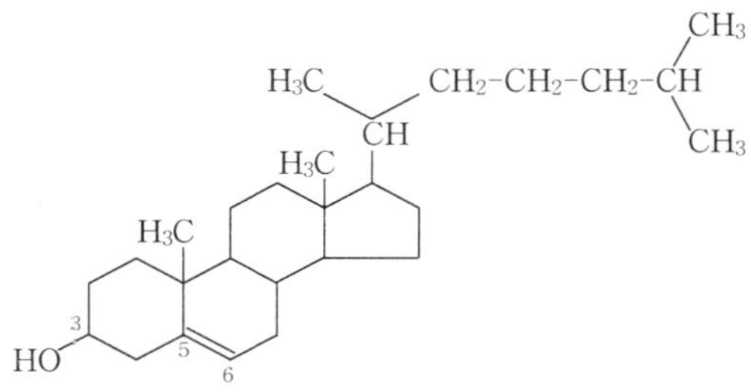

Cholesterol

2) 식물성 스테롤

(1) Ergosterol

Ergosterol은 곰팡이, 효모, 버섯, 밀의 배아유, 옥수수유 등에 들어있는 식물성 스테롤로 분자식은 $C_{28}H_{43}OH$이다. 자외선 조사에 의해서 B환이 쉽게 개열되어 calciferol 즉, 비타민 D_2로 전환되므로 provitamin D라고 한다.

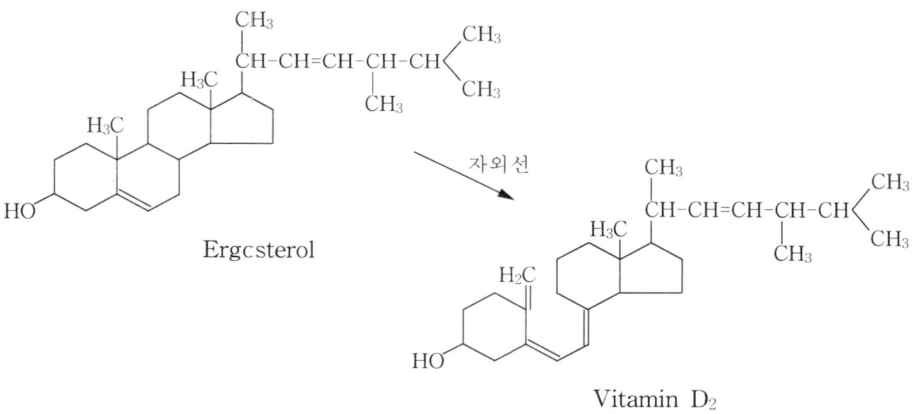

[그림 5-2] Ergosterol의 비타민 D_2로의 전환

(2) Stigmasterol

Stigmasterol은 대두유에 sitosterol과 공존하고 있으며, 쌀의 배아유, 옥수수

유, 팜유 등 식물성 유지에 널리 존재한다. 분자식은 $C_{29}H_{49}OH$이다.

(3) Sitosterol

Sitosterol은 밀, 옥수수와 같은 곡류의 배아 및 배아유 등에 들어있는 대표적인 식물성 sterol이며, 분자식은 $C_{29}H_{47}OH$이다.

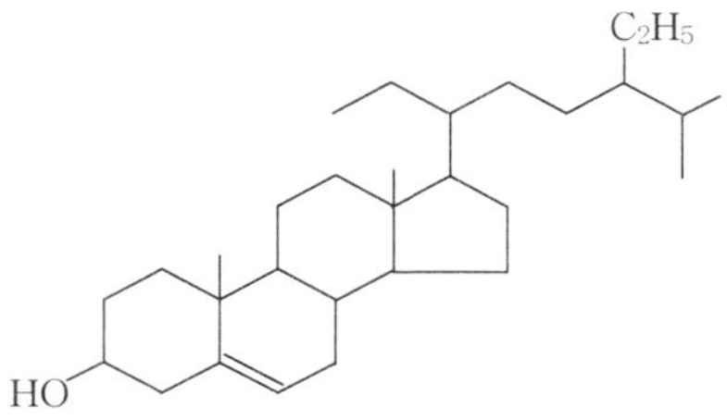

β-sitosterol

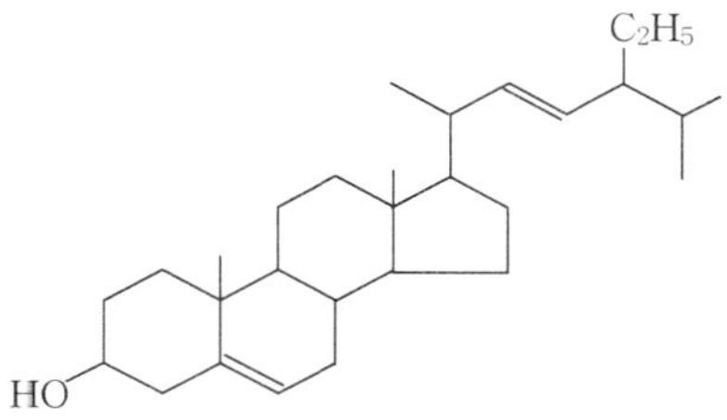

Stigmasterol

2. 탄화수소(hydrocarbon)

유도지질의 하나인 탄화수소는 유기용매에 의해 다른 지방질과 함께 추출되는 물질로 squalene과 비타민 A, D, E, K 및 지용성 색소(chlorophyll, carotenoid) 등으로 모두 불검화 지질이다.

Squalene은 대표적인 불포화 탄화수소로 상어의 간유와 어유에 많이 들어있으며, 식물 중에는 올리브유, 미강유 등에 존재한다.

Squalene은 isoprene unit 6개로 구성된 화합물로 분자식은 $C_{30}H_{50}$이며, cholesterol을 비롯한 각종 sterol의 전구물질로 알려져 있다.

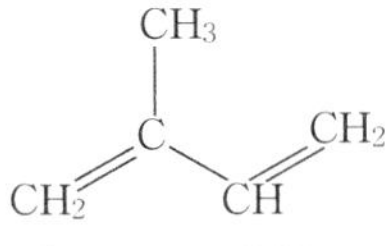

isoprene, C_5H_8

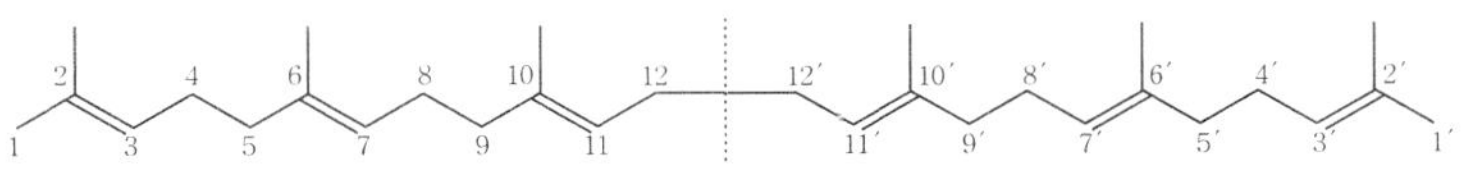
Squalene

6절. 유지의 성질

유지의 성질은 물리적 성질과 화학적 성질로 분류된다. 유지의 이러한 여러 가지 성질은 유지의 식별이나 순도 검정, 변조 등의 검출과 유지의 특성 및 품질을 판단하는 지표로 이용한다.

1. 물리적 성질

1) 융점

유지는 일정한 고유의 융점(melting point)이 아닌, 불명확하며 비교적 넓은 범위의 융점을 가지고 있으며, 유지의 종류에 따라 융점의 차이가 크다. 그 이유는 유지는 여러 가지 성질이 다른 많은 수의 triacylglycerol의 혼합물이며 구성 지방산의 종류도 다양하기 때문이다. 또한 triacylglycerol 하나하나가 동질이상현상(polymorphism)이라는 특유한 성질을 나타내기 때문에 유지의 융점이 불명확하다.

동질이상현상이란 단일화합물이 2개 이상의 결정구조를 갖는 현상을 말하며 결정형에 따라서 융점이 달라진다.

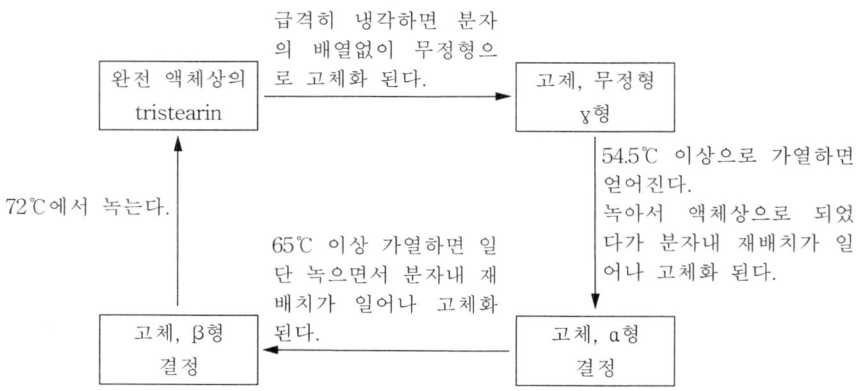

[그림 5-3] Tristearin의 동질이상현상

그림 5-3에 tristearin의 동질이상현상의 예를 나타내었다. tristearin을 높은 온도로 가열하여 완전히 액체화 시킨 후 급히 냉각하면 불안정한 상태인 무정형으로 고체화된다. 무정형은 비결정형이며 γ-형이라고 한다. 이 γ-형을 54.5℃ 이상으로 서서히 가열하면 tristearin은 녹아서 액체형으로 되었다가 분자 내의 재배치가 일어나면서 고체화 되어 α-형이 형성된다. 이 α-형의 융점은 65℃로 α-형을 가열하면 65℃에서 녹은 후 다시 유지 분자들의 재배치가 일어난 후 고체화되어 β-형의 결정이 형성된다. β-형의 융점은 72℃로 β-형은 가열하면 이 온도에서 다시 녹기 시작하여 액체상이 되었다가 갑자기 냉각하면 무정형의 γ-형이 된다.

각종 단순 triacylglycerol의 결정형에 따른 융점은 표 5-4와 같다.

[표 5-4] 단순 triacylglycerol들의 결정형의 융점(℃)

단순 triglyceride의 종류	무정형 또는 γ형	α-형 결정	β′-형 결정	β-형 결정
tricaprin	-15	18	-	31.5
trilaurin	15	25	-	46.4
trimyristin	33	46.5	54.5	57
tripalmitin	45	56	63.5	65.5
tristearin	54.5	65	70.0	72
triolein	-32	-12	-	4.9
trielaidin	15.5	37	-	42
trieucin	6	17	25	30
trilinolein	-43~-47	-27~-29	-	-10.5

Tristearin은 α-형에서 β'-형을 거치지 않고 β-형의 결정이 형성되는데, β'-형의 융점은 70℃이다. 불포화지방산의 simple triacylglycerol은 β'-형이 존재하지 않는 경우가 많다. 이와 같이 triacylglycerol분자들은 두 가지 결정형이나 세 가지 결정형을 가지며, 각각 고유의 융점을 가진 서로 다른 형태로 존재한다.

유지의 3가지 결정형 중 α-형은 결정의 크기가 작고, 부스러지기 쉬우며, 판상의 결정구조로 밀도와 융점이 가장 낮다. β-형은 결정이 크고 거칠며 안정성이 가장 크다. β'-형은 가는 침상의 결정구조로 결정구조가 미세하고 부드러운 질감을 갖는다.

일반적으로 저급지방산이나 불포화지방산이 많은 유지는 융점이 낮고 상온에서 액체이며, 포화지방산이 많을수록 융점이 높아지고 상온에서 고체이다. 또한 포화지방산은 탄소수가 많을수록 융점이 높아지고, 불포화지방산은 불포화도가 높을수록 융점이 낮아진다. 예를 들어 stearic acid($C_{18:0}$)의 융점은 70℃이며 oleic acid($C_{18:1}$)는 15℃, linoleic acid($C_{18:2}$)는 -5℃, linolenic acid($C_{18:3}$)는 -11℃로 불포화도가 높을수록 융점이 낮아진다. 또한 butter는 포화지방산이 많이 함유되어 있지만 탄소수가 10개 이하인 저급 지방산이 많아 다른 동물성 유지에 비해 융점이 낮고 녹기 쉽다.

2) 비중

유지의 비중(specific gravity)은 일반적으로 0.91~0.95 정도로 유지들 사이의 차이가 별로 크지 않으며, 물보다 가볍다. 불포화지방산이 많을수록, 저급지방산이 많을수록, hydroxy 지방산이 많을수록 유지의 비중이 높다.

[표 5-5] 각종 유지의 비중

종 류	비 중	종 류	비 중
대 두 유	0.916~0.922	땅콩기름	0.909~0.916
옥수수기름	0.915~0.921	올리브유	0.908~0.914
채 종 유	0.906~0.920	고추씨기름	0.917~0.928
미 강 유	0.916~0.922	팜 유	0.900~0.907(40°/25°)
참 기 름	0.914~0.921	팜 핵 유	0.900~0.913(40°/25°)
들 기 름	0.920~0.933	코 코 넛 유	0.907~0.917(40°/25°)
홍 화 유	0.919~0.924	우 지	0.893~0.904(40°/20°)
해바라기씨유	0.915~0.920	돈 지	0.894~0.906(40°/20°)
면 실 유	0.916~0.922		

* (40°/25°) : 기름의 40℃의 밀도/물의 25℃의 밀도
* (40°/20°) : 기름의 40℃의 밀도/물의 20℃의 밀도

3) 점도

지방질의 점도(viscosity)는 유지를 구성하는 지방산의 종류에 따라 다르며, 탄소수가 증가할수록, 포화지방산이 많을수록 점도가 증가한다. 탄소길이가 같을 때는 불포화도가 높을수록 점도가 낮아진다. 유지를 고온에서 가열하면 산화 중합되어 점도가 증가해 튀김기름의 품질변화의 척도가 된다.

4) 발연점, 인화점, 연소점

(1) 발연점

발연점(smoke point)은 유지를 가열하면 유지가 분해되어 표면에서 엷은 푸른 연기가 발생할 때의 온도를 말한다. 연기의 성분은 지방산, aldehyde, ketone, acrolein 등이다

발연점은 식용유지의 종류 및 구성 지방산에 따라 다르며, 구성지방산의 사슬 길이가 짧을수록 발연점이 낮아진다. 식용유지의 발연점은 일반적으로 200℃이상이며, 발연점 이상 계속 가열하게 되면 glycerol이 탈수되어 acrolein을 생성하는데 이는 연기의 성분이다. 유지를 사용한 튀김기름에 이 연기들이 흡수되면 좋지 못한 맛이나 냄새를 내므로 조리에 부적합하여 발연점이 높은 기름을 튀김에 사용하는 것이 바람직하다.

일반적으로 오랜 시간 가열할수록, 유리지방산이 많을수록, 노출된 유지의 표면적이 클수록, 외부에서 들어간 이물질이 많이 존재할수록, 정제도가 낮을수록, 여러 번 반복 사용하여 가열횟수가 많을수록 발연점이 낮아진다. 따라서 참기름이나 압착 올리브유 등 정제하지 않은 기름은 발연점이 낮아서 튀김에 사용하지 않는 것이 좋다.

(2) 인화점

인화점(flash point)은 발연점 이상 계속 가열할 때 발생한 연기가 공기와 접촉하여 순간적으로 발화하는 온도를 말하며, 일반적으로 발연점이 높은 유지는 인화점도 높다.

(3) 연소점

연소점(fire point)은 인화점 이상의 온도에서 유지에 불이 붙어 연소가 지속되는 온도를 말한다. 연소점은 발연점보다 20~60℃ 정도 높다. 각종 유지들의 발연점, 인화점, 연소점은 표 5-6과 같다.

[표 5-6] 유지의 발연점, 인화점, 연소점(℃)

유 지	발연점	인화점	연소점
피마자유(정제)	200	298	335
옥수수유(조제)	178	294	346
옥수수유(정제)	227	326	359
아마인유(조제)	163	287	353
아마인유(정제)	160	309	360
올리브유(조제)	199	321	361
콩기름(조제, expeller 추출)	181	296	351
콩기름(조제, 용매추출)	210	317	354
콩기름(정제)	256	326	356

(5) 굴절률

굴절률(refractive index, RI)이란 얇은 기름 층에서 빛의 투과속도에 대한 진공에서의 빛의 속도 비를 나타낸 값으로 굴절계(refractometer)라는 기계를 사용하여 측정한다. 유지의 굴절률은 측정방법이 간단하고 정확하므로 유지의 종류 판별에 사용하는 물리적 성질이다.

[표 5-7] 각종 유지의 굴절률

종 류	굴절률	종 류	굴절률
대 두 유	1.471~1.475	땅콩기름	1.468~1.471
옥수수기름	1.470~1.474	올리브유	1.466~1.469
채 종 유	1.470~1.474	고추씨기름	1.472~1.476
미 강 유	1.470~1.473	팜 유	1.453~1.459(40℃)
참 기 름	1.471~1.474	팜 핵 유	1.449~1.452(40℃)
들 기 름	1.475~1.482	코 코 넛 유	1.447~1.450(40℃)
홍 화 유	1.472~1.476	우 지	1.448~1.460(40℃)
해바라기씨유	1.471~1.475	돈 지	1.448~1.461(40℃)
면 실 유	1.470~1.472		

일반적으로 식용유지의 굴절률은 1.42~1.48 정도로 유지 중에 탄소수가 증가할수록, 불포화지방산이 많을수록 굴절률이 증가한다. 버터와 같이 저급지방산이 많으면 굴절률은 낮고, 아마인유나 채종유처럼 불포화지방산이 많으면 굴절률은 높아진다.

(6) 가소성

가소성(plasticity)이란 고체에 압력이 가해졌을 때 변형이 일어나고 압력이 제거된 후에도 바뀐 상태의 모습을 유지하는 성질을 말하며, 버터, 마가린, 쇼트닝, 라드 등은 가소성을 지닌 대표적인 유지들이다. 고체상태의 유지의 온도를 서서히 올려주면 구성 triacylglycerol의 일부가 액화되므로 유지의 연화가 일어나고 반고체의 성질을 가지며, 가소성을 갖게 되는데 이 가소성은 제과·제빵에서 중요하다.

2. 화학적 성질

1) 검화가

유지는 산, 알칼리, 효소 등에 의해 분해되는데 알칼리에 의해 분해되는 반응을 검화, 비누화(saponification)라고 하며, 검화가(saponification value, SV)란 유지 1 g을 검화하는데 필요한 KOH의 mg수로 표시하며 유지 분자량이 작을수록, 저급지방산이 많을수록 검화가가 커진다.

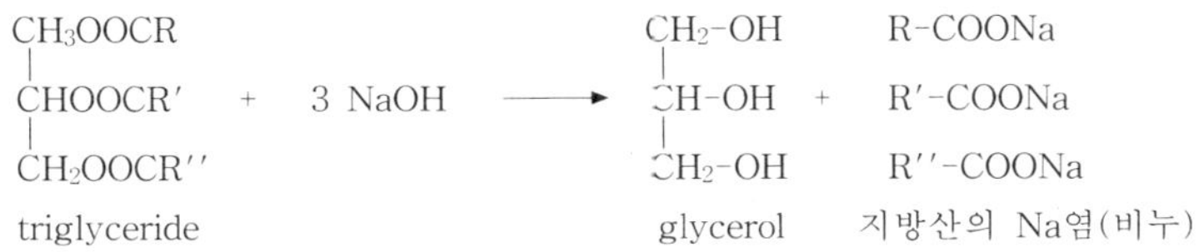

[표 5-8] 유지의 검화가

식 용 유 지	비누화값	식 용 유 지	비누화값
땅콩기름(peanut oil)	188~196	돈지(lard)	192~203
참기름(sesame oil)	186~195	미강유(ricebran oil)	180~195
대두유(soybean oil)	188~195	들기름(perilla oil)	189~195
채종유(rapeseed oil)	169~195	홍화유(safflower oil)	186~194
해바라기씨유(sunflower oil)	188~194	우지(beef tallow)	190~202
옥수수기름(corn oil)	187~195	팜유(palm oil)	190~209
고추씨기름	180~191	팜핵유(palm kernel oil)	204~257
면실유(cottonseed oil)	190~197	버터(butter fat)	210~230
올리브유(olive oil)	184~196	코코넛유(coconut oil)	246~264

즉, 지방산의 분자량에 반비례 하므로 저급지방산이 많을수록 커지고, 고급지방산이 많을수록 적어진다. 보통 유지의 검화가는 180~200 정도 이다

2) 산가

유지의 산가(acid value, AV)는 유지 1g에 존재하는 유리지방산을 중화하는데 필요한 KOH mg수로, 지방질의 특성을 나타내는 화학적 지수이며 유지의 품질을 나타내는 척도로 사용된다. 신선한 유지에는 유리지방산의 함량이 매우 낮으나 유지를 가열하거나 저장하면 가수분해되어 유리지방산이 증가한다.

일반적으로 유지류의 산가는 유지의 종류에 따라 다르나 1.0 이하이며, 이보다 높으면 변질되었거나 정제 정도가 낮은 것을 의미한다. 따라서 정제하지 않은 참기름이나 올리브유는 산가가 높으며, 유지의 산가는 튀김과 같은 가열 산화 시 크게 증가한다.

[표 5-9] 유지의 산가

식용유지	산 가	식용유지	산 가
쇠 기 름	0.25	팜야자유	10
버터기름	0.45~35.4	땅콩기름	0.8
피마자유	0.12~0.80	참 기 름	9.8
코코야자유	2.5~10.0	대 두 유	0.3~1.8
옥수수유	1.37~2.02	채 종 유	0.36~1.0
면 실 유	0.6~0.9	해바라기유	11.2
아마인유	1.0~3.5	돼지기름	1.56
올리브유	0.3~1.0	간 유	5.6
동 유	2.0	고래기름	1.9

3) 요오드가

유지의 요오드가(iodine value, IV)는 유지의 불포화도를 나타내는 지수로 유지 100g에 흡수 되는 요오드의 g수로 나타낸다. 불포화지방산의 이중결합에는 수소나 요오드가 쉽게 첨가될 수 있다. 따라서 이중결합의 수가 많은 지방산은 요오드가가 높으며, 요오드가가 높은 유지는 일반적으로 산화가 잘된다. 식물성 유지는 불포화지방산이 많으므로 요오드가가 높다.

유지는 요오드가에 따라 건성유, 반건성유, 불건성유로 분류한다. 건성유는 요

오드가가 130 이상이며, 반건성유는 요오드가가 100~130, 불건성유는 요오드가가 100 이하인 유지이다. 건성유는 고도의 불포화지방산을 많이 함유하고 있어 공기 중에서 표면이 굳어져 피막을 형성하는 유지로 아마인유, 동유, 들기름 등이 이에 속한다. 반건성유에는 면실유, 옥수수유, 참기름, 대두유 등이 있으며, 불건성유에는 올리브유, 팜유, 땅콩기름, 돼지기름, 쇠기름 등이 이에 해당한다.

[표 5-10] 유지의 요오드가

종 류	요오드가	종 류	요오드가
대 두 유	123~142	땅콩기름	84~103
옥수수기름	103~130	올리브유	75~94
채 종 유	95~127	고추씨기름	120~139
미 강 유	92~115	팜 유	44~60
참 기 름	103~118	팜 핵 유	14~22
들 기 름	192~209	코코넛유	7~11
홍 화 유	140~150	우 지	32~50
해바라기씨유	120~142	돈 지	45~70
면 실 유	102~120		

4) Acetyl가

아세틸가(acetyl value)는 유지 중에 존재하는 수산기(-OH)를 가진 지방산의 함량을 나타내는 지수이다. 아세틸가는 유지를 무수초산과 반응시켜 유지에 함유된 유리 수산기를 모두 아세틸화한 다음, 아세틸화한 유지 1g을 가수분해할 때 생성된 초산을 중화하는데 필요한 KOH의 mg 수로 표시한다. 보통 신선한 유지는 1.0 이하이며, 수산기를 가진 ricinoleic acid($C_{18:1}$)의 함량이 높은 피마자유는 매우 높아 146~150 정도이다.

5) Reichert-Meissl가

Reichert-Meissl가 는 유지 중의 수용성 휘발성 지방산량을 나타내는 지수로, 유지 5g을 검화 한 후 산성에서 증류하여 얻은 휘발성 수용성 지방산을 중화하는데 필요한 0.1N KOH의 mL 수로 표시한다.

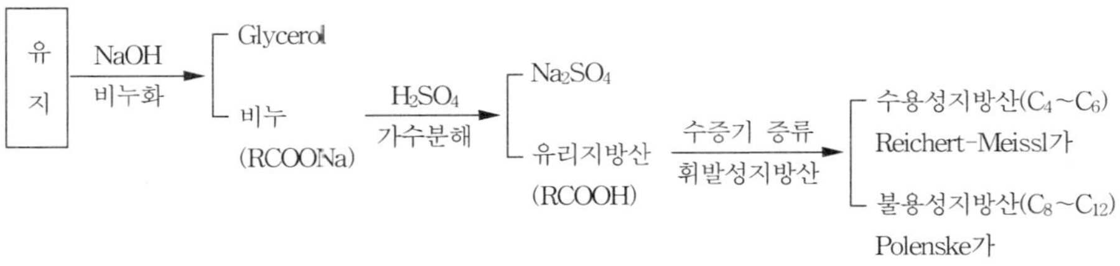

Reichert-Meissl가와 Polenske가

따라서 Reichert-Meissl가는 유지 속에 함유된 휘발성 수용성 지방산인 butyric acid($C_{4:0}$), caproic acid($C_{6:0}$)의 함량을 나타낸다.

[표 5-11] 유지의 Reichert-Meissl가

종 류	Feichert-Meissl가	종 류	Reichert-Meissl가
대두유	1~3	야자유	5.5~9.0
면실유	0.4~1	고래기름	14
옥수수유	0.3~2.5	우지	0.25~0.5
참기름	1.2	돈지	0.3~1.0
올리브유	0.3~0.6	버터	17~35
팜유	0.5~2.0	마가린	0.5~5.5

버터의 Reichert-Meissl value가는 26~32이며, 마가린의 Reichert-Meissl가는 0.55~5.5로 버터의 위조검정에 사용되는 지수이다.

6) Polenske가

Polenske가는 유지 속에 함유된 불용성 휘발성 지방산량 측정하는 지수로, 유지 5g을 검화 한 후 불용성의 휘발성 지방산을 중화하는데 필요한 0.1N KOH의 mL 수로 표시한다. 휘발성이며 물에 녹지 않는 지방산은 caprylic acid($C_{8:0}$), capric acd($C_{10:0}$), lauric acid($C_{12:0}$), myristic acid($C_{14:0}$)이며, 이들의 함량을 나타내는 지수이다.

일반유지의 polenske가는 1.0 이하이며 버터는 1.5~3.5, 팜유 16.8~18.2를 나타낸다. 따라서 이 지수는 버터 중의 야자유 검사에 사용한다.

7) Hehner가

Hehner가는 유지 속에 들어있는 물에 녹지 않는 지방산의 함량을 전체 유지의 양에 대한 백분율(%)로 나타내는 지수이다. hehne가는 유지를 검화 한 후 형성되는 비누를 무기산을 분리할 때 물에서 분리되는 지방산의 함량을 표시한 지수이다. 불용성 지방산의 함량을 나타내는 척도이다.

일반유지의 Hehner가는 95 내외이며, 쇠기름은 96~97, 돼지기름은 97 정도로 높으나, 저급지방산이 함유된 유지방은 87~90, 코코넛 기름은 82~90으로 낮다.

8) Kirschner가

Kirschner가는 유지 중의 butyric acid의 함량을 나타내는 지수이다. 대부분의 일반 유지는 0.1~0.2 정도이나, 유지방은 19~26이다.

제6장 유지의 변질

지방질 식품은 가공 및 조리, 저장 중에 화학적, 미생물학적인 요인 등에 의해 비정상적인 불쾌한 냄새를 발생하고, 맛과 색이 변하게 된다. 이와 같은 현상으로 유지의 품질이 저하되는 현상을 유지의 산패(rancidity)라고 한다. 산패가 일어나면 유지의 맛, 색, 냄새 등이 변하고 점도가 증가하며, 독성물질이 생성되기도 하고, 영양가의 저하 등이 일어난다.

유지의 변질은 상온에서 공기 중의 산소에 의해 일어나는 가장 대표적인 변질인 자동산화에 의한 산패와 물, 산, 알칼리, 효소(lipolytic enzyme) 등에 의해 triacylglycerol이 유리지방산과 glycerol로 분해되어 불쾌한 냄새와 맛을 형성하는 가수분해에 의한 변질, 바람직하지 못한 냄새를 도로 갖게 되는 변화에 의한 변질, 유지를 고온으로 가열할 때 중합체를 형성하여 자동산화보다 매우 빠른 속도로 일어나는 가열산화, 지방을 산화시키는 효소인 lipoxydase와 lipohydroperoxidase에 의해 일어나는 효소에 의한 산화 등으로 분류할 수 있다. 이러한 변질 중 가장 보편적으로 많이 일어나는 것은 자동산화에 의한 산패이다.

1절. 가수분해에 의한 변질

가수분해에 의한 산패는 유지의 구성성분인 triacylglycerol이 물, 산, 알칼리, 효소 등에 의해 분해되어 형성된 유리지방산이 유지에 대하여 비정상적인 불쾌한 냄새와 맛을 내고 품질을 저하시키는 여러 가지 물리적·화학적 변화의 요인이 되는 변질로, 다음과 같이 분류된다.

1. 화학적 가수분해에 의한 산패

화학적 가수분해에 의한 산패는 물과의 접촉으로 일어나는 산패로, 수분함량이 비교적 많고 휘발성 저급지방산의 함량이 많은 우유나 유제품에서 문제가 된다. 이와 같은 가수분해로 형성된 유리지방산의 일부는 휘발성을 가지고 비정상적인 맛이나 냄새를 발생하므로 제품의 품질을 저하시키는데, 수분함량이 87~88%인 우유와 15~16%의 수분을 함유한 버터나, 30~40%의 수분을 함유하고 있는 cheese와 같은 낙농제품은 가수분해에 의한 산패를 일으키기 쉽다.

2. 효소적 가수분해에 의한 산패

식물과 동물 조직에 함유되어 있는 지방분해효소인 lipase에 의한 가수 분해로 유지의 변질이 일어나기 쉽다.

특히 미강유, 올리브유 등의 식물성 유지와 정제하지 않은 어유 등의 조제유(crude oil)는 lipase를 다량 함유하고 있으므로 lipase에 의해 가수분해되어 산패가 일어난다. 또한 lipase를 분비하는 일부 미생물이 번식하는 식품도 가수분해에 의한 산패가 일어나기 쉽다. 그러나 lipase는 가열처리에 의해 불활성화시켜 가수분해를 억제할 수 있다.

2절. 자동산화에 의한 산패

자동산화는 지방질 식품들이 공기와의 접촉으로 공기 중의 산소를 흡수하여 어느 단계에 이르면 일어나는 산화이다. 자동산화는 비교적 낮은 온도나 낮은 농도의 산소 조건하에서도 자연발생적으로 일어나며, 유리라디칼(free radical)이 계속 관여하여 연쇄적으로 진행되므로 자동산화라고 한다. 따라서 일반적으로 유지나 지방질 식품에서는 대부분의 경우 주로 자동산화에 의한 산패가 일어난다.

자동산화에 의한 산패 과정은 지방질 식품의 산소 흡수로 부터 시작되는데, 산소의 흡수 속도가 매우 낮은 어느 일정기간을 유도기간이라고 하는데 지방질의 종류에 따라 유도기간이 다르다. 유도기간이 지나면 산소의 흡수속도가 빨라지고 산화생성물인 과산화물(hydroperoxide)의 함량이 증가한다. 또한 생성된 과산화물은 분해하기 시작하여 carbonyl화합물, alcohol, epoxide 등의 2차생성물을 생성하며, 중합체를 생성한다. 따라서 점도의 상승 등 여러 가지 유지의 이화학적 성질의 변화와 함께 유지는 변질된다.

1. 유도기간

유지가 공기와의 접촉으로 산소를 흡수하고 흡수된 산소는 유지를 산화시켜 산화생성물을 형성하여 산패가 일어난다. 따라서 서서히 자연발생적으로 산화가 진행된다. 식용 유지를 공기 중에 방치하면 초기에는 산소흡수가 거의 일어나지 않거나, 느린 속도로 산소를 흡수한다. 그러나 그 기간이 지난 후에는 흡수속도가 급속히 증가한다. 이와 같이 산소의 흡수속도가 급격히 증가하는 시점까지의 기간을 유도기간(induction period)이라고 한다.

유도기간 중의 유지는 안정한 상태이나 유도기간이 지난 후에는 산소의 흡수량이 급격히 증가하게 되며, 유지의 여러 가지 물리·화학적 변화가 일어난다. 일반적으로 유지의 산소흡수 속도에 가장 큰 영향을 미치는 요인은 유지의 불포화도이며, 불포화도가 클수록 산화속도는 커진다.

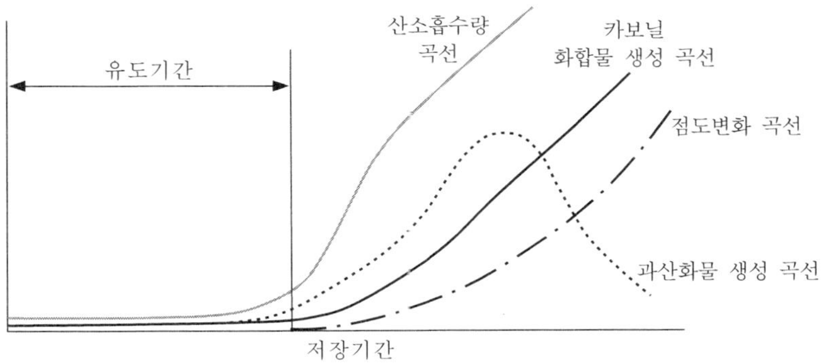

[그림 6-1] 유지의 유도기간과 자동산화과정 곡선

2. 자동산화의 mechanism

1) 초기반응

유지의 자동산화는 산소가 불포화지방산의 이중결합에 직접 결합하는 것이 아니라, 열, 빛, 금속이온 등에 의해 불포화지방산의 이중 결합에 인접한 methylene기(-CH_2)의 수소가 떨어져 나가고 활성 유리라디칼(free radical, ally radical, R·)이 형성하므로 시작되며, 이 반응을 초기반응(initiation reaction)이라고 한다.

이 반응의 단계에서는 다양한 종류의 유리기가 많이 형성되며 이 라디칼들은 반응성이 매우 크다.

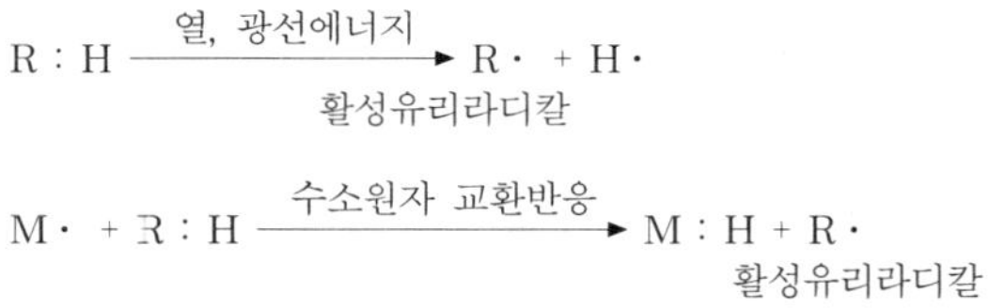

자동산화의 초기반응

2) 전파(연쇄)반응(propagation reaction)

전파반응은 초기반응에서 생성된 유리라디칼이 공기 중의 산소와 결합하여 과산화라디칼(peroxy radical, ROO·)이 되고, 과산화 라디칼은 다른 새로운 유지분자의 methylene기로부터 수소 라디칼을 빼앗아 hydroperoxide(ROOH)와 동시에 새로운 유리라디칼(R·)을 만드는 반응이다. 이 반응은 대부분의 이중결합이 거의 없어질 때까지 계속하여 반복되므로 연쇄반응이라고도 한다.

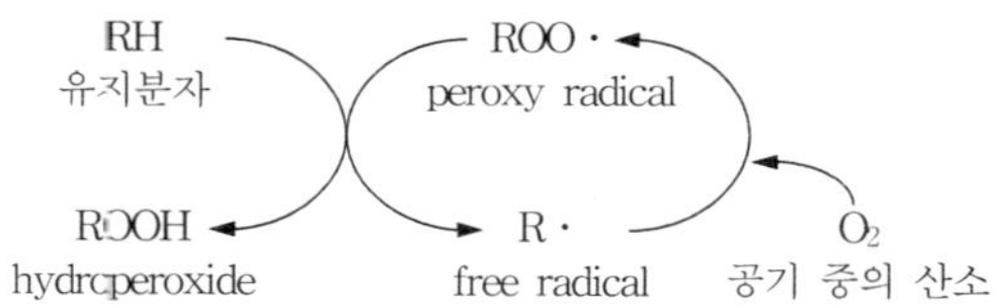

3) Hydroperoxide 분해반응

유지의 자동산화 과정의 중간생성물인 hydroperoxide는 유지 산패에서 매우 중요하며, 유지의 산패정도를 과산화물 양으로 나타내기도 한다. 그러나 hydroperoxide는 불안정하기 때문에 분해되기 쉬우나 자동산화 초기에는 분해속도보다 생성속도가 빠르므로 증가한다. 자동산화가 어느 정도 진행된 후에는 hydroperoxide는 여러 가지 분해과정을 거쳐 2차 산화생성물이 되며, 유지는 변질된다. 따라서 전파단계의 후기에는 2차 산화생성물인 휘발성 carbonyl화합물이 증가한다.

$$ROOH \longrightarrow RO\cdot + \cdot OH$$

Hydroperoxide는 alkoxy radical과 hydroxy radical로 분해되며, alkoxy radical은 여러 가지 반응으로 분해하여 aldehyde, ketone, alcohol 등 carbonyl 화합물을 생성한다.

4) 종결반응(termination reaction)

전파반응에서 생성된 여러 가지 라디칼과 중간 산화물이 서로 결합하여 이중체(dimer), 삼중체(trimer) 등의 새로운 중합체(polymer)를 형성하는 단계이다. 이 중합체들은 라디칼이 아니므로 반응성이 상실되어 연쇄반응이 종결된다.

종결반응에서 생성된 중합체들은 유지의 점도를 급격하게 증가시키고, 체내의 소화와 흡수가 어려워 영양적 가치를 감소시키는 요인이 된다. 또한 유지의 이화학적 성질에 영향을 미치게 된다.

$$R\cdot + R\cdot \longrightarrow R:R$$
$$R\cdot + ROO\cdot \longrightarrow ROOR$$
$$ROO\cdot + ROO\cdot \longrightarrow ROOR + O_2$$

3. 자동산화 속도

불포화지방산의 이중결합은 포화지방산의 단일결합보다 화학적으로 불안정하여 산화되기 쉽다. 따라서 지방산의 이중결합의 수가 많을수록 즉 불포화도가 높을수록 유도기간은 짧아지고, 산화속도는 빠르다. 특히 다불포화지방산인 EPA ($C_{22:5}$)나 DHA($C_{20:6}$)를 함유하고 있는 어유는 산화속도가 매우 빠르다.

여러 가지 지방산을 100℃에서 자동산화 시킬 때 그 산화 속도의 크기는 다음 표 6-1과 같다.

[표 6-1] 지방산의 자동산화 속도

지 방 산	이중 결합의 수	산화속도비
Stearic acid	0($C_{18:0}$)	1
Oleic acid	1($C_{18:1}$)	11
Linoleic acid	2($C_{18:2}$)	114
Linolenic acid	3($C_{18:3}$)	179

4. Hydroperoxide의 생성과 분해

1) Hydroperoxide의 생성

유지의 자동산화과정 중 전파단계에서 hydroperoxide가 생성된다. hydroperoxide는 개시단계에서 생성된 free radical이 산소와 결합해 peroxy radical이 된 후 다른 유지의 수소를 떼어내어 생성된다. 이 때 이중결합의 이동으로 이중결합의 위치가 바뀌는 공명현상에 의해 천연 지방질에는 공액이중결합을 가진 hydroperoxide의 이성체가 생성된다. 또한 이중결합의 cis형이 trans형으로 전환되기도 한다.

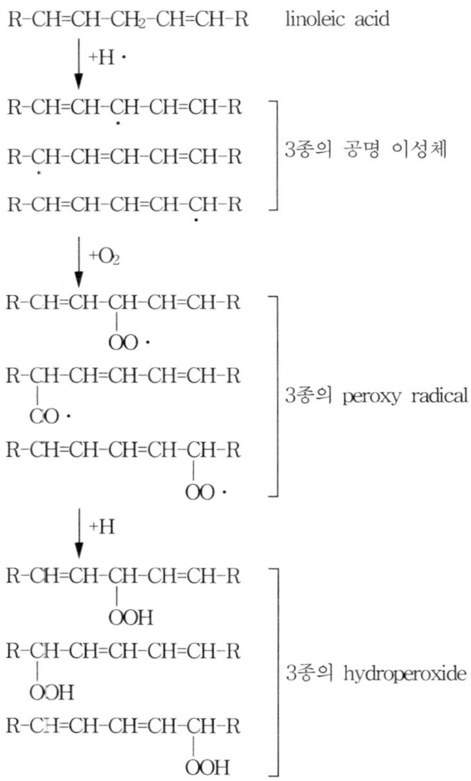

Linoleic acid의 hydroperoxide의 이성체 생성과정

2) Hydroperoxide의 분해

자동산화 과정의 진행에 따라 전파단계에서 생성된 hydroperoxide는 불안정

하여 산화가 진행되는 동안 분해되어 휘발성의 저분자 carbonyl화합물을 생성한다. hydroperoxide의 안정성은 지방산의 종류에 따라서 다르며, hydroperoxide의 분해과정은 다음과 같다.

Hydroperoxide의 분해는 먼저 alkoxy radical(RO·)로 분해된다.

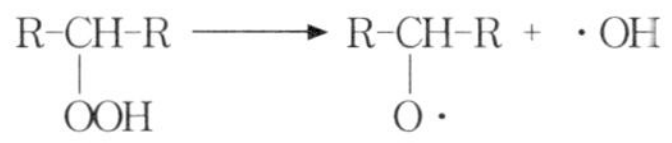

이 때 생성된 alkoxy radical은 다른 radical과 반응하여 aldehyde, ketone, alcohol 등 여러 가지 화합물을 만들며, 이들은 유지의 산패과정에서 검출되는데 자동산화의 최종산물로 중요한 물질들이다.

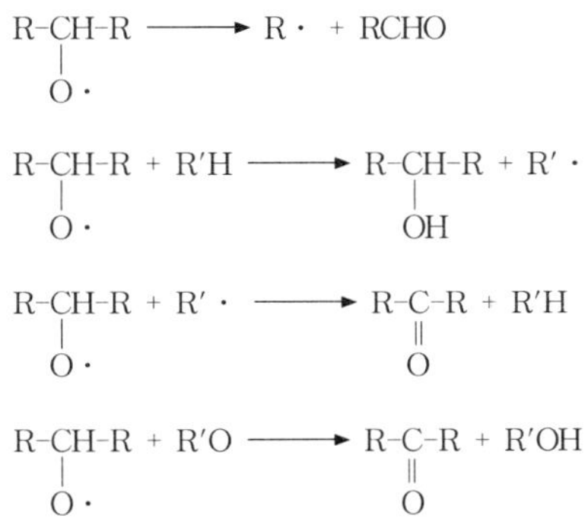

Hyddroperoxide와 이의 radical은 이중결합과 반응하여 epoxide를 생성하거나, 유기산과 반응하여 triol의 ester을 형성하는 등 다음과 같이 2차 반응을 일으킬 수도 있다.

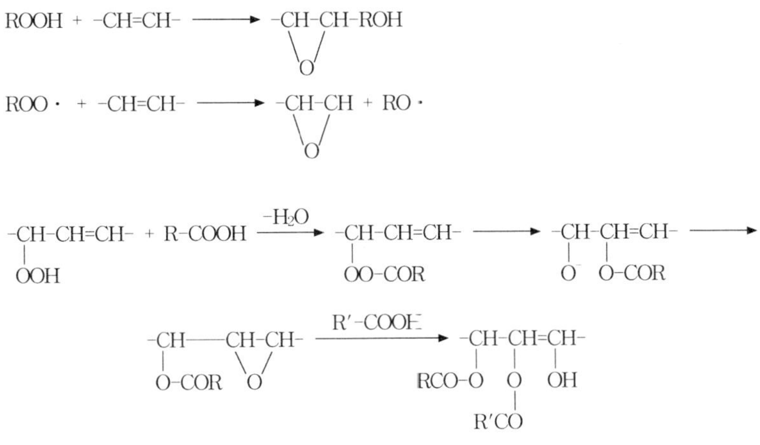

3절. 효소에 의한 산화

식물과 동물 조직에 존재하는 산화효소들은 지방질의 산화를 촉진시킨다. 지방질의 산화를 촉진하는 효소에는 lipoxydase(lipoxygenase)와 lipohydroperoxidase의 두 종류가 있다. 이들 효소는 곡류, 대두, 각종 채소 등의 식물성 식품과 동물조직 등에 널리 분포되어 있다. 이들 효소는 일반적으로 최적 pH가 중성부근이며, 최적온도는 lipoxydase는 상온 부근이고, lipohydroperoxidase는 비교적 높은 온도로 열에 강한 편이다.

1. Lipoxydase

Lipoxydase(lipoxygenase)는 불포화지방산이 산화되어 hydroperoxide가 형성되는 반응을 촉매하여 산화를 촉진하는 효소이다. lipoxydase는 이중결합이 하나(monoenoic acid)인 oleic acid에는 작용하지 않고 cis-cis-1,4-pentadiene (-CH=CH-CH_2-CH=CH-)구조를 갖는 polyenoic acid인 linoleic acid, linolenic acid, arachidonic acid 등의 불포화지방산에만 작용하는 특이성을 가지고 있다. 또한 lipoxydase는 cis형의 이중결합에만 작용하고, trans형의 이중결합일 경우에는 작용하지 않는다. 따라서 linoleic acid나 linolenic acid에 있어서도 하나라도 trans형의 이중결합이 있으면 작용하지 않는다.

Lipoxidase에 의한 산화는 가열에 의한 효소의 불활성화(blanching)로 억제할 수 있다. 예를 들어 두유 제조 시 대두를 70~80℃의 뜨거운 물로 마쇄하면 lipoxydase의 불활성화로 콩 비린내를 억제할 수 있다.

2. Lipohydroperoxidase

Lipoxydase가 hydroperoxide의 생성반응을 촉매하는데 반해 lipohydroperoxidase는 hydroperoxide의 분해를 촉매하는 효소이다. 따라서 lipohydroperoxidase는 과산화물을 분해하여 휘발성 aldehyde를 생성한다. 예를 들어 콩을 물에 담갔을 때 lipoxydase의 작용으로 hydroperoxide를 생성시키는데, 이때 lipohydroperoxidase는 작용하지 않는다. 그러나 콩을 가열하면 lipohydroperoxidase가 활성화되어 hydroperoxide를 분해하여 휘발성 aldehyde 등의 냄새에 영향을 미치는 물질을 생성한다. 이들 물질은 신선한 채소의 향기 생성, carotenoid의 산화 분해 등에 관여하며, 콩 비린내의 원인이 되기도 한다.

4절. 유지의 변향

유지의 변향은 냄새복귀현상(flavor reversion)이라고도 하며, 콩기름이나 linolenic acid를 함유한 유지에서 일어나는 독특한 현상이다. 대두유를 만들 때 정제과정을 통해 원래의 콩 비린내나 풀냄새 등을 제거하였음에도 불구하고 저장 후 얼마 지나면 다시 정제하기 전의 이러한 냄새를 갖게 되는 현상으로 정제 전의 냄새로 되돌아간다는 의미로 냄새의 복귀 또는 변향이라고 한다.

변향은 산패와는 구분되는데 그 첫 번째 이유는 이 같은 냄새의 발생이나 냄새의 변화가 자동산화에 의한 산패가 발생되기 전에 일어난다는 점으로, 과산화물가가 1~2의 낮은 산화상태에서도 이러한 냄새의 복귀현상이 일어난다. 두 번째 이유는 변향이 일어났을 때 나타나는 냄새는 산패 결과 발생하는 산패취와 뚜렷이 구별된다는 점이다. 세 번째는 보통의 산화적 산패에 필요한 산소량의 1/50 이하에서도 변향이 일어날 수 있다는 점에서 일반적인 산패와 구별되고 있다.

변향은 유지의 유통과정에서의 보존 상태가 불량한 경우나, 식품을 고온으로 제조 및 조리한 후에도 잘 일어난다.

1. 변향의 원인 및 원인물질

유지의 변향이 일어나는 mechanism은 아직 확실하게 알려지지 않았으나, 주로 linolenic acid의 함량이 높은 대두유, 아마인유, 어류 등에서 일어나기 쉬우며, linolenic acid의 함량이 적어 변향이 잘 일어나지 않는 옥수수기름에 linolenic acid를 인위적으로 첨가하면 쉽게 변향을 일으키는 점, 또한 수소가 첨가된 유지 중 isolinoleic acid의 함량이 큰 유지에서 변향이 잘 일어난다는 점 등으로 보아 변향의 원인물질은 linolenic acid나 isolinoleic acid인 것으로 알려져 있다.

2. 변향취의 성분

유지의 변향이 일어났을 때 발생하는 냄새는 원인물질 지방산인 linolenic acid나 isolinoleic acid의 자동산화 초기에 생성하는 휘발성 carbonyl화합물에 기인하는 것으로 알려져 있다. 또한 변향 시 발생하는 냄새의 주요성분은 변향된 유지를 수증기 증류하여 얻은 휘발성 carbonyl화합물들로 hexanal, pentanal, heptanal 등의 aldehyde와 ethylvinyl ketone등의 ketone 등 인 것으로 알려져 있다.

3. 변향에 영향을 미치는 요인

1) 저장온도

유지의 저장온도는 변향이 발생하는 시기에 영향을 미친다. 특히 고온에서 저장할 때 변향이 잘 일어난다. 대두유의 경우 5℃에서 저장하면 수개월이 지나도 변향이 일어나지 않으나, 실온에서 저장하면 10~14일 후에 변향이 일어난다고 한다. 따라서 유지의 변향을 억제하기 위해서는 가능한 한 낮은 온도에서 유지를 저장하여야 한다.

2) 광선

유지의 변향은 광선에 의해 촉진되는데, 파장 325~400nm의 광선에서 잘 일어나며, 325nm 이하의 자외선은 변향을 일으키는데 별로 영향을 미치지 않는다고 한다. 따라서 식용유지는 광선의 조사를 피할 수 있는 어두운 곳에 보관하는 것이 바람직하다.

3) 금속

유지의 변향은 금속이온의 존재여부에 의해 영향을 받는다. 특히 촉진작용이 강한 금속이온은 구리(Cu), 철(Fe), 아연(Zn), 코발트(Co) 등이다. 따라서 변향을 방지하기 위해서는 아들 금속의 오염 방지와 금속제거제의 사용이 바람직하다.

4) 소량의 산소

진공상태에서는 변향이 제대로 일어나지 않으나 소량의 산소가 존재할 때 변향이 일어난다.

5절. 유지의 가열에 의한 산화

가열 산화는 유지를 높은 온도에서 가열했을 때 일어나는 현상이다. 식품의 튀김의 경우 140~200℃의 온도에서 가열하는 경우 가열반응과 산화반응이 같이 일어나므로 매우 빠르게 진행되어 자동산화보다 빠르게 진행되고, 복잡한 변화로 식품의 향미, 외관, 영양가, 독성 등에 영향을 미친다. 따라서 가열산화 시 기름의 색은 착색이 되고, 냄새나 소화율도 떨어져 가열 산화한 유지를 섭취하면 구토와 설사를 일으킬 수 있다. 또한 유지의 점도, 비중, 굴절률 등의 물리적 변화와 산가, 과산화물가가 증가하고, 요오드가가 감소하는 화학적 성질에도 영향을 미치며, 발연점이 낮아진다.

유지를 고온에서 산소의 존재 하에서 가열하면 산화반응, 중합반응, 열분해 반응 등이 일어난다.

1. 산화반응

유지를 높은 온도에서 가열하는 경우, 급격한 자동산화가 일어나 활성유리라디칼에 의한 연쇄반응으로 hydroperoxide를 생성한다. 그러나 자동산화와 달리 hydroperoxide는 축적되지 않고 열에 의해 분해, 중합되어 중합체를 생성하거나 저분자 화합물로 분해된다. 따라서 hydroperoxide는 자동산화 초기에 낮은 최대치를 나타낸 후 분해되어 hydroperoxide양은 감소한다.

2. 중합반응

유지를 가열하면 여러 가지 중합반응이 일어나서 이중체, 삼중체, 사중체 등의 중합체가 형성되며, 점도가 증가하게 된다. 가열된 유지에서는 자동산화에서 생성된 활성라디칼의 결합에 의해 종결단계에서 일어나는 중합반응 외에 디일스-

아들러(Diels-Adler addition reaction) 반응으로 알려진 열 중합 반응도 함께 일어난다. 디일스-아들러 반응은 공액이중결합(conjugated double bond)을 가지고 있는 유지분자와 다른 유지분자들의 이중결합사이의 부가반응(addition reaction)에 의해 일어나며 환상의 이중체를 형성한다. 따라서 불포화도가 높은 대두유나 아마인유 같은 유지에서는 가열중합이 일어나기 매우 쉽다.

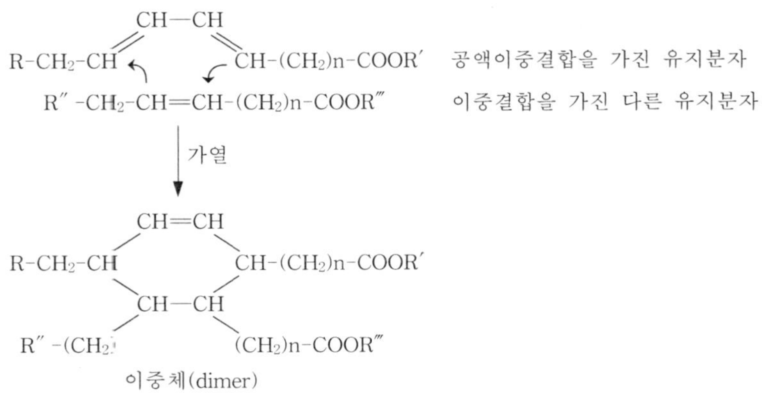

[그림 6-2] Diels-Adler 부가반응

이와 같은 부가반응으로 생성된 이중체에 이중결합을 가진 유지분자가 다시 부가반응으로 삼중체, 사중체도 계속 형성될 수 있다. 따라서 고온에서 가열된 유지는 이상과 같은 산화중합체의 형성에 의해서 점성이 급속도로 증가 하고, 기름 표면에 잔거품이 지속적으로 형성된다.

3. 열분해반응

유지를 고온에서 가열하면 유지가 분해되어 각종 분해물이 생성되며, 유지의 가열온도가 높아짐에 따라 유지분자의 열분해로 인해 유리지방산이 급격하게 증가한다. 유리지방산의 함량의 증가는 자동산화에 의해서도 일어나지만 주로 유지분자의 열분해에 의해 일어난다. 또한 유리지방산은 수분이 존재할 때는 물론 수분이 존재하지 않을 때도 형성된다. 이와 같이 생성된 유리지방산은 유지의 발연점을 저하시키고 산패를 증가시킨다.

유지의 가열분해는 유지를 가열하면 150℃에서 연기를 발생하며 분해되어 glycerol과 지방산으로 분해되고, 계속적인 가열로 aldehyde, ketone, 저급지방산 등의 휘발성 화합물이 생성된다. 유지를 고온으로 가열할 때 생기는 자극취는 이 분해산물인 acrolein에 기인한다. acrolein은 독성과 자극성의 냄새를 가지고 있으며, 발암성의 acrylamide를 생성하는 유해성분이기도 하다. 이와 같은 가열 중의 변화는 불포화지방산이 포화지방산보다 빠르게 진행된다.

6절. 유지 산패의 영향 인자

유지의 산화에 영향을 주는 요인으로는 온도, 광선, 공기, 금속 등으로 이들은 유지의 산화 속도를 증가시켜 주므로 산화촉진제라고 한다. 따라서 유지의 산화를 방지하기 위해서는 이들 산화 촉진 인자들을 제거하여야 하므로, 유지의 산화 억제방법으로는 저온저장이나 광선차단 및 산소나 금속이온 제거법 등이 있다.

1. 산화촉진체

1) 금속이나 금속이온

금속이나 금속이온들은 미량만 존재해도 촉매로 작용하여 산화를 촉진한다. 산화촉진제로 알려진 금속이나 금속이온은 코발트(Co), 구리Cu), 철(Fe), 망간(Mn), 니켈(Ni) 등이다. 특히 구리와 철의 산화촉진 작용이 크며, 산화촉진 작용의 크기순서는 다음과 같다. 또한 같은 금속이나 금속이온이라도 농도가 클수록 산화촉진 작용이 증대된다.

$$Cu > Fe > Ni > Sn > Zn > Al > Mn$$

이와 같은 금속이나 금속이온들은 자동산화 초기단계에 free radical의 형성을 촉진하거나, 자동산화 과정에서 생성된 hydroperoxide의 분해를 촉진시켜 자동산화의 연쇄반응의 속도를 증대시킨다. 따라서 이들은 산소의 흡수속도나 hydroperoxide의 형성속도, carbonyl화합물의 형성속도를 증가시키며 유지의 산패 발생 시기를 앞당겨 유도기간을 단축시키고, 산화를 촉진한다.

2) 광선

모든 광선은 유지의 산화에 영향을 미쳐 유지의 산화를 촉진한다. 특히 파장이 짧은 광선일수록 산화촉진작용이 크다. 자외선, 방사선, 가시광선 외에 살균등, 형광등, 백열등의 광선도 유지의 산화를 촉진시킨다고 한다. 가시광선 중에서는 파장이 가장 짧은 보라색이나 청색이 파장이 긴 빨간색보다 산패가 빠르고, 직사광선은 강력한 자외선을 함유하고 있어 산화촉진 작용이 매우 강하다.

유지에 광선을 조사하면 free radical의 생성과 hydroperoxide의 형성, 촉진 등에 의해 산화가 현저히 촉진된다. 특히 지방질 식품에 chlorophyll과 같은 색소나 heme화합물이 존재하는 경우 감광체(photo sensitizer)로 작용하여 공기 중 산소를 활성화시킨다. 따라서 지방산에 작용하여 free radical을 생성하므로 빠르게 과산화물을 형성한다.

또한 광선의 조사는 hydroperoxide의 분해도 촉진하여 aldehyde 등의 분해생성물의 증가로 이취가 발생한다.

3) 온도

유지의 산화는 일반적인 화학반응과 같이 온도가 높을수록 산화반응 속도가 빠르다. 따라서 온도가 상승하면 산화속도가 증가하는데, 일반적으로 유지의 산패속도는 10℃ 상승할 때마다 2~3배 증가하는 것으로 알려져 있다. 따라서 가능한 한 낮은 온도에서 보관하여야 한다. 저장온도가 10℃ 내려갈 때마다 산패속도가 반 이하로 줄게 되드로 유지의 산패억제에 가장 기본적인 방법은 저장온도를 낮추는 일이다.

4) 수분

일반적으로 산화속도는 수분활성도가 증가할수록 증가하나 수분함량이 아주 낮은 건조식품에서도 자동산화는 매우 빨리 일어난다. 그러나 단분자층을 형성할 수 있는 양보다 많은 정도의 수분함량(BET point)에서는 식품성분의 보호막을 형성하여, 유지와 산소와의 접촉이 차단되어 산화가 억제된다.

금속은 주로 수분 층과 유지 층과의 계면에서 촉매작용을 하므로 수분의 존재 하에서 금속의 촉매작용이 크게 증가하며, 수분함량이 많아지면 촉매작용이 강해진다. 따라서 수분은 자동산화 초기 단계에서 free radical의 형성을 촉진시켜 준다.

5) 산소

유지는 공기와 접촉하여 자동산화를 일으키므로 유지식품이 공기에 노출되면 산화되기 쉽다. 유지의 산패는 산소의 양이 극히 적어도 일어난다. 또한 산소가 충분할 때는 산화속도는 산소농도와 무관하나, 산소농도가 낮아지면 산화속도는 산소농도에 비례한다.

6) Heme 화합물

Heme 화합물은 산화촉진제로 동물성 지방이나 육제품 등의 산화에 영향을 미친다. 즉, heme 화합물의 촉매작용으로 산화속도가 증가하고 유도기간이 단축된다. heme 화합물은 hydroperoxide를 분해하여 alkoxy radical(RO・)을 형성하는 동시에 유지분자로부터 수소를 빼앗아 free radical을 생성해 1개의 hydro-peroxide에서 2개의 radical을 생성하기 때문에 자동산화의 촉진작용이 매우 강하다.

7) 지방산의 종류

이중결합을 가지고 있는 불포화지방산은 포화지방산보다 훨씬 산화되기 쉬우며 이중결합의 수가 많을수록, 즉 불포화도가 높을수록 산화속도가 빠르다. 또한 cis형 지방산이 trans형 지방산보다 산화되기 쉽다.

2. 산화방지제

산화촉진제와 반대로 유지의 산화속도를 억제하여 품질 저하를 방지하는 물질을 산화방지제, 또는 항산화제라고 한다. 항산화 물질은 주로 식물성 식품에 많이 함유되어 있다.

1) 항산화제 작용 mechanism

항산화제의 작용은 자동산화 과정 중의 hydroperoxide의 형성과정에 있어서 각종 활성 free radical을 제거하여 hydroperoxide를 만드는 연쇄반응의 속도를 늦추어 hydroperoxide의 생성속도를 억제한다. 즉, 연쇄반응에 관여하는 각종 활성 free radical(ROO·, R·)에 자신의 수소원자를 내주어 안정된 화합물을 만들어 유리기의 농도를 감소시키고, 자신은 활성이 없는 유리기가 되어 항산화력이 없어진다. 이 때 상승제가 존재하면 상승제로부터 수소를 받아 항산화력을 되찾는다.

$$R\cdot + AH \longrightarrow RH + A\cdot$$
$$ROO\cdot + AH \longrightarrow ROOH + A\cdot$$

항산화제는 자동산화 과정에서 생성되는 hydroperoxide의 생성속도는 효과적으로 억제해주나, 일단 형성된 hydroperoxide가 분해되어 carbonyl화합물로 되는 과정에는 효과가 별로 없으므로 산화가 상당히 진행된 유지에 있어서는 항산화제 첨가에 의한 효과를 기대하기 어렵다.

2) 항산화제의 종류

항산화제에는 유지나 지방질 식품에 자연성분으로 존재하는 천연 항산화제와 유지나 지방질 식품의 저장성을 높이기 위해 첨가하는 합성 항산화제로 분류할 수 있다.

(1) 천연 항산화제

천연 항산화제는 식둘성유지에 자연적으로 존재하는 경우가 많으며 동물성 유지 속에는 극히 적게 들어 있다. 식물성 유지들은 동물성 유지에 비해 불포화도가 훨씬 높으나 산화안정성이 좋은 이유는 천연 항산화 성분이 많이 함유되어 있어 식물성 유지의 산화를 억제해 산화속도를 늦추어주기 때문이다. 천연 항산화제의 종류는 다음과 같다.

① Tocopherol

Tocopherol은 천연 항산화제로 가장 많이 사용되고 있으며, 각종 식물성 종자유와 곡류, 두류 등의 식물조직에 널리 분포되어 있다. 식물성 정제유에도 항산화 효과를 내는데 충분한 양의 tocopherol을 함유하고 있으나, 동물성 지방에는 매

[표 6-2] 지방 식품 및 유지 중의 tocopherol 함량

종 류	함 량(mg)	종 류	함 량(mg)
달걀(전체)	2.0	밀배종유	300
곡류배종	27.0	옥수수유	100
채 소 류	1.0	땅콩기름	40
토 마 토	0.1	야 자 유	3
소 의 간	1.4	쌀배종유	250
고 구 마	4.0	미 강 유	90
당근, 샐러리	0.5	아마인유	23
감 자	0.1	간 유	0~20
육류제품	0.5	대 두 유	150
백 미	0.5	면 실 유	90
밀 가 루	0.5	돼지기름, 버터	2

우 적게 들어있다.

Tocopherol은 α-, β-, γ-, δ-tocopherol의 4종류가 있으며, 이들의 항산화 효력의 크기는 δ > γ > β > α-tocopherol의 순이다.

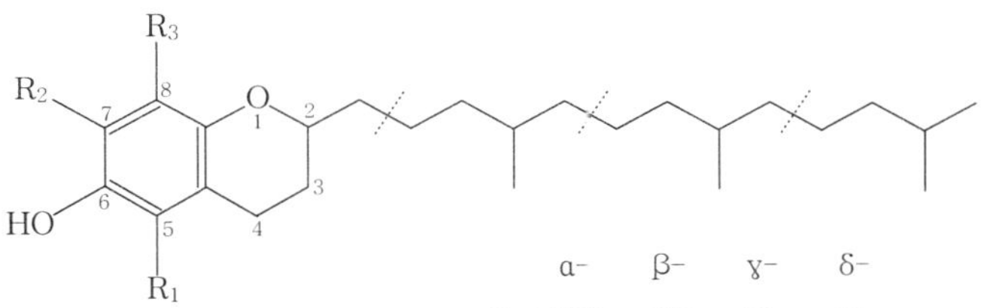

Tocopherol

	α-	β-	γ-	δ-
R_1 :	CH_3-	CH_3-	H-	H-
R_2 :	CH_3-	H-	CH_3-	H-
R_3 :	CH_3-	CH_3-	CH_3-	CH_3-

② Sesamol

참기름(sesame oil)에 존재하는 sesamol은 산화안정성이 우수한 천연 항산화제이다. 참기름이 산화에 대하여 안정성이 큰 이유는 높은 항산화성을 가진 sesamol 때문이다. 참깨 중에는 배당체인 sesamolin과 sesamin의 형태로 존재한다.

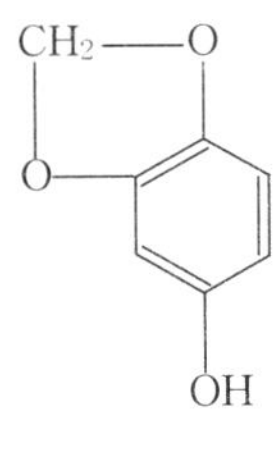

Sesamol

③ Gossypol

Gossypol은 목화씨에 많이 들어있으므로 면실유(cotton seed oil)에도 상당량 함유되어 있다. gossypol은 항산화력이 강하나, 독성을 가지고 있어서 정제 시 제거하여야 한다.

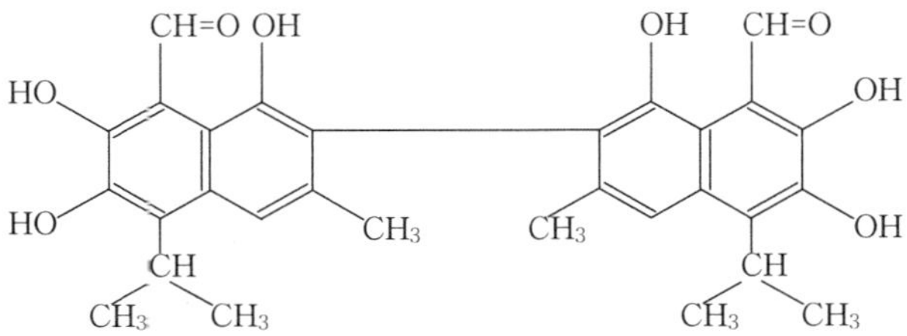

Gossypol

④ Gum guaiac

Gum guaiac에는 phenol화합물인 guaiacol, guaiaconic acid 등을 함유되어 있어서 항산화제로 이용된다. gum guaiac은 항산화력이 강한 편은 아니나 조리나 가공 후에도 제품에서 항산화력이 유지된다.

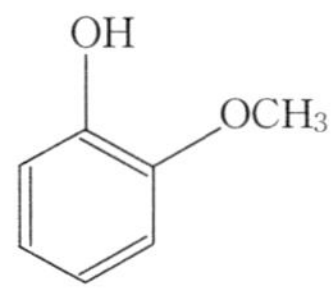

Guaiacol

⑤ 기타

천연에 존재하는 phospholipid인 lecithin과 cephalin은 약한 항산화력을 가지고 있다. 이들은 대두, 난황, 콩기름 등에 들어있으며, 다른 항산화제에 비해 항산화력은 약하나 유화력이 강하여 주로 식품공법에서 유화제로 사용되고 있다.

또한 catechin, ellagic acid, gallic acid 등의 polyphenol성 화합물과 과일이나 채소에 함유된 색소성분인 flavonoid류인 hesperidin, rutin, quercetin 등과 콩 속에 들어있는 isoflavone은 항산화성을 가지고 있다.

로즈마리, 세이지, 계피, 정향 등의 일부 향신료도 미약하나 항산화제로 작용한다.

(2) 합성 항산화제

식용 유지나 지방질 식품에 사용하는 합성 항산화제는 주로 phenol계 항산화제이다. 식용 합성 항산화제는 독성이 없어야하고, 저 농도에서 항산화 작용이 있어야 하며, 체내에서 축적되지 않고 배설되어야 한다. 또한 유지식품과 용해와 혼합이 용이해야 하며, 식품성분과 반응하지 않고 안정해야 하며 대표적인 합성항산화제는 다음과 같은 것들이 있다.

① BHA, BHT(butylated hydroxy anisole, butylated hydroxy toluene)

BHA, BHT는 함께 널리 이용되고 있는 phenol계 합성 항산화제이다, 강력한 항산화제로 유지에는 잘 용해되나 물에는 용해되지 않으며, 식용유지, 버터, 어류 염장품 등 유지식품에 널리 사용된다.

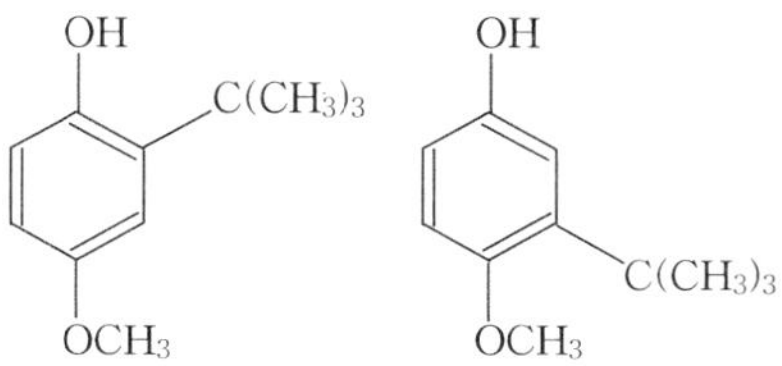

BHA
(butylated hydroxyanisole)

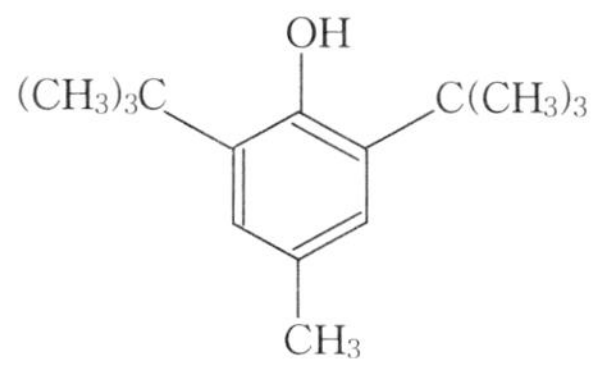

BHT
(butylated hydroxytoluene)

② PG(propyl gallate)

몰식자산프로필(PG)은 gallic acid에 propyl alcohol이 ester결합한 것으로 gallic acid의 유기산기에 붙어있는 alcohol의 탄소수가 증가할수록 항산화력과 열에 대한 안정성이 증가한다. 식용 유지나 유지제품들에 사용하며, 수분과 철분이 존재할 때 청색으로 착색되므로 달걀이나 육류제품 사용에 주의하여야 한다.

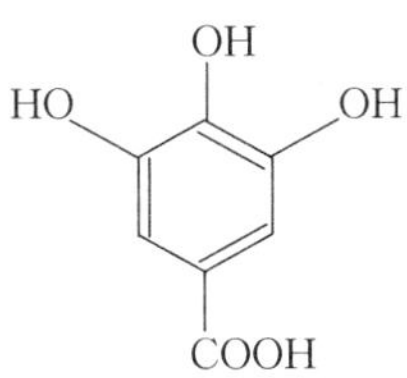

Gallic acid

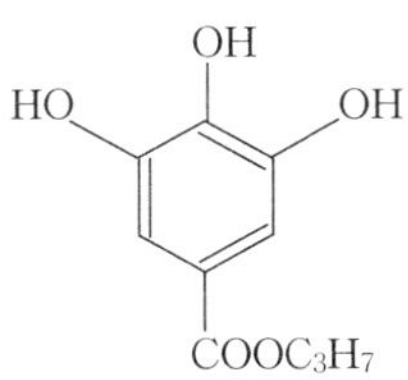

PG(propyl gallate)

③ TBHQ(tertiary butyl Hydro quinone)

TBHQ는 BHA나 BHT와 달리 극성구조를 가지고 있으므로 물에는 약간 용해되나 유기용매에는 잘 용해되지 않는다. TBHQ는 열에 비교적 안정하여 튀김유에도 사용할 수 있다. 항산화력은 BHA와 BHT보다 강하며 어유나 식물성유 등 불포화도가 높은 유지에 효과적인 합성 항산화제이다.

3. 상승제

상승제(synergist)는 자신은 항산화력이 없거나 항산화 효력이 크지 않으나 항산화제와 병행하여 사용하면 항산화제의 항산화 효과를 증가시켜주는 물질을 말한다. 대표적인 상승제는 ascorbic acid이며 그 외 citric acid, phosphoric acid, tartaric acid, malic acid, phytic acid 등이 있으며 주로 산의 성질을 가지고 있어 acid synergist라고 한다.

상승제는 유리된 상태의 항산화제에 수소를 주어 항산화력을 주거나, 유지나 지방질 식품 중의 중금속과 chelate결합을 하여 금속의 촉매작용을 차단시켜 줌으로 항산화제의 작용을 증가시켜준다. 따라서 이들을 metal chelating agent라고도 한다.

$$R\cdot + AH \longrightarrow RH + A\cdot$$
$$A\cdot + BH \longrightarrow AH + B\cdot$$

7절. 유지의 산패 측정법

유지는 산패가 일어나면 여러 가지 물리적, 화학적 변화가 일어난다. 산소흡수 속도가 증가하고, hydroperoxide와 같은 과산화물이 생성되고, 또 분해하여 carbonyl화합물이 생성된다. 이러한 결과로 유지는 불쾌한 냄새와 맛을 나타내며 변질된다. 따라서 유지의 이러한 변화를 물리적, 화학적, 관능적 검사를 통해서 유지 산패의 발생 시기나 산패의 정도를 측정할 수 있으며, 일반적으로 사용되는 측정방법은 다음과 같다.

1. 물리적 방법

1) 산소흡수 속도 측정법

산소흡수 속도 측정방법은 밀폐된 용기에 유지나 지방질 식품과 산소를 같이 넣고, 시간에 따른 산소 흡수 속도를 측정하여 산패 발생 시기를 알아내는 방법이다. 유지의 산소 흡수속도는 산패발생시기를 전후하여 급증하므로 이 방법으로 산패 발생 시기를 알아낼 수 있다.

2. 화학적 방법

1) 과산화물가(peroxide value)

과산화물가는 유지 중에 존재하는 과산화물의 함량을 측정하는 방법으로 유지의 산패정도와 유도기간의 길이를 측정할 수 있다. 과산화물가(peroxide value)는 유지 초기단계의 산패도를 나타내는 지수로 유지 1kg 중 생성된 과산화물의 밀리 당량수로 표시한다.

유지가 정제되어 신선할 때는 과산화물가는 거의 0이다. 유지는 산화에 의해 과산화물이 생성되는데 여기에 요오드화칼륨(KI)을 가하여 반응시켜 유리된 요오드 이온(I^-)을 반응시켜 요오드(I_2)로 산화시킨다. 이 생성된 요오드를 0.01N-$Na_2S_2O_3$(sodium thiosulfate)용액으로 적정하여 그 소비량으로부터 과산화물의 함량을 계산한다.

$$ROOH + 2I- + 2H^+ \longrightarrow ROH + I_2 + H_2$$

$$I_2 + 2Na_2S_2O_3 \longrightarrow 2NaI + Na_2S_4O_6$$

Hydroperoxide의 함량은 자동산화의 진행에 따라 어느 시기에 최고치에 도달한 후 그 분해속도가 생성속도보다 커서 감소된다. 따라서 산패가 많이 진행된 유지에서는 그 값이 낮을 수 있다. 그러므로 아주 오래된 식용 유지나 튀김유의 경우에는 과산화물가로 산패를 측정하는 것은 적당하지 않다.

2) Thiobarbituric acid value(TBA가)

TBA가는 유지의 산패도를 측정하는 방법이지만 과산화물가와 같이 유지의 산화가 진행됨에 따라 그 값이 감소하지 않고 계속 증가하므로 오래된 유지에서도 사용할 수 있다.

TBA가는 유지 1kg에 함유되어 있는 특정 carbonyl 화합물인 malonaldehyde의 mg수이다. TBA가는 산패가 진행된 유지에 함유된 과산화물의 분해 생성물인 malonaldehyde가 2-thiobarbituric acid 와 HCl의 존재 하에 적색의 복합체를 형성하므로 이 적색을 비색 정량하여 산패를 측정하는 방법이다.

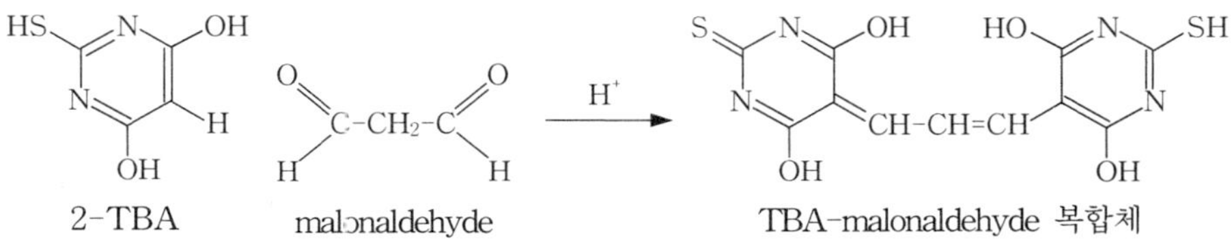

[그림 6-3] TBA-malonaldehtde 복합체의 형성과정

TBA가는 유지, 육류 등의 산패도 측정에 널리 사용되나 유지나 지방질의 종류에 따라 malonaldehyde의 생성량이 다르므로 다른 종류의 식용유지의 TBA가를 비교하는 것은 의미가 없다. 또한 절임육류 등에 존재하는 아질산염(nitrates)은 육류의 TBA가를 감소시키므로 아질산염이 첨가된 육가공품에는 정확한 산패 척도가 되지 못한다.

3) Carbonyl가(carbonyl value)

Carbonyl가는 유지나 지방질 식품의 산패에 의해 형성된 전체 carbonyl화합물의 양을 정량하는 방법이다. carbonyl가는 유지 1kg에 함유된 carbonyl화합물의 밀리 당량수로 표시한다. 이 방법은 유지나 지방질식품의 산패에 의해 형성된 전체 carbonyl화합물을 2,4-dinitrophenyl hydrazine과 반응시켜 적색의 2,4-dinitrophenyl hydrazone으로 전환시킨 후 이 적색을 비색정량하는 방법이다.

이 방법은 carbonyl화합물과 2,4-dinitrophenyl hydrazine과의 반응이 가역반응이므로 2,4-dinitrophenyl hydrazone 유도체 형성이 완전히 정량적으로 진행

되지 않으며, 또한 carbonyl화합물이 같은 복합체를 형성하지 않아 형성된 색이 안정하지 않다는 결점이 있어 경우에 따라서는 정확한 결과를 알 수 없다.

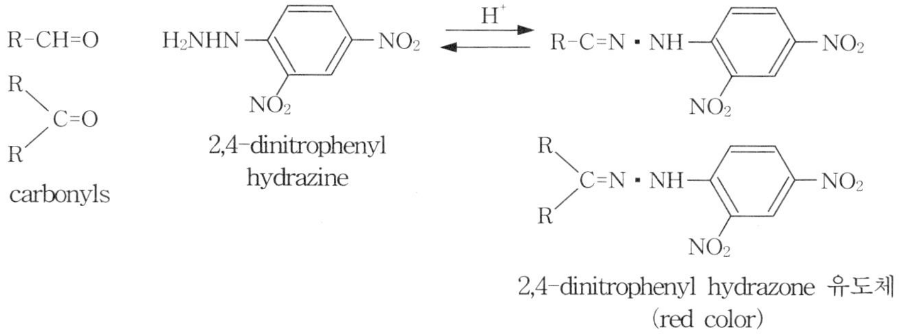

[그림 6-4] Carbonyl가의 측정과정

4) Active oxygen method(AOM)

Active oxygen method(AOM)는 활성산소법이라고도 하며, 유지 산패의 용이성을 단시간에 판단하는 방법이다. 이 방법은 유지를 높은 온도(97.8℃)를 유지하면서 공기를 주입시켜 산패를 일으킨 다음, 시간에 따른 과산화물가나 TBA가를 측정하여 유지 산패의 유도기간을 측정하는 방법이다. 즉, 유지의 자동산화를 촉진시켜 유지가 일정한 과산화물가에 도달할 때까지 걸리는 시간으로 유지의 산화 안정성을 평가하는 방법이다.

3. 관능적 방법

1) Oven test

Schaal oven test라고도 하며, 지방질 식품의 산패시기를 측정하는 관능적 방법이다. 시료를 접시나 beaker 등에 담고 약 60℃의 oven안에 넣어 반응을 촉진시킨 후, 수시로 7~8명의 전문적인 패널에 의해 냄새와 맛에 대한 관능검사를 실시해 산패발생이나 유도기간을 측정하는 방법이다. 이 방법은 지방질 성분을 추출하기 어려운 지방질 식품의 산패시기 측정에 주로 이용하며, 제과나 제빵 등에서 제품의 유지 산패에 대한 안정성 검사에 응용된다.

제7장 단백질과 아미노산

단백질(protein)은 식물이나 동물체의 조직에 널리 분포되어 있으며 당질이나 지질과는 달리 탄소, 수소, 산소 외에 질소를 함유하고 있으며, 특수한 단백질은 S, Fe, P, I, Cu 등을 함유하고 있는 것도 있다. 단백질의 어원은 그리스어의 프로테오스(proteiose, to be first)에서 유래되었으며, 생물에 있어 제1의 중요성을 가진 물질이라는 의미이다.

단백질은 동물, 식물, 미생물 등 모든 생물체의 세포의 구성성분으로 중요하며, 효소·호르몬·항체의 주요성분으로 생화학 반응에 관여 하는 화합물이다. 단백질은 약 16%의 질소를 함유하고 있으므로 식품 중의 질소량을 측정한 후 질소계수(N-factor)인 6.25(100/16)를 곱하여 조단백질(crude protein)의 함량을 구할 수 있다.

단백질은 다수의 아미노산이 peptide결합을 통하여 쇄상으로 연결된 고분자 질소화합물로 아미노산의 종류와 함량은 단백질의 종류에 따라 다르다. 단백질은 20여종의 아미노산이 peptide사슬을 기본구조로 연결되어 있으며, 단백질의 종류와 질은 아미노산의 구성 비율, 즉 아미노산의 조성에 의해서 결정되며, 이 아미노산들은 결합상태와 배열순서 등에 따라 여러 종류의 단백질을 구성한다. 식품 중의 단백질은 섭취 후 체내에서 가수분해되어 아미노산으로 흡수된 후, 체조직 형성에 필요한 단백질로 다시 합성된다

1절. 아미노산

1. 아미노산의 구조

아미노산은 한 분자 내에 amino기(-NH_2)와 carboxyl기(-COOH)를 가지고 있는 carboxylic acid로 단백질의 기본 단위 화합물이다.

Carboxyl(-COOH)기는 물에 용해되어 수소이온(H^+)을 생성하는 산이고, amino(-NH_2)기는 물에 용해되어 수산화이온(OH^-)을 생성하는 염기(알칼리)이다. 따라서 아미노산은 한 분자 내에 산과 염기를 모두 가지고 있는 양성화합물이다.

1) α, β, γ-amino acid

아미노산은 amino기가 결합하고 있는 탄소위치에 따라 α-아미노산, β-아미노산, γ-아미노산이라 부르며 천연에 존재하는 단백질을 구성하는 아미노산은 proline과 hydroxy proline을 제외하고 대부분 α-아미노산이다.

α-아미노산은 carboxyl기가 붙어있는 α-탄소 위치에 amino기가 결합된 아미노산을 말하며, 그 옆의 탄소인 β-위치에 amino기가 결합한 아미노산을 β-아미노산, γ-위치에 amino기가 결합한 아미노산을 γ-아미노산이라고 한다.

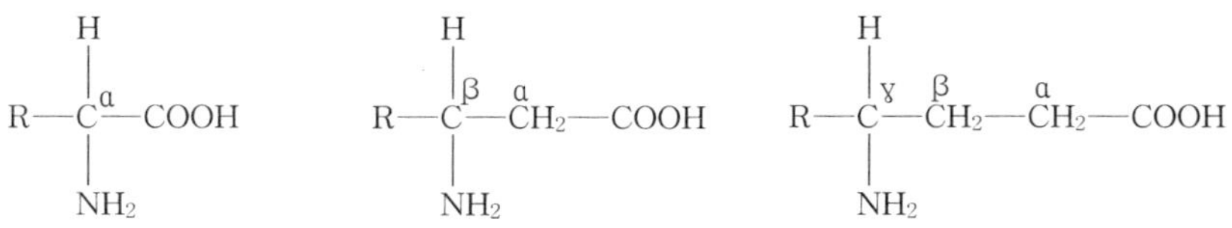

α-amino acid β-amino acid γ-amino acid

2) D형과 L형 아미노산

천연에 존재하는 아미노산은 측쇄(R)가 수소(H)인 glycine을 제외하고는 모두 α-위치의 탄소가 부제탄소원자(asymmetric carbon atom)이므로 D-형 아미노산과 L-형 아미노산의 입체이성체가 존재한다.

Carboxyl기를 위쪽에 배치했을 때 amino기가 오른 쪽에 있는 것을 D-형, 왼쪽에 있는 것을 L-형이라고 한다. 식품에 함유된 아미노산이나 단백질을 구성하는 아미노산은 대부분 L-형이다. 따라서 식품단백질을 구성하고 있는 아미노산은 거의 모두가 α, L형이므로 α, L의 부호를 붙이지 않는다.

입체이성체인 D형과 L형의 아미노산은 서로 다른 맛을 가지고 있다. 예를 들어 L형의 tryptophan과 phenylalanine은 쓴맛을 나타내나, D형의 tryptophan과 phenylalanine은 단맛을 나타낸다.

L-amino acid D-amino acid

2. 아미노산의 종류

1) 단백질을 구성하는 아미노산

단백질을 구성하는 아미노산은 약 20여 종이며, 식품에 함유되어 있는 아미노산은 대부분 단백질의 구성성분으로 존재한다. 식품단백질을 구성하고 있는 아미노산의 구조는 매우 다양하며 표 7-1과 같다.

아미노산은 측쇄인 R의 화학구조에 따라 지방족 아미노산, 환상 아미노산, 방향족 아미노산으로 분류된다. 또한 분자 중에 함유된 원자나 원자단의 특징에 따라 hydroxy 아미노산, 함황 이미노산 등으로 부르기도 하며, 측쇄의 화학적 성질로 소수성과 친수성 아미노산으로 분류하거나, 중성, 산성, 염기성 아미노산으로 분류하기도 한다.

(1) 중성, 산성, 염기성 아미노산

단백질은 한 분자 내에 amino기와 carboxyl기를 가지고 있는데, 한 분자 내에 존재하는 amino기와 carboxyl기의 수에 따라 중성, 염기성, 산성 아미노산으로 분류된다. 같은 수의 amino기와 carboxyl기를 가진 아미노산을 중성 아미노산, carboxyl기가 더 많은 아미노산을 산성아미노산, amino기의 수가 더 많은 아미노산을 염기성 아미노산이라고 한다.

$H_2N-R-CH-COOH$	$R-CH-COOH$	$HOOC-R-CH-COOH$
|	|	|
NH_2	NH_2	NH_2
염기성 아미노산	중성 아미노산	산성 아미노산

(2) 친수성과 소수성 아미노산

친수성과 소수성 아미노산은 측쇄에 친수성기를 가지고 있는지, 소수성기를 가지고 있는지 여부로 분류한다.

친수성 아미노산은 측쇄에 친수기인 -OH기, -COOH기, $-NH_2$기를 가지고 있는 아미노산을 말하며, 일반적으로 물에 잘 녹는다. 소수성 아미노산은 물에 잘 녹지 않으며, 측쇄에 소수기인 탄화수소나 방향족 탄화수소를 가지고 있는 아미노산이다. 따라서 측쇄에 탄소수가 많은 탄화수소를 가지고 있는 leucine, isoleucine, valine 등과 측쇄에 방향족 탄화수소를 가지고 있는 phenylalanine은 소수성 아미노산이다.

(3) 필수 아미노산과 비필수 아미노산

단백질을 구성하고 있는 20여종의 아미노산 중에서 인체 단백질 합성에 필요하나 체내에서 합성되지 않고 식품으로 섭취해야만 하는 아미노산을 필수 아미노산(essential amino acid)이라고 한다. 필수아미노산은 성인의 경우 valine, leucine, isoleucine, threonine, phenylalanine, lysine, methionine, tryptophan의 8종이며, 유아의 경우는 histidine을 포함하여 9종이다.

식품 중 필수 아미노산의 함량은 단백질의 질을 평가하는 기준이 되며, 이들 이외에 체내에서 합성되는 아미노산을 비필수 아미노산(non essential amino acid)이라고 한다.

[표 7-1] 단백질을 구성하는 아미노산의 종류와 구조

분류	아미노산 약호 및 기호	화학구조(□ : sidechain)	특징
Ⅰ. 지방족 아미노산 ⓐ 중성 아미노산	glycine (Gly, G)	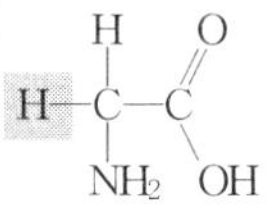	단맛을 가짐 부제탄소원자가 없음
	alanine (Ala, A)	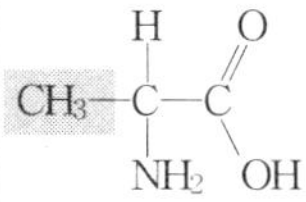	비극성 탄화수소 사슬을 가짐
	valine* (Val, V)	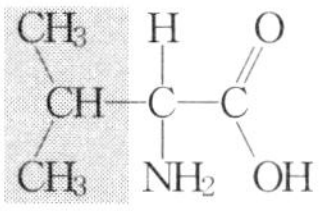	비극성 탄화수소 사슬을 가짐
	leucine* (Leu, L)	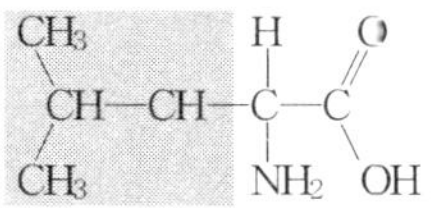	비극성 탄화수소 사슬을 가짐
	isoleucine* (Ile, I)	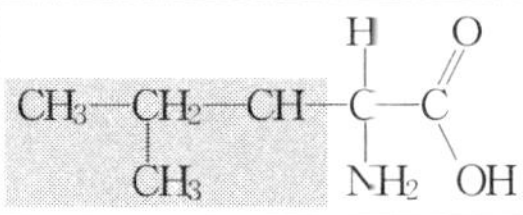	부제탄소원자 2개 가짐 비극성 탄화수소 사슬을 가짐
	serine (Ser, S)	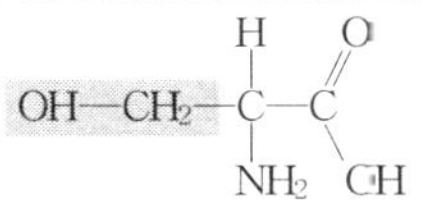	alcohol성 OH기 가짐
	threonine* (Thr, T)	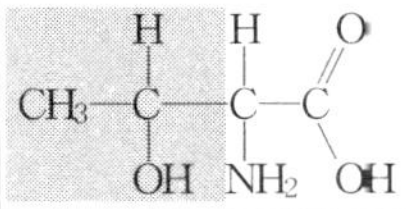	alcohol성 OH기 가짐 부제탄소원자 2개 가짐
ⓑ 산성 아미노산 및 그 amide	aspartic acid (Asp, D)	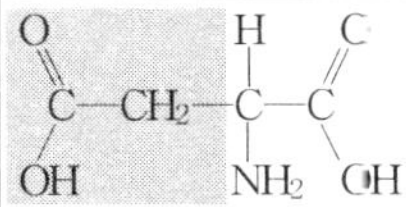	아스파라거스에서 발견됨
	glutamic acid (Glu, E)	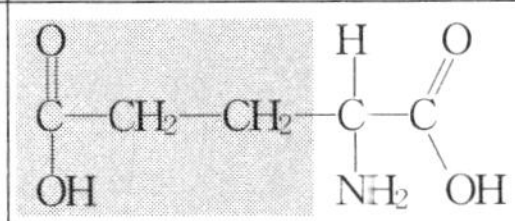	감칠맛을 가짐
	asparagine (Asn, N)	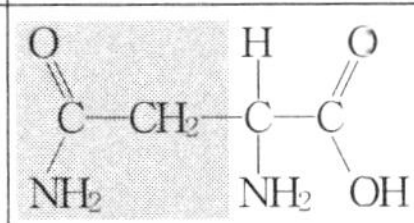	β-amide를 가짐
	glutamine (Gln, Q)	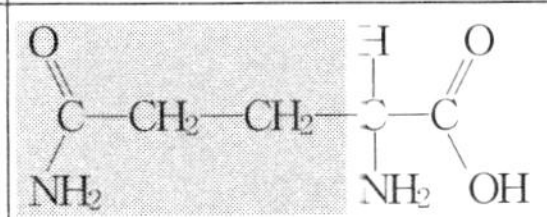	γ-amide를 가짐
ⓒ 염기성 아미노산	lysine* (Lys, K)	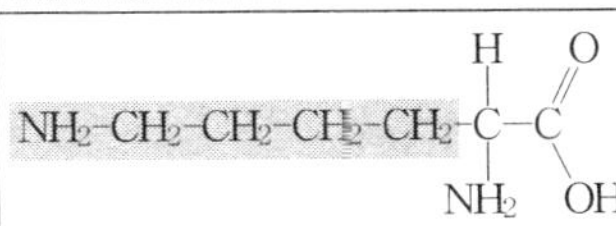	ε-amino기를 가짐

[표 7-1] 계속

ⓒ 염기성 아미노산	arginine (Arg, R)	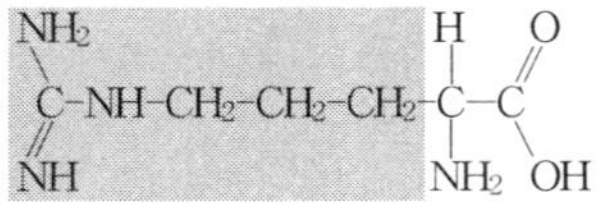	guanidyl기를 가짐 강염기성
ⓓ 함황 아미노산	cysteine (Cys, C)	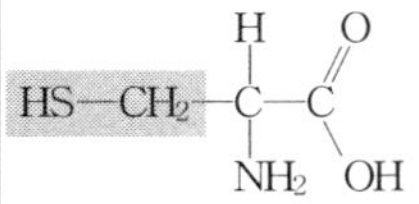	-SH기를 가짐 half cystine
	cystine (Cys | Cys, C)	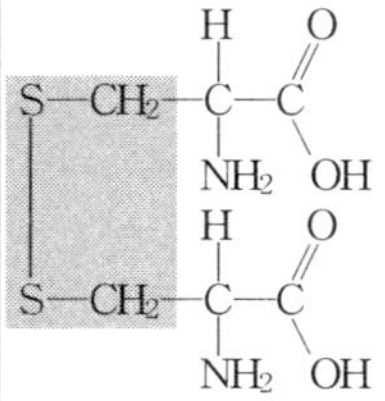	-S-S-결합(disulfide bond) 가짐
	methionine* (Met, M)	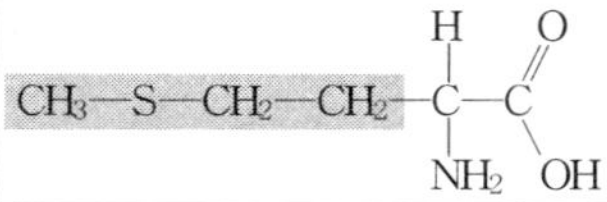	C-S-C 결합을 가짐
Ⅱ. 방향족 아미노산	phenylalanine* (Phe, F)	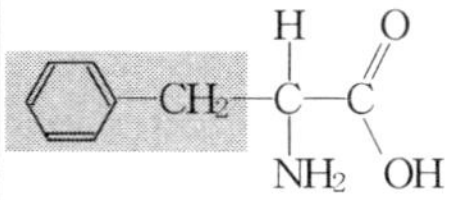	benzene기 가짐 비극성
	tyrosine (Tyr, Y)	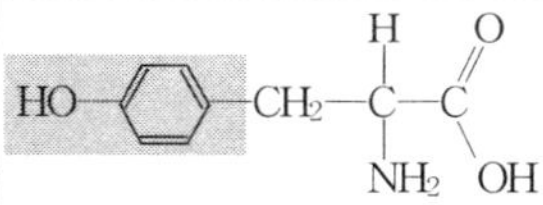	phenol기 가짐
Ⅲ. 복소환 아미노산	tryptophan* (Trp, W)	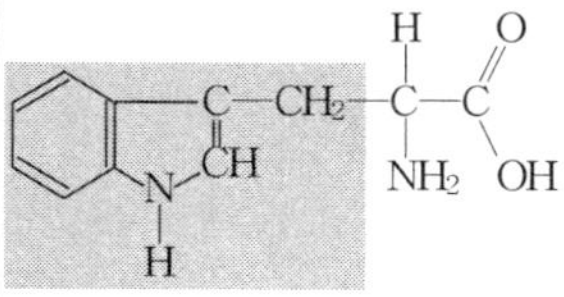	indol기 가짐 체내에서 niacin으로 전환
	histidine (His, H)	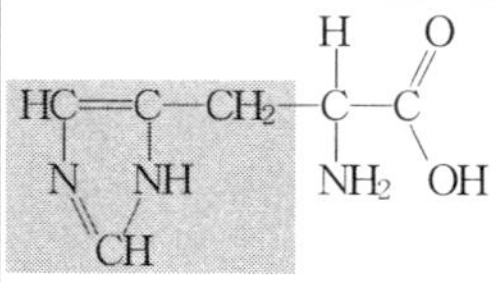	imidazol기 가짐 염기성
	proline (Pro, P)	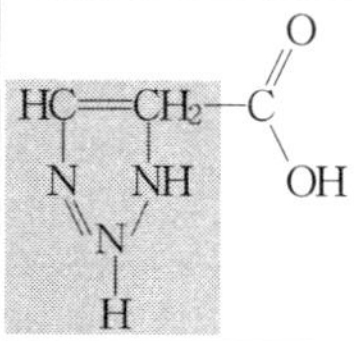	=NH기 가짐
	hydroxyproline (3-Hyp)	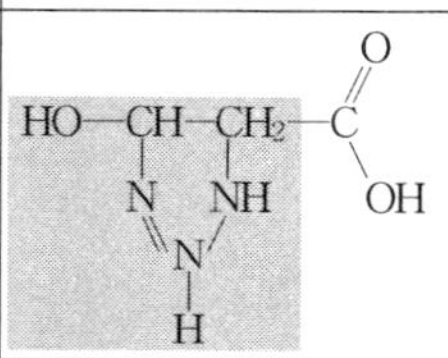	=NH기 가짐 질소는 제2 amine 이므로 imino acid라고도 함

2) 단백질을 구성하지 않는 아미노산

자연계에는 단백질을 구성하지 않는 비단백아미노산이, 유리형태나 특수한 화합물의 구성성분으로 존재한다. 이들도 사람의 영양이나 식품의 풍미 등에서 중요한 역할을 한다.

이 아미노산들은 비타민이나 호르몬의 구성성분, 신경전달물질, 향기성분이나 감칠맛 성분 등으로 중요한 역할을 하며, 이러한 아미노산으로는 theanine, citruline, ornitine 등이 있으며 이들의 종류와 분포 및 구조식은 표 7-2와 같다.

[표 7-2] 단백질을 구성하지 않는 아미노산의 종류와 구조

명 칭	구조식	소재와 역할
ornithine	$H_2N-(CH_2)_3-CH-COOH$ | NH_2	동・식물 조직에 존재 urea cycle 중에서 요소(尿素)생성에 관여
citrulline	O ‖ $H_2N-C-NH-(CH_2)_3-CH-COOH$ | NH_2	동・식물 조직, 특히 수박과즙에 존재 urea cycle 중에서 요소생성에 관여
creatine	H_2N \\ $C-N-CH_2-COOH$ / | HN CH_3	동물 근육에 존재하며, 근육활동에 관여
β-alanine	$H_2N-CH_2-CH_2-COOH$	pantothenic acid, coenzyme A, anserine, carnosine의 구성 성분 자연계에 존재하는 유일한 β-amino acid
canavanine	H_2N \\ $CNHO(CH_2)_2CHCOOH$ / HN	작두콩(Canavalis ensiformis)에서 추출된 유리 아미노산
taurine	$H_2N-CH_2-CH_2-SO_3H$	오징어, 문어, 조갯살의 추출물에 함유. 말린 오징어의 표면의 하얀 물질
alliine	$CH_2=CH-CH_2-S-CH-COOH$ | NH_2	마늘냄새의 전구물질
theanine	$C_2H_5-NH-CO-(CH_2)_2-CH-COOH$ | NH_2	녹차, 차의 감칠맛 성분 glutamic acid의 ethyl amide
thyroxine	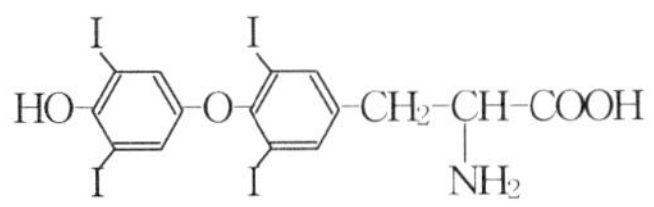	갑상선 hormone의 구성성분

3. 아미노산의 성질

1) 용해성

아미노산은 일반적으로 물, 묽은 산, 알칼리, 염류용액에 잘 녹으며, ether, chloroform, acetone 등 유기용매에는 잘 녹지 않으며, alcohol에는 대부분의 아미노산이 녹지 않는다. 그러나 아미노산의 종류에 따라 차이가 있으며 tyrosine, cysteine은 물에 잘 녹지 않으며, proline, hydroxyproline은 alcohol에 잘 녹는다.

2) 양성전해질

아미노산은 한 분자 내에 산으로 작용하는 carboxyl기와 알칼리로 작용하는 amino기를 공유하고 있으므로 양성물질이라고 한다. 따라서 수용액 중에서 carboxyl기는 carboxyl 음이온(COO^-)으로 해리되고, amino기는 ammonium 양이온(NH_3^+)으로 해리되어 두 이온이 분자 내에 염을 형성한다. 이와 같은 구조를 양성이온(zwitter ion), 또는 쌍극자이온(dipollarion)이라고 한다.

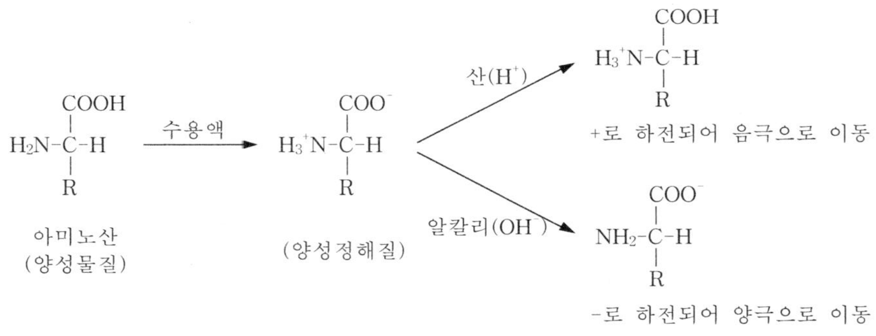

따라서 아미노산은 pH에 따라 서로 다른 전하를 띠게 된다. 알칼리성 용액에서는 OH^-가 존재하므로 음이온(-)의 전하를 띠며, 산성용액에서는 H^+가 존재하므로 양이온(+)의 전하를 띠게 된다. 이와 같이 용액의 pH에 따라 (+)와 (-)로 하전 하는 성질을 가진 화합물을 양성 전해질(ampholyte)이라고 한다. 따라서 아미노산의 수용액을 전기영동 장치에 넣어 전류를 통하면 알칼리성 용액에서는 음이온으로 하전 되어 양극(+)으로, 산성용액에서는 양이온으로 하전 되어 음극(-)으로 이동한다.

그러나 어떤 특정한 pH에서 양전하의 합과 음전하의 합이 같게 되어 실제 전하(net charge)가 '0'이 되어 어느 쪽으로도 이동되지 않는다. 이때의 pH를 등전점(isoelectric point)이라고 한다. 아미노산의 등전점은 아미노산의 구조와 측쇄들의 차이로 다르다. 일반적으로 중성아미노산 등전점은 pH 7 부근의 약산성에, 염기성 아미노산의 등전점은 알칼리성 쪽에, 산성 아미노산의 등전점은 산성 쪽에 있다. 따라서 각각의 아미노산은 고유의 등전점을 갖는다(표 7-3).

[표 7-3] 아미노산의 등전점

분 류	아미노산	등전점	분 류	아미노산	등전점
지 방 족 아미노산	Glycine Alanine Valine Leucine Isoleucine Serine Threonine	5.97 6.00 5.97 5.98 6.02 5.68 6.16	염 기 성 아미노산	Lysine Arginine Histidine	9.74 10.76 7.59
			방 향 족 아미노산	Phenylalanine Tyrosine	5.48 5.67
			함 황 아미노산	Cysteine Methionine	5.02 5.06
산성 아미노산 및 그 아미드	Aspartic acid Glutamic acid Asparagine Glutamine	2.98 3.22 5.41 5.70	복 소 환 아미노산	Tryptophan Proline	5.88 6.30

등전점에서 아미노산은 불안정하여 침전되기 쉽고, 용해도, 삼투압, 점도 등은 가장 작고 기포성, 흡착성은 가장 크다.

3) 광학적 성질

아미노산은 glycine을 제외하고는 모두 부제탄소원자를 가지므로 2개의 광학이성체가 존재한다. 단백질을 구성하는 아미느산은 거의 모두가 L-형이다. D-형은 일부 세균이 생성하는 항생물질이나 포자의 세포벽에서 일부 발견된다.

4) 자외선 흡수성

단백질의 구성성분인 아미노산은 가시광선을 흡수한다. 특히 방향족아미노산인 tyrosine, tryptophan, phenylalanine은 자외선을 흡수하므로 단백질 측정에 이용된다. 방향족아미노산인 tyrosine, tryptophan, phenylalanine의 최대흡수파장은 각각 274.5nm, 278nm, 260nm이다. 따라서 대부분의 단백질이 방향족 아미노산인 tyrosine을 함유하고 있으므로 흡광광도계를 사용하여 280nm 파장에서 흡광도를 측정하여 수용액 중의 단백질 함량을 측정할 수 있다.

5) 화학반응

(1) Ester형성

아미노산의 carboxyl기는 alcohol과 반응하여 ester을 형성한다. 이 아미노산의 ester는 유리아미노산과 달리 휘발성이므로 gas chromatography에 의해 분리 정량할 수 있다.

$$R-\underset{NH_2}{\underset{|}{CH}}-COOH + R'OH \longrightarrow R-\underset{NH_2}{\underset{|}{CH}}-COOR' + H_2O$$

(2) Amide 형성

아미노산은 ammonia(NH_3)나 amine과 쉽게 반응하지 않으나 alcohol과 반응하여 ester을 형성하며, 또 ammonia와 반응하여 amide를 형성한다. 이 때 ammonia와 결합하지 않고 하나의 아미노산과 결합하면 peptide결합이 된다. 따라서 peptide결합은 일종의 amide결합이다.

$$R-\underset{NH_2}{\underset{|}{CH}}-COOH + R'OH \longrightarrow R-\underset{NH_2}{\underset{|}{CH}}-COOR' + H_2O$$

$$R-\underset{NH_2}{\underset{|}{CH}}-COOR' + NH_4OH \longrightarrow R-\underset{NH_2}{\underset{|}{CH}}-CONH_2 + R'OH + H_2O$$

(3) Amine의 생성(carboxyl기의 제거 반응)

아미노산은 $Ba(OH)_2$와 같이 가열하거나, 부패세균의 decarboxylase에 의해 carboxyl기의 제거되어 amine과 탄산이 생성된다. 예를 들면 동물체 내에서 아미노산인 histidine은 carboxyl기가 제거되어 histamine이 형성된다. histamine은 위산분비를 증가시키고, allergy반응에 관여하는 것으로 알려져 있다.

$$R-\underset{NH_2}{\underset{|}{CH}}-COOH \xrightarrow[\text{decarboxylase}]{Ba(OH)_2\text{와 가열}} R-\underset{NH_2}{\underset{|}{CH_2}} + CO_2$$

(4) 탈 amino 반응

아미노산의 amino기는 쉽게 떨어지지 않으나 산화제에 의해 쉽게 탈 아미노화(deamination)된다.

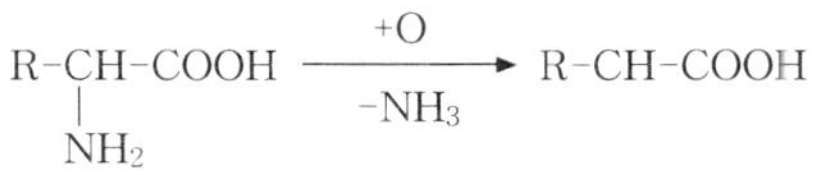

(5) Ninhydrin 반응

아미노산은 산화제인 ninhydrin 반응하여 청자색의 화합물을 형성한다. 아미노산의 amino기는 nihydrin과 반응하여 산화적 탈 amino반응이 일어나서 ammonia, aldehyde, CO_2를 생성한다. 이 때 생성된 ammonia(NH_3)는 ninhydrin과 반응하여 청자색의 화합물을 만든다. 이 반응은 아미노산의 공통적인 반응이며, 정량적으로 진행되므로 아미노산의 정성·정량 분석에 널리 이용된다.

Ninhydrin 반응은 α-아미노산의 반응으로 proline과 hydroproline은 황색 화합물을 만들고, asparagine과 glutamine은 갈색 화합물을 만든다.

(6) Aldehyde와의 반응

아미노산의 α-amino기는 aldehyde기와 축합하여 schiff염기를 만든다. 이 반응은 proline과 hydroproline에서는 일어나지 않으며, 갈색반응인 maillard반응의 첫 번째 단계이다.

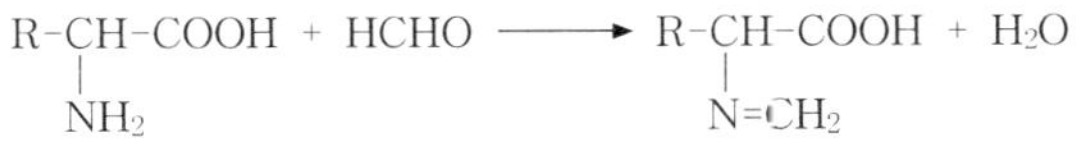

(7) 아질산과의 반응

아미노산의 α-amino기는 아질산(HNO_2)과 반응하여 질소가스(N_2)를 정량적으로 발생한다. 따라서 이 반응은 아미노산, peptide, 단백질 중의 α-amino기의 정량분석에 이용되는 Van-Slyke 아미노태 질소정량법의 원리이다. 이 반응은 proline과 hydroproline에서는 일어나지 않는다.

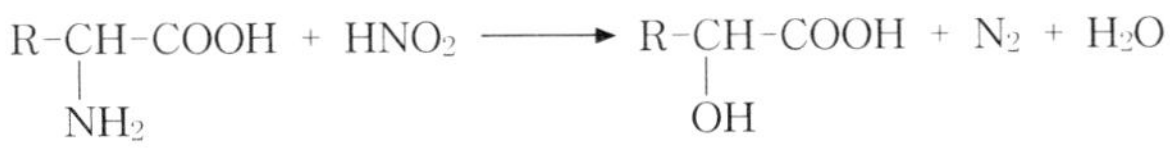

(8) Dinitrofluorobenzene(DNFB)과의 반응

아미노산의 amino기는 Dinitrofluorobenzene(DNFB)와 반응하여 황색의 di-nitrophenyl-amino acid(DNP-amino acid)를 생성한다. DNFB는 polypeptide 사슬의 N-말단 아미노산과도 반응하므로 단백질의 N-말단 아미노산 분석에 이용된다.

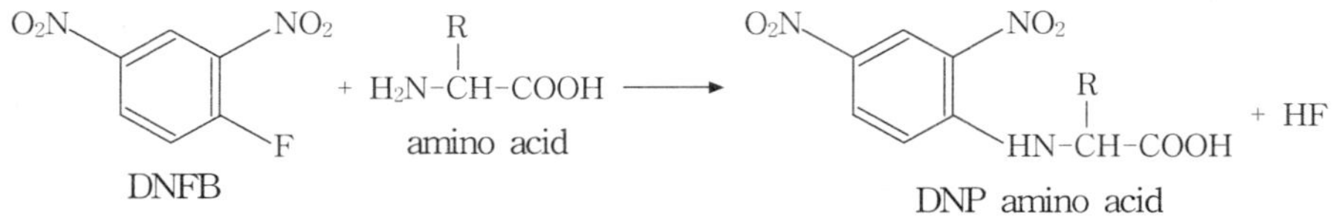

2절. 단백질의 분류

단백질은 수백 개 이상의 많은 수의 아미노산이 peptide결합으로 연결된 고분자 화합물로 구조가 복잡하고 종류가 다양하기 때문에 단백질의 조성 및 용해성, 구조 및 형태, 출처 등에 따라 여러 가지로 분류된다. 출처에 따라서는 식물성과 동물성 단백질로 분류하며, 구조 및 형태에 따라서는 구상단백질과 섬유상 단백질로 분류한다.

단백질은 조성 및 용해성 등 성질에 따라서는 다음과 같이 단순단백질(simple protein), 복합단백질(conjugated protein), 유도단백질(derived protein)로 분류한다.

1. 단순단백질

단순단백질(simple protein)은 아미노산만으로 구성되어 있어서 가수분해에 의해 α-amino acid가 생기는 단백질로 구조가 비교적 간단한 단백질이다. 물, 산, 알칼리, 염용액, 유기용매 등 특정한 용매에 대한 용해성에 따라 분류하는데, 용해성이 다른 이유는 단백질을 구성하고 있는 아미노산의 종류 및 배열 등의 차이에 기인한다. 단순단백질을 조성과 성질에 따라 분류하면 다음과 같다.

1) Albumin

Albumin은 물, 묽은 염류용액, 묽은 산, 묽은 알칼리에 잘 녹는 단백질로 가열에 의해 쉽게 응고한다. 동・식물체에서는 수용액 상태로 존재하며, 75℃에서 응고되며 약산성(pH 4~6)에서 응고되기 쉽다. 포화$(NH_4)_2SO_4$로 석출된다.

동・식물에 들어있는 albumin에는 ovalbumin(난백), lactalbumin(우유), serum albumin(혈청) myogen(근육), leucosin(보리), legumelin(대두) 등이 있다.

2) Globulin

Globulin은 물에는 녹지 않고 묽은 염류, 묽은 산, 묽은 알칼리에 잘 녹는 단백질로 가열에 의해 응고된다. 동・식물성 식품에 널리 분포되어 있으며, albumin과 공존하는 경우가 많다. 반포화$(NH_4)_2SO_4$로 석출된다.

동물성 globulin에는 serum globulin(혈청), lactoglobulin(우유), ovoglobulin (난백), lysozyme(난백), actin(근육), myosin(근육) 등이 있고 식물성 globulin에는 glycinin(대두), tuberin(감자), arachin(땅콩) 등이 있다.

3) Glutelin

Glutelin은 물과 묽은 염류용액에는 녹지 않고 묽은 산, 묽은 알칼리에 잘 녹으며 가열에 의해 응고 되지 않는다. 주로 식물성 식품에 많이 들어있고 특히 곡류의 종자에 많이 들어있다. glutamic acid가 많이 함유되어 있으며 proline은 적게 들어 있다. 곡류에는 prolamin과 함께 공존하고 있는 경우가 많다.

대표적인 glutelin은 oryzenin(쌀), glutenin(밀), hordenin(보리) 등이다.

4) Prolamin

Prolamin은 용해 특성이 glutelin과 비슷하나, glutelin이 alcohol에 녹지 않는데 비해 prolamin은 alcohol(70~80%)에 잘 녹는다. 물이나 중성염류에는 녹지 않으며, 다량의 proline과 glutamic acid를 함유하고 있다. glutelin과 같이 식물성 식품 중 곡류의 종자에 많이 들어있다.

Zein(옥수수), gliadin(밀), hordein(보리) 등이 여기에 속한다.

[표 7-4] 단순단백질의 분류

분 류	용해성(+:가용, -:불용)				특성	주요 소재
	물	묽은 염류	묽은 산	묽은 알칼리		
Albumin	+	+	+	+	열에 응고. 황산암모늄 포화용액에 침전	ovalbumin(난백) lactalbumin(우유) serum albumin
Globulin	-	+	+	+	열에 응고 황산암모늄 반포화용액에 침전	ovoglobulin(난백) myosin, actin(근육) glycinin(대두)
Prolamin	-	-	+	+	70~80% 알코올에 가용	zein(옥수수) gliadin(소맥) hordein(보리)
Glutelin	-	-	+	+	알코올에 불용	glutenin(소맥) oryzenin(쌀)
Histone	+	+	+	-	열에 응고 안됨	적혈구의 globin
Protamin	+	+	+	-	열에 응고 안됨	salmin(연어) clupeine(청어)
Albuminoid	-	-	-	-	보통의 용매에 불용, 효소에 의해 분해되지 않음	keratin(손톱, 털, 뿔) elastin(힘줄) collagen(결합조직)

5) Histone

Histone의 용해성은 물, 염류용액, 묽은 산에 잘 녹으나 알칼리에 잘 녹지 않으며 가열에 의해 응고하지 않는다. lysine과 arginine을 많이 함유한 염기성 단백질로 주로 동물의 체 세포핵이나 정자의 핵 조직 중에 존재한다. 흉선 histone(흉선), globin(적혈구) 등이 있으며 식물계에 존재하지 않는다.

6) Protamine

Protamine은 용해 특성이 histone과 유사하나, 알칼리에서 침전되지 않는 것이 histone과 다르다. arginine, lysine, histidine을 다량 함유한 강한 염기성 단백질로 가열에 의해 응고하지 않는다.

동물성 식품에만 존재하며, 주로 어류의 정낭 중 DNA와 결합되어 있다. salmin(연어), clupeine(청어), scombrin(고등어) 등이 있다.

7) Albuminoid

Albuminoid는 섬유상 단백질로(scleroprotein) 경단백질이라고도 한다. 물, 묽은 염류 용액, 묽은 산, 묽은 알칼리 등에 녹지 않고 효소의 가수분해에 저항력이 있어 단백질 분해효소의 작용도 받기 어려운 단백질이다. 동물체에만 존재하며 결합조직 등 동물의 보호조직에 들어 있는 단백질로 영양적 가치는 낮다.

대표적인 것은 collagen(근육, 결합조직, 연골), keratin(손톱, 머리카락, 뿔), elastin(결합조직, 힘줄), fibroin(명주실)등이 있으며 비열응고성이다.

2. 복합단백질

복합단백질(conjugated protein)은 아미노산 이외의 성분인 지질, 당질, 인산, 색소, 금속, 핵산 등이 결합한 단백질이다. 즉, 단순단백질에 이러한 비단백성 물질이 결합한 단백질로 생체 세포 내 함유되어 있으며, 생리적으로 중요한 활성을 갖는다. 복합단백질은 비단백성 물질의 종류이 따라 다음과 같이 분류한다.

1) 인단백질

인단백질(phosphoprotein)은 단순단백질에 인산이 결합한 복합단백질로, 식물성 식품에 존재하지 않고 동물성 식품에 많이 들어있다. casein(우유), vitellin(난황), ichthulin(어란) 등이 있다.

2) 지단백질

지단백질(lipoprotein)은 단순단백질에 지질이 결합한 형태로 주로 인지질(lecithin, cephaline)과 단백질이 결합한 것이 많다. 모든 동식물 세포에 들어있으며 유화력을 가지고 있다. 지단백질(lipoprotein)에는 lipovitellenin(난황), lipovitellin(난황) 등이 있다.

[표 7-5] 복합단백질의 분류

분 류	성 질	소 재
Phosphoprotein	인산을 함유.	casein(우유), vitellin, vitellenin, phosvitin(난황)
Nucleoprotein	핵산과 단순단백질이 결합. 단순단백질은 histone, protamine.	흉선 nucleohistone(DNA) 효모단백질(RNA) nucleoprotamine(DNA)
Glycoprotein Mucoprotein	당이나 당의 유도체를 함유한 단백질. 점성을 가지고 있음.	chondroitin 황산 + collagen(연골), hyaluronic acid + 단백질(눈, 관절) ovomucoid, ovomucin(난백), avidin(난백)
Chromoprotein Metalloprotein	Fe, Cu 등의 금속을 함유한 색소단백질. Flavin, carotenoid 색소 등을 함유한 단백질.	Heme 단백질(hemoglobin), 구리 단백질, 엽록소 단백질, flavin 단백질, carotenoid 단백질
Lipoprotein	lipid(특히 인지질)와 단백질과의 복합체(proteolipid와 다름).	lipovitellin, lipovitellenin(난황)

3) 핵단백질

핵단백질(nucleoprotein)은 단순단백질과 핵산이 결합한 것으로 단순단백질은 염기성인 histone과 protamin인데, DNA나 RNA와 결합하고 있다. 세포핵에 주로 존재하며 식품의 맛과 관련이 있다.

동물체 백혈구, 적혈구, 정자와 식물체 배아, 효모, 세균 등에 함유되어 있다.

Nucleohistone은 흉선, 정자, 비장, 신장, 적혈구 등에 있으며, 핵산은 주로 DNA가 결합되어 있다. nucleoprotamine은 어류 정자에 들어있으며 nucleohistone과 같이 핵산이 DNA와 결합되어 있다.

4) 당단백질

당단백질(glycoprotein)은 단순단백질과 당질이 결합한 단백질로 당질은 주로 다당류가 결합하고 있다. 독특한 점성을 가지고 있어 점성단백질(mucoprotein)이라고도 한다. 다당류는 mannose, galactose, glucosamine, chondroitin sulfate 등의 중합체이다. 당단백질은 동식물 세포 및 조직 보호 작용을 하며, 조직 및 장내의 윤활작용을 한다.

당단백질 중 초산에 침전되는 것을 mucin, 침전되지 않은 것을 mucoid라고 한다. 동물의 점액, 타액, 소화액에 들어 있는 mucin과, ovomucin(난백), ovomucoid(난백) 등이 당단백질이다.

5) 색소단백질

색소단백질(chromoprotein)은 색소와 단순간백질이 결합한 복합단백질로 색소성분 중 금속을 가지고 있는 것이 많아 금속단백질(metalloprotein)이라고도 한다. 주 색소성분은 chlorophyll, carotenoid, heme, flavin 등으로, chlorophyll protein. carotenoid protein, hemeprotein, flavoprotein이라고 한다. 색소단백질은 생체 내에서 산소 운반, 호흡작용, 산화환원작용 등 중요한 생리작용에 관여하며 식품의 색과 밀접한 관련이 있다

Hemeprotein으로는 hemoglobin(혈액), myoglobin(근육), cytochrome(체 조직) 등이 있으며, chlorophyll protein에는 phyllochlorine(엽록체)이 있다. 또한 carotenoid protein에는 astaxanthin protein(갑각류 껍데기), rhodopsin(시홍) 등이 있으며, flavoprotein에는 yellow enzyme(우유, 혈액, 조직)이 있다.

6) 금속단백질

금속단백질(metalloprotein)은 단순단백질과 금속(Fe, Cu, Zn)이 결합한 복합단백질로 효소에 속하는 것이 많다.

대표적인 철단백질은 ferritin(간)이며, 구리단백질로는 hemocyanin(연체동물의 혈액), polyphenol oxidase, ascorbinase 등이 있다. 또한 아연단백질에는 insulin(췌장), 마그네슘 단백질에는 chlorophyll(엽록소)이 있다.

3. 유도단백질

유도단백질(derived protein)은 자연에 존재하는 천연단백질(단순단백질, 복합단백질)이 산, 알칼리, 가열 등의 물리적, 화학적, 효소 작용에 의해 변성이나 분해 등의 변형이 일어난 단백질로 그 변형 정도에 따라 제1차 유도단백질과 제2차 유도단백질로 분류한다.

1) 제1차 유도단백질

제1차 유도단백질은 천연단백질이 산, 알칼리, 기타 화학물질들, 가열, 효소 등에 의해 약간 변화된 것으로 분자 골격은 거의 변하지 않고 성질은 전혀 다르게 변해 변성단백질(denatured protein)이라고도 한다.

(1) Para-casein

Para-casein은 우유 속에 함유된 casein 단백질이 응유효소인 rennet에 의해 응고되어 생긴 변성단백질이다.

(2) 응고단백질(coagulated protein)

응고단백질은 천연 단백질이 열, 자외선, 기계적 교반, 알코올과 유기용매나 기타 화학물질의 작용 등으로 변성되어 응고한 단백질을 말한다. 응고 단백질은 물, 염 용액, 묽은 산, 묽은 알칼리 용액에 녹지 않는다. 조리한 달걀의 albumin이 여기에 속한다.

(3) Protean

Protean은 물에 잘 녹는 수용성 단백질이 열, 효소, 묽은 산의 작용으로 물에 녹지 않는 불용화된 단백질을 말하며, 가공식품들의 단백질이 이에 속한다. myosin의 변형물인 myosan과 edestin의 변형물인 edestan 등이 있다.

(4) Metaprotein

Metaprotein은 열 등에 의해 변성된 단백질이 다시 산이나 알칼리의 작용으로 그 구조가 변한 변성단백질이다.

묽은 산에 의해 변성된 것을 acid metaprotein(acid albumin), 묽은 알칼리에 의해 생성된 것을 alkali metaprotein(alkaline albumin)이라고 한다.

(5) Gelatin

Gelatin은 동물의 결체조직에 들어있는 단백질인 물에 녹지 않는 collagen을 물과 함께 장시간 끓이면 얻어지는 단백질이다. gelatin은 뜨거운 물에 녹고 찬물에는 녹지 않는다.

2) 제2차 유도단백질

제2차 유도단백질은 제1차 유도단백질보다 변성이 더욱 진행된 것으로 단백질이 가수 분해될 때의 중간생성물을 말하며, 분해단백질이라고도 한다. 제2차 유도단백질은 분해정도 즉, 가수분해 생성물의 분자의 크기에 따라 proteose, peptone, peptide 등으로 분류한다.

(1) Proteose

Proteose는 단백질이 pepsin 등 효소에 의해서 부분적 가수분해 되어 생성된 것이다. 물에 녹으며, 열에 의해 응고되지 않는다. $(NH_4)_2SO_4$ 포화용액에서 침전된다.

(2) Peptone

Peptone은 proteose가 보다 더 가수분해가 진행된 것으로 물에 녹는다. Peptone은 열에 응고되지 않으며, colloid성이 소실된다. $(NH_4)_2SO_4$ 포화용액에서 침전되지 않는다.

(3) Peptide

Peptide는 peptone보다 더 분해된 것으로 2~3개의 아미노산이 peptide결합을 한 것이다. 분자량이 작고 물에 녹으며 열에는 응고되지 않는다. 아미노산의 조성이나 결합 순서가 정해진 소분자의 peptide를 말한다.

2) 구조와 형태에 의한 분류

단백질은 위에서 설명한 단백질의 조성과 용해성에 따른 분류 외에 단백질의 구조와 형태에 따라 섬유상 단백질(fibrous protein)과 구상단백질(globular protein)로 분류한다.

(1) 섬유상 단백질(fibrous protein)

긴 섬유모양으로 된 polypeptide 사슬이 수소결합, -S-S-결합 등에 의해 일정한 방향으로 규칙적인 배열을 하여 섬유 도양의 구조를 가진 단백질로 보통 용매에 녹지 않으며, 불용성이다. 대표적인 섬유상 단백질은 결합조직의 collagen과 elastin, 모발의 keratin 등이다.

(2) 구상 단백질(globular protein)

Polypeptide 사슬이 이온결합, 수소결합, 소수결합 등에 의해 적당히 구부러지고 겹쳐져서 전체적으로 둥근 모양을 하고 있는 단백질로 물에 잘 용해되며 변성을 일으키기 쉽다. 영양과 관련된 식품단백질은 대부분 구상단백질이다. albumin, globulin, hemoglobin, insulin, 효소단백질 등이 구상단백질이다.

3절. 단백질의 구조

단백질은 아미노산이 peptide결합으로 연결된 아미노산의 연속체로, 20 여종의 아미노산이 peptide결합을 하여 하나의 긴 사슬을 이루고 있는 고분자 화합물이다. 천연단백질은 그림 7-1과 같이 입체구조를 취하고 있으며, 다양한 기능을 나타낸다. 단백질의 구조는 1차, 2차, 3차, 4차 구조로 나눌 수 있다.

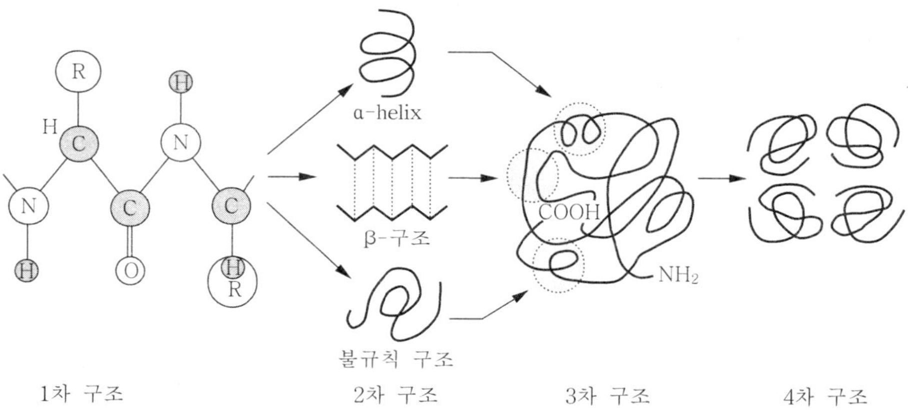

[그림 7-1] 단백질의 입체구조

단백질의 1차 구조는 아미노산의 배열로 DNA에 기록된 암호에 의해 결정된다. 2차 구조는 그림 7-1에서 보는바와 같이 3차 구조의 부분 구조로 α-helix, β-구조, 불규칙 구조가 있다. 따라서 3차 구조는 하나의 polypeptide chain이 형성한 전체의 구조이다. 이러한 3차 구조를 가진 2개 이상의 polypeptide 사슬이 회합하여 한 개의 단백질을 만드는데 이것을 4차 구조라고 하며, 2차 구조 이상을 고차 구조라고 한다.

1. 1차 구조(primary structure)

1) Peptide결합

한 분자 아미노산의 carboxyl기(-COOH)와 다른 아미노산의 amino기($-NH_2$)가 반응하여 물 한 분자가 빠지면서 amide(-CO-NH-)형태로 결합한 것을 peptide결합이라고 한다. 아미노산이 peptide결합으로 연결된 화합물을 peptide라고 하며, 2분자의 아미노산이 결합된 것을 dipeptide, 3분자의 아미노산이 결합된 것을 tripeptide, 아미노산이 10개 이하인 것을 oligopeptide, 그 이상의 아미노산이 peptide결합한 것을 polypeptide라고 한다.

Polypeptide 사슬의 -COOH기가 유리되어 있는 쪽을 carboxyl기 말단(C-말단)이라고 하고, NH_2기가 유리되어 있는 다른 한 쪽을 amino기 말단(N-말단)이라고 한다.

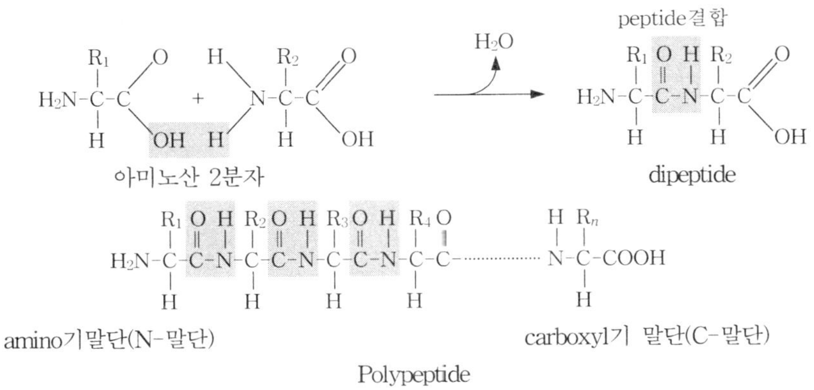

[그림 7-2] 아미노산의 peptide 결합

2) 아미노산의 배열순서

Polypeptide 사슬을 구성하는 아미노산의 종류와 그 수 및 배열순서는 단백질의 종류에 따라 다르다. 1차 구조는 아미노산이 peptide결합을 하고 있는 polypeptide 내의 아미노산 배열순서로서 한 종류의 단백질은 보통 일정한 1차 구조, 즉 아미노산 배열을 가지고 있다.

대부분의 단백질은 100~500개의 아미노산으로 구성되어 있으며 아미노산의 1차 구조인 결합 서열이 단백질의 이화학적, 구조적, 생물학적 성질 및 기능에 결정적인 역할을 한다.

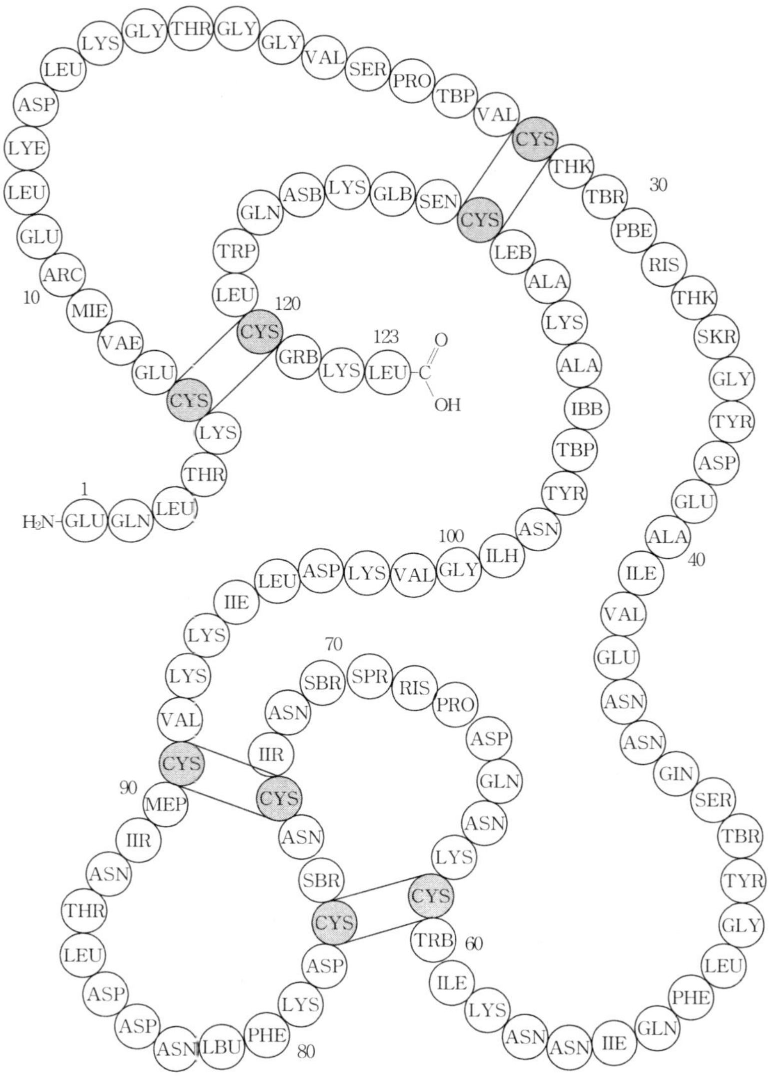

[그림 7-3] 단백질의 1차 구조(α-lactalbumin)

2. 2차 구조(secondary structure)

1차 구조의 polypeptide 사슬은 직선적으로 늘어서 있는 것이 아니고 구성 아미노산끼리 상호작용(수소결합 등)에 의해 구부러지고 휘어져 입체구조를 형성하는데 이를 2차 구조라고 한다. 즉, peptide결합 중의 cabonyl기(-C=O)의 산소와 amino기($-NH_2$)의 수소가 수소결합으로 형성된 입체구조를 2차 구조라고 한다.

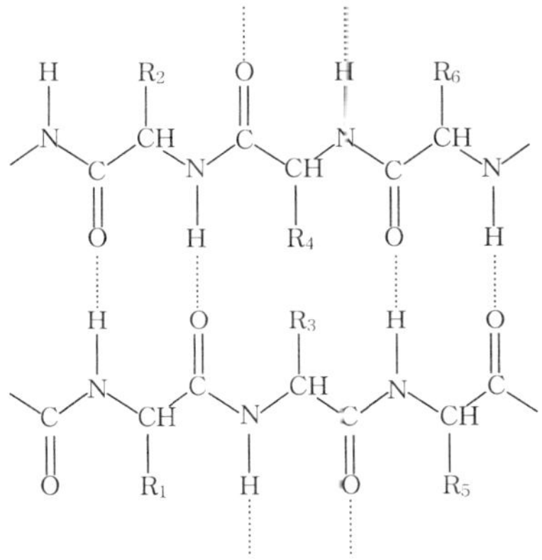

[그림 7-4] Peptide 사이의 수소결합

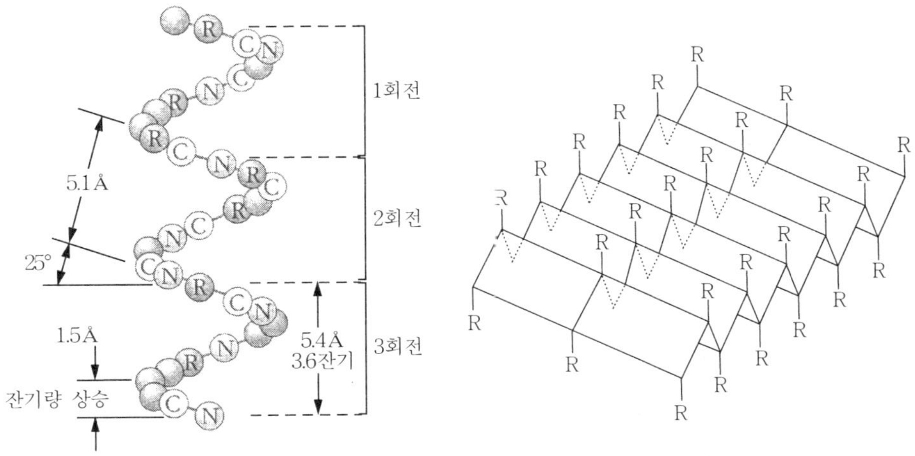

α-나선구조 β-병풍구조

[그림 7-5] 단백질의 2차 구조

2차 구조에는 α-helix 구조, β-구조, 불규칙 구조가 있으며, 단백질은 α-helix 구조나 β-구조의 한 가지만으로 결합되는 경우는 거의 없으며 전체 중 일부 영역에 이들 구조가 포함되어 있다.

1) α-나선구조(α-helix structure)

2차 구조의 α-helix 구조는 polypeptide 사슬 중의 carbonyl기(-C=O)와 imino기(-N-H)간의 수소결합에 의해 서로 끌어당기기 때문에 주 사슬이 나사모양으로 오른 쪽으로 회전하는 구조를 말한다. 즉, 아미노산 잔기 3.6개에 1회전하는 나선구조의 polypeptide 사슬을 α-나선구조라고 한다.

2) β-구조(β-pleated sheet structure)

Polypeptide 사슬이 입체적으로 주름을 잡으며 병풍모양으로 늘어진 구조를 β-구조, 또는 병풍구조(pleated sheet structure)라고 한다. 즉, 두 줄의 polypeptide 사슬이 평행 또는 역 평행으로 늘어서서 마주하는 carboxyl기의 산소와 amino기의 수소원자가 수소결합으로 지그재그 형태의 β-구조가 된다. 두 개의 polypeptide 사슬의 N-말단 → C-말단이 같은 방향으로 늘어선 것을 평행 β-구조, 역 방향으로 배열된 것을 역평행 β-구조라고 한다.

3) 불규칙 구조(random coil)

단백질 분자 중에는 α-helix나 β-구조와 같이 규칙적인 구조를 하고 있는 부분도 있으나, 규칙적인 구조를 하고 있지 않는 부분도 존재하는데, 이런 구조를 불규칙 구조라고 한다. 이 구조는 펩티드 사슬이 흐트러진 실처럼 복잡하게 구부러지고 휘어져 있으며, 랜덤구조(random coil)라고도 한다.

3. 3차 구조(tertiary structure)

2차 구조의 α-나선구조나 β-구조는 부분적인 구조이며, 2차 구조가 더 치밀하게 결합되어 고도의 입체구조를 형성하는데 이것을 3차 구조라고 한다. 3차 구조는 하나의 polypeptide 사슬이 구성 아미노산의 특성에 따라 측쇄(R) 사이에 수소결합, disulfide결합, 이온결합, 소수결합 등의 여러 결합에 의해 휘어지고

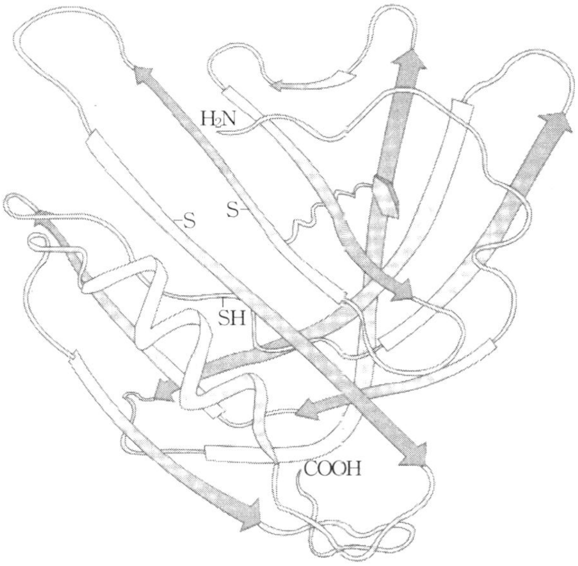

화살표는 β-병풍구조, 나선은 α-나선구조를 나타냄

[그림 7-6] 단백질의 3차 구조(β-lactoglobulin)

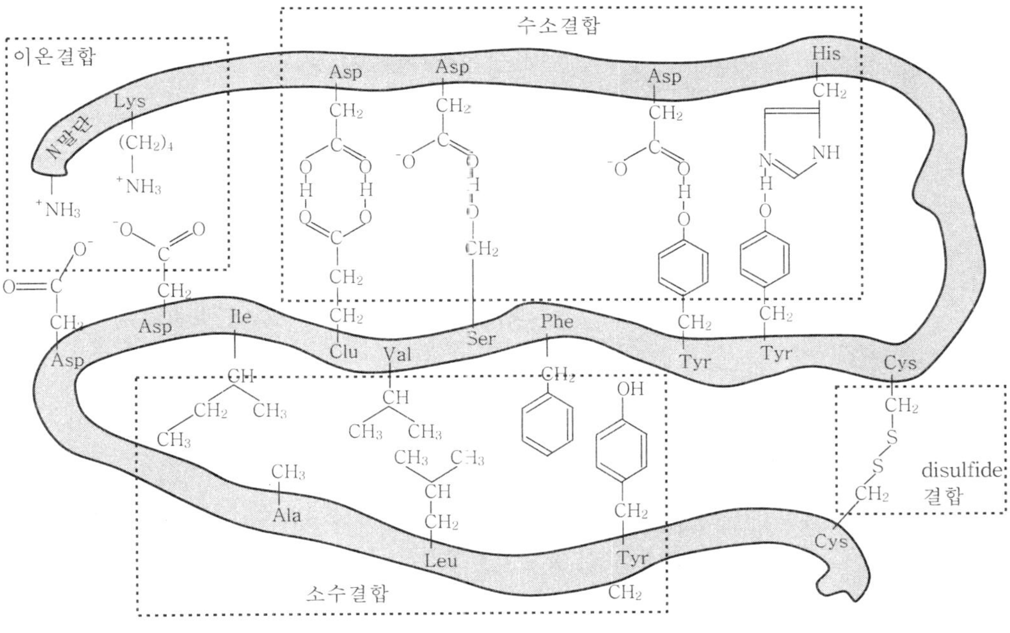

[그림 7-7] 단백질의 3차 구조를 형성하는 결합

구부러져 구상 및 섬유상의 복잡한 공간 배열을 이룬 전체의 입체구조를 말 한다.

수소결합은 산소나 질소 등과 수소와의 결합으로 형성되며, 이온결합은 다른 종류의 전하(양이온, 음이온)를 가진 R기 사이에 인력에 의한 결합이다. 또한 소수결합은 측쇄에 비극성의 탄화수소 사슬과 benzene핵을 가진 R기 사이에 형성되며, S-S결합(disulfide bond)은 polypeptide 사슬에서 떨어진 위치에 있는 cysteine 잔기(SH)에 의해 형성된다.

또한 단백질의 3차 구조에 있어 비극성의 소수성 측쇄는 분자의 내부에 모여 있어 소수결합은 입체구조의 유지에 중요한 역할을 한다. 그러나 극성의 R기인 친수성기는 표면에 노출되어 있으므로 물에 용해되기 쉽다.

[표 7-6] 단백질구조의 결합의 종류

종 류	분자의 형태	결합의 종류
1차 구조	사슬상 : 아미노산의 배열순서	공유결합
2차 구조	α-helix, β-구조, random coil : polypeptide 사슬의 기본적인 공간배치	수소결합
3차 구조	구상, 섬유상 : 2차 구조를 취한 polypeptide 사슬의 입체적인 배치	수소결합, 소수결합 이온결합, disulfide 결합
4차 구조	회합체 : 3차 구조의 polypeptide 사슬(subunit)의 회합	

4. 4차 구조(quarternary structure)

3차 구조를 이루는 두 개 이상의 polypeptide 사슬이 회합하여 전체로서 하나의 생리기능을 발휘하는 단백질의 집합체를 이룬 상태를 단백질의 4차 구조라고 한다.

집합체의 기본 단위가 되는 각각의 polypeptide 사슬을 monomer 또는 subunit이라고 하며, subunit 2개가 회합한 것을 dimer, 3개가 회합한 것을 trimer, 4개가 회합한 것을 tetramer라고 하는데, hemoglobin은 tetramer이다.

소단위가 모여 일정한 집합체를 형성하는 힘은 잘 알려져 있지 않으나 정전기적 인력에 의한 것으로 추정된다. 4차 구조는 효소와 같은 생리기능이 있는 구상단백질에 많으며 소단위가 입체적 배열로 회합하면 활성을 나타낸다.

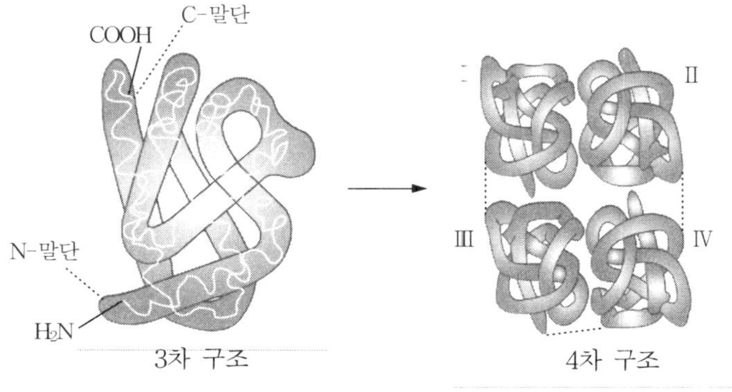

[그림 7-8] 단백질의 4차 구조

4절. 단백질의 일반적 성질

1. 분자의 크기

단백질은 20여종의 아미노산이 결합한 거대한 고분자 질소화합물로 다른 유기화합물에 비해 분자량이 커서 수만~수백만에 이르며, 단백질의 종류에 따라 분자의 크기와 분자량이 매우 다양하다.

[표 7-7] 단백질의 분자량

단백질	분자량(dalton)	단백질	분자량(dalton)
Cytochrome	11,600	β-Lactoglobulin	35,400
Liponuclease	13,395	Pepsin	35,700
Myoglobin	16,900	Insulin	36,000
Lactalbumin	17,500	Egg albumin	44,900
Trypsin	24,000	Hemoglobin	68,000
Gliadin	27,000	Serum globulin	167,000
Zein	35,000	Urease	473,000

따라서 단백질은 물에 녹을 때 colloid용액을 형성하여 동식물의 세포막이나 cellophane 등의 반투막을 통과하지 못하는데 이 성질을 이용하여 투석(dialysis)에 의해 단백질을 정제하기도 한다.

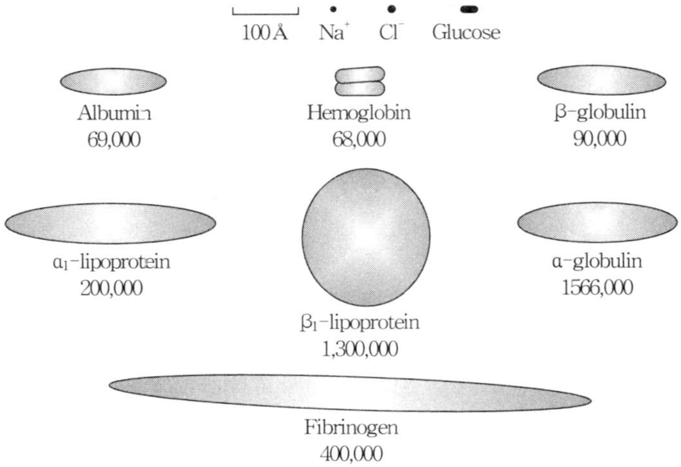

[그림 7-9] 단백질의 크기와 분자량

단백질 분자량 측정법에는 전기영동법, 삼투압 측정법, 초원심분리에 의한 침강법, gel filtration chromatography법 등이 있다.

2. 용해성

단백질은 용매에 녹아 점조한 교질용액이 된다. 이는 설탕이나 소금처럼 용매에 완전히 녹아 진용액을 형성하는 것과 달리 용매 중에 분산되는 것을 말한다. 이는 단백질은 peptide결합 측쇄에 친수기(-COOH, $-NH_2$, -CO, -NH)를 가지고 있어 이들이 물과 수소 결합을 하여 수화됨으로서 안정한 colloid용액이 되기 때문이다. 단백질의 용해도는 pH와 염류의 존재 등에 의해 영향을 받으며, 등전점에서 용해도가 가장 낮다.

단백질은 종류에 따라 물, 묽은 산, 묽은 알칼리, 묽은 중성 염류용액, 알코올 등에 용해된다. 단백질의 용해도는 염류의 함량에 따라 달라지는데 이러한 현상을 염용과 염석이라고 한다.

1) 염용

대부분의 단백질은 묽은 중성 염류용액에 잘 녹는다(salting in). 이는 중성염이 해리되어 생성된 이온이 단백질 분자의 이온화된 기능기와 작용함으로 단백질

분자 사이의 인력이 감소되기 때문이다. 이처럼 단백질에 소량의 염류를 가하면 단백질의 용해도가 증가하여 묽은 중성 염류용액에 잘 녹는 현상을 염용(salting-in)이라고 한다.

2) 염석

단백질 용액에 첨가하는 중성 염류의 농도가 높아지면 오히려 용해도가 감소하여 단백질은 침전되는데 이런 현상을 염석(salting-out)이라 한다. 이는 단백질 분자의 수화에 필요한 물 분자를 염이온의 수화에 의하여 경쟁적으로 빼앗기기 때문에 단백질이 침전되는 것이다. 따라서 염석은 단백질 정제방법의 하나로 이용되고 있는데, 황산암모늄(ammonium sulfate)은 염석효과가 크기 때문에 단백질의 분리 및 정제에 많이 이용된다.

3. 등전점

단백질은 구성하고 있는 아미노산의 측쇄에 amino기와 carboxyl기와 같은 많은 이온성 관능기를 가지고 있다. 즉, 산성아미노산이나 염기성 아미노산 등은 측쇄에 유리된 amino기와 carboxyl기를 가지고 있으므로 용액의 pH에 따라 (+)나 (-)로 하전 된다. 따라서 단백질도 아미노산처럼 양성전해질이며, 아미노산의 경우처럼 어떤 특정 pH에서 (+)전하와 (-)전하의 수가 같아 전기적으로 중성이 되는데 이를 그 단백질의 등전점(isoelectric point)이라고 한다.

[표 7-8] 식품 단백질의 등전점

단백질	소재	등전점	단백질	소재	등전점
Ovalbumin	달걀	4.5~4.9	Edestin	대마의 열매	5.5~6.0
Lactalbumin	우유	5.1	Glutenin	밀	5.2~5.4
Casein	우유	4.6	Gliadin	밀	6.5
Myogen	육류	6.3	Zein	옥수수	5.8
Myosin	육류	5.4	Glycinin	콩	4~5
Gelatin	육류	6.5	Lactoglobulin	우유	4.5~5.5

단백질은 종류에 따라 이온성 관능기의 수와 위치가 다르기 때문에 각각의 단백질은 고유의 등전점을 갖는다. 일반적으로 단백질은 산성아미노산이 많으면 산

성 쪽에, 염기성 아미노산이 많으면 알칼리성 쪽에 등전점을 갖는다.

대부분의 식품단백질의 등전점은 pH 4~6의 범위이며, 단백질은 등전점에서 점도, 삼투압, 팽윤, 용해도는 최소가 되고 흡착성, 기포력, 탁도, 침전은 최대가 된다.

4. 침전성

단백질은 묽은 중성 염류 용액에 잘 녹으나(salting in), 중성 염류의 농도가 높아 중성 염류의 진한 용액 중에서는 침전한다(salting out). 단백질은 alcohol과 acetone 등 유기용매에 의해서도 침전하며, picric acid, trichloroacetic acid, tannic acid, sulfosalicylic acid, molybdenic acid 등의 유기산과 무기산 등에 의해서도 침전한다. 또한 Cu^{++}, Pb^{++}, Cd^{++}, Zn^{++} 등 중금속 양이온에 의해서도 불용성인 염을 형성하여 침전한다.

5. 정색반응

단백질은 구성하는 아미노산의 종류와 그 속에 들어있는 반응기의 화학적 성질에 따라 특수한 시약에 의해 다양한 정색반응을 일으킨다. 따라서 반응기가 분자 표면에 노출되어 있는 경우와 내부에 존재하는 경우에 반응성이 다르다. 단백질의 중요한 정색반응은 다음과 같다.

1) Biuret 반응

Biuret 반응은 2개 이상의 peptide결합을 가진 화합물에서 나타나는 반응으로 polypeptide, protein 등에서 일어나는 반응이다.

Biuret 반응은 단백질 용액에 1~2N-NaOH 용액을 넣어 알칼리성으로 한 다음, 여기에 1% $CuSO_4$ 용액을 1~2방울 가하면 적자색을 나타내는 반응이다.

2) Millon 반응

Millon 반응은 단백질 분자 내에 tyrosine이 존재할 때 일어나는 반응으로, phenol기를 가진 아미노산 검출에 이용된다. 방법은 단백질 용액에 millon시약을 넣으면 백색 침전이 생기며, 이를 다시 가열하면 적색을 나타내는 정색반응이다.

3) Xanthoprotein 반응

Xanthoprotein 반응은 단백질 분자 내에 benzene기를 가진 방향족 아미노산인 tyrosine과 tryptophan이 존재할 때 나타내는 정색반응이다.

Xanthoprotein 반응은 단백질 용액에 진한 질산(HNO_3)을 몇 방울 넣어 백색 침전이 생긴 후, 다시 이것을 가열하면 용해되어 황색을 나타내는 정색반응이다.

4) Hopkins-Cole 반응

Hopkins-Cole 반응은 단백질 분자에 indole기를 가지고 있는 tryptophan이 존재할 때 나타내는 정색반응이다.

Hopkins-Cole 반응은 단백질 용액에 glyoxalic acid나 무수 초산(anhydrous acetic acid)을 가하고, 다시 진한 황산(H_2SO_4)을 넣으면 그 경계면에 적자색의 환이 형성되는 정색반응이다.

5) Sakaguchi 반응

Sakaguchi 반응은 단백질 분자 내에 guanidine기를 가지고 있는 아미노산인 arginine이 존재할 때 나타나는 정색반응이다.

Sakaguchi 반응은 단백질 용액 2~3mL를 NaOH로 알칼리성으로 만든 후 0.1%의 α-naphthol 의 70% ethanol 용액 소량과 차아염소산나트륨(NaOCl)의 5% 수용액 소량을 넣으면 적색을 나타내는 정색반응이다.

6) Ninhydrin 반응

Ninhydrin 반응은 α-amino기를 가지고 있는 화합물이 나타내는 정색반응으로 아미노산, peptide, protein, amines, ammonia 등에서 일어나는 반응이다.

Ninhydrin 반응은 단백질 용액에 1% 의 ninhydrin 용액을 넣어 중성에서 가열하면 청자색을 나타내는 정색반응이다.

7) 유황 반응

유황 반응은 cysteine이나 cystine 같은 유황을 함유하고 있는 아미노산이 존재할 때 일어나는 정색반응이다. 그러나 유황을 함유하고 있는 함황아미노산의 하나인 methionine을 가지고 있는 단백질에서는 이 반응이 일어나지 않는다.

유황 반응은 단백질 용액에 40% NaOH용액을 가하여 2분간 가열한 후 초산납($(CH_3COO)_2Pb$)용액을 넣으면 흑색의 황화납(PbS)의 침전이 형성되는 반응이다.

5절. 식품단백질

식품 단백질은 그 출처에 따라 식물성 단백질(plant protein)과 동물성 단백질(animal protein)로 분류된다. 식물성 단백질은 다시 곡류 단백질과 두류 단백질로, 동물성 단백질은 다시 육류 단백질, 우유 단백질, 달걀 단백질로 세분된다.

1. 식물성 단백질

곡류 단백질은 일반적으로 lysine의 함량이 적고, 두류에는 cysteine과 methionine 등 함황 아미노산이 부족하다. 땅콩 단백질은 lysine, tryptophan, methionine 및 threonine이 부족하다. 따라서 식물성 단백질의 영양가를 보완하기 위해서는 이들을 잘 혼합하여 섭취하는 것이 중요하다.

1) 곡류단백질

(1) 쌀 단백질

쌀의 단백질은 glutelin, globulin, albumin 및 prolamin으로 구성되어 있다. 이 중 가장 중요한 단백질은 glutelin으로서 전체 단백질의 46~77%를 차지하고 있으며 oryzenin이라고 한다.

현미에는 7~11%의 단백질이 함유되어 있고, 도정된 백미는 6~10%를 함유하고 있어 다소 감소된다. 쌀의 단백질은 동물성 단백질에 비교할 때 lysine의 함량이 매우 낮은 것이 특징이다.

(2) 밀 단백질

밀의 단백질 함량은 10~18%에 달하고, 실제 밀가루의 단백질 함량은 8~16%

정도이다. 밀가루 단백질은 주로 albumin, globulin, prolamin 및 glutelin 등의 4종으로 구분된다. 밀가루 단백질 중 가장 중요한 단백질은 prolamin에 속하는 gliadin과 gelutelin에 속하는 glutenin이며, 전체 단백질량의 50% 이상을 차지하고 있다.

이 두 단백질의 혼합물을 gluten이라 하며 gluten의 양과 성질에 따라 강력분, 중력분, 박력분으로 구분한다. 또한 이들의 성질을 빵, 케이크, 국수, 과자류 등의 밀가루 제품의 특성에 맞추어 사용한다. gluten 단백질은 glutamine의 함량은 높으나 필수 아미노산인 lysine, tryptophan, methionine 함량이 부족하다.

한편 albumin과 globulin 단백질은 전체 단백질에 13~35%를 차지하고 당단백질, 핵단백질, 지단백질 및 각종 효소 등을 포함한다.

2) 대두 단백질

두류 중에서 대표적인 대두에는 35% 정도의 단백질이 함유되어 있어서 식물성 식품으로서 단백질 함량이 매우 큰 편이다. 대두의 주요 단백질은 globulin 인 glycinin이며 tryptophan, methionine을 제외한 모든 필수 아미노산을 함유하고 있는 영양학적으로 우수한 완전 단백질이다. 특히 곡류의 제1제한 아미노산인 lysine의 함량이 높기 때문에 곡류 단백질의 강화에 적합한 식품이다.

그러나 대두에 함유된 일부 albumin 단백질은 단백질 분해 효소인 trypsin의 작용을 억제하는 trypsin inhibitor로서 작용하며 단백질의 소화흡수를 어렵게 하므로 적당한 가열처리로 불활성화 시키면 단백질의 영양가를 높이는데 도움이 될 수 있다.

2. 동물성 단백질

1) 육류 단백질

육류 단백질은 근장 단백질(구상 단백질), 근원섬유 단백질(섬유상 단백질), 결합조직 단백질로 나뉜다. 육류 단백질의 필수 아미노산 조성은 tryptophan, methionine이 표준 단백질보다 약간 부족할 뿐, 나머지는 모두 표준 단백질보다 우수하다.

(1) 근육조직 단백질

근육조직 단백질에는 근원섬유 사이의 육장 내에 수용액상으로 용해되어 있는 근장단백질과 근육의 섬유조직을 구성하고 있는 myosin 복합체인 근원섬유 단백질이 있다.

근장단백질의 주요 단백질인 myogen은 55~65℃에서 응고되고 묽은 염용액에 용출된다. 그 밖에 근장에는 myoglobin, hemoglobin 등의 색소단백질과 각종 효소 등이 존재한다.

근원섬유 단백질은 myosin, actin, tropomyosin 등이 주된 단백질이다. myosin은 근원섬유 중 굵은 filament에 존재하고 actin과 tropomyosin은 가는 filament에 존재한다. myosin과 actin은 근육의 수축이완에 관여한다. actomyosin은 myosin과 actin이 혼합되어 형성된 것으로 육제품의 보수성과 결착성에 관여한다.

(2) 결체조직 단백질

결체조직 단백질은 albuminoid에 속하는 collagen, elastin, reticulin 등이며 이 중에 collagen이 가장 많이 함유되어 있다. 결체조직은 근속과 근속을 연결하는 역할과 장기를 지탱하기 위해 연결하는 역할, 2개의 뼈를 접속하기 위한 인대 역할 등을 한다. 결체조직 단백질은 고기의 길긴 정도와 밀접한 관계를 가지고 있으며 동물의 나이가 많아짐에 따라 함량이 높아져 질겨지며 소화율도 낮아진다.

Collagen은 평행하게 배열되어 있고 백색이며, 신축성이 적어 장시간 물과 함께 가열하면 나선구조가 풀려 가용성의 gelatin 이 된다. 그러나 elastin은 고무와 같은 탄력성을 가지고 있으며, 보통의 조리온도에서는 분해되지 않는다. 또한 elastin은 산, 알칼리, 단백질 분해 효소 등에 의해 잘 가수분해 되지 않는다.

2) 어육 단백질

어육 단백질은 육류 단백질에 비하면 근장 단백질(25%)은 크게 차이가 없지만 근원섬유 단백질(75%)이 많고 결합조직 단백질(3%)은 적다.

근장 단백질로는 myogen, myoalbumin, globulin X가 있다. 근원섬유 단백질로는 actomyosin, actin, myosin, tropomyosin이 있으며 결합조직 단백질의 주

성분은 collagen과 elastin이다.

아미노산 조성은 어류의 종류에 따라 다르지만 대부분 필수 아미노산을 골고루 함유하고 있으며, 쌀을 주식으로 하는 사람에게 부족 되기 쉬운 아미노산인 lysine이 풍부하게 들어있다.

3) 달걀 단백질

달걀 단백질은 우유와 같이 단일 식품으로는 최고의 영양적 가치를 지닌다. 필수 아미노산 조성이 우수하고, 특히 methionine 및 cysteine과 같은 함황 아미노산 함량이 많으며 단백질 생물가는 94~97이다. 달걀 단백질은 난백(egg white) 단백질과 난황(egg yolk) 단백질로 구분된다.

(1) 난백 단백질

난백은 10~11%의 단백질을 함유하고 있으며, 건조 상태에서는 83%에 이른다. 그중에서 가장 많이 함유된 단백질이 ovalbumin으로 54%를 차지하고 있고 그 외 conalbumin 13% 및 ovomucoid 11% 정도 함유하고 있다. 이들 난백 단백질의 종류와 특성은 표 7-9와 같다.

[표 7-9] 난백의 주요단백질

성 분	함량 (%)	등전점	특 성
Ovalbumin	54	4.6	쉽게 변성, SH기 함유
Conalbumin	13	6.0	철분과 결합, 함미생물 작용
Ovomucoid	11	4.3	trypsin을 저해
Lysozyme	3.5	10.7	다당류 분해효소, 항미생물 작용
Ovomucin	1.5	4.5~5.0	점성, 다량의 sialic acid 함유, virus와 반응
Flavoprotein apoprotein	0.8	4.1	riboflavin과 결합
Proteinase inhibitor	0.1	5.2	단백질 분해효소 저해
Avidin	0.05	9.5	biotin과 결합, 항미생물 작용
미확인 단백질	8	5.5, 7.5	주로 globulin류
비단백성 물질	8		잘 밝혀져 있지 않음

(2) 난황 단백질

난황에 존재하는 단백질로서는 인단백질인 동시에 지단백질인 lipovitellin과

lipovitellinin이 중요하다. lipovitellin은 43~44%를 차지하며 17%의 지질과 1%의 인을 함유하고 있는 인단백질인 동시에 지단백질이다. lipovitellinin은 인지질을 주성분으로 하는 지방질을 30~31%를 차지하는 인단백질이며 지단백질이다. 그러나 인의 함량은 lipovitellin 보다 낮은 0.3% 정도 함유하고 있다. 기타 phosvitin 10% 및 livetin 14~15%로 조성되어 있다.

4) 우유 단백질

우유는 약 3%의 단백질을 함유하고 있으며 수분을 제외한 고형성분의 25~30%를 차지한다. 달걀 및 육류 단백질과 함께 가장 품질이 우수한 식품 단백질이다. 주로 colloid 형태로 존재하는 우유 단백질은 casein과 whey protein 으로 구분되는데 casein은 등전점인 pH 4.6~4.7에서 침전되는 단백질이며, 우유 단백질의 80%를 차지하는 주단백질이다. 이 외에 lactalbumin, lactoglobulin, immunoglobulin 등의 유청 단백질이 약 20% 정도 함유되어 있다.

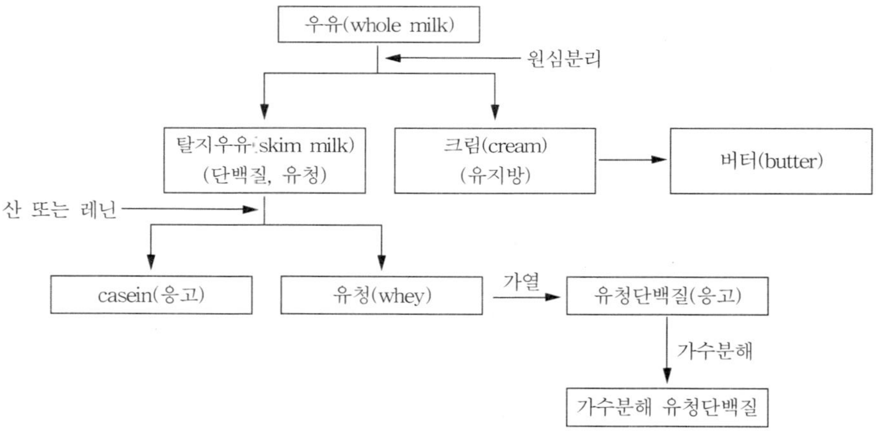

[그림 7-10] 우유 단백질의 분류

(1) Casein

Casein은 분자 내에 인을 함유하고 있는 인단백질이며 칼슘, 인과 결합하여 calcium phosphocaseinate의 형태로 존재한다. casein은 전기영동으로 α, β, κ, 및 γ-casein 등으로 분류된다. 이 중 κ-casein은 casein 복합체의 15%를 차지하며 우유에 casein이 colloid 상태로 분산될 수 있도록 유지해 주는 성분이다.

우유를 응고시키는 효소인 rennin에 의해 등전점인 pH 4.7 부근에서 casein이 침전, 응고되는데 이 원리를 이용하여 cheese, yoghurt 등을 제조한다.

[표 7-10] Casein의 종류 및 비율

성　분	비율(%)
α-casein	48.0
β-casein	36.0
κ-casein	13.0
γ-casein	3.0

(2) Whey protein

전체 우유 단백질의 20%를 차지하며 가용성 단백질이다. lactalbumin과 lactoglobulin은 대표적인 whey protein으로 약 80%를 차지한다. lactalbumin과 lactoglobulin은 열에 의하여 응고되므로 열응고성 단백질이라고 한다.

제8장 단백질의 변화

1절. 단백질의 변성

1. 변성의 mechanism

식품에 들어있는 천연단백질은 그 종류에 따라 각각 고유의 입체적 구조를 가지고 있는 고분자 질소화합물이다. 이러한 천연 단백질이 여러 가지 물리적, 화학적 작용으로 고차구조를 유지하고 있는 여러 가지 결합이 끊어져 분자 내 고유의 구조가 변형되고 성질이 변화되는 현상을 단백질의 변성(denaturation)이라고 하며, 이러한 변화로 생성된 단백질을 변성단백질(denaturated protein)이라고 한다. 변성이 일어나면 대부분의 구형의 형태를 가진 구상 단백질은 그 분자형태가 풀어지게 되며, 성질도 변하게 된다. 변성은 1차 구조인 peptide결합은 변하지 않고 수소결합, 이온결합, 소수결합 등과 같은 단백질의 2차, 3차 구조를 형성하는 결합이 끊어지는 현상이다. 따라서 단백질의 변성은 peptide결합의 붕괴를 동반하는 단백질의 분해와는 구별된다. 또한 1차, 2차, 3차 구조에는 변화가 없고, 4차 구조만 변화하는 현상은 변성이라고 하지 않고 subunit의 해리 또는 회합이라고 한다.

변성이 일어나면 단백질의 생물학적 활성이 떨어지고, 용해도 등 단백질의 기능적 특성이 변화한다. 단백질 변성의 요인은 물리적 요인과 화학적 요인으로 나눌 수 있다. 물리적 요인으로는 가열, 동결, 교반, 압력, 초음파, 탈수 등이 있으며, 화학적 요인으로는 산, 알칼리, 염류, 유기용매, 중금속 등으로 변성의 요인은 다양하다.

단백질의 변화 중 가장 중요한 것은 변성이며, 단백질 식품의 조리, 가공, 저장 중에 일어나는 단백질의 구조 변화는 대부분 변성을 동반한 변화이다.

[그림 8-1] 단백질의 변성과정

변성에는 변성요인을 제거했을 때 원래상태로 되돌아갈 수 있는 가역적 변성과 되돌아갈 수 없는 비가역적 변성이 있으며, 대부분의 변성은 비가역적 변성이다. 단백질의 변성은 식품의 조리, 가공, 저장 중에 많이 일어날 수 있으며, 단백질의 변성을 이용한 식품도 다양하다.

2. 변성단백질의 성질

1) 생물학적 활성 상실

천연단백질이 변성되면 본래 단백질이 가지고 있던 면역성, 효소 활성, 독성 등 여러 가지 생물학적 특성을 상실한다. 따라서 효소는 단백질이므로 100℃에서 수분 동안 가열 하면 효소 단백질의 분자 구조가 변하므로 활성을 잃고 불활성화 된다. 효소와 기질은 분자 구조와 형태가 결정적인 영향을 미치는데 변성에 의해 단백질 분자가 변형되면 효소는 활성을 잃어버리게 된다. 따라서 항체와 항원의 결합능력도 변성이 일어나면 이와 같은 이유로 소실된다.

2) 용해도의 변화

대부분의 단백질은 변성이 일어나면 용해도가 감소하는데 그 이유는 변성 전의 단백질은 소수성기가 물에서 멀어지려고 단백질 구조 내부에 들어가 모여 있으나, 단백질이 변성되면 변성 후에는 단백질 구조가 풀리면서 단백질분자 표면에 소수성기가 나타나게 되므로 단백질의 친수성이 감소하여 용해도가 낮아진다. 그러나 근육단백질의 결체조직에 함유된 collagen은 물을 넣고 가열하면 수용성의 gelatin이 된다.

3) 소화효소 작용용이

단백질이 가열에 의해 변성이 일어나면 응고되어 단단해 보이나 오히려 소화가 잘된다. 이는 구형의 입체구조를 이루고 있던 polypeptide 사슬이 변성에 의해 풀어져서 겹쳐져있던 부분에도 소화효소가 작용 할 수 있는 반응 장소가 증가하기 때문이다.

그러나 지나친 가열은 소화율이 오히려 떨어지는데 이는 과열로 인한 교차결합(cross linkage)이 생겨 응고물의 구조가 빽빽해져서 효소의 작용장소가 다시 내부로 묻혀버리기 때문이다. 달걀 완숙보다 반숙이 소화가 잘되는 이유가 바로 이와 같은 이유 때문이다.

4) 점도 증가

구상 단백질이 변성되면 풀린 구조 형태가 되므로 분자 부피가 커져서 일반적으로 점도가 증가한다.

5) 반응성 증가

단백질의 변성이 일어나면 천연단백질에서는 보이지 않았던 sulfhydryl기(-SH), phenol기, amino기($-NH_2$), carboxyl기(COOH) 등과 같은 활성기가 표면에 나타나 반응성이 증가한다. 이는 polypeptide 사슬이 구부러지고 겹쳐져서 분자 내부에 묻혀서 반응에 관여하지 않았던 이러한 활성기들이 변성에 의해 구조가 풀리면서 표면에 나타나 반응에 관여하기 때문이다.

6) 변성 청색이동

변성이 일어나면 단백질 분자 내부에 묻혀있던 여러 아미노산 잔기가 표면에 노출되므로 자외선에 대한 흡수 스펙트럼이 단파장(blue light) 쪽으로 이동하는데, 이런 현상을 변성 청색이동(denatured blue shift)이라고 한다.

3. 물리적 요인에 의한 변성

1) 가열

식품의 조리나 가공 중에 단백질의 변성을 일으키는 가장 기본적인 요인은 가열에 의한 열변성이다. 대부분의 식품 단백질은 열에 의해 응고되며, 변성온도는 보통 60~80℃이다. 변성온도는 단백질의 종류나 공존하고 있는 물질에 따라 달라지며, 등전점에서는 열변성이 빠르므로 변성온도가 낮아진다. 육류나 어패류, 달걀 등의 단백질은 가열에 의해 쉽게 응고하여 불용성이 된다. 이는 열에 응고하는 albumin과 globulin에 의한다.

그러나 이와 반대로 육류 결합조직에 들어 있는 불용성 단백질인 collagen은 물과 함께 가열하면 변성이 일어나 가용성인 gelatin이 된다.

단백질의 열변성에는 다음과 같은 여러 가지 요인이 영향을 미친다.

(1) 온도

단백질의 종류와 조건에 따라 열 변성 온도가 다르나 일반적으로 60~70℃부근에서 변성이 일어난다. 단순단백질인 albumin과 globulin은 열 응고성을 가진 단백질로 열변성이 잘 일어나며 온도가 높아질수록 열 변성 속도가 빨라진다. 일반적으로 albumin의 경우 열변성이 10℃ 높아짐에 따라 열 변성 속도가 20배 빨라진다.

(2) 수분

단백질 주변에 수분이 많이 존재하면 비교적 낮은 온도에서 열변성이 일어나며 수분이 적을수록 고온에서 변성한다. 열 변성 시 물의 역할은 가열에 의해 물분자운동이 활발해져서 단백질의 polypeptide 사슬사이의 수소결합이 끊어지고 이를 물 분자가 둘러싸므로 polypeptide 사슬이 풀리게 하거나, 새로운 결합의 형성을 도와주기 때문인 것으로 생각된다.

(3) 전해질

단백질은 황산염, 인산염, 염화물 등의 전해질이 존재하면 열변성이 촉진되어 변성온도가 낮아지고 변성속도도 빨라진다. 이는 중성부근의 pH에서 단백질 분자가 가지고 있는 (-)전하를 전해질의 양이온에 의해 중화되어 등전점에 가깝게 되기 때문이다.

예를 들어 두부를 만들 때 대두의 주단백질인 glycinin은 가열만으로 응고하지 않으나 응고제로 $MgCl_2$이나, $CaSO_4$ 등을 첨가하면 70℃에서 응고한다. 이 효과는 양이온의 원자가가 클수록 커져 단백질의 응고가 잘 일어난다.

(4) 수소이온 농도

단백질의 열변성은 pH에 따라 영향을 받으며, 일반적으로 등전점에서 가장 쉽게 응고한다. 대부분의 식품 단백질의 경우 등전점이 산성 쪽에 있으므로 산을 가하면 열 변성 온도가 낮아진다.

예를 들어 난백에 산을 가해 ovalbumin의 등전점(pH 4.8)부근으로 조절하면 응고온도가 낮아진다. 그러나 산을 많이 가하여 pH가 등전점 이하로 낮아지면 응고온도가 높아져 응고가 어려워진다.

(5) 기타

단백질의 열변성은 당, 지방, 염류 등 다른 물질의 존재에 의해서도 영향을 받는다.

지방산염, 당, 당알코올 등은 egg albumin이나 serum albumin의 열 응고를 방해한다. 지방산염이나 당의 열 응고 방해 작용은 열 변성을 막기 때문이다. 단백질에 설탕이나 포도당 등 당류를 넣고 가열하면 응고온도가 높아지며, 설탕을 많이 첨가할수록 응고온도가 점점 더 상승한다.

2) 동결

대부분의 단백질은 동결과 해동을 반복해도 변성되지 않기 때문에 동결법은 식품 보존법으로 많이 사용되고 있다. 그러나 단백질의 종류에 따라 변성이 일어나는 것도 있는데 그 대표적인 것이 육류 단백질과 어육 단백질로 동결에 의해 변성되기 쉽다. 따라서 동결 후 질겨지고 수분을 잃어 고무처럼 단단해진다. 육류와 어육 단백질의 동결에 의한 변성은 분산매인 물이 동결하므로 단백질 입자가 상호 접근하여 결합되어 응집하므로 변성된다. 또 액체상태의 물이 동결하여 잔류용액 중 염류의 농도가 증가하여 결국 salting out에 의해 단백질 분자가 서로 결합하여 변성된다.

이와 같은 동결변성은 어육의 경우 -1~-5℃, 쇠고기는 -1.5~-3℃에서 가장 현저하며, -20℃에서는 가장 변성이 적게 일어난다. 따라서 동결에 의한 변성을 줄이려면 변성이 가장 크게 일어나는 최대빙결정생성대(-1~-5℃)를 빨리 통과시키는 급속 동결법을 사용하여야 식품의 얼음 결정을 최소화하고, 동결되어 변성되는 시간을 줄이게 된다.

동결식품을 해동시키면 물과의 친화성을 잃은 단백질은 원상태와 같이 물에 분산되기 어려워서 식품의 보수성은 저하되고 수분은 drip이 되어 유출된다. 따라서 동결식품을 해동시킬 때는 일반적으로 10℃ 부근의 공기 중에서 해동시키는 건식해동이 drip의 유출을 적게 할 수 있으며, 동결식품의 표면과 내부가 비교적 균일하게 녹아서 부분적인 변질이 일어나지 않게 하는 효과가 있다.

3) 건조

건조법은 식품저장방법 중의 하나로 육류나 어육은 건조 시 변성이 일어난다. 건조에 의한 변성은 가열 변성과 상당히 다르다. 육류단백질은 건조에 의해 polypeptide 사슬 사이의 수분이 제거되고 인접한 polypeptide 사슬이 서로 접근하여 결합이 이루어져 견고한 구조로 된다. 따라서 건조시킨 어육은 염석, 응집 등에 의한 변성으로 물에 담가도 흡수성이 나쁘고 원래의 상태로 복원되지 않는다.

진공 동결건조 식품은 수분 흡수성이 좋고 원래 식품으로 되돌아가는 복원성이 크다. 이는 진공 동결건조 시 급속한 동결과 초감압(1~0.01mmHg) 하에서의 수분의 급속한 제거로 근섬유의 이동을 막고, 미세한 공간은 많이 생기나 거의 원상태로 건조되기 때문이다. 따라서 어육의 진공 동결건조 시에는 단백질의 변성이 크게 억제된다.

4) 계면장력

단백질의 계면변성(surface denaturation)은 단백질이 교반(저어줌) 등 물리적 힘에 의해 단일 분자막 상태로 얇은 막을 형성하여 불용성이 되어 변성이 일어나는 현상을 말한다. 예를 들어 난백을 세게 저을 때 기포를 형성하는 것은 계면변성이 일어났기 때문이다. 거품이 일어나는 동안 단단해지는 것은 기포 표면에 흡착된 난백 albumin 분자가 계면장력으로 변성되었기 때문이다.

5) 광선

단백질은 광선의 조사에 의해 3차구조의 결합이 끊어져 변성을 일으킨다.

단백질은 α-, β-, γ-, x-선 조사에 의해 변성되며, 특히 상온에서 자외선을 단백질에 조사하면 등전점에서 현저히 변성이 일어나 불용성이 된다.

6) 기타 물리적 요인

단백질은 5,000~10,000기압의 높은 압력에서도 변성이 일어나 응고하게 되며, 음파나 초음파에 의해서도 변성되어 응고한다.

또한 가용성 단백질을 건조 분쇄하여도 변성이 일어나 불용성 물질로 된다.

4. 화학적 요인에 의한 변성

1) 산・알칼리

단백질 용액에 산이나 알칼리를 가하면 단백질의 고유의 전하가 변하므로 단백질의 고차구조와 관련된 이온결합에 변화가 일어나 단백질이 변성된다. 산이나 알칼리에 의한 단백질의 변성은 단백질을 등전점에 이르게 하여 응고시키는 것이다.

산에 의한 변성은 식품의 조리나 가공에 많이 이용되는데, 생선회에 레몬즙을 사용하여 어육 단백질이 응고되어 육질이 단단해지는 것이나, 우유의 젖산균 생육으로 생성된 젖산에 의해 pH가 저하되어 casein의 등전점(pH 4.6)에서 변성 및 응고가 일어나는 것을 이용한 yoghurt나 cheese제조 등이 이 원리를 이용한 것이다.

알칼리에 의한 변성을 이용한 식품으로는 알칼리성 간수를 첨가한 중화면이나, 생석회와 탄산나트륨을 혼합한 점토를 오리알 껍질에 발라 껍질에서 침투한 알칼리에 의해 단백질을 응고시킨 피단 등이 그 예이다.

2) 중성염

앞에서 설명한 바와 같이 단백질 용액에 소량의 중성염을 첨가하면 등전점은 변하지 않으나 용해도가 증가하여 잘 녹는다(salting in). 그러나 다량의 중성염을 넣으면 단백질이 응고, 침전하여 변성이 일어난다(salting out). 이 현상은 다량의 염의 첨가로 물이 염을 녹이는데 사용되어 단백질을 녹이는데 부족하게 되고, 염류가 해리되어 양전하와 음전하 이온이 단백질 전하를 중화시켜 단백질 분자의 반발력이 감소했기 때문이다.

사용하는 중성염은 $(NH_4)_2SO_4$, Na_2SO_4, $(NH_4)_2CO_3$, NaCl 등이 있으며, 2가나 3가 이온이 1가 이온보다 염석효과가 크다. 염석된 단백질 중의 무기염은 투석에 의해 제거할 수 있다.

3) 유기용매

유기용매인 alcohol이나 acetone을 단백질 용액에 첨가하면 단백질이 변성되어 침전하며, 이 반응은 등전점에서 거장 잘 일어난다.

우유의 신선도를 평가하는 alcohol test는 우유에 70% alcohol을 넣었을 때 침전의 유무로 신선도를 판정하는 방법이다. 오래된 우유는 산이 증가하여 등전점 부근의 pH로 되어 alcohol에 의해 침전반응을 일으키는 것이며, 신선한 우유는 70% alcohol에 응고하지 않는다. alcohol에 의한 침전은 친수성이 강한 alcohol의 탈수작용으로 단백질 분자의 수화가 감소되기 때문에 일어난다.

4) 금속이온

일반적으로 2가나 3가의 금속이온은 단백질의 변성에 영향을 미친다. 대두단백질인 glycinin은 Ca^{2+}, Mg^{2+} 염에 의해 응고하지만 1가 이온인 K^+ 등의 이온으로는 응고하지 않는다.

두부의 제조 원리는 두부 단백질 glycinin에 간수를 첨가하여 간수 중의 Ca^{2+}, Mg^{2+} 등 2가 양이온에 의해 응고한 것이다. 이는 Ca^{2+} 이나 Mg^{2+} 이온이 glycinin의 carboxyl기에 결합하여 분자사이에 가교(-C(=O)-Ca-C(=O)-)를 만드는 것으로 생각되며, 결합된 Ca은 투석에 의해 쉽게 제거되지 않는다.

3가의 금속이온은 응고시키는 효과가 더 커서 과일의 설탕조림에 백반(alum)을 넣으면 백반 중의 Al^{+3} 이온이 단백질을 응고시켜 원형유지가 잘된다.

중금속인 Hg, Ag, Cu, Pb, Fe 등도 단백질과 착화합물을 만들어 침전한다.

5) Alkaloid 시약

단백질 용액에 phosphowolframic acid, picric acid, trichloroacetic acid, tannic acid, sulfosalicylic acid, phosphomolybdic acid 등의 alkaloid 시약을 첨가하면 단백질은 변성되어 침전한다. 이는 alkaloid 시약들이 단백질의 amino 잔기의 극성기에 결합하기 때문이다. 이 반응은 단백질의 분리 및 제거에 이용된다.

[표 8-1] 단백질의 변성을 이용한 식품

원 인	변성방법	변성의 요인	식품의 예
물리적 원인	가 열	삶기, 구이	삶은 달걀, 어묵, 생선구이
	동 결	동 결	동결(얼린)두부, 냉동육
	표면장력	기포형성, 교반	아이스크림, 스펀지 케이크
	탈 수	건 조	마른오징어, 말린 생선
화학적 원인	산	초산, 젖산	요구르트, 크림치즈, 생선초절임
	알칼리	NaOH, 생석회	피단, 중화면
	염 류	식염, Ca염, Mg염	어묵, 두부
	효 소	rennin	치즈
	유기용매	alcohol	우유의 alcohol 테스트

5. 효소에 의한 변성

단백질은 효소작용에 의해 변성 및 가수분해가 일어난다. 우유단백질의 80%를 차지하는 casein은 구상의 casein micelle로 존재하며 Ca, P 등을 함유하고 있다. casein micelle 표면에 존재하는 k-casein은 보호콜로이드의 구실로 micelle을 안정화시키고 있으나 응유효소인 rennin의 작용을 받으면 para-k-casein과 glycomacropeptide로 분해된다.

$$\text{k-casein} \xrightarrow{\text{rennin}} \text{para-k-casein} + \text{glycomacropeptide(soluble in whey)}$$

$$\text{para-k-casein} \xrightarrow{+\ Ca^{2+}} \text{calcium para-caseinate}$$

Micelle의 보호 역할을 했던 k-casein이 분해되면 casein micelle은 불안정하여 우유 중의 Ca과 결합하여 불용성인 calcium para-caseinate가 되어 응고한다. 이 원리를 이용하여 cheese를 제조한다.

2절. 단백질의 분해

1. 효소에 의한 분해

단백질은 단백질 분해효소인 protease의 작용으로 단백질의 peptide결합이 가수 분해되어 peptide나 아미노산을 생성한다. 단백질 가수분해효소에는 endo-peptidse, exopeptidase, dipeptidase로 크게 분류한다.

단백질의 중심부에 있는 peptide결합을 가수분해하는 endopeptidase에는 pepsin, trypsin, chymotrypsin, papain 등의 효소가 있다. exopeptidase는 peptide 사슬 말단에서부터 peptide결합을 분해하여 아미노산을 분리하는데, peptide 사슬의 유리 carboxyl기(-COOH)기가 있는 말단에 작용하여 아미노산을 분리하는 carboxylpeptidase와 이와는 반대로 peptide 사슬의 유리 amino기($-NH_2$)가 있는 말단부터 가수분해하는 aminopeptidase가 있다. dipeptidase는 dipeptide에 작용하여 두개의 아미노산으로 가수분해하는 효소이다. 이외 단백질 분해효소에 관하여는 제11장 효소 편에서 자세하게 다룬다.

식품 중의 단백질이 그 식품 자신이 가지고 있는 단백질 분해 효소에 의해 분해되는 현상을 자기소화(autolysis)라고 한다. 육류와 생선은 사후경직이 일어난 후 그 식품 자체에 들어있는 protease에 의해 단백질이 peptide나 아미노산으로 가수 분해되는 자기소화가 일어나 맛이 좋아지고, 연해지는데 이를 숙성이라고 한다. 그러나 자기소화가 일어난 단백질은 미생물이 번식하기 쉬워 부패가 빠르다.

2. 광선에 의한 분해

단백질이나 아미노산 중에 광선에 의해 분해를 일으키는 것이 있다. 우유 단백질 중의 casein은 형광물질(lumiflavin, riboflavin)의 존재 하에 햇빛을 받으면 casein 중의 tryptophan이 분해되어 영양가가 낮아진다. 또한 난백단백질인 albumin은 자외선을 조사하면 점도는 변화가 없으나 표면장력이 감소하는데, 이는 자외선에 의해 일어나는 열변성과는 다른 일종의 변성인 것으로 생각된다.

Tryptophan, cysteine, tyrosine, methionine, alanine 등의 아미노산도 형광물질 존재 하에 햇빛을 받으면 광분해 된다. 특히 tryptophan은 광선에 대단히 불안정하기 때문에 그 용액에 햇빛을 조사하면 갈색으로 착색되고, 자외선을 조사하면 광분해 되어 aspartic acid, alanine, hydroxyanthranilic acid가 생성된다. 또한 alanine은 산소기류 속에서 석영등(quartz lamp)을 쪼이면 주로 ammonia로 분해되며, 질소 기류 속에서 석영등을 쪼이면 ammonia, lactic acid, pyruvic acid 로 분해된다.

3. 산 · 알칼리에 의한 분해

단백질은 산과 알칼리에 의해 가수 분해되는데, 단백질에 적당한 농도의 산이나 알칼리를 작용시키면 구성 아미노산으로 가수 분해된다. 단백질의 산에 의한 가수분해는 보통 염산을 사용하며, 105℃에서 진공상태로 24시간 분해한다.

알칼리로 단백질을 가수 분해시킬 때는 보통 25%의 NaOH나 $Ba(OH)_2$를 사용하여 약 6시간 정도 가열하여 분해한다. 단백질을 알칼리로 가수분해하면 구성아미노산의 racemi화가 일어난다.

제9장 비타민(Vitamin)

Vitamin이란 체내 효소계의 구성 요소로서 신진대사를 촉진시켜 항상성을 유지하기 위하여 반드시 필요한 유기물질로서 일부를 제외 하고는 체내에서 합성되지 않으므로 반드시 외부로부터 섭취해야만 한다. 모든 비타민들은 유기물질로서 구성 성분 중에 탄소를 함유하며, 이것이 무기질과 다른 점이고, 또 신체가 극히 미량이나 절대적으로 필요하다는 점에서 탄수화물, 지질, 단백질 등 3대 영양소와도 구분된다.

[표 9-1] 지용성 비타민과 수용성 비타민의 성질

성질	지용성	수용성
용해도	지방과 지방용매에 용해되고, 물에는 불용이다.	물에 용해되고 지방에는 불용이다.
흡수와 이동	지방과 함께 흡수되며, 임파계를 통하여 이동된다.	당질, 아미노산과 함께 소화되고 흡수된다. 문맥순환으로 들어간다(간).
방 출	담즙을 통하여 체외로 매우 서서히 방출(좀처럼 방출되지 않음)된다.	특히 소변을 통하여 빠르게 방출된다.
저 장	간 또는 지방조직에 저장된다.	신체는 스펀지 같이 일정한 양을 흡수하면 초과량은 배설하고 저장하지 않는다.
공 급	필요량을 매일 절대적으로 공급할 필요성은 없다.	필요량을 매일 절대적으로 공급하여야 한다.
전구체	존재한다.	존재하지 않는다.
조리시 손실	산화를 통하여 약간의 손실이 일어나나 조리하는 물에는 용해되지 않는다.	조리하는 물에 용해는 조리손실의 문제이다.

또한 인체 내에서 쉽게 비타민으로 전환될 수 있는 화합물을 provitamin이라고 한다. 표 9-1과 같이 비타민은 용해성에 따라 지용성 비타민과 수용성 비타민 등으로 구분된다.

지용성 비타민은 물에 녹지 않고 기름에 녹으며 체내에 상당량이 저장 될 수 있으므로 지나치게 많은 양을 장기간 섭취하게 되면 과잉증이 나타날 수 있다. 그것에 비해 수용성 비타민은 많은 양을 섭취하여도 체내에 저장되지 않고 배설되기 때문에 매일 필요한 양을 공급하지 않으면 결핍증이 쉽게 발생된다.

1절. 지용성 비타민(fat soluble vitamin)

1. 비타민 A(retinol, axerophtol)

Vitamin A는 동물체의 간에 함유 되어 있으며, 기름에 녹고, 광선에 불안정하며, 공기 중에서 산화되기 쉬운 성질을 갖는다. 식물 중에는 포함되어 있지 않으나 식물 조직 중에 존재하는 carotenoid색소는 동물 체내에서 비타민 A로 전환된다. 따라서 이들 색소를 비타민 A의 전구물질 즉, 프로비타민(provitamin A)이라 한다.

[표 9-2] 비타민 A의 구조

비타민	구조식	생리활성비	소 재	이중결합
비타민 A_1 (retinol)	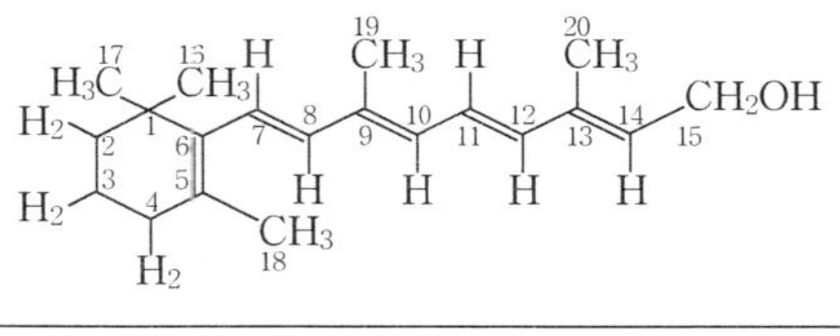	$C_{20}H_{30}O$ (100)	각종 어류의 간장	5개
비타민 A_2 (dehydroretinol)	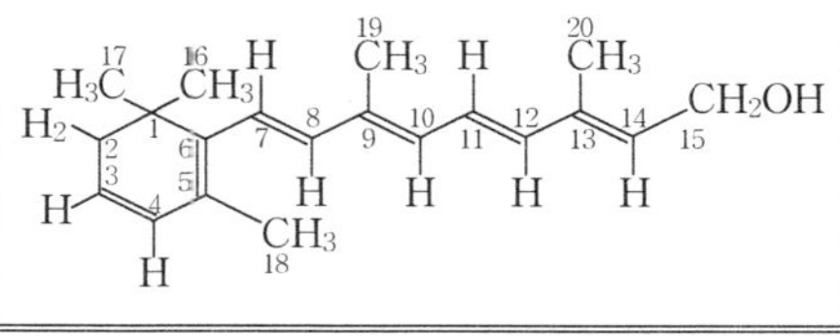	$C_{20}H_{28}O$ (24)	담수어의 간장	6개

1) 구조

비타민 A는 β-ionone핵과 isoprene사슬 그리고 alcohol기를 갖는 고급 탄화수소이며, 표 9-2와 같이 구조식 중에 β-ionone핵의 이중결합의 차이로 비타민 A_1(동물과 해수어의 간이나 간유)과 비타민 A_2(민물고기 간유)로 구별한다.

자연계에 존재하는 비타민 A는 cis형이 35%와 trans형 65%로 구성 되어 있으며 분자 내에 trans형이 많을수록 비타민 A의 효력이 높다. 그러나 비타민 A의 추출, 보존 등의 방법에 의해 trans형이 cis형으로 전환되어 비타민 A의 효력이 저하된다.

비타민 A의 전구체인 carotenoid도 종류에 따라서 인체 내에서 비타민 A의 효력에 상당한 차이가 있다.

이중 β-ionone핵을 가지는 carotenoid는 그림 9-1과 같이 α, β, γ-carotene과 cryptoxanthin이며 가장 중요한 것이 β-carotene이다. β-carotene은 장점막에서 산화적 효소분해로 두분자의 활성 retinal을 만들 수 있으므로 비타민 A의 전구물질이 될 수 있다.

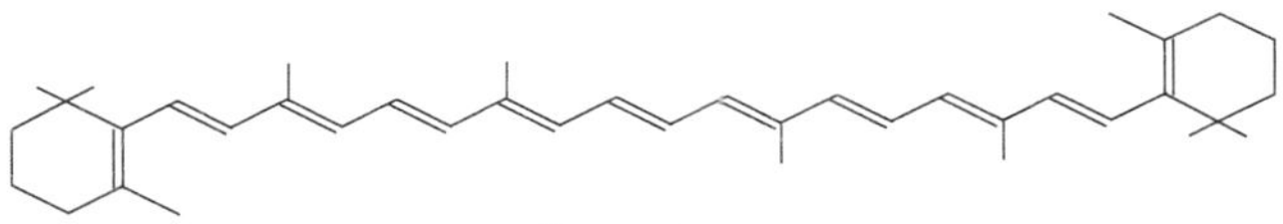

β-carotene

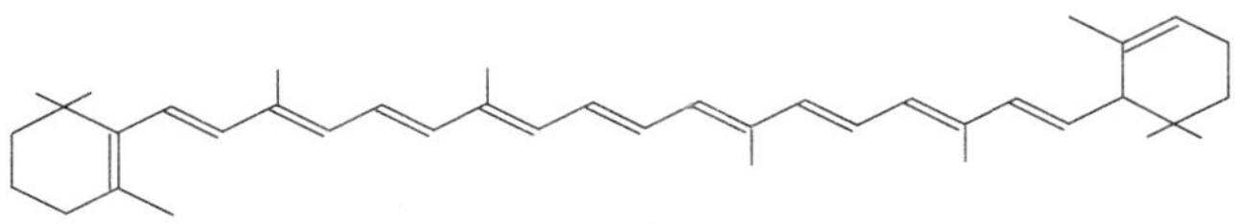

α-carotene

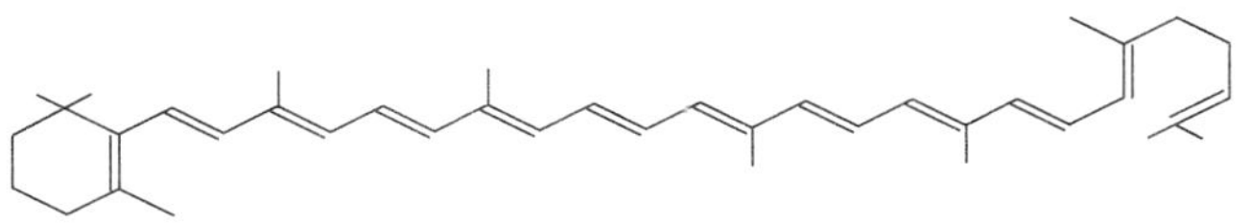

γ-carotene

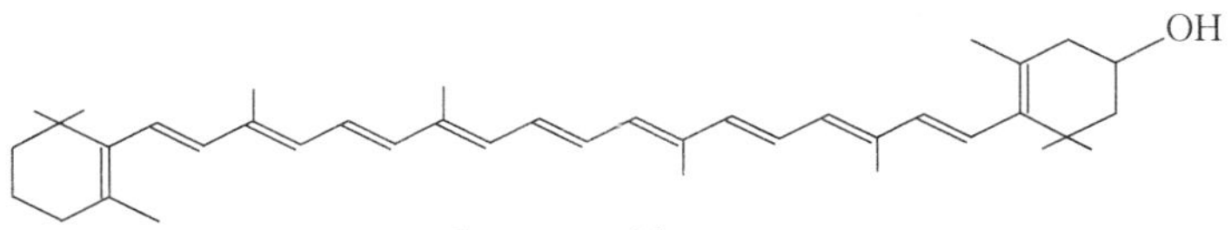

Cryptoxanthin

[그림 9-1] Provitamin A의 구조

2) 성질

비타민 A는 담황색의 결정체이며 지용성으로 기름과 유기용매에 용해되며 물에는 녹지 않고 열, 산, 알칼리에 안정하다. 불포화도가 높아 산화되기 쉬우며 공기 중에 고온으로 노출되면 산화되고, 자외선에도 불안정하여 쉽게 분해된다.

또한 식품 중 carotenoid의 비타민 A 활성 소실은 불포화 isoprenoid의 자동산화나 이중결합의 기하학적 이성화에 의해 일어난다. 또한 비타민 A 화합물들은 감광체(photosensitizer)에 의해서 광화학적 이성화가 일어난 후 이어서 광화학적인 분해가 이루어진다. 따라서 저장 시 빛에 노출되는 식품의 비타민 A의 활성은 포장재에 따라 영향을 받는다.

3) 생리적 기능

비타민 A는 시각작용, 상피조직의 보호 작용, 암 예방 효과, 정상적인 성장촉진, 생식기능 등에 관여한다. 결핍증으로는 눈과 관련된 야맹증, 안구건조증, 결막건조증, 각막연화증, bitots spot 등과 피부의 각질화가 일어나 피부건조, 모낭의 각화증이 생기고 식욕감퇴, 성장정지, 감염에 대한 저항력 감소 등을 들 수 있다. 또한 과잉섭취 시 피로감, 식욕부진, 두통 등을 유발하며 심한 경우 간기능장애를 유발하기 때문에 상한 섭취량이 정해져있다.

비타민 A는 동물성 식품인 간, 간유, 난황, 우유, 치즈 등에 들어 있고, 식물성 식품에는 β-carotene을 함유한 녹황색 채소(시금치, 당근, 호박, 풋고추, 무청, 토마토, 복숭아 등)에 함유되어 있다.

2. 비타민 D(calciferol)

비타민 D는 유도지질인 스테롤(sterol)에 속하는 지용성 물질로 Ca대사에 관여하는 비타민으로 칼시페롤(calciferol)이라고 한다. 체내에서 생성될 수 있는 유일한 비타민으로 비타민 A와 마찬가지로 전구물질의 형태로 존재하며, 자외선에 의해 비타민 D로 전환된다. 이 전구물질을 provitamin D라고 하는데 지방에 녹으며 열에 강한 성질을 갖는다.

1) 구조

비타민 D는 그 구조에 따라 D_1~D_6로 분류하는데 인체 내에서 비타민 D의 효력을 갖는 것은 비타민 D_2와 D_3이다. 비타민 D_1은 D_2와 D_3의 혼합물이다. 비타민 D_2(ergocalciferol)는 식물 및 미생물 조직에 들어있는 비타민으로, ergosterol이 자외선 조사를 받아 생성된 것이다. 동물 조직에 존재하는 비타민 D_3 (cholecalciferol)는 피하지방에 존재하는 7-dehydrocholesterol에 자외선을 조사하면 C_9와 C_{10}사이의 결합이 끊어져서 C_{10}에 결합한 methyl기가 methylene기로 변하여 비타민 D로 된다.

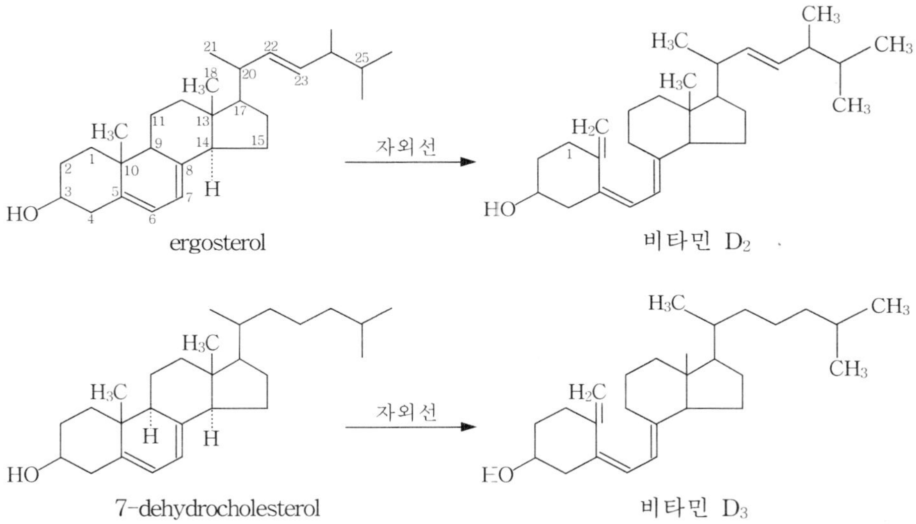

[그림 9-2] 비타민 D_2 및 D_3의 구조

2) 성질

비타민 D는 백색무취의 결정으로 지용성이고 유기용매에 녹는다. 열과 산, 알칼리, 공기에 대해서 안정하다. 일반적으로 비타민 D_3는 D_2보다 더 안정하다.

3) 생리 작용

소장에서 지방과 담즙의 도움으로 흡수되어 대부분이 간에 저장되며 일부가 피부, 뇌, 비장 및 뼈에 저장 된다. 비타민 D는 Ca과 P의 흡수 및 대사에 필수적으로 Ca의 항상성에 관여하며, 혈중 내 Ca과 P의 비를 일정수준으로 유지(신경과 근육의 정상적 활동)시킨다.

결핍되면 구루병(아동기), 골연화증(성인) 등이 나타나며, 과잉되면 피로, 식욕부진, 오심, 구토 및 연조직에 Ca이 침착되어 간과 심혈관에 손상을 준다. 또한 신장에 침착되는 경우 신장결석을 초래할 수 있다.

동물성 식품인 등푸른생선(정어리, 가다랭이, 방어, 고등어류)에 함유량이 높고, 식물성 식품인 버섯류(표고버섯, 송이)에 많이 함유되어 있다. 그 이외에 빵 효모에도 함유되어 있다.

3. 비타민 E(tocopherol)

1) 구조와 종류

비타민 E는 그림 9-3과 같이 tocol의 유도체로서 chroman핵에 isoprene (phytol)사슬이 결합한 것으로 methyl기(-CH_3)의 수와 위치에 따라 α, β, γ, δ -tocopherol의 4종류가 생긴다. 이 중에서 생리적 활성(비타민 E의 효력)이 가장 큰 것이 α-tocopherol(100%)이고 그 다음이 β-tocopherol(30%), γ-tocopherol(20%), δ-tocopherol(1%)의 순으로 활성을 갖는다.

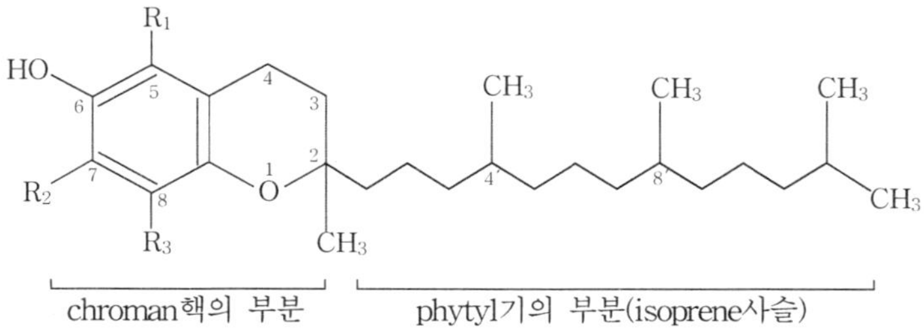

α-tocopherol : R_1, R_2, R_3=CH_3
β-tocopherol : R_1, R_3=CH_3, R_2=H
γ-tocopherol : R_1=H, R_2, R_3=CH_3
δ-tocopherol : R_1, R_2=H, R_3=CH_3

[그림 9-3] Tocopherol의 기본 구조

2) 성질

무색-담황색의 기름과 같은 물질이며, 물에는 용해되지 않으나 유기 용매에 잘 녹는다. 산에 가장 안정하고 산소가 없을 때 열 및 빛에 비교적 안정하다. 또한 비타민 E는 항산화성(antioxidant)을 가지고 있는데 이 성질은 chromane핵에 있는 -OH기에 기인하는 것으로 α-tocopherol의 산화 안정성은 지질과 마찬가지로 수분이 단분자막을 형성할 때 가장 크다.

3) 생리적 기능

비타민 E는 비타민 A나 고도불포화 지방산의 산화를 지연 시켜주며, 또한 coenzyme Q를 안정화시켜 세포내 호흡에 관여한다. 그리고 비타민 E는 세포막의 산화에 의한 손상을 예방하기 위해 Se과의 관계가 중요하다.

비타민 E는 세포막에서 지질로부터 과산화물의 형성을 억제시키고 selenium은 glutathione peroxidase의 구성 성분으로 과산화물질을 alcohol 등의 다른 물질로 전환시켜 세포의 파괴를 억제시킨다.

주로 식물성 식품에서 얻어지는데 배아유, 면실유와 같은 식물성 기름과 이것을 원료로 하여 만든 마요네즈, 마가린, 샐러드드레싱 등이 가장 좋은 급원식품이다.

4. 비타민 K(koagulation, phylloquinone)

비타민 K는 출혈할 때 혈액을 응고시켜 출혈을 막는 효과가 있다고 해서 비타민 K라고 명명되었다. 비타민 K에는 K_1, K_2, K_3~K_7이 있으며 이 중 K_1과 K_2는 천연에 존재하고 나머지는 인위적 합성품이다.

1) 구조와 종류

비타민 K는 그림 9-4와 같이 naphthoquinone핵의 3번 위치에 phytyl기가 결합한 것이다. 천연에는 녹색식물계에서 합성된 phylloquinone(비타민 K_1)과 장내 세균에 의해 합성된 menaquinone(비타민 K_2)와 합성품인 K_3~K_7이 존재한다. 이 중 phytyl기가 없는 menadione(비타민 K_3)은 수용성으로 주로 혈액응고 치료제로 사용되며, 천연 비타민 K보다 활성이 커 비타민제로 사용되고 있다.

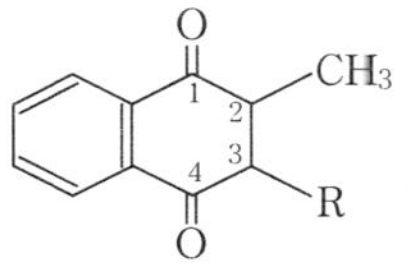

비타민 K의 기본구조

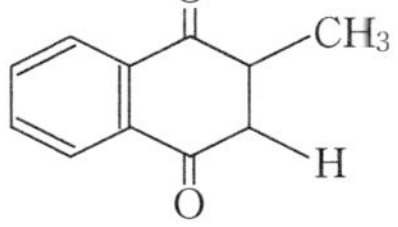

menadione

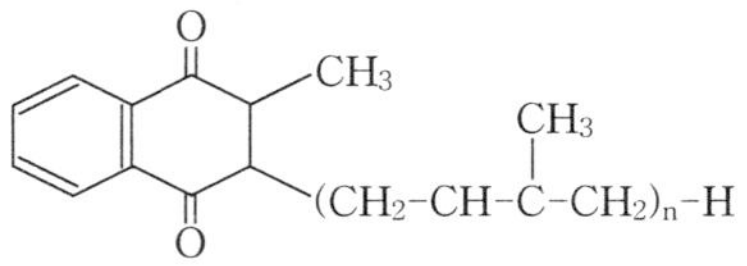

menaquinone(K_2)

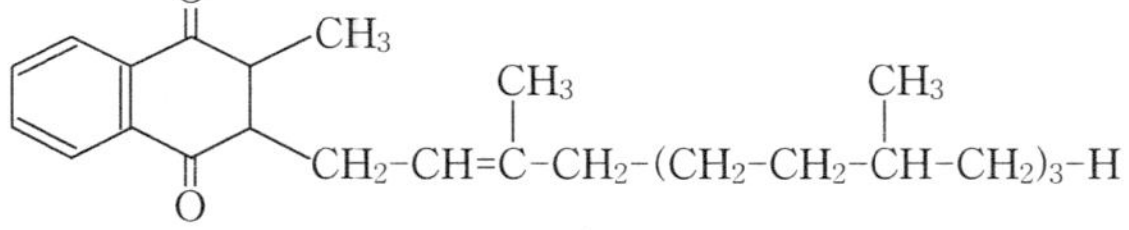

phylloquinone(K_1)

[그림 9-4] 비타민 K의 구조

2) 성질

천연 비타민 K는 담황색의 지용성 물질로, 최적 흡수를 위해 장에서 담즙 또는 담즙산이 요구된다. 알칼리, 강산, 광선에 의해 쉽게 파괴되나 열에는 안정하고, 합성 비타민인 menadione(비타민 K_3)은 수용성으로 쉽게 소장의 상부에서 흡수되며 황색을 띠고 열에 안정하나 알칼리, 산화에 불안정하다. 천연 비타민 K 보다 3배의 효력을 갖는다.

(1) 비타민 K의 혈액 응고 과정

그림 9-5와 같이 비타민 K는 간에서 혈액의 응고에 필요한 물질인 prothrombin이라는 단백질 합성에 관여한다. 혈액에 존재하는 prothrombin이 체외로 나오면 thrombin으로 되어 혈액응고에 관여한다.

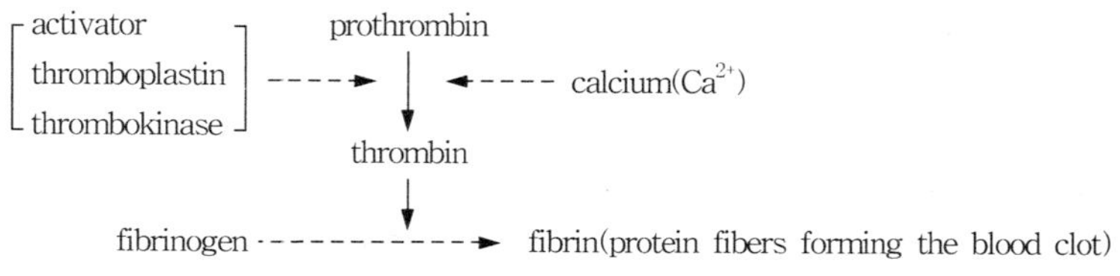

[그림 9-5] 혈액응고 과정

따라서 비타민 K의 결핍은 prothrombin의 생성을 감소시켜 혈액응고를 지연시킨다.

Prothrombin은 thrombokinase와 Ca^{2+}이온에 의해 thrombin이 되는데 이것은 혈액 중의 fibrinogen을 fibrin으로 바꾸는 일종의 protease이다.

3) 급원식품

케일, 상추, 양배추, 시금치 등의 녹색 채소와 대두, 차(tea) 등이 주요한 공급원이다. 또한 장내 세균으로부터 합성된 menaquinone도 주요공급원이다.

5. 비타민 F(essential fatty acid)

비타민 F는 그림 9-6과 같이 linoleic acid, linolenic acid, arachidonic acid 등으로 이른바 필수 지방산으로 결핍 시 흰쥐에게는 성장정지, 탈모, 피부염, 생식기능 장애, 지방간 등이 나타나고, 사람에게는 기관지염, 습진 등이 생긴다. 급원식품으로는 면실유, 콩기름, 올리브유 등에 많이 함유되어 있다.

linoleic acid $C_{18}H_{32}O_2$

$CH_3(CH_2)_4(CH{=}CHCH_2)_2(CH_2)_6COOH$

linolenic acid $C_{18}H_{30}O_2$

$CH_3(CH_2)_4(CH{=}CHCH_2)_3(CH_2)_3COOH$

arachidonic acid $C_{20}H_{32}O_2$

$CH_3(CH_2)_4(CH{=}CHCH_2)_4(CH_2)_2COOH$

[그림 9-6] 비타민 F

2절. 수용성 비타민(water soluble vitamin)

수용성 비타민은 유지에 녹기 어려우며 극성을 가지므로 수용성이고 비타민 B_{12}를 제외하고는 필요량 이상 섭취 시 소변으로 배설되므로 매일 필요량을 공급해 주어야하는 비타민으로, 체내 대사과정에서 효소의 보조효소(coenzyme)나 보조인자(cofactor)로 작용하는 비타민이다.

수용성 비타민에는 비타민 B군(B_1, B_2, B_6, B_{12}, 니코틴산, 판토텐산, 엽산, biotin, lipoic acid, inositol, choline 등), 비타민 C, 비타민 L, 비타민 P가 있다.

1. 비타민 B_1(thiamine, aneurin)

비타민 B_1은 비타민 B 복합체 중에서 순수한 형태로 얻어진 최초의 비타민으로 유황을 함유하고 있는 비타민이라는 의미에서 티아민(thiamine)이라고 한다.

1) 구조와 종류

그림 9-7과 같이 피리미딘(pyrimidine)핵과 티아졸(thiazole)핵이 methylene(-CH_2-)기로 결합하고, 우측에 알코올기가 붙으며 염산염(-NH_2 · HCl)으로 결정화된 화합물로 동·식물조직에 널리 분포하고 있으며 주로 thiamine pyrophosphate(TPP) 형태로 존재한다.

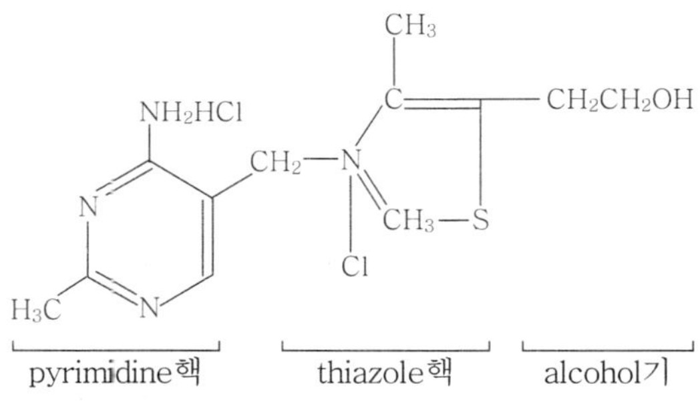

[그림 9-7] 비타민 B_1의 구조

또한 비타민 B_1은 그림 9-8과 같이 수용액 중에서 ammonium형과 thiol형이 pseudobase형을 통하여 서로 평형 상태를 유지하고 있다. 또한 비타민 B_1은 수용액의 pH에 따라 여러 형태로 존재하는데 예를 들어 산성용액 상태에서 평형을 ammonium형으로 진행되며, 알칼리 용액 상태에서는 thiol형이 형성되는데 이 thiol형은 황화수소기를 갖는 식품들과 반응하여 이황화결합을 형성한다.

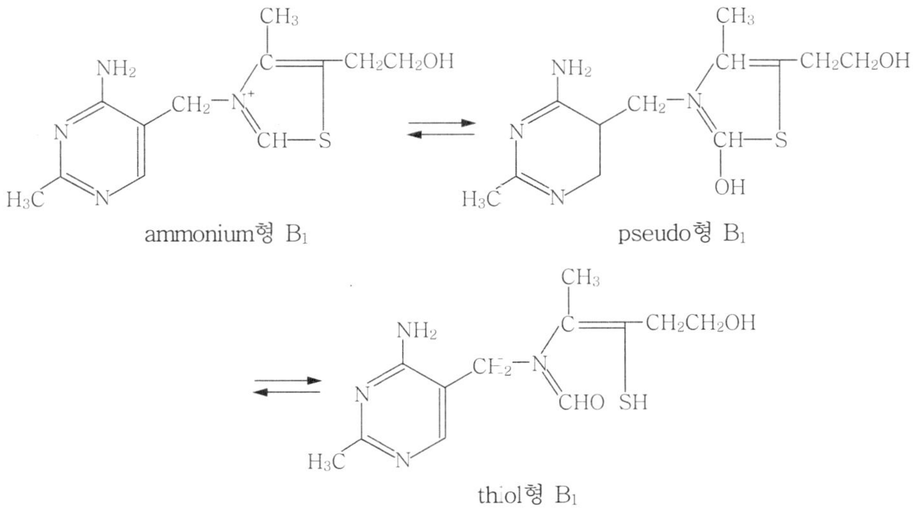

[그림 9-8] 비타민 B_1의 수용액 내의 형태

따라서 thiol형의 B_1은 마늘의 allcine과 -S-S-결합을 하여 allithiamine이 된다. 천연의 비타민 B_1은 흡수, 저장되는 정도가 낮으나 allithiamine은 물에 난용으로 체내 이용률이 높으며, thiaminase에 의해서도 파괴되지 않는다. 따라서 allithiamine은 인체 내에서도 흡수가 잘되고 생리작용도 뛰어나기 때문에 합성하여 의약품으로 널리 사용된다.

2) 성질

비타민 B_1은 물에 용해성이 높아 조리 시에 손실이 크고, 산에는 안정하므로 pH 3.5나 그 이하에서 식품은 120℃로 가열하여도 비타민 B_1의 손실은 거의 없다. 그러나 중성이나 알칼리에서는 불안정하여 쉽게 분해된다. 또한 태양광선에 의해서는 거의 분해가 일어나지 않으나 용액 중에 형광물질(비타민 B_2, lumichrome, lumiflavin 등)이 존재하면 분해가 일어나고 용액이 중성이나 알칼리성인 경우에는 더욱 촉진된다.

3) 생리기능

Thiamine pyrophosphate(TPP)는 cocarboxylase로 탄수화물 대사에 관여하기 때문에 탄수화물의 섭취가 많을 시 비타민 B_1의 필요량도 증가한다. 주로

TPP는 pyruvate의 탈탄산 반응으로 Acetyl-CoA과 CO_2 생성에 관여한다. 따라서 TPP의 결핍은 혈중 pyruvate 농도를 증가시킨다. 또한 pentose phosphate(HMP)회로에서는 transketolase를 활성화 시키는데 작용한다. 특히 뇌는 포도당만을 에너지원으로 이용하기 때문에 비타민 B_1이 부족하면 두뇌활동에 저해를 줄 수 있다.

또한 thiaminase는 비타민 B_1을 그림 9-9와 같이 pyrimidine핵과 thiazole핵으로 분해하는 효소로 주로 잉어, 뱀장어, 백합조개, 바지락 등의 어패류와 고사리, 고비 등의 양치식물 등에 존재한다. 또한 장내 세균에 의해서도 생성되기도 하는데, 이들 효소는 가열에 의해 불활성화되며, 특히 장내세균에 의해 생성된 thiaminase는 allithiamine에 작용하지 않는다.

비타민 B_1의 결핍증상으로는 식욕감퇴, 무력감, 체중감소 등이 있고 심하게 결핍될 경우 각기병, 다발성 신경염, 부종 등을 초래한다.

급원식품으로는 돼지고기, 굴, 난황과 콩, 팥, 깨 등의 종자 식품에 많이 함유되어 있으며, 잎을 먹는 채소에는 함유량이 적은 편이다.

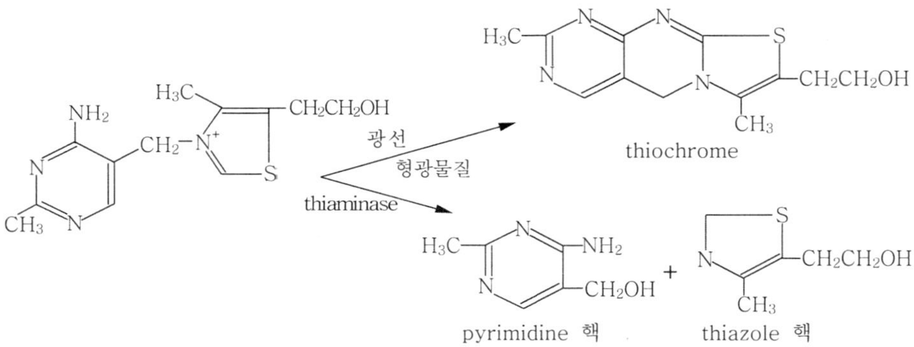

[그림 9-9] 비타민 B_1의 분해

2. 비타민 B_2(riboflavin)

Riboflavin이라고도 하며 황록색의 형광을 띠는 비타민으로, 우유나 난백에 들어 있으며 성장촉진성 비타민(growth promoting vitamin)이라고도 한다. 또한 비타민 B_2는 생체내의 산화환원반응의 조효소로 작용한다. 대부분의 경우 식품의 비타민 B_2는 플라빈아데닌디뉴클레오타이드(FAD ; flavin adenine dinucleotide)

나 인산 ester형 또는 단백질과 결합된 형태로 존재하나 우유의 경우에는 비타민 B_2가 대부분 유리형태로 존재한다.

1) 구조 및 종류

비타민 B_2의 구조는 isoalloxazine핵에 sugar alcohol인 ribitol이 결합된 구조로, riboflavin의 유도체를 일반적으로 flavin이라고 하는데 그 출처에 따라 lactoflavin(우유), ovoflavin(난백), hepatoflavin(간) 등으로 나눈다. 그 구성 성분에 따라 riboflavin, araboflavin, xyloflavin, glucoflavin(sorbitol)로 분류하는데 천연의 비타민 B_2는 riboflavin이다.

2) 성질

비타민 B_1과 마찬가지로 그림 9-10과 같이 산성 상태에서는 안정하나 알칼리 상태에서는 안정성이 떨어지고 광선에는 대단히 민감하다. 일반적으로 alcohol에는 일부만 용해하고, ether, chloroform, acetone과 같은 유기용매에는 용해되지 않는다. 또한 약산성과 중성 상태에서는 riboflavin이 lumichrome으로 광분해 되고, 알칼리 상태에서는 lumiflavin으로 광분해 된다. 병에 들어 있는 우유의 경우 햇볕에 노출시키면 자외선 보다는 500~520nm 정도의 가시광선에 의해 2시간 안에 비타민 B_2가 50% 정도 손실된다. 이때 비타민 B_1이나 비타민 C가 존재하면 비타민 B_2의 형광화를 약하게 하여 광분해를 억제한다.

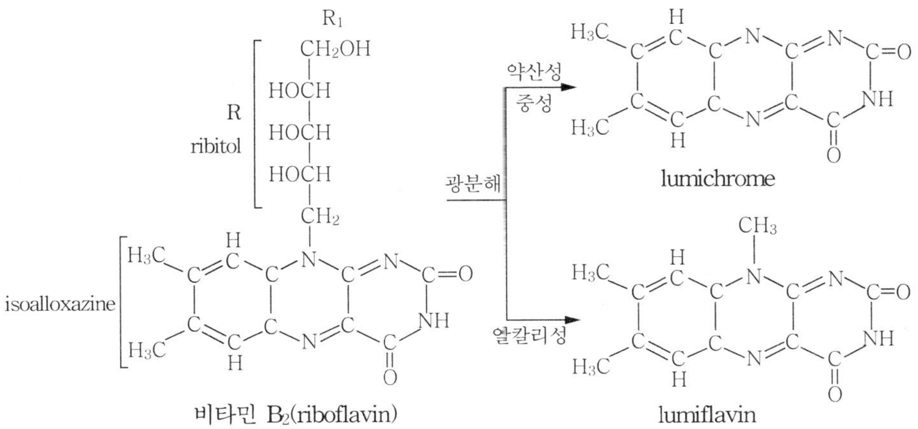

[그림 9-10] 비타민 B_2의 구조 및 광분해

3) 생리 작용

비타민 B_2는 인산과 결합하여 flavin mononucleotide(FMN)가 되어 세포내 산화, 환원 반응에 관여한다. 비타민 B_2가 pyrophosphoric acid, ribose, adenylic acid가 결합한 flavin adenine dinucleotide(FAD)는 세포의 mitochondria 내에 존재하는 dehydrogenase와 oxidase에 작용하여 산화, 환원 반응에 관여한다. 수소원자를 운반함으로서 호흡 반응에 중요한 역할을 한다.

결핍되면 설염, 구순구각염, 피부염 등의 증상이 나타난다. 특히 구순구각염은 비타민 B_2의 요구량이 증가하는 성장기 어린이에게 흔히 나타난다.

간, 굴, 우유 및 유제품, 시금치, 완두, 버섯 등에 함유되어 있으나 이들 식품에 함유된 양은 많지 않다. 따라서 한번에 먹을 수 있는 양을 고려해볼 때 비타민 B_2의 공급원으로 가장 좋은 것은 우유 및 유제품이다.

3. 비타민 B_6(pyridoxine, 항 pellagra인자)

비타민 B_6는 항 피부염이란 뜻으로 adermin이라 하고, 또한 pyridine 유도체라는 뜻으로 pyridoxine이라고도 한다.

1) 구조

비타민 B_6는 그림 9-11과 같이 pyridine의 4번 위치의 치환기에 따라 pyridoxal(PL), pyridoxamine(PM), pyridoxol(PN, pyridoxine)형태가 있으며 이들은 알데히드, 아민, 알크올기를 각각 가지고 있다. 비타민 B_6는 동물 조직에는 pyridoxal과 pyridoxamine 또는 그들의 인산염형태로 존재하며, 식물성 식품에는 pyridoxine형태로 존재한다.

Pyridoxal의 5번 위치에 인산기가 결합한 pyridoxal phosphate는 주로 glycogen 분해, 단백질 대사에서 아미노기의 전이, tryptophan을 niacin으로 전환, hemoglobin 합성 등에 관여한다.

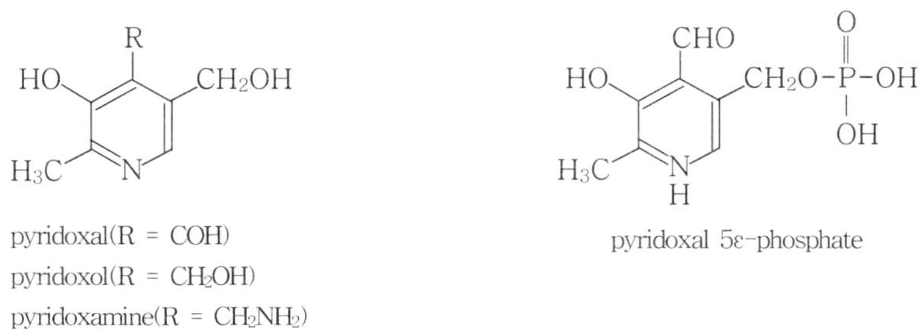

[그림 9-11] 비타민 B_6의 기본구조와 pyridoxal 5′-phosphate의 구조

2) 성질

식품에 존재하는 비타민 B_6는 물이나 alcohol에는 잘 녹으나, acetone, ether, chloroform과 같은 유기용매에는 녹지 않는다. 산성 상태에서는 가열에 안정하나, 중성 또는 알칼리 상태에서는 빛이나 가열에 의해 분해된다. 비타민 B_6는 장내 세균에 의해서 합성되므로 실제 결핍증상은 거의 나타나지 않는다

쌀의 배아, 파래, 마늘, 대두, 육류, 등푸른생선(가다랭이, 황다랑어) 등에 존재한다.

4. Niacin

1) 구조

비타민 B_2 복합체에서 분리한 비타민으로 niacin이란 nicotinic acid와 nicotinamide를 포함한 명칭으로 그림 9-12와 같이 비타민 중에서 구조가 가장 간단하며, nicotinic acid는 pyridine에 carboxyl기(-COOH)가 결합된 구조이고, nicotinamide는 pyridine에 amide(-$CONH_2$)가 결합된 구조로 둘다 pyridine핵을 가지고 있다.

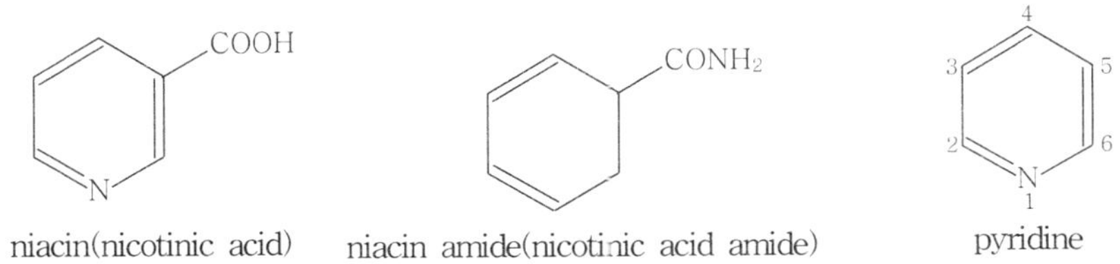

[그림 9-12] Niacin의 구조

2) 성질

Niacin는 수용성으로 물과 알코올에 녹고, 백색의 결정으로 신맛을 내며 알칼리, 산, 열, 광선과 공기에 안정하다. 또한 조효소인 NAD와 NADP의 구성성분으로 탄수화물, 지질, 단백질의 대사과정에 중요한 역할을 한다. tryptophan은 niacin의 전구물질로 tryptophan 60mg은 1mg의 niacine으로 체내에서 전환될 수 있으며, 전환 시 비타민 B_6와 비타민 B_2가 필요하다.

결핍 시에는 펠라그라(pellagra) 이 외에 개의 흑설병(black tonge) 등의 증상이 나타난다.

건조효모, 동물의 간, 육류, 가금류, 두류, 곡류, 커피 등에 함유되어 있으며 과일과 채소에는 적은 편이다

5. 판토텐산(pantothenic acid)

1) 구조

판토텐산는 그림 9-13과 같이 pantoic acid와 β-alanine이 peptide결합으로 결합된 구조이다. 생체 내에서 adenine, ribose, 인산, SH기가 결합하여 acetyl화 반응의 coenzyme A의 구성 성분이 된다.

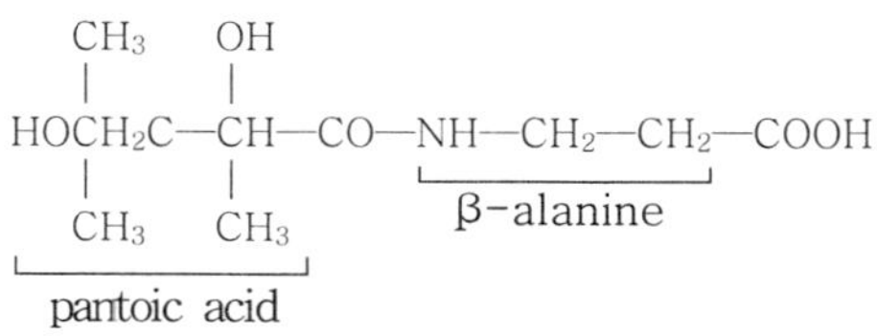

[그림 9-13] Pantothenic acid의 구조

2) 성질

산이나 알칼리 용액에서 쉽게 가수분해 되나, 중성용액(pH 4~7)에서는 열에 비교적 안정하다. 또한 coenzyme A의 구성성분이 되어 탄수화물, 지질대사 및 신경전달물질의 합성에 관여한다.

결핍 시 식욕부진, 소화불량, 우울증, 불면증 등의 증상이 나타난다.

동·식물성 식품에 널리 분포되어있으며 간, 계란, 닭고기, 효모, 배아, 두류, 버섯 등에 많이 들어있다. 장내세균에 의하여 합성되므로 사람은 결핍증이 거의 발생하지 않는다.

6. 엽산(folic acid, folacin, 비타민 M)

1) 구조

엽산은 그림 9-14와 같이 pteridine, ρ-aminobenzoic acid, glutamic acid로 이루어진 구조로, glutamic acid가 1개인 것도 있지만 3~7개가 결합한 것도 있어 이들을 엽산복합체(folic conjugate) 또는 pteroylpolyglutamic acid라고도 한다. 그러나 상업적으로 사용되는 것은 한 개의 glutamic acid를 가지는 pteroyl glutamic acid(PGA)이다.

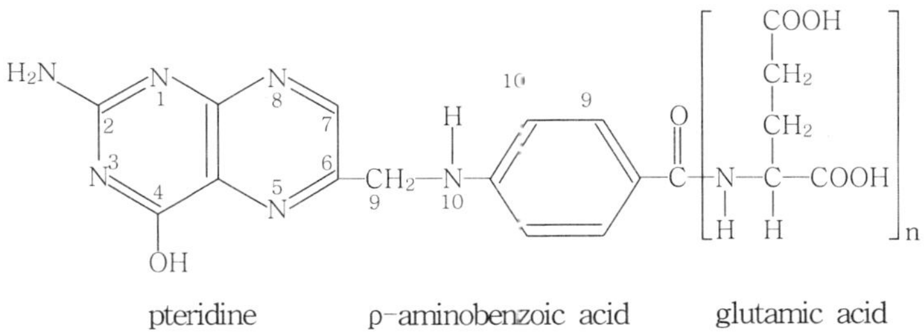

[그림 9-14] 엽산의 구조

2) 성질

엽산은 황색결정으로서 물에 잘 녹으며, 산성 상태에서는 열이나 광선에 의해 분해된다. 그리고 알칼리 상태에서는 열에는 안정하나 광선에 의해 분해되며, 2가 구리(Cu^{++})는 엽산을 산화시키는 촉매제로 작용한다.

3) 생리적 기능

엽산은 핵산과 아미노산 대사에 관여하므로 결핍 시 DNA, RNA 등의 합성에 방해를 받고, 성장불량, 악성빈혈 등을 일으킨다. 또한 엽산은 purine, pyr-imidine, heme합성에 관여한다.

엽산의 조효소 작용을 위해 비타민 C, 비타민 B_{12}, 비타민 B_6 등이 필요하다.

결핍 시 성장정지, 거대적아구성 빈혈, 생식불능 등의 증상을 일으킨다. 엽산은 동·식물성 식품에 광범위하게 분포되어 있으며 특히 동물의 간, 녹색채소, 바나나, 계란 등에 많이 함유되어 있다.

7. 비타민 B_{12}(cyanocobalamin)

악성 빈혈을 치료할 수 있는 항악성 빈혈 인자로서 분자 내에 코발트(Co)를 갖는 것이 특징으로 cobalamine이라고 한다.

1) 구조

비타민 B_{12}는 그림 9-15와 같이 4개의 pyrrole핵을 갖는 tetrapyrrole 구조가 코발트(Co^{+})와 연결되어 있고, 중심부는 porphyrin과 유사한 구조로 되어 corrin ring이라 한다. 또한 propionic acid와 aminopropyl alcohol, benzimidazole ribotide로 구성되어 있다.

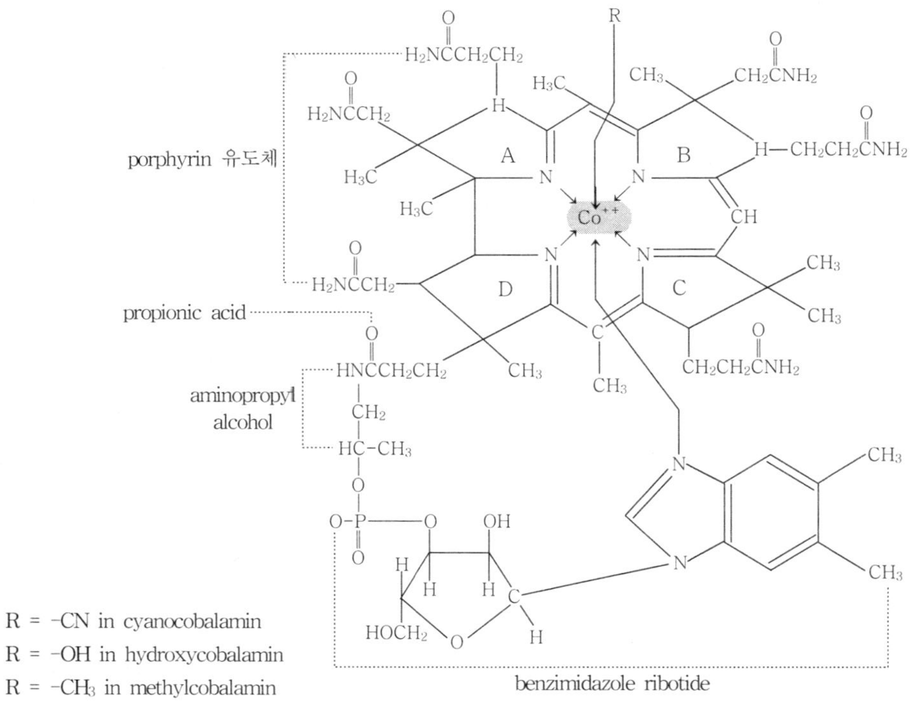

[그림 9-15] 비타민 B_{12}의 구조

2) 성질

비타민 B_{12}는 물에 녹는 암적색의 결정으로 pH 4~7 사이에는 안정하나 강산이나 알칼리에는 불안정하다. 주로 간에 저장되며, 혈중에서는 약 50%가 혈구의 hemoglobin과 결합하고 있으며 나머지 50%는 혈청 globin과 결합하고 있다.

3) 생리적 기능

적혈구 생성 및 악성빈혈증을 조절하여 골수에서 혈액 생성에 관여하고 또한 신경조직의 수초 합성, 단백질 합성, DNA 합성에 관여한다. 일반적으로 흡수는 Ca^{++} 및 내인성 인자와 복합체를 형성하여 소장에서 흡수된다.

결핍 시는 악성 빈혈, 신경 장애를 유발하며, 표 9-3과 같이 육류, 간, 생선, 조개류 우유 등 동물성 식품에 풍부하고 곡류, 과일, 채소 등에는 거의 존재하지 않아 엄격한 채식 주의자에게 부족되기 쉽다. 비타민 B_{12}는 장내 세균에 의해서도 합성되므로 사람에게는 결핍증이 잘 나타나지 않는다.

[표 9-3] 식품 중의 vitamin B_{12}의 함량(μg/100g)

동물성 식품	함 량	식물성 식품	함 량
소 간	30~50	납 두	0.32
돼지 간	18~22	된 장	0.15~0.90
정어리 내장	6	간 장	0.1~0.5
정어리	2.6	효 모	0.1
굴	1.0	맥 주	0.2~0.4
쇠고기	0.5~2.9	청 주	0.05~0.08
돼지고기	0.1~2.8	쌀	0
우 유	0.24	밀	0

8. 비오틴(biotin, 비타민 H)

1) 구조

비오틴은 imidazole과 thiophen과 유사한 물질이 결합한 것으로 S를 함유한 것이 특징이다. 천연에는 그림 9-16과 같이 유리형의 비오틴과 결합형의 biocytin의 두형태가 존재하며 결합형의 biocytin은 소화관 내에서 유리형의 biotin으로 전환되어 흡수되기 때문에 모두 생리적 활성을 갖는다.

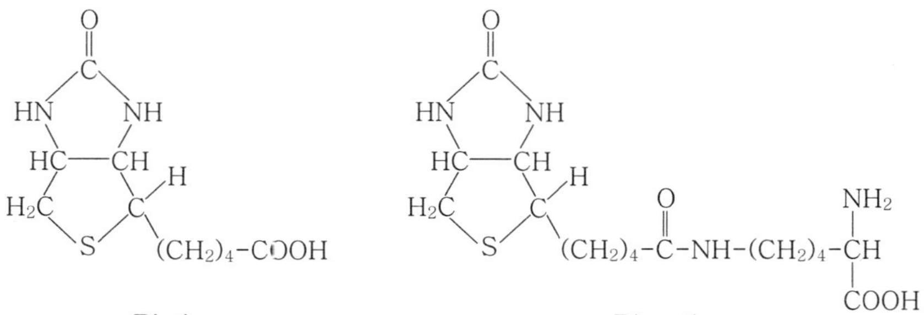

[그림 9-16] Biotin과 Biocytin의 구조

2) 성질

비오틴은 백색결정으로 열, 산에는 안정하며 물에는 조금 녹는다. 식품 중의 비오틴은 단백질과 결합한 형태인 biocytin의 형태로 소장점막 중의 biocytinase에 의해 유리 형태나 peptide 형태로 방출되어 흡수된다. 그리고 생 난백 중에는 당단백질인 avidin이 비오틴과 1 : 1 분자의 비로 강하게 결합하여 장관 내에서 분해되지 않고 배설되기 때문에 생 계란을 장기간 섭취하면 비오틴의 결핍증이 발생할 수 있으나 가열조리하면 avidin이 변성되어 비오틴과 결합할 수 없게 된다. 비오틴은 장내 세균에 의해 합성되므로 사람에게 비오틴의 결핍증은 나타나지 않지만 항생물질을 장기간 복용 시 비오틴 결핍증이 나타날 수 있다.

간, 우유, 효모, 난황, 채소 및 과일 등에 많이 함유되어 있으나 육류와 곡류에는 적다.

9. 콜린(choline)

1) 구조 및 성질

콜린은 그림 9-17과 같이 3개의 methyl기가 질소에 결합된 구조이다. 백색의 시럽으로 공기 중에 노출 시 흡수하여 산과 같이 결정체를 형성하며, 열에 강하여 장기간 저장을 하여도 파괴되지 않는다.

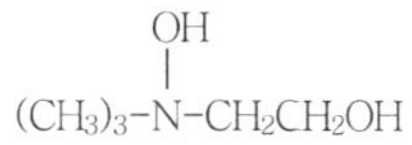

[그림 9-17] Chol ne의 구조

3) 생리적 기능

콜린은 간에서 지방대사와 지방의 운반 역할을 하여 지방간을 방지하며, 또한 methyl기를 공급하여 아미노산의 합성에 관여한다.

급원식품으로는 난황, 간, 살코기, 우유, 효모, 밀, 콩 등에 함유되어 있다.

10. Inositol(항 지간 인자)

이 비타민은 그림 9-18과 같이 포도당의 유도체로 결정체는 단맛을 가지며, 동물의 근육에 함유되어 있으므로 일명 근육당(muscle sugar)이라고 한다.

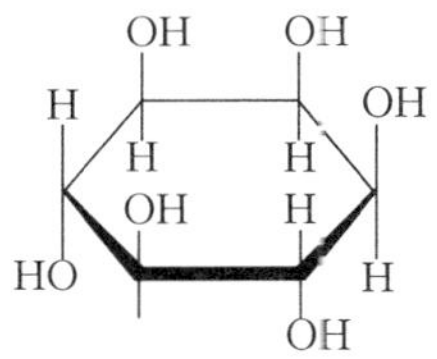

[그림 9-18] Inositol의 구조

1) 성질과 기능

산과 알칼리에 안정하며, 쥐의 탈모증과 간에 지방이 축적되는 것을 방지하여 지방간의 방지 역할을 한다.

급원식품으로는 우유, 과일, 채소, 견과류, 전곡 등에 함유되어 있다.

11. Para-aminobenzoic acid(항백발성 인자)

그림 9-19와 같이 엽산의 구성성분으로 동물의 털이 퇴색하는 것을 방지해 주기 때문에 항백발성 인자라고 하나 인체의 모발 색에는 영향을 주지 않는다.

효모, 쌀겨, 밀, 배아 등에 함유되어 있다.

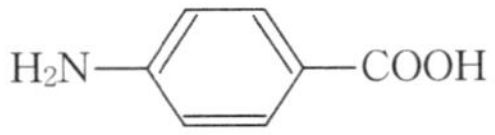

[그림 9-19] ρ-aminobenzoic acid의 구조

12. 비타민 C(ascorbic acid)

1) 구조

비교적 간단한 유기물질로서 구조는 그림 9-20과 같이 6탄당과 비슷한 구조를 가지고 있으며, 비타민 중에서 가장 불안정한 비타민이다. 비타민 C는 환원형과 산화형, 두가지 형태로 존재한다. 환원형의 비타민 C는 탄소와 탄소 사이에 이중결합을 갖고 2개의 -OH기가 있는 endiol를 갖는 reductone류로 산소 존재시 산화하여 dicarbonyl 화합물이 된다.

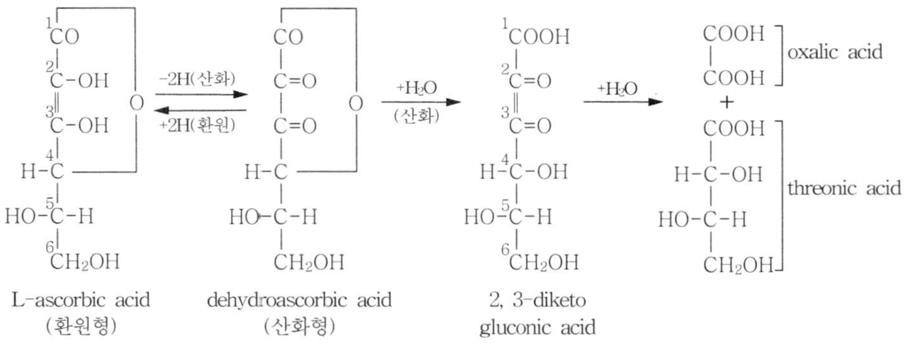

[그림 9-20] 비타민 C의 구조 및 변화

2) 성질

L-ascorbic acid(환원형)에 비해 산화형의 vitamin C는 비타민의 효력이 1/2 정도이며, 2,3-diketogluconic acid(DKG)로 산화되면 비타민 C의 효력을 상실한다. 또한 비타민 C는 매우 불안정하여 알칼리, 열, 산소, Fe, Cu 등에 의하여 쉽게 파괴된다. 그러나 환원형의 비타민 C는 약산성 상태에서는 일반적으로 안정하므로 과일에 함유된 유기산은 비타민 C의 파괴를 억제한다. 그러나 그림 9-21과 같이 강산성 상태에서는 불안정하여 산소가 없어도 3-deoxy-pentosan을 거쳐 furfural이 생성된다.

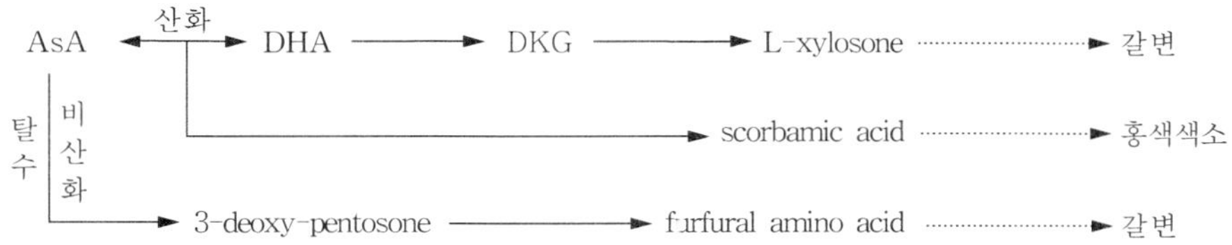

[그림 9-21] 비타민 C의 갈변과정

3) Vitamin C의 산화 효소(ascorbinase)

(1) 효소활성 촉진

Ascorbinase는 copper-protein으로 최적 pH가 5.5~6.0이고, 최적 온도는 30℃로 호박, 오이, 당근, 사과, 감, 바나나, 배추, 양배추 등의 식물성 식품에 존재한다.

(2) 효소의 저해 물질

음이온(Cl^-, PO_5^{3-}, CrO_4^{2-}, CO_3^{2-}, NO_3^-)에 의해 효소작용이 억제되며, catechin(차와 과일에 존재)과 같은 tannin 물질은 비타민 C의 산화를 억제한다. 또한 glutathione, cystine, -SH 등의 화합물은 비타민 C의 산화를 막고 산화형을 환원형으로 전환 시킨다.

4) 생리적 기능

비타민 C는 collagen 합성에 관여하고, 비타민 E, 비타민 A, 필수지방산의 산화를 방지하는 상승제 역할을 한다. 또한 방향족 아미노산(tyrosine, phenylalanine)의 정상적 대사에 절대적으로 필요하며, histamine을 비효소적으로 파괴하여 해독작용을 한다.

또한 비타민 C는 철분의 흡수를 촉진하며 백혈구의 면역 활동을 강화시키고, Ca이 불용성염이 되는 것을 방지하여 Ca의 흡수를 촉진하는 기능을 가지고 있다.

결핍 시에는 괴혈병, 자반병, 상처 회복의 지연, 감염에 대한 저항력 약화 등의 증상이 나타난다.

급원식품으로는 고추, 시금치, 무청, 무, 배추, 감귤류, 딸기, 구운 전갱이, 바지락 등에 함유되어 있다.

13. 비타민 P(permeability, 삼투성)

괴혈병 치료에 순수한 비타민 C 보다 lemon이 더 유효하다는 사실에 착안하여 lemon에서 모세혈관의 삼투성을 조절하는 성분을 추출해서 비타민 P라고 하였다. 그림 9-22와 같이 비타민 P의 작용을 가진 것에는 hesperidin, eriodictin, rutin 등이 있으며, 이들은 flavonoid에 당(rutinose)이 결합한 배당체이다.

Hesperidine은 미황색 수용성 결정으로 귤껍질에 많이 들어 있으며, eriodictin은 황색 결정으로 귤껍질에 존재한다. rutin은 황색결정으로 메밀 잎이나 꽃에 함유되어 있다.

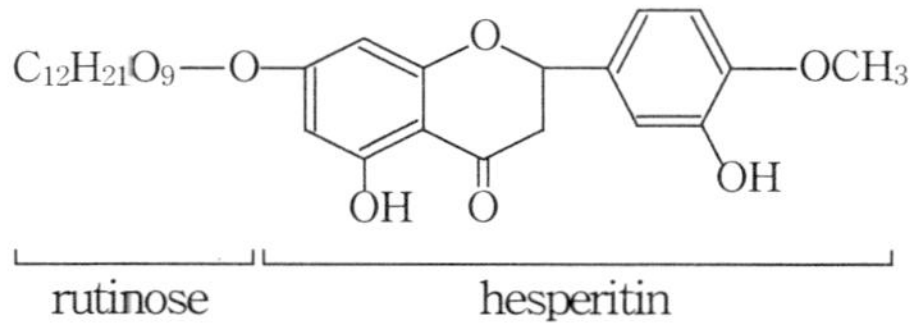

Hesperidin

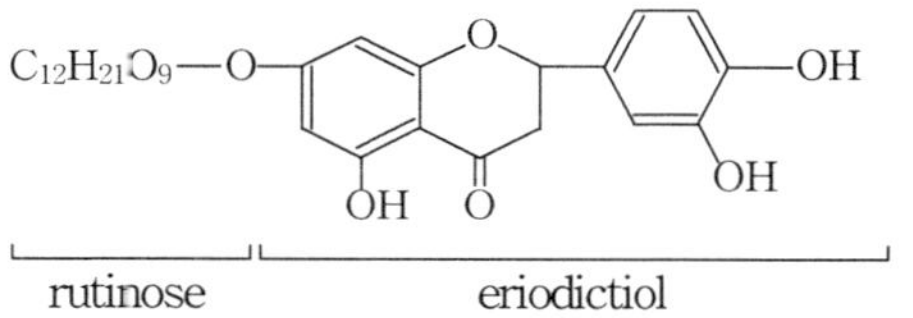

Eriodictin

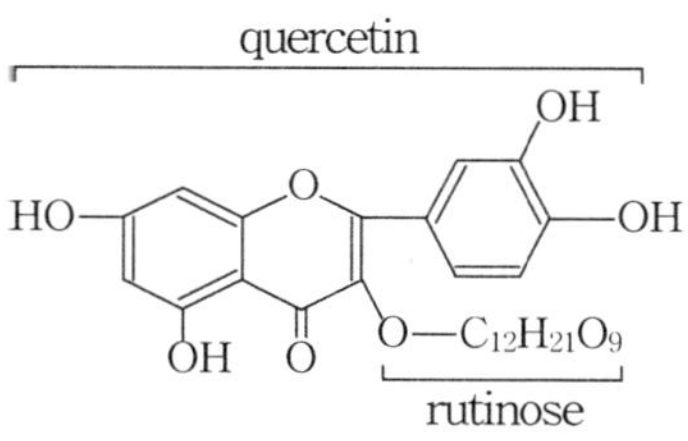

Rutin

[그림 9-22] 비타민 P의 종류와 구조

제 10장 무기질(Minerals)

1절. 무기질의 개요

무기질은 신체를 구성하는 요소로 체내에서 완전히 산화된 후에도 계속 남아 있는 성분이다. 일반적으로 유기화합물을 구성하는 C, H, O, N는 신체의 96 %를 차지하나 무기질은 단지 4%만을 차지한다. 그러나 무기질은 다른 영양소로부터 합성되거나 전환될 수가 없으므로 반드시 식품으로 섭취해야만 한다.

또한 무기질을 이루는 원소는 식품 중의 유기화합물과 결합되어 있으나, 대부분은 무기염류의 형태로 되어 있어 신체를 구성하는 성분으로서 세포의 기능을 돕고, 생리 기능을 조절하는 등의 중요한 역할을 한다.

2절. 무기질의 종류

1. 다량 원소(macro-elements)

무기질 중 체중의 0.01% 이상 존재하거나 또는 하루 100mg 이상을 필요로 하는 원소로 Ca, P, Mg, Na, K, Cl 등을 말한다.

2. 미량 원소(trace-elements)

무기질 중 체중의 0.01% 이하로 존재하는 원소로 Fe, Cu, Mn, Zn, Cr, I, Co, F, Sn, Se 등을 미량 원소라 한다. 또한 본래 식품에는 함유되어 있는 성분은 아니지만 환경오염으로부터 유래되는 Cd, Pb, Hg 등을 함유하는 경우도 있다.

다량 원소나 미량 원소가 식품 중에 존재하는 상태는 무기 화합물 또는 이온의 형태이며, 이외에 hemoglobin의 Fe, chlorophyll의 Mg, methionine, cystine의 S 등과 같이 유기화합물의 일부를 구성하는 것도 있다.

3절. 무기질의 기능

신체의 구성성분으로 Ca, Mg, P은 경조직(골격이나 치아)의 구성성분이고, S(근육), P(신경 조직) 등은 연조직의 구성성분이 되며, Fe은 hemoglobin, I는 갑상선 호르몬, Co는 비타민 B_{12}의 구성성분이다.

[표 10-1] 주요 식품의 무기질의 기능과 분포

무기질	생 리 작 용	분 포
K	세포내액 삼투압, pH 조정, 신경·근육의 흥분성 유지	곡류, 채소
Na	세포외액의 수분평형, 삼투압조절, 완충작용	동·식물계, 소금
Ca	뼈·치아의 형성, 신경계의 흥분억제, 근육수축, 막투과성 조절, 혈액응고	뼈, 우유, 해조류, 녹차, 감잎차
Mg	뼈·치아의 형성, 신경근육의 기능 억제, 대사조절, hexokinase 등 효소의 활성화	곡류, 감자류
Fe	적혈구의 hemoglobin의 성분, catalase·arginase 등의 활성화	채소, 동물의 간장
Cu	hemoglobin 형성 시에 Fe의 흡수·이용에 필요, phenolase·ascorbinase 등에 관여	채소, 동물의 간장, 조개류, 두류, 계란
Co	vitamin B_{12} 구성성분(조혈작용), arginase 활성화	채소, 동물의 간장
Mn	arginase·phosphatase·decarboxylase 등의 활성화	채소, 두류
Zn	insulin의 구성성분, decarboxylase의 활성화	곡류, 채소
Mo	xanthin의 구성성분	두류
Cl	위액의 염산성분으로서 trypsin의 활성화	소금
P	뼈·치아의 성분, 신경자극의 전달, ATP 및 핵산·인지질의 구성성분	뼈, 젖, 알, 육류, 채소
S	함황 amino acid·vitamin B_1·Co-A의 구성성분	동물의 각조직
I	갑상선 hormone의 수성성분으로서 기초대사의 촉진	해산물(해조류)
F	1ppm의 음료수로 치아의 enamel질을 강하게 한다.	해산물(해조류)

또한, 체액의 산, 염기 평형유지, 완충작용, 삼투압 유지에 K, Na, Cu, Mg, P, Cl 등은 신체의 항상성 유지에 관여한다. 예를 들어 혈액의 pH가 7.3~7.4를 유지하는 것은 혈액 중의 단백질 및 무기질의 완충작용 때문이다.

그리고 Zn, Cu, Fe 등은 효소의 구성성분이며 Ca은 혈액 응고에 관여한다. 주요 식품의 무기질의 기능과 분포는 표 10-1과 같다.

4절. 산 생성원소와 알칼리 생성원소

식품 중의 무기질은 체내에서 산을 생성하는 원소와 알칼리를 생성하는 원소로 나눌 수 있다.

1) 산 생성 원소(acid-forming elements)

P, S, Cl, I, Br 등은 비금속 원소로, 그 산화물이 물에 녹으면 산을 생성하여 다음과 같은 음이온(PO_4^{3-}, SO_4^{2-}, Cl^-· Br^-, I^-)을 생성 한다.

식품 : 단백질(S) ⟶ SO_4^{2-}
지질(P) ⟶ PO_4^{3-}
탄수화물 ⟶ H_2O + CO_2 ⟶ H_2CO_3

곡류(쌀, 보리)는 전분 등의 탄수화물을 많이 함유하고 있어, 이들이 생체 내에서 분해되어 물과 이산화탄소로 되고 탄산을 생성하므로 산을 생성하는 식품이다. 육류와 어류에는 단백질과 지질이 많이 함유되어 있는데, 단백질 중에는 황이 지질 중에는 인이 많이 함유되어 있다. 황은 황산기(SO_4^{2-})를 생성하고, 인은 인산기(PO_4^{3-})를 생성한다. 또한 지질 중의 glycerol과 지방산은 체내에서 완전히 분해되어 탄수화물과 마찬가지로 이산화탄소와 물로 된다.

2) 알칼리 생성 원소(alkali-forming elements)

Ca, Na, K, Mg, Fe, Cu, Mn, Co, Zn 등은 금속원소로 그 산화물을 물에 녹이면 Ca^{2+}, Na^+, K^+, Mg^{2+}, Fe^{2+}, Cu^{2+}, Mn^{2+}, Co^{2+}, Zn^{2+} 등의 양이온을 형성한다.

(1) 과실류

과일은 신맛을 나타내는 것이 많아 산성식품이라 생각 할 수 있지만 과일의 신맛을 형성하고 있는 유기산은 C, H, O로부터 만들어져 체내에서 산화 분해되어, CO_2, H_2O가 되어 체외로 배출되며, K_2O, Na_2O, CaO 또는 탄산염 K_2CO_3, Na_2CO_3, $CaCO_3$ 등이 남는다. 이것들이 세포액에 녹으면 알칼리성을 나타내게 된다.

(2) 기타 알칼리성 식품의 예

채소류, 해조류, 감자 등이 있다.

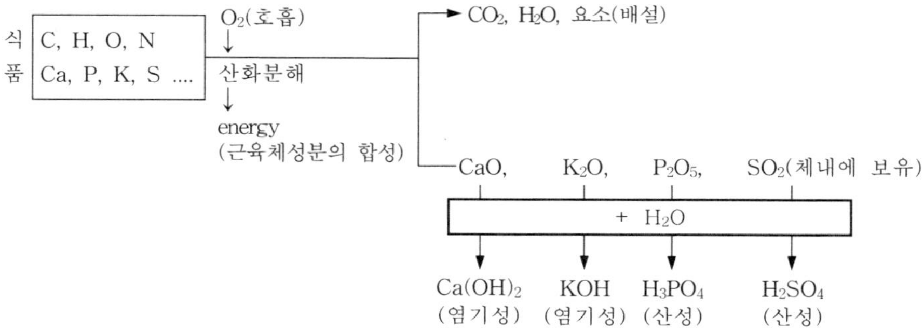

[그림 10-1] 식품 구성원소의 체내 변화

사람은 체액을 약 알칼리성으로 유지하는 항상성과 완충작용을 가지고 있어 항상 pH 7.2~7.4 정도로 유지하고 있다. 식품에는 육류 또는 어패류 같은 산성식품과 야채, 감자, 과일 등과 같은 알칼리성식품이 있는데 그 어느 쪽으로도 극단적으로 치우치지 않도록 해야 한다. 식품구성원소의 체내 변화도는 그림 10-1과 같다.

5절. 식품의 산도와 알칼리도

식품이 갖는 알칼리성, 산성의 정도를 알칼리도(alkalinity), 산도(acidity)라고 부르며, 식품 100g을 태워서 얻어지는 회분의 수용액을 중화하는데 필요한

0.1N-HCl 또는 0.1N-NaOH의 mL수로 나타내며 주요 식품의 산도와 알칼리도는 표 10-2와 같다.

[표 10-2] 주요 식품의 산도와 알칼리도

알칼리성 식품	알칼리도	산성 식품	산도
대두	9~10	백미	3~5
고구마	6~10	현미	9~14
감자	5~9	보리	10
무류	6~10	밀가루	3~5
당근	9~15	귀리	15
시금치	5~12	옥수수	5
양파	1~2	쌀밥	1
토마토	3~5	흰빵	2~3
사과	1~3	잠두	5~10
감귤류	5~10	달걀	10~20
흑설탕	15	육류	10~20
다시마	40	뱀장어	7
우유	2	어류(오징어, 문어류)	10~20
혈액(정상)	3	버터	4

6절. 주요 무기질의 작용과 급원

1. 칼슘(calcium)

칼슘은 무기질 중 가장 많은 양을 차지하는 것으로 체중의 1.5~2.0%를 차지한다. 체내 칼슘의 대부분(99%)은 경조직인 골격과 치아에 존재하고 나머지 1%는 연조직과 혈액 등에 존재하여 세포의 생명현상에 매우 중요한 작용을 한다.

즉, 칼슘은 신경자극의 전달과 근육수축을 원활하게 하고 혈액응고 과정에도 필수적이다. 식품에서 칼슘의 흡수는 식품 중 칼슘의 농도와 체내 칼슘 흡수 촉진인자와 저해인자의 존재 유무에 따라 결정하는 것으로, 칼슘 흡수의 촉진인자로는 소장 상부의 낮은 pH, vitamin D, 유당, vitamin C 등이며, 저해인자로는 소장 상부의 높은 pH, phytic acid, 수산, 탄닌, 식이 섬유소 등인데 이중에서 수산이 가장 큰 영향을 미친다.

우리나라에서는 무기질 중 결핍되기 쉬운 것 중 하나로 어린이의 경우 뼈의 성장에 장애를 가져와 구루병이 되며, 치아의 발달도 저해된다. 또한 섭취 요구량이 많은 임산부나 수유부나 장내 흡수가 낮아지는 노인의 경우 뼈에 무기질화가 잘 일어나지 않아 골연화증이나 골다공증이 유발된다.

식품 중에서 칼슘은 알코올기나 카르복시기에 결합하여 단백질이나 다당류를 가교 결합시키는 기능을 가지고 있다. 칼슘의 가장 좋은 급원식품으로는 우유, 치즈, 요구르트 등 우유 및 유제품으로 이들은 칼슘 함량이 높을 뿐만 아니라 유당을 가지고 있어 칼슘흡수를 촉진한다. 또한 멸치, 뱅어포 등 뼈째 먹는 생선은 칼슘함량이 매우 높으나 이들 식품은 한번에 먹을 수 있는 량이 적다. 시금치와 같은 녹색 채소도 칼슘을 많이 함유하고 있으나 칼슘흡수를 방해하는 수산의 함량이 높기 때문에 흡수율이 떨어진다. 육류나 곡류, 과일 등은 칼슘 함량이 낮다.

칼슘흡수에 영향을 주는 인자는 표 10-3과 같다.

[표 10-3] 칼슘 흡수에 영향을 주는 인자

요 인	흡수의 성질
젖 산	젖산과 결합해서 젖산 칼슘이 되면 흡수가 좋아진다.
인 산	칼슘과 인의 비가 1 : 1일 때, 가장 흡수가 좋다. 인이 과다하면 흡수가 방해된다.
phytic acid	곡류나 두류에 포함된 피틴산과 결합하면 불용성이 되며, 흡수가 방해된다.
수산	시금치에 많이 들어있으며 칼슘과 결합하면 불용성이 되며, 흡수가 방해된다.
단백질	고단백질 식사에서는 흡수가 좋아지며, 특히 lysine, arginine이 많으므로 흡수가 좋다.

2. 인(phosphorous)

인은 신체 내의 모든 조직에 존재하는 무기질로 체중의 0.8~1.1%를 차지하며 그 중 85%가 칼슘과 결합하여 인산칼슘염의 형태로 경조직인 뼈와 치아의 구성 성분이며, 나머지는 유기물질과 결합하여 조효소나 핵산, ATP 그리고 세포막을 이루는 인지질의 구성성분이 된다. 생물체내의 많은 반응들은 효소의 인산화와 탈인산화에 의해 활성이 조절되며, 혈액의 산, 염기 평형조절에도 기여한다.

인은 우유, 유제품, 육류 등과 같이 단백질 함량이 높은 식품에 많고, 더욱이 가공식품이나 탄산음료의 이용이 늘어남에 따라 인의 섭취량은 증가하는 추세이다.

인은 체내에서 칼슘대사와 밀접한 관련이 있어 칼슘과 섭취 비율을 고려하여야 한다. 인의 흡수와 이용을 고려하여 칼슘과 인의 비율이 1:1 일 때에 가장 흡수가 잘 된다. 인의 흡수를 촉진하는 것은 비타민 D이고 흡수를 저해하는 것으로는 Mg, Fe, Ca 등이다.

3. 마그네슘(magnesium)

마그네슘은 칼슘과 더불어 골격에 존재하는 성분으로 인체 내에 25g 정도 존재하는데 이중 60% 이상이 $Mg_3(PO_4)_2$ 형태로 경조직에 존재하며 나머지는 혈액과 근육조직에 존재한다. 마그네슘은 신경전달 물질인 acetylcholine의 분비를 감소시켜 신경을 안정시키고, 근육을 이완 시키는 작용이 있어 Ca과는 길항 작용을 한다. 또한 체내에 여러 효소의 보조인자로 작용하여 효소의 기능을 활성화시킨다.

마그네슘은 식물체 엽록소의 구성성분이기 때문에 채소의 충분한 섭취 시 결핍은 없으며 곡류에도 많이 있으나 곡류 외피에 존재하는 피틴산(phytic acid)이 마그네슘과 불용성의 염을 형성하므로 흡수율이 낮아진다.

4. 나트륨, 칼륨, 염소(sodium, potassium, chloride)

나트륨, 칼륨, 염소는 체내에 존재하는 중요한 전해질이다.

1) 나트륨(sodium)

나트륨은 세포외액에 존재하는 양이온으로 체중의 0.15~0.2%를 차지하며 체액의 삼투압조절, 수분평형유지, 근육의 수축작용, 포도당이나 아미노산과 같은 영양소의 세포막을 통한 능동적 수송에 관여한다. 나트륨은 결핍보다는 과잉섭취의 기회가 많은데, 우리나라에서는 된장, 고추장 등을 이용하는 전통적인 식습관과 더불어 가공식품의 이용으로 섭취량은 더욱 늘어나고 있다. 나트륨의 과잉섭취는 부종과 고혈압을 일으키는 원인이 될 수 있다.

2) 칼륨(potassium)

칼륨은 주로 육류나 치즈와 같은 동물성 식품 보다는 채소나 과일과 같은 식물성 식품에 많이 함유되어 있으며 성인의 경우 체내에 0.39% 함유되어 있고, 세포내액에 존재하는 양이온으로 칼륨은 나트륨과 더불어 체액의 산·염기 평형유지, 세포의 삼투압유지, glycogen 및 단백질 합성, 근육의 수축, 신경의 자극전달에 관여한다. 칼륨은 일상 식생활에서 결핍되는 일은 드물지만 심한 설사나 구토 시 결핍증이 나타날 수도 있다.

Na과 K 은 길항작용(antagonism)을 한다.

3) 염소(chloride)

염소는 세포외액에 존재하는 음이온으로 체중의 0.15%를 차지하며 주로 나트륨과 결합하여 존재한다. 염소의 작용으로는 삼투압조절, 효소의 활성화, 산·염기의 평형유지에 관여하며 대부분의 염소는 소장에서 재흡수 되고 신장을 통해 배설된다.

5. 황(sulfur)

체내에 존재하는 황의 함량은 체중의 0.25% 정도이며, 주로 methionine, cysteine, cystine 등의 황 함유 아미노산의 구성성분으로 존재하므로 결합조직, 머리털, 피부, 손톱 등에 풍부하다. 또한 황은 비타민 B_1, biotin과 같은 비타민, 담즙산, chondroitin sulfate 등의 구성성분으로 존재한다. 황의 기능은 단백질의 구성성분, 세포내의 산화·환원작용, phenol, cresol류 등의 독성물질의 해독작용에 관여한다. 일반적으로 황은 파, 마늘, 무 이외에 일반 단백질 식품 중에 널리 분포되어 있어 결핍 증상은 거의 나타나지 않는다.

6. 철(iron)

체내의 총 철분의 양은 3~4g 정도이며, 이중에서 약 70%가 적혈구의 hemoglobin을 구성하고 10% 가량은 근육색소인 myoglobin과 철을 함유하는 효소인 cytochrome, catalase, peroxidase 등에 존재하며 나머지는 혈액, 간, 골격 중에서 단백질과 결합되어 있다. 무기원소 중 가장 결핍되기 쉬워 개발도상국가의 어린이와 가임여성에게서 결핍증이 나타난다.

철은 소장의 상부에서 흡수되나 생체 이용도가 낮아 동물성 식품의 경우 10~30% 정도이고, 식물성 식품의 흡수율은 2~10% 정도이다. 식품 중 철분은 주로 햄철(heme iron)과 비햄철(nonheme iron)의 두가지 형태로 존재한다. 햄철은 육류나 어류에만 존재하는 것으로 철이 포르피린(porphyrin) 고리의 중심에 강하게 결합되어 소장점막 세포에 흡수되기까지 쉽게 해리되지 않는다. 그것에 비해 비햄철은 주로 식물성 식품에 존재하는 것으로 단백질, 구연산, 피틴산, 수산, 폴리페놀 등에 결합된 것으로 인체 흡수율이 햄철에 비해 절반 이하이다.

철의 흡수를 촉진하는 인자 중 하나인 비타민 C는 3가의 철 이온(Fe^{+3})을 환원시켜 흡수하기 쉬운 2가철(Fe^{+2})로 환원시키거나, 또는 착염을 형성하여 흡수율을 증가 시킨다. 철의 흡수를 저해하는 것으로는 두류의 phytic acid, 시금치에 많이 존재하는 oxalate, 식물성 식품의 식이섬유소, 차에 들어 있는 탄닌 등으로 철분과 결합하여 불용성의 화합물을 형성하여 철분의 흡수를 저해한다.

7. 구리(copper)

성인의 경우 Cu는 체내에 약 80mg 정도 함유되어 있으며, 구리는 철이 헤모글로빈을 형성 할 때 촉매작용을 하기 때문에 구리가 부족하면 철이 많더라도 조혈작용이 억제되어 빈혈이 유발되며 과잉 축적 시 영양성빈혈이나 용혈성빈혈이 발생한다.

Cu는 새우, 곤충 등 하등동물의 혈색소인 hemocyanin과 ascorbinase, polyphenol oxidase 등의 구성성분이다. 구리의 흡수는 산에 의해 촉진되며 Ca에 의해 억제된다. 구리를 많이 함유하고 있는 식픔으로는 동물의 내장고기, 간, 어패류, 굴, 계란 등이 있으며 밀의 배아, 코코아 등에도 상당량 함유되어 있다.

8. 아연(zine)

아연은 인체내에 약 1.5~2.5g 정도 존재하는 미량원소로 피부, 모발, 췌장, 간, 신장 등에 분포 되어 있으며 효소 및 호르몬의 구성성분, 인슐린 합성, 면역기능에 관여한다. 아연 결핍 시 thymidinekinase의 활성이 억제되어 DNA나 RNA, 단백질 합성에 영향을 주어 성장 및 면역 기능을 저하시킨다.

아연의 과잉 섭취 시에는 고밀도 지단백(HDL-cholesterol) 함량을 낮추어 콜레스테롤이 혈관 내벽에 축적되어 심혈관 질환의 발병률을 높이므로 필요 이상의 섭취는 피하는 것이 좋다. 결핍 시는 빈혈, 미각장애, 성장지연, 성기능 장애 등을 초래한다.

육류, 간, 난황, 굴과 같은 동물성 식품은 단백질 함량이 많고 아연 흡수를 방해하는 성분이 적어 생체 이용률이 높지만, 곡류와 같은 식물성 식품의 경우는 피틴산이나 섬유소가 아연과 불용성 화합물을 형성하기 때문에 이용률이 낮다.

9. 요오드(iodine)

미역, 김 등의 해조류나 해산물 등에 많이 함유되어 있으며 인체 내에서는 thyroxine 등 갑상선 호르몬의 주성분이다. 체내에 약 30mg 이하로 존재하는 미량 원소로 이 중 약 80%가 갑상선에 존재하고 나머지는 근육, 피부, 내분비조직 등에 분포되어 있다.

요오드가 부족하게 되면 갑상선 호르몬의 생산이 감소되어 갑상선은 조금이라도 호르몬을 더 많이 만들기 위해 과도한 일을 하게 되고, 그 결과 갑상선 조직의 크기가 증대되어 갑상선이 비대해진다. 이를 갑상선종(goiter)이라 한다.

10. 망간(manganese)

탄수화물이나 지방대사에 관여하는 효소들의 보조인자로 작용하는 미량원소로 체내에 약 20mg 정도 함유되어 있다. 전 곡류, 견과류, 채소, 과일과 같은 식물성 식품에 많이 들어있고 육류나 해산물, 우유 등 동물성 식품에는 거의 존재하지 않는다.

11. 셀레늄(selenium)

셀레늄은 글루타티온 과산화효소(glutathione peroxidase)의 구성성분으로 세포내의 과산화물을 환원하기 때문에 생체내 항산화반응에 중요한 역할을 한다. 따라서 항산화 작용을 하여 비타민 E의 절약작용을 한다.

내장육, 해산물, 난황, 우유 등의 동물성 식품에 풍부하게 함유되어 있으며 식물성 식품에는 종실류, 견과류에 많다.

7절. 식품 가공 조리 중 무기질의 변화

1. 화학적 변화

식품의 조리 가공 중 무기질의 화학적 변화는 pH의 이동에 의한 염류와 이온의 가역적 반응 및 효소에 의한 유기태와 무기태의 가역적 반응이 조금 일어난다.

2. 상태의 변화

채소 조리 시 세포 내외의 삼투압의 차이에 의해 무기질 및 수분의 용출이 일어나며, 용출은 온도가 높을수록 빨라진다.

① 세포 내의 삼투압이 높으면 세포 내의 무기질은 세포 밖으로 용출되고, 세포 밖의 수분은 세포 속으로 침투하여 세포 안팎의 삼투압은 서로 비슷하게 된다. 따라서 세포는 흡수 팽윤되고 세포외액에는 무기질이 증가한다. 예를 들어 다시마 속의 요오드는 물에 담그기만 하여도 20% 정도 용출되고 가열하면 60% 정도가 용출된다.

② 세포 외의 삼투압이 높을 시에는 세포 내의 수분이 세포 밖으로 용출되어 나오고, 세포 밖의 성분은 세포 속으로 침투하여 세포 내외의 삼투압을 같게 하려고 한다. 따라서 세포는 탈수, 수축되고 세포외액은 수분이 증가한다. 예를 들면 채소를 소금에 절이면 채소 속의 수분이 빠져 나와 원형질이 분리되는 것과 전골 조리 시 간장을 넣으면 채소나 고기 속의 수분이 빠져 나와 빨리 끓게 된다.

또한 조미성분은 분자량이 적을수록 세포막을 빨리 통과하며, H_2O(18) > NaCl(58.5) > Glutamate(191.1) > Sucrose(342)의 순으로 통과한다. 따라서 채소에서 단맛을 가지게 하려면 채소를 설탕에 재운 다음 간장을 넣으면 단맛을 내게 된다.

3. 비점의 상승과 빙점의 강하

NaCl 등의 무기질에 의해서 비점의 상승과 빙점의 강하 현상(간장은 0℃에서는 얼지 않는다.)이 나타난다.

4. 색소 고정

Cu^{2+}, Fe^{3+} 등의 무기질은 색소를 고정하여 퇴색되는 것을 방지하는 효과가 있다. 완두콩 통조림 제조 시 소량의 황산동($CuSO_4$) 첨가, 검정콩을 삶을 때 녹슨 못을 넣는 것, 오이김치를 담글 때 놋그릇을 닦은 수세미를 넣는 것 등은 색소의 변색을 억제 할 수 있는 방법이다.

5. 단백질의 응고

무기질에 의해 단백질을 응고시키려면 Ca^{2+}, Mg^{2+}, Al^{3+} 등의 무기질을 사용하는데, 이온가가 클수록 단백질의 응고 작용이 커진다.

제 11 장 식품과 효소

1절. 효소의 개요

효소는 생물학적 반응(biological reaction)을 촉매 하여 생리활성을 나타내는 물질로, 효소의 주성분은 단백질이므로 단백질의 모든 특성을 나타낸다. 따라서 대부분의 효소는 열, 강산, 강염기, 단백질 변성제 등에 의해 입체구조가 변화하여 비가역적으로 변성되면 촉매활성을 잃게 된다. 효소는 그림 11-1과 같이 polypeptide만으로 되어 있는 단순 단백질(pepsin, trypsin)과 저분자화합물이나 금속이온과 같은 보조인자(cofactor)를 가진 복합 단백질로 되어 있다. 복합 단백질 효소에서 단백질이 아닌 부분을 조효소(coenzyme)라고 한다. 이와 같이 단순 단백질에 보조인자가 결합하여 완전한 촉매활성을 나타내는 효소를 완전효소(holoenzyme)라 하며 단백질 부분만을 apoenzyme이라 한다.

Holoenzyme = Apoenzyme + Cofactor(Coenzyme)
비단백질 부분을 갖는 효소

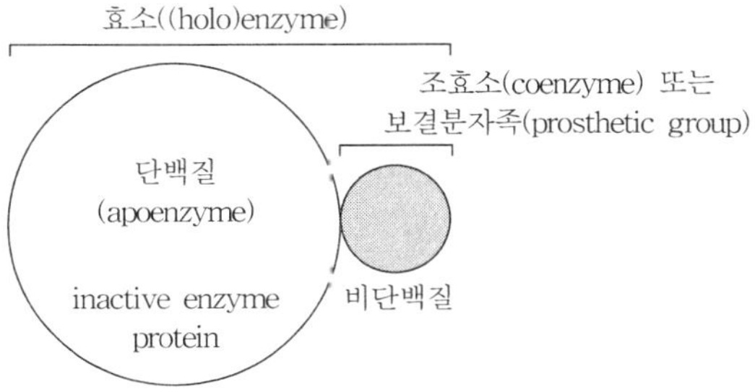

[그림 11-1] 효소의 구조

2절. 효소의 특성

1. 효소의 반응 메커니즘

효소는 기질과 결합하여 효소-기질 복합체를 형성한다. 효소와 기질은 그림 11-2와 같이 열쇠와 자물쇠의 관계로 효소의 활성부위와 기질의 형태가 일치해야만 효소-기질 복합체를 형성할 수 있다.

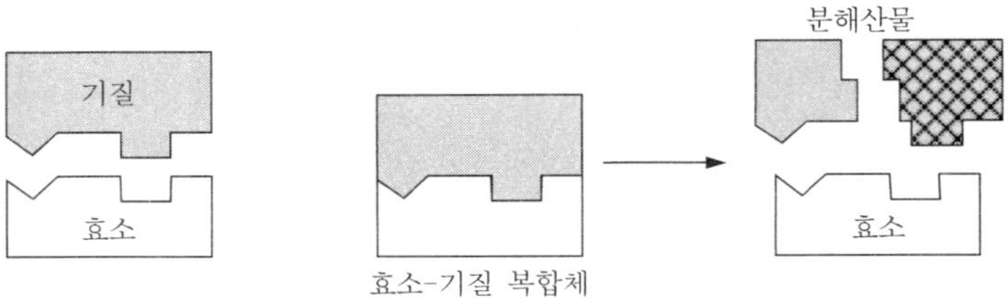

[그림 11-2] 효소의 반응 메커니즘

2. 효소의 분류

효소는 일반적으로 촉매 하는 화학반응의 형식에 따라 분류된다. 국제생화학연합 효소위원회에서는 1978년에 2,132종류의 효소에 대하여 새로운 효소번호(enzyme code number)에 의한 분류법을 제정하였다. 이 분류법은 효소번호, 권장명, 계통명 순으로 쓴다. 모든 효소가 촉매 하는 화학반응의 형식을 나타내는 것으로 다음과 같이 6군으로 분류된다.

1) 산화환원효소(oxidoreductase)

이 군의 효소는 수소원자나 전자의 접수 또는 기질에 산소원자의 첨가반응, 수산기 도입반응 등을 촉매 한다. 탈수소효소(dehydrogenase), 환원효소(reductase), 산화효소(oxidase), 산소첨가효소(oxygenase), catalase, hydroperoxidase 등으로 분류된다. 반응에는 조효소, 금속 등의 보조인자가 직접 관여한다.

2) 전이효소(transferase)

전이효소는 한 기질에서 다른 기질로 기 또는 원자단을 전이하는 반응을 촉매하는 효소이다.

Transacylase, transmethylase, transformylase, transaminase(PLP를 조효소로 함), mutase(동일 분자내에서 인산기를 전이), kinase(ATP의 말단 인산기를 다른 물질로 전이) 등이 이 군에 속하는 효소이다.

3) 가수분해효소(hydrolase)

물 분자의 첨가로 기질의 공유결합을 가수분해하는 반응을 촉매하는 효소이다. 가수분해효소(hydrolase)에는 esterase(carboxy esterase, phosphatase, sulfatase), glycosidase, peptidase(exopeptidase, endopeptidase), amidase, amidinase, pyrophosphatase 등이 있으며 기질특이성이 낮은 효소가 많다.

4) 분해효소(lyase)

분해효소(lyase)는 가수분해나 산화 이외의 방법으로 기질로부터 C-C, C-O, C-N결합 등을 절단하고 CO_2, aldehyde, 물, NH_3 등을 제거한 후 이중결합을 남기거나 이중결합에 특정의 기를 부가하는 효소로 aldolase, decarboxylase, dehydratase 등이 있다. 특히 부가반응이 중요한 경우에는 synthase(생성효소)라 하며 citrate synthase, malate synthase, anthranilate synthase 등이 있다.

5) 이성화효소(isomerase)

이성화효소(isomerase)는 어떤 화합물의 구조적, 광학적, 기하학적 변화 등 분자내 변화를 일으켜 이성질체로 바꾸는 반응을 촉매 하는 효소로 epimerase, mutase, racemase 등이 여기에 포함된다.

6) 연결효소(ligase)

연결효소(ligase)는 ATP 또는 고에너지 인산결합을 가수분해할 때 유리되는 자유에너지를 이용하여 2개의 분자를 연결시키는 반응을 촉매 하는 효소이다.

3. 효소의 특이성

효소는 화학반응의 촉매와 같은 역할을 하지만 무기촉매와는 그 특이성에서 큰 차이가 있다. 일반적으로 무기촉매는 한 종류가 여러 가지 화학반응에 관여하지만 효소는 제한된 화학반응 또는 어느 특정한 한 가지 반응에만 관여하는 특이성이 있다.

1) 기질 특이성

효소의 반응부위와 기질은 상호적으로 결합하여 높은 특이성을 나타낸다. 즉 효소단백질의 입체구조, 활성중심의 특수한 구조, 기질분자의 입체배치 등에 의해 특정한 기질에만 작용하며 이에 따라 효소는 D-와 L-의 광학적 이성체까지도 구별하여 어느 한쪽에만 작용한다(열쇠와 자물쇠 설). 예를 들어 urease는 요소에만 작용하고, pepsin은 단백질만을 가수분해하고, dipeptidase는 dipeptide 결합에만 작용한다.

2) 광학적 특이성

효소는 입체이성체 기질의 어느 한쪽만의 반응을 촉매 한다. 광학적 특이성은 광학적 활성인 화합물 중에서 D-형, L-형의 어느 한쪽에만 효소가 작용하는 것이다. 예를 들면 aspartase는 L-aspartate에만 작용하여 탈아미노반응을 촉매하고 D-amino acid oxidase는 D-amino acid 만을 산화하여 α-keto acid를 생성한다.

3) 기하학적 특이성

기하학적 특이성은 cis-, trans-형의 어느 한쪽에만 작용하는 것이다. 예를 들면 fumarase는 trans형인 fumaric acid에 물 분자를 부가하여 malic acid를 생성하는 반응을 촉매하지만, cis형인 maleic acid에는 작용하지 않는다.

4) 작용 특이성

하나의 효소는 하나의 화학반응 또는 유사한 일군의 화학반응에 대하여 촉매

작용을 나타내며 부반응을 일으키지 않고 부산물도 만들지 않는다.

4. 효소반응에 영향을 주는 인자

1) 온도

효소는 단백질이어서 그림 11-3과 같이 온도가 일정 수준 이상으로 상승하면 단백질의 열변성이 일어나 활성효소가 감소하므로 반응속도가 낮아진다. 일반적으로 45℃ 까지는 온도의 상승과 함께 반응속도가 증가하지만 45℃를 넘으면 열변성이 시작되고 55℃ 이상이 되면 신속하게 변성을 일으켜 효소는 촉매로서의 기능을 잃게 된다. 그러므로 효소에는 최대 반응속도를 나타내는 온도(35~45℃)가 있으며 이것을 최적온도(optimum temperature)라 한다. 보통 동물성 효소의 최적 온도는 30~40℃이며, 식물성 효소는 50~60℃이다.

효소의 열에 대한 불안정한 성질을 식품 가공에 이용한 예로 녹차의 경우 찻잎 가열 시 phenolase, lipoxidase, chlorophyllase 등의 효소를 불활성화하여 catechin의 산화를 막아 vitamin C의 파괴를 방지한다.

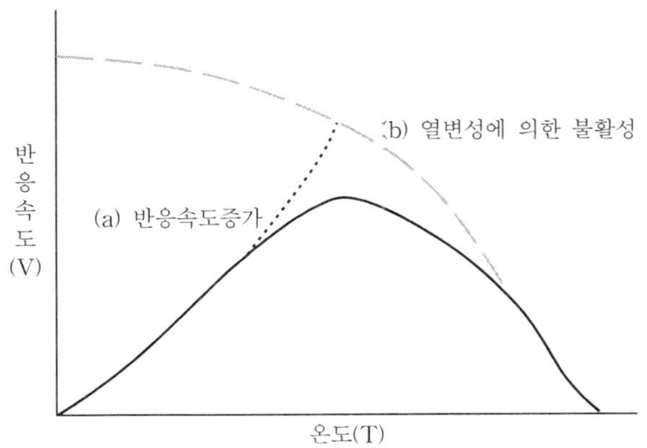

[그림 11-3] 온도와 효소 활성

2) pH의 영향

효소는 그림 11-4와 같이 한정된 범위의 pH에서만 활성이 있으며 이 범위 내에서 효소의 안정성이 나타나고 반응속도가 최대로 되는 최적 pH(optimum pH)

를 갖는다. 양극단의 pH에서는 효소의 촉매부위가 파괴되기도 한다. 최적pH에서는 효소 촉매부위의 proton 공여기 및 수용기, 효소-기질 복합체 그리고 기질이 적당한 이온화 상태로 되어 기질과의 친화성이 증가되므로 반응속도가 최대로 된다.

효소는 기질에 따라서 최적 pH가 변화하기도 하며 ATP, NAD^+, 아미노산, coenzyme A 등과 같이 기질이 전해질인 경우에는 이들이 일정한 이온형이 아니면 효소는 작용하지 않는다.

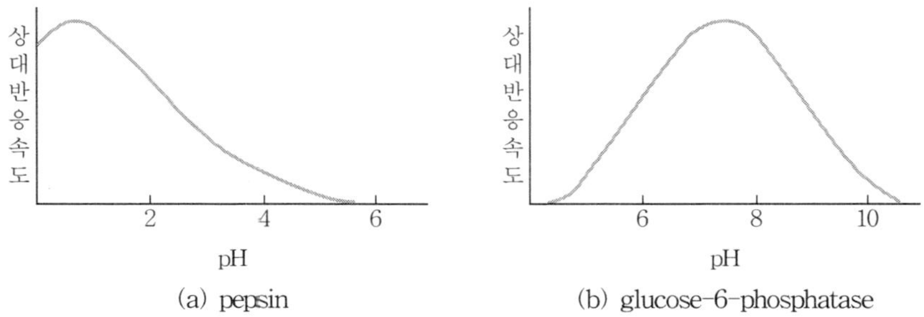

[그림 11-4] 최적 pH와 효소의 활성

3) 효소의 농도

효소반응의 속도는 그림 11-5와 같이 효소의 농도에 의존한다. 예를 들어 효소의 농도가 낮은 경우에는 효소농도와 반응속도 간에는 직선적인 관계가 성립한다. 그러나 효소의 농도가 높을 경우에는 반응속도가 증가하지 않는다.

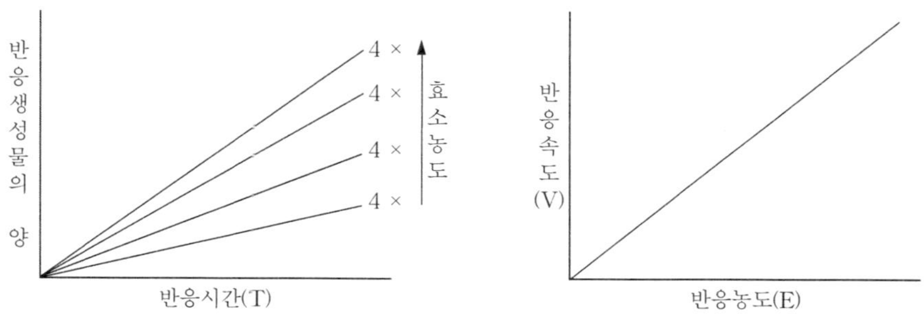

[그림 11-5] 반응속도에 미치는 효소의 농도

4) 기질의 농도

단순한 효소반응에서 효소의 농도가 일정할 때 기질농도를 증가시키면 그림 11-6과 같이 반응속도가 점차 증가하지만 기질농도가 일정농도를 넘으면 효소의 활성중심은 기질로 포화되어 반응속도는 일정하게 된다.

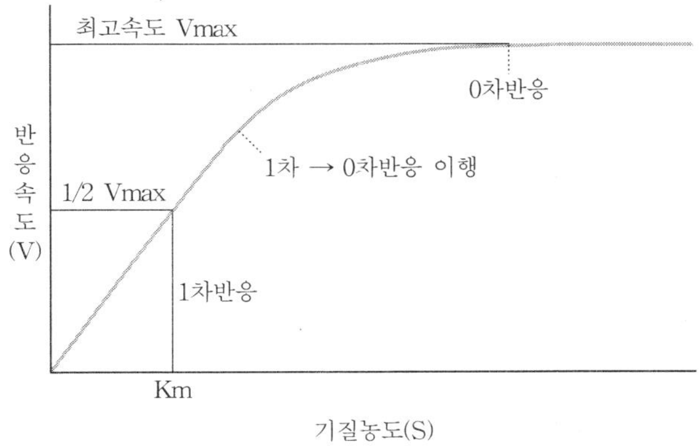

[그림 11-6] 반응속도에 미치는 기질농도의 변화

5) 부활제

효소의 활성이 물질의 첨가로 촉진되는 현상을 부활이라 하고, 그와 같은 작용을 하는 물질을 부활제 또는 활성제라고 한다. 예를 들어 활성중심 부위에 -SH기를 가지는 papain과 같은 효소는 환원형의 glutathione 또는 cyan화물의 첨가로 부활 된다.

6) 저해제

효소의 활성은 어떤 물질의 첨가로 저해를 받는데, 이러한 물질을 저해제라고 한다. 예를 들어 -SH기를 갖는 urease, papain, succinate dehydrogenase 등은 ρ-chloromercury benzoate 3가의 비소제 등에 의해 저해를 받는다.

7) 반응 생성물

효소의 작용은 생성물이 축적됨에 따라 반응 속도가 줄어 평형에 도달하게 된다. 이것은 효소반응으로 생긴 생성물이 효소와의 친화력 때문이다.

8) 효소의 변성

고온, 산, 고농도의 염. 중금속 등에 의해 효소 단백질은 2차구조 또는 3차구조가 변화를 받아 효소로서의 생물학적 기능을 잃어 변성되기도 한다.

5. 효소반응의 저해

효소와 가역적 또는 비가역적으로 결합하여 효소의 촉매작용을 억제하는 물질을 효소 저해제(enzyme inhibitor)라고 한다. 효소는 가열, 극단적인 pH, alcohol과 같은 것에 의해 활성을 잃어버린다.

1) 비가역적 저해(irreversible inhibition)

저해제가 효소의 활성과 관련이 있는 특정한 원자단이나 활성부위 근처의 아미노산 잔기에 비가역적으로 공유결합 함으로써 효소와 기질이 결합할 수 없게 하여 효소의 작용을 방해하는 경우이다. 화학반응으로만 저해제가 제거될 수 있으며 속도론 적으로는 비경쟁적 저해로 된다.

$$\begin{array}{l} E + S \rightleftarrows ES \rightleftarrows E + P \\ + \\ I \longrightarrow EI \end{array}$$

Diisopropylfluorophosphate(DEP)는 trypsin, chymotrypsin 등의 가수분해효소를 비가역적으로 저해하고, 시안화합물(CN^-)은 호흡효소나 금속효소의 활성을 저해한다.

2) 가역적 저해(reversible inhibition)

효소의 어떤 결합부위에 저해제가 가역적으로 결합하여 효소의 작용을 저해한다. 효소로부터 저해제를 제거할 수 있는 것으로 경쟁적 저해와 비경쟁적 저해로 구분된다.

(1) 경쟁적 저해(competitive inhibition)

경쟁적 저해는 그림 11-7과 같이 기질과 저해제의 화학구조가 비슷하여 효소

단백질의 활성중심에 대하여 저해제가 기질과 경쟁적으로 비공유결합 하여 효소의 작용을 저해하는 것이다. 예를 succinate가 fumarate로 되는 반응에서 malonate는 succinate dehydrogenase에 경쟁적 저해제로 작용한다.

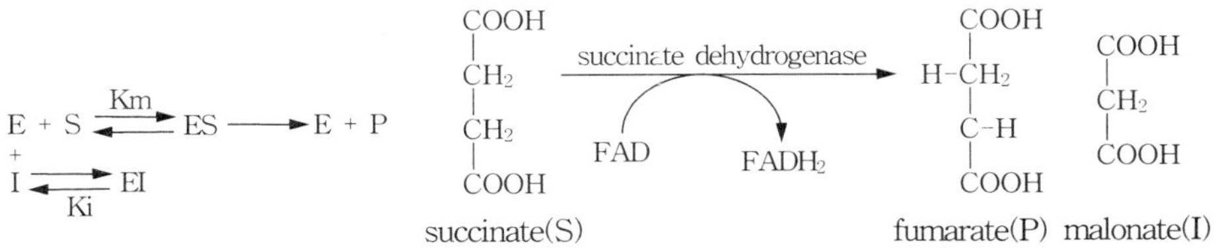

[그림 11-7] 효소의 경쟁적 저해

(2) 비경쟁적 저해(non-competitive inhibition)

비경쟁적 저해는 저해제가 유리형의 효소와 효소-기질복합체 양쪽에 가역적으로 결합하여 저해작용을 나타내는 것이다. 이 저해양식에서는 기질농도 [S]를 높여도 저해가 없어지지 않으며 또 저해제는 기질이 결합하는 부위와는 다른 부위에 결합하여 효소의 활성을 저해하는 것으로 알려져 있으므로 K_m은 변화하지 않는다. trypsin의 작용을 저해하는 trypsin inhibitor는 대두와 유채씨에 존재하는 비경쟁적 저해제이다.

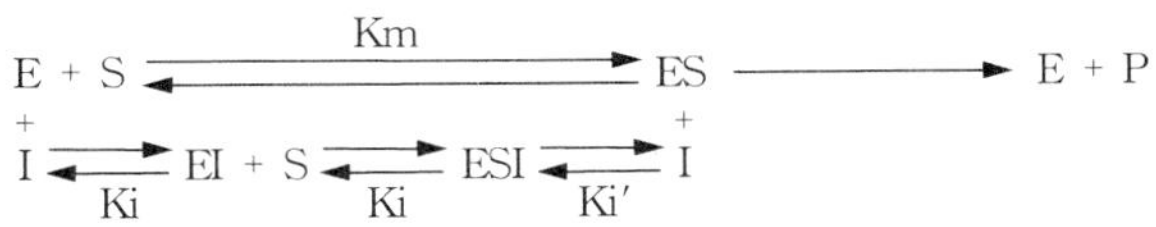

(3) 무경쟁적 저해(uncompetitive inhibition)

무경쟁적 저해는 저해제가 효소-기질복합체에만 결합하여 효소의 작용을 저해하는 것으로 유리형의 효소와는 결합하지 않는다. 그러므로 기질농도가 증가하여도 저해강도는 영향을 받지 않으며 저해제가 있는 경우에 기질과 효소가 잘 결합한다. 무경쟁적 저해에서는 저해제가 존재하면 V_{max}, K_m 모두 감소한다.

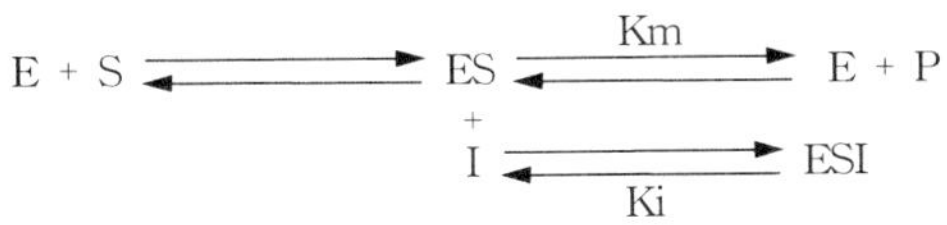

(4) 기타 저해

① 최종산물 저해(end product inhibition)

그림 11-8과 같이 최종산물저해는 일련의 대사경로에 있어서 그 경로 초기단계의 효소가 최종산물에 의해 저해를 받는 현상을 말하며 음의 되먹임 저해(negative feedback inhibition)라고도 한다. 생체는 이 방법으로 과잉의 대사산물이 축적하지 않도록 대사를 조절한다. 최종산물이 2종류 이상인 경우에는 2종류 이상의 산물이 서로 다른 비율로 저해하거나 동시에 작용할 때에만 저해하며, 또 저해 정도가 다른 몇 가지 효소의 존재에 의해 조절된다. 일반적으로 되먹임 저해를 받는 효소는 자신의 기질과 구조가 다른 화합물에 의해 저해 받는 allosteric 효소인 경우가 많다.

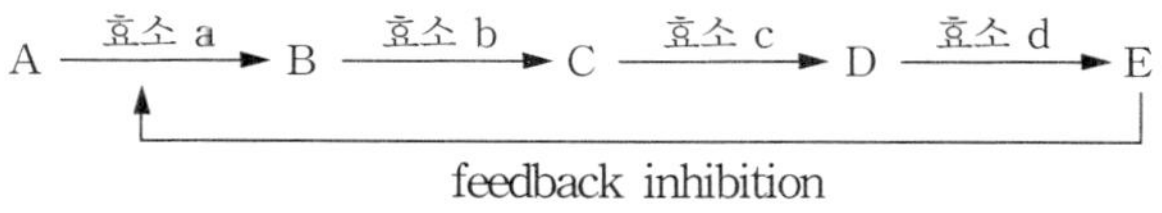

[그림 11-8] 음의 되먹임 저해

② 기질 저해

효소반응에 있어서 기질농도를 높이면 반응속도가 어떤 최대치에 도달한 다음 감소하는 경우를 말하며 이것도 일종의 경쟁적 저해이다.

6. 효소의 활성화

효소의 활성화에는 효소전구체(zymogen)의 활성화, 온도, pH, 용매의 이온강도 등과 같은 비특이적 인자나 보조인자에 의한 활성화, 부활제 또는 활성화제(특정 금속이온 또는 SH-기 보호작용이 있는 cysteine, glutathione, 2-mercaptoethanol 등)에 의한 활성화, allosteric 활성화제(양의 effector)에 의한 활성화 등이 있다. 화합물 첨가에 의한 외견상의 활성화는 단순히 효소불활성 방지나 저해제 제거로 작용하는 경우도 있으므로 주의할 필요가 있다.

7. 식품에 관련된 효소

식품의 가공, 저장에 관련이 있는 효소는 대부분 산화환원효소와 가수분해효소로 다음과 같다.

1) 산화환원효소

산화효소는 산소를 수소 수용체로 하여 생체성분의 산화를 일으키는 효소로 보결분자단의 차이로 철 효소와 구리 효소르 분류한다.

(1) 철 효소

동·식물조직에 널리 존재되어 있고, 모두 생체 중의 과산화수소를 분해하는 효소이다.

① Catalase

두분자의 과산화수소를 물과 산소로 분해하는 효소로 동·식물 및 미생물에 존재한다.

$$2H_2O_2 \xrightarrow{\text{catalase}} 2H_2O + O_2$$

식품 공업에서 치즈제조 시 보존료로 사용한 과잉의 H_2O_2를 제거 할 때 사용하고, 또는 곡류의 신선도 판정 시 사용한다.

② Peroxidase

과산화수소가 수용체로, 수소의 공여체로 유기화합물(AH_2)이 각각 관여한다.

$$H_2O_2 + AH_2 \xrightarrow{\text{peroxidase}} 2H_2O + A(\text{산화된 유기화합물})$$

Peroxidase는 식물 조직 중에 존재하며 성숙과 과숙의 조절, chlorophyll 분해 등 식물조직의 발육과 성숙에 중요한 역할을 한다.

(2) 구리 효소

① Polyphenol oxidase

효소적 갈변 반응에 관여하는 효소로 o-diphenol의 기본구조를 가지는 polyphenol에 작용하여 o-quinone으로 산화시키는 효소이다. 이 효소는 모든 식물체에 존재하지만 특히 감자, 사과, 배, 복숭아, 바나나, 양송이, 찻잎 등에 존재한다.

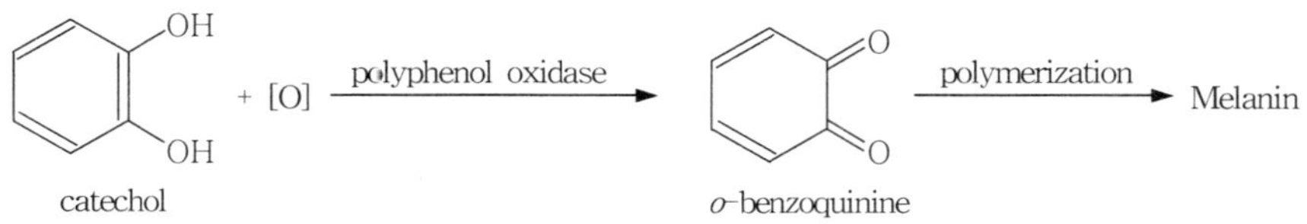

② Ascorbate oxidase

이 효소는 비타민 C를 분해하여 산화형의 dehydroascorbic acid를 생성하는 효소로 호박, 당근, 오이 등에 많이 함유되어 있다. 이들 식품과 혼합한 조리에는 비타민 C가 현저히 파괴된다.

$$\text{Ascorbic acid} + 1/2O_2 \xrightarrow{-H_2O} \text{dehydroascorbic acid}$$

(3) Lipoxidase

Linoleic acid와 같은 불포화지방산의 산화를 촉매 하는 효소로 대두와 완두콩에 많이 함유되어 콩 비린내와 같은 불쾌취 생성에 관여하며 카로텐, 비타민 A, 클로로필 등의 파괴에도 관여하는 효소이다.

linoleate + O_2 = hydroperoxyoctadeca-9,11-dienoate

(4) 탈수소 효소

산소 이외의 것을 수소 수용체로 하여 탈수소반응에 의해 생체성분을 산화 시키는 효소로, 조효로 NAD나 NADP를 갖는 pyridine 효소와 조효소로 FMN, FAD를 갖는 flavin 효소 2종류가 있다.

① Alcohol dehydrogenase

ethanol + NAD ⇆ acetaldehyde + $NADH_2$

② Lactase dehydrogenase

lactate + NAD ⇆ pyruvate + $NADH_2$

이들 두 효소는 생체내의 산화·환원반응에 중요한 역할을 담당한다.

2) 가수분해 효소

영양소의 소화 및 식품의 가공, 저장 ,조리에 중요한 효소로 생체 내 고분자를 저분자로 가수분해하는 효소로 대부분이 탄수화물, 지질, 단백질 및 amide를 가수분해하는 효소이다.

(1) 탄수화물 분해효소(carbohydrase)

① α-amylase

동·식물, 미생물에 널리 분포하며 돼지 췌장, 사람의 타액 등에 존재하며, 전분이나 glycogen의 내부 사슬 중 α-1,4 glycoside결합을 무작위로 절단하여 α-형의 glucose로 분해하는 효소로, 전분을 액화하는 힘은 강하나 당화력은 약해 일명 액화 효소라고도 한다.

② β-amylase

포유동물에는 존재가 알려져 있지 않고, 대부분의 고등식물에 존재하는 효소로 고구마, 콩, 엿기름 등에 존재한다. 전분이나 glycogen의 비환원성 말단에서 maltose 단위로 α-1,4 glycoside결합을 절단해서 α형이 아닌 β형의 맥아당을 형성 하므로 β-amylase라고 한다.

또한 이 효소는 α-1,6 glycoside결합은 절단할 수 없으므로 β-한계덱스트린이 남는다. 액화력은 약하고 당화력은 강하기 때문에 당화 효소라고도 한다.

③ Glucoamylase

미생물 중에만 존재하는 효소로 전분이나 glycogen의 비환원성 말단으로부터 α-1,4 및 α-1,6 결합을 포도당 단위로 절단하여 완전히 가수분해하는 효소이다.

α-amylase와 glucoamylase의 차이점으로는 α-amylase는 가수분해 결과 dextrin, maltose, glucose을 생성하지만 glucoamylase는 가수분해 결과 glucose만을 생성 한다는 것이다.

④ Pectinase

ⓐ Protopectinase

불용성의 pectin을 수용성의 pectin으로 부분 가수분해하는 효소이다.

ⓑ Pectin esterase(PE)

Pectin 분자의 methyl ester결합을 분해하는 효소로, 과일주 중에 존재하는 소량의 메탄올은 PE에 의해서 생성된 것으로 최적 pH는 6.0~7.5이다.

ⓒ Polygalacturonase(PG)

Pectinic acid의 α-1,4glycoside bond를 가수분해하여 D-galacturonic acid를 생산하는 효소로 두개의 carboxyl기 사이를 끊어준다. 이들 효소는 주로 당도가 낮은 잼류, 과채류의 연화, 과즙이나 과실주의 청징에 이용한다.

⑤ Hesperidinase

감귤류의 과피에 존재하는 효소로 hesperidin을 가수분해하여 rhamnose와 hesperitin-7-glucoside를 생성하여 밀감 통조림의 백탁현상을 막는다.

⑥ Naringinase

여름 밀감의 쓴맛 성분인 naringin을 가수분해하여 naringenin-7-glucoside와 rhamnose를 생산하는 효소이다.

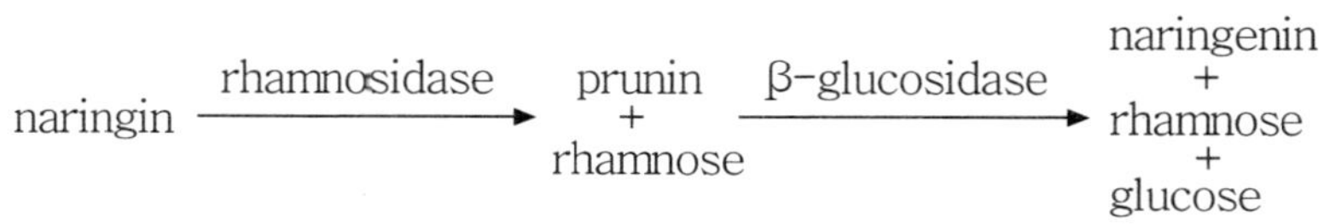

⑦ Cellulase

Cellulose의 β-1,4 glucoside결합을 가수분해하여 cellobiose와 glucose를 생성하는 효소이다.

⑧ Invertase

설탕을 포도당과 과당으로 가수분해하는 효소로 생성된 포도당과 과당의 동량 혼합물을 전화당(invert sugar)이라고 한다. 전화당은 설탕에 비해 용해도와 감미도가 높아 초콜릿, 양갱, 아이스크림 등의 제조에 이용한다.

⑨ Lactase

유당을 가수분해하여 포도당과 과당으로 분해하는 효소로 복숭아, 사과 등과 젖산균, 대장균에 존재하며 아이스크림, 농축유 등에서 용해도가 낮은 유당의 결정이 석출되는 것을 막고 감미의 증가에 이용된다.

(2) 지방 분해 효소

① Lipase

유지를 가수분해하여 지방산과 glycerol로 분해하는 효소로 산패를 일으키는 유리지방산을 생성하므로 식품의 변질에 관여한다.

② Esterases

각종 화합물의 ester결합을 가수분해하여 산과 알코올을 생산하는 효소이다.

Lipase와 esterases의 차이점으로는 esterases는 수용성 기질에 작용하는데 비해 lipase는 물-지방의 계면에서만 작용을 하는 효소이다.

(3) 단백질 분해 효소(protease)

Protease는 그림 11-9와 같이 단백질의 peptide bonds를 절단하는 효소로, 고분자 내부 사슬을 절단하는 endopeptidase(pepsin, trypsin, chymotrypsin, rennin)와 유리 α-amino radical, α-carboxyl radical를 갖는 peptide에 작용하여 가장 바깥쪽의 peptide결합을 순차적으로 절단하여 아미노산을 생성하는 exopeptidase가 있다. 또한 exopeptidase는 절단 부위에 따라 유리 carboxyl radical에 인접한 peptide결합을 절단하는 carboxylpeptidase와 유리 amino radical에 인접한 peptide결합을 절단하는 aminopeptidase로 2가지로 분류한다.

- Protease
  - endopeptidase
  - exopeptidase
    - carboxyl peptidase
    - amino peptidase

[그림 11-9] Protease의 분류

① Papain

단백질을 polypeptide와 아미노산으로 분해하는 효소로 papaya 유액에 존재하며 육류의 연화, 어육의 가용화, 맥주의 혼탁 방지에 이용, 육류 숙성 중 비단백질 질소의 증가에 관여한다.

② Ficin

Peptide의 가수분해에 이용되는 효소로 무화과에 존재하며 papain과 같은 목적으로 이용한다.

③ Bromelin

Peptide의 가수분해에 이용되는 효소로 pineapple의 조직에 존재하며 papain과 같은 목적으로 이용되고 있다.

④ Rennin

우유 단백질인 casein을 가수분해하여 para-casein과 glycomacropeptide로 분해하며, cheese 제조에 이용된다.

⑤ Pepsin

단백질을 proteose와 peptone으로 분해하는 효소로 위액이나 세균 등에 존재한다.

⑥ Trypsin

단백질을 peptide와 아미노산으로 분해하는 효소로 췌액, 장액 등에 존재한다.

제 12장 식품의 색소

1절. 개요

식품의 색은 식품에서 받는 기호적인 요인으로 식욕과 신선도에 밀접한 관련이 있어, 식품의 품질을 평가하는 중요한 요인이 된다. 한편 색은 종류에 따라 호감이 가는 것과 가지 않는 것이 있지만 그 정도는 그림 12-1과 같이 같은 색이라도 명암, 광택 등에 의하여 식품의 평가가 바뀐다.

일반적으로 적색, 오렌지 계통의 색은 식욕을 증진시키고, 보라색, 황녹색 계통의 색은 식욕을 떨어뜨린다. 색의 주체는 그림 12-2와 같이 식품에 함유된 색소류로 색소원설에 의하면 길게 연결된 공액이중결합을 가지고 있으며 가시부의 빛을 흡수하는 발색단과 빛의 흡수를 장파장 쪽으로 이동 시키는 조색단으로 이루어져 있다.

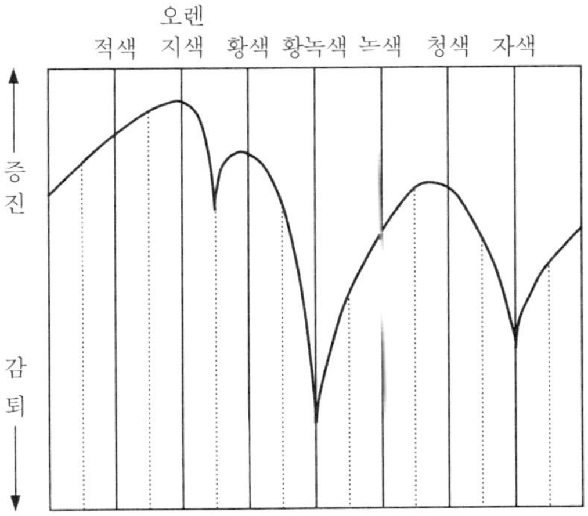

[그림 12-1] 식품색의 기호도

발색단과 조색단의 종류

발색단(chromophore)	조색단(auxochrome)
C=O(carbonyl기) -C=C(ethylene기) -N=N-(azo기) -N=O-(nitroso기) $-NO_2$(nitro기)	NH_2(amino) OH(hydroxy) $-SO_3H$(sulfo) COOH(carboxyl)

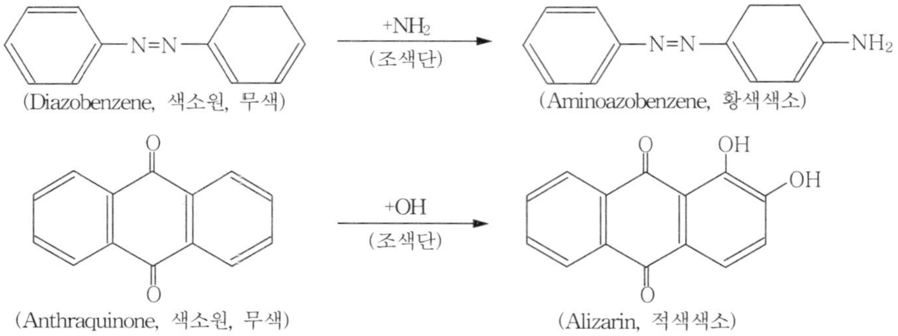

[그림 12-2] 발색단과 조색단

2절. 색소의 분류

일반적으로 색소는 동·식물 조직에 존재하는 천연색소와 조리 가공 중 형성되는 색소와 인위적으로 합성한 합성 착색료 등이 있다. 또한 식품 중에 존재하는 색소 성분을 분류하면 다음과 같다.

1. 식품 출처에 따른 천연 색소의 분류

1) 식물성 색소

식물성 색소는 용해도에 따라 주로 식물체 원형질의 색소체(plastids)에 존재하는 지용성 색소와 세포액(vacuole)에 존재하는 수용성 색소가 있다.

① 지용성 색소 : chlorophyll, carotenoid

② 수용성 색소 : flavonoid, anthocyanin, tannin

2) 동물성 색소

① hemoglobin : 동물의 혈액에 존재
② myoglobin : 동물의 근육조직에 존재
③ carotenoid : 우유, 달걀 등에 존재

2. 화학구조에 의한 분류

① tetrapyrrol 유도체 : chlorophyll, hemoglobin, myoglobin
② isoprenoid 유도체 : carotenoid(carotene, xanthophyll)
③ benzopyran 유도체 : flavonoid(anthoxanthin, anthocyanin)
④ polyphenol 유도체 : tannin(chlorogen류, catechin류, leucoanthocyanin류)

3절. 식물성 색소

1. Chlorophyll

엽록소는 초록색으로 광합성에 관여하는 엽록체 중에 존재하며 세포 중에 용해되어 있지 않고 단백질이나 lipoprotein과 결합하여 다른 식물성 색소와 공존하고 있다. 엽록소는 porphyrin이라는 환상화합물에 속하며, chlorophyll은 그리스어 chloros(녹색), phyllon(잎)에서 유래 되었다.

1) 구조

Chlorophyll의 구조는 그림 12-3과 같이 4개의 pyrrolle핵이 methine(-CH=)기에 의해 결합된 porphyrin의 중심에 Mg^{2+}을 가진 물질로, 클로로필 a,(청록색) 및 chlorophyll b,(황록색)가 보통식물체에 3 : 1비율로 분포한다.

Chlorophyll a, b는 두 번째 pyrrole핵에 있는 탄소에 결합한 치환기 R의 차이에 기인한다. a는 메틸기($-CH_3$)기가 결합되어 있고, b에는 알데히드(-CHO)기가 결합 되어 있다. 또한 chlorophyll은 분자 중에 소수성기인 phytol기와 ester 결합을 하고 있기 때문에 지용성을 나타낸다.

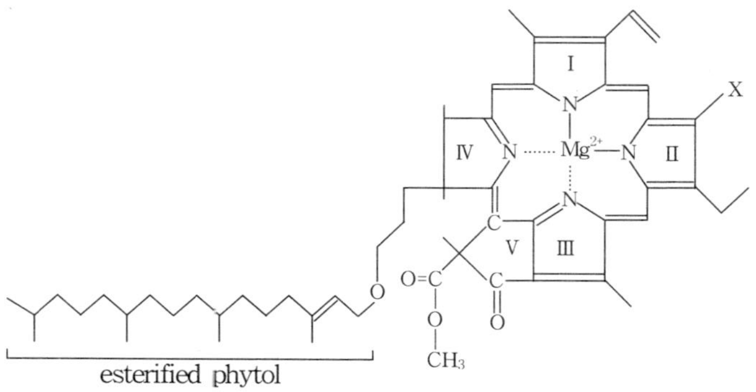

X = $-CH_3$ or $-CHO$
(-a)　(-b)

V : fused cyclopentanone ring

[그림 12-3] 클로로필의 구조

2) 성질

(1) 산에 의한 변화

그림 12-4와 같이 chlorophyll은 산에 불안정하여 엽록소 중의 Mg^{2+}이 수소 이온과 치환 되어 갈색의 pheophytin이 된다. 이 반응은 비가역적으로 급속히 진행되므로 배추나 오이도 김치를 담그면 갈색을 띠는 것은 발효에 의해 생성된 acetic acid, lactic acid에 의해 pheophytin으로 변색하고, 산작용이 지속될 경우 pheophytin 분자 중에 존재하는 phytol ester의 가수분해에 의해 pheophorbide를 형성하기 때문이다. 그래서 조리 할 때 간장이나 된장과 같은 산성 식품을 마지막에 넣는 것과, 푸른색 나물을 양념할 때 식탁에 올리기 전에 식초를 넣는 것은 이와 같은 이유이다.

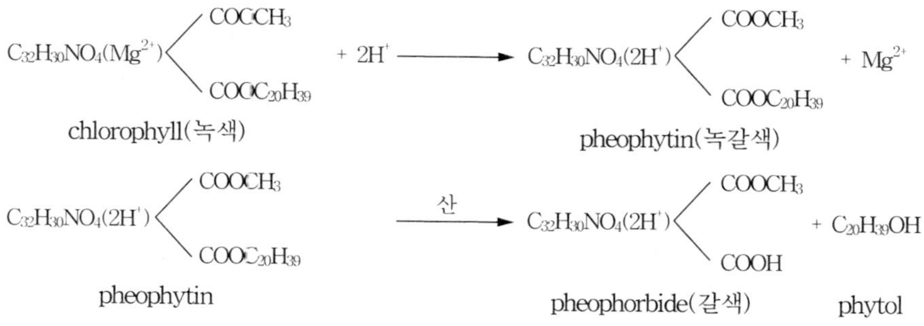

[그림 12-4] Chlorophyll의 산에 의한 변화

(2) 가열에 의한 변화

식물조직 내에서 단백질과 결합하여 안정화 된 chlorophyll이 가열에 의해 결합이 끊어져 조직 중의 산과 반응하여 phecphytin을 생성하기 때문이다. 이 변화를 억제시키기 위해서는 휘발성산을 신속히 증발시키고 산과의 접촉시간을 짧게 하여야 한다. 따라서 녹색 채소를 데칠 때 처음 2~3분은 뚜껑을 닫지 않고 고온 단시간에 가열을 하여야 한다.

(3) 알칼리에 의한 변화

그림 12-5와 같이 chlorophyll을 알칼리 용액으로 가열하면 Mg^{2+}은 유리되지 않고 phytol ester결합이 가수분해 되면서 수용성인 녹색의 chlorophyllide가 되고 다시 methyl ester결합이 가수분해 되어 수용성인 녹색의 chlorophylline이 형성된다. chlorophyllide는 산성 상태에서 Mg^{2+}이 H^+로 치환되면 pheophorbide가 된다. 녹색채소를 가열 조리할 때 $NaHCO_3$(중조)를 가하면 녹색은 보존되나 채소 중에 들어있는 비타민 C 와 알칼리에 불안정한 다른 비타민들이 파괴되고, 또한 조직이 연화 된다.

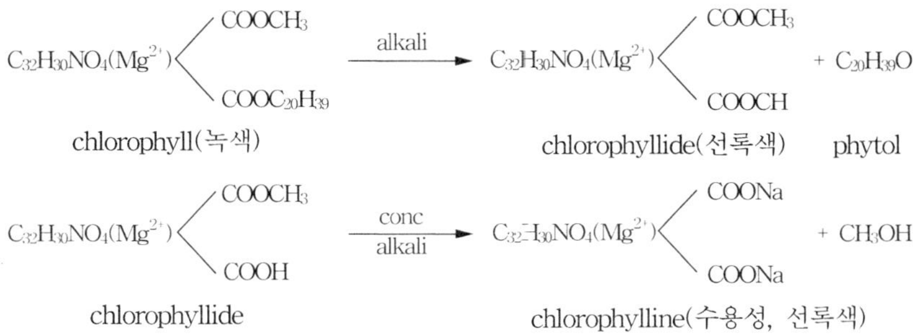

[그림 12-5] Chlorophyll의 알칼리에 의한 변화

(4) 효소에 의한 변화

식물 조직이 손상을 받으면 chlorophyllase에 의해 chlorophyll에서 phytol이 유리되어 chlorophyllide로 분해되며 이것이 다시 산에 의해 Mg^{2+}이 유리되면 pheophorbide가 된다.

(5) 금속에 의한 변화

그림 12-6과 같이 클로로필에서 Mg^{2+}이 유리된 pheophytin은 불안정하나 Cu나 Fe 등의 금속이나 그 염과 함께 가열하면 H^{+}가 Cu^{2+}로 치환되어 불용성의 안정한 청록색을 형성한다. 그러나 물에 녹지 않으므로 이들을 다시 진한 알칼리(NaOH)로 가수분해 하면 수용성의 Cu-chlorophyll의 Na 염을 형성하여 식품의 착색제로 이용한다. 이 원리를 이용하여 완두콩 통조림이나 오이김치의 녹색을 보존한다.

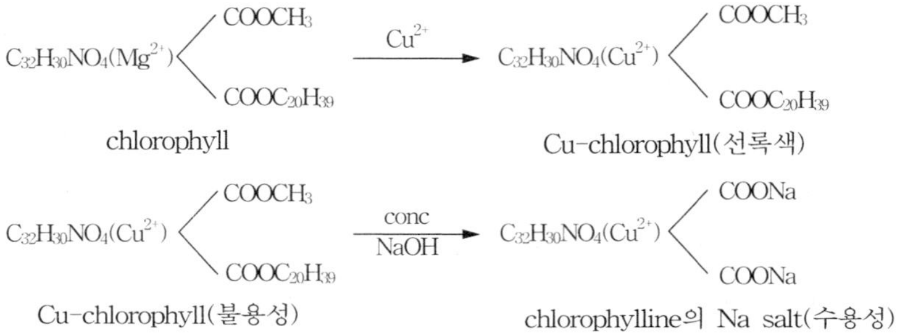

[그림 12-6] 클로로필의 금속에 의한 변화

2. Carotenoid

Carotenoid는 당근(carrot)의 주 색소에서 연유된 것으로, 동식물에 널리 분포하는 지용성 색소이다. 동물체의 carotenoid는 식물과 미생물이 생합성한 것으로 난황, 우유, 물고기의 근육이나 갑각류 등에 존재하지만 그 대부분은 먹이사슬에서 유래된 것이다.

1) 구조

Carotenoid는 8개의 isoprene(CH_2=C(CH_3)-CH=CH_2)의 구성단위로 결합하여 형성된 tetraterpene의 기본 구조로 분자 내에 7개 이상의 공액이중 결합을 가지고 있으며, 이들이 색을 나타내는 발색단이 된다. 천연에 존재하는 carotenoid는 대부분이 trans형으로 cis형은 거의 발견되지 않는다. 분자 중의 이중 결합이 모두 trans형인 화합물은 색깔이 짙고, 가열, 산, 광선의 조사에 의해서 cis형으로 이성화되며, cis형이 증가하면 최대 흡수 파장이 짧아지기 때문에 색깔이 밝아진다.

2) 종류

Carotenoid는 탄화수소만으로 구성되어 있는 carotene과 carotene 분자 중의 수소 원자가 -OH, -COOH, C=O, CHO 등으로 치환된 xanthophyll로 분류된다.

Carotene류는 석유에테르에는 녹으나 알코올에는 잘 녹지 않으며, xanthophyll은 알코올에는 녹으나 석유에테르에는 녹지 않는다. 주요 carotenoid 색소의 구조 및 소재는 표 12-1과 같다.

[표 12-1] 주요 carotenoid 색소의 구조, 색 및 소재

색 소	구 조	색	소 재
1. Carotene			
α-carotene	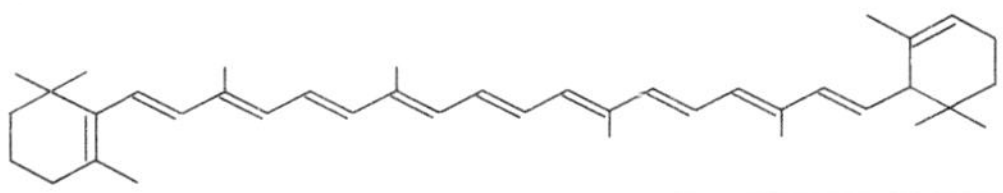	노랑	당근, 감귤, 팜유
β-carotene	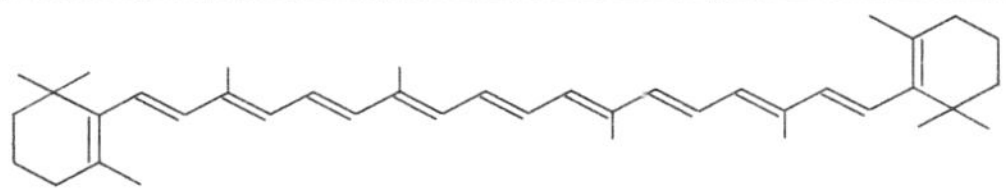	노랑	당근 호박, 감귤, 난황, 해조류
γ-carotene	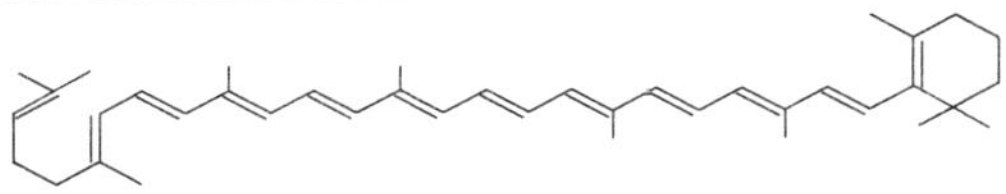	노랑	살구, 고구마
δ-carotene	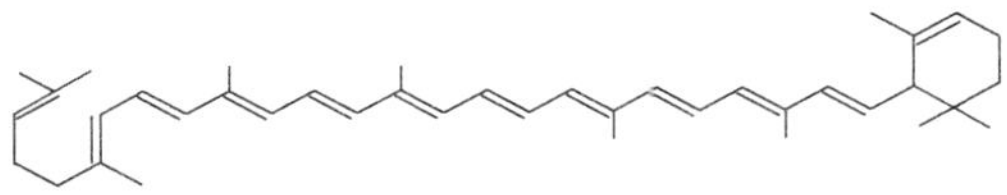	주황	당근, 토마토
lycopene	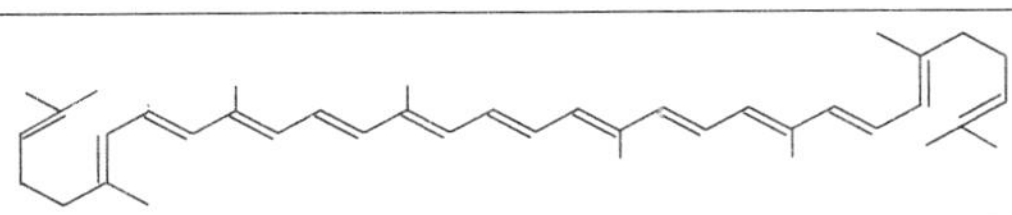	빨강	토마토, 수박, 감
2. Xanthophyll			
lutein	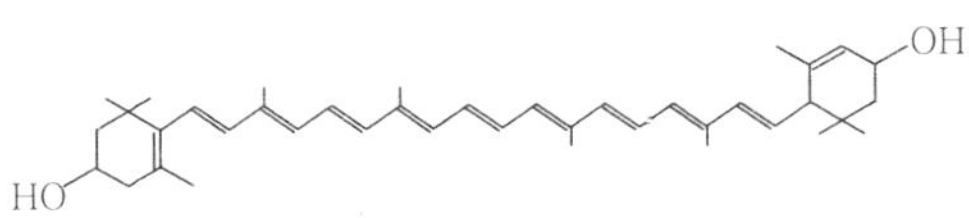	노랑	난황, 감귤, 호박, 옥수수, 해조류
cryptoxanthin	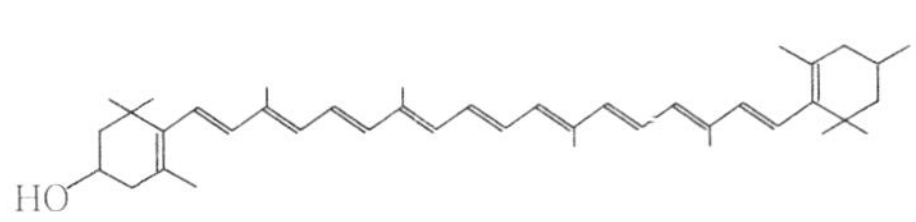	노랑	감, 옥수수, 감귤, 난황, 앵두

[표 12-1] 계속

색 소	구 조	색	소 재
violaxanthin	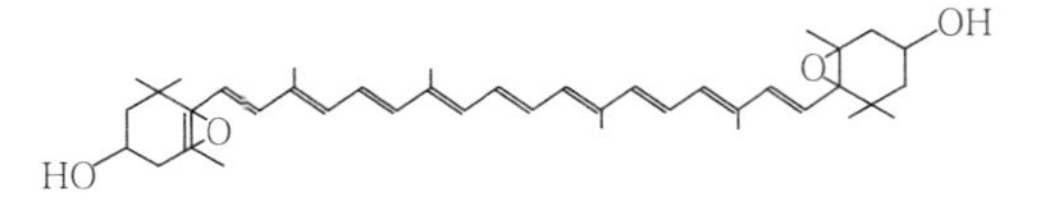	주황	자두, 복숭아, 고추
zeaxanthin	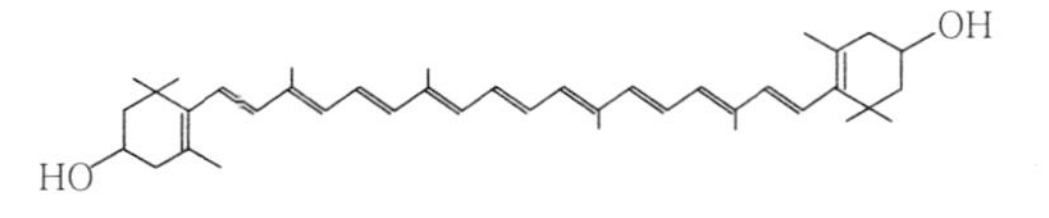	노랑	옥수수, 감귤, 호박, 난황
capsanthin	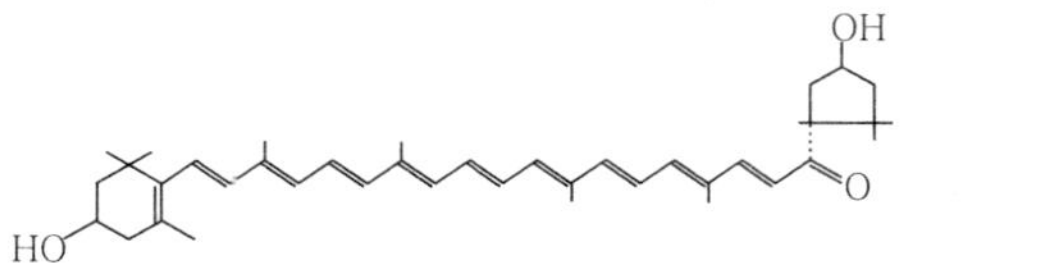	빨강	고추, 피망
astaxanthin	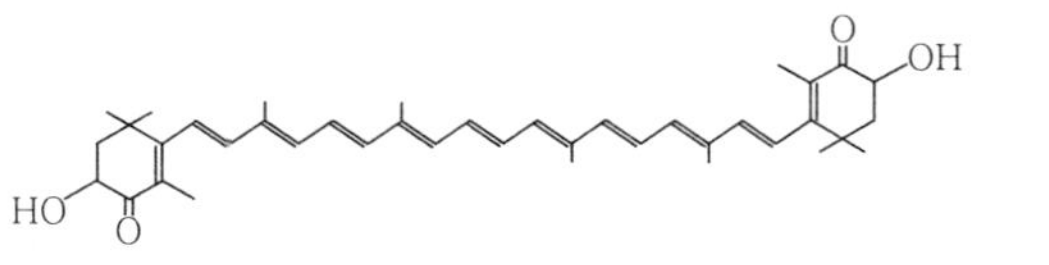	빨강	게, 새우, 연어, 가재
crocetin	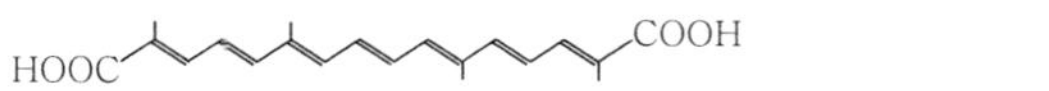	노랑	치자, saffron
bixin	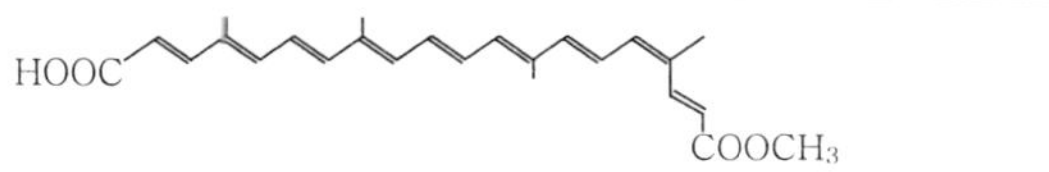	노랑	annatto
canthaxanthin	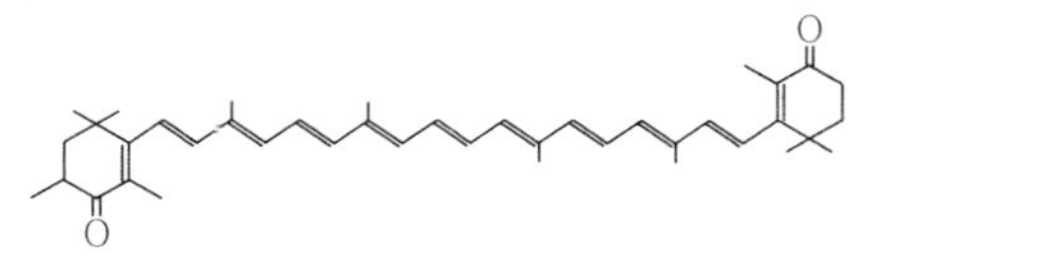	빨강	버섯, 송이, 새우, 해조류
torularhodin	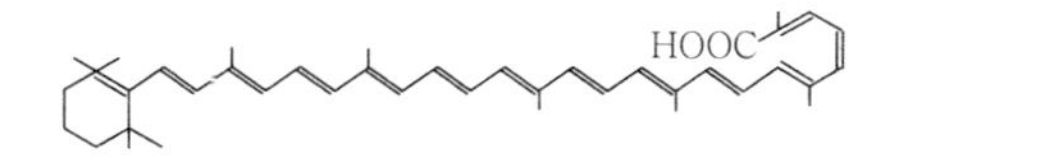	빨강	torula 효모
fucoxanthin	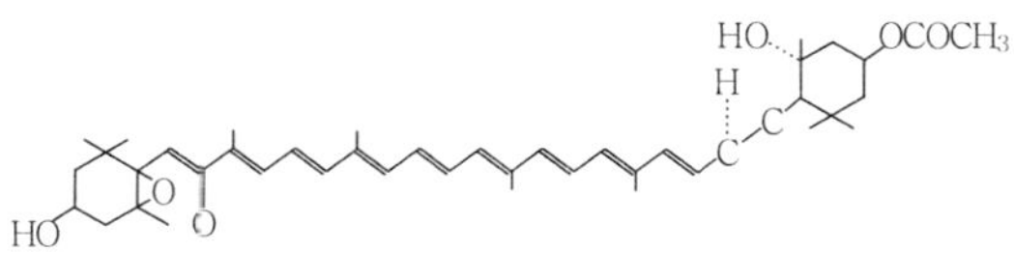	빨강	갈조류

(1) Carotenes

그림 12-7과 같이 8개의 isoprene 구성단위가 사슬모양으로 연결되어 있고 양쪽 끝에 α-, β-, pseudo-핵을 가져 여러 종류의 carotene 색소를 구성하게 된다. 주요 carotene류에는 α-, β-, γ-carotene과 lycopene이 있으며 황등색을

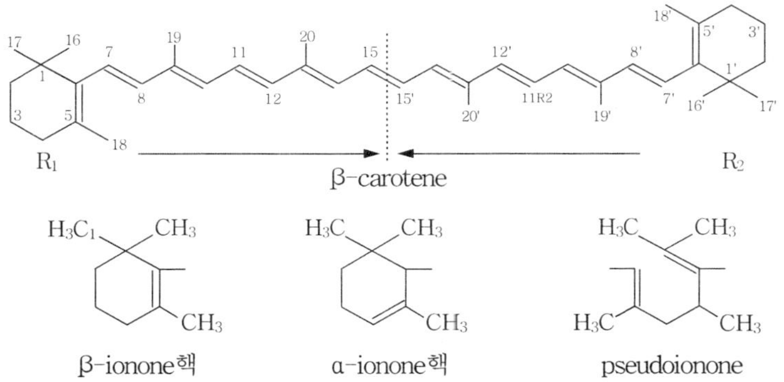

	R_1	R_2
α-carotene	β-ionone	α-ionone
β-carotene	β-ionone	β-ionone
γ-carotene	β-ionone	pseudo ionone
δ-carotene	pseudo ionone	α-ionone
lycopene	pseudo ionone	pseudo ionone

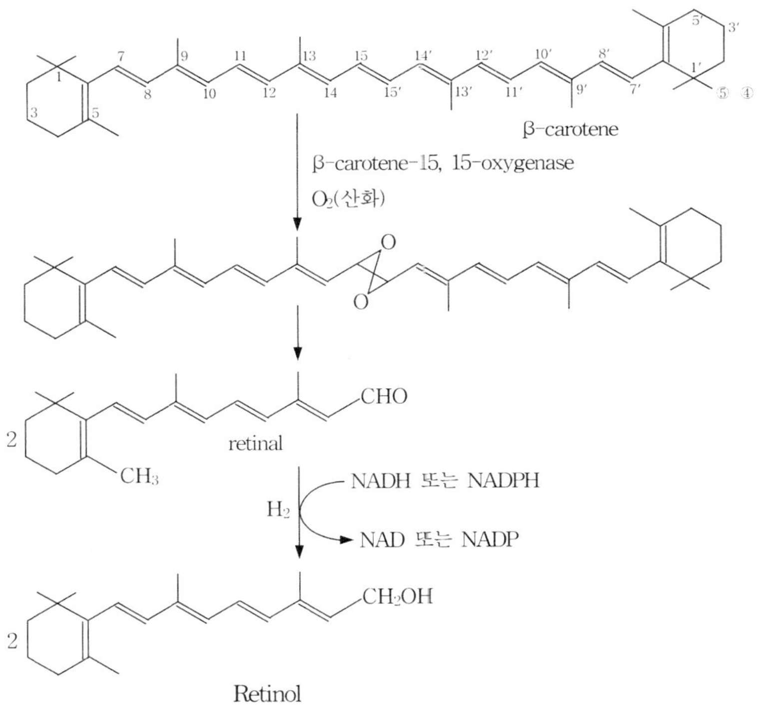

[그림 12-7] ionone핵과 β-carotene에서 retinol의 생성

나타낸다.

α-. β-, γ-carotene은 분자 내에 β-ionone핵을 가지고 있으므로 효소작용에 의해 탄소 15번과 15′번 사이에 이중결합이 산화, 절단되어 형성된 비타민 A aldehyde(retinal)는 생체 내에서 환원되어 retinol을 생성하는데 이와 같은 전환은 소장 점막에서 일어난다. 따라서 이들은 provitamin A이다. 특히 β-carotene은 1분자에서 2분자의 vitamin A를 만들어 내는 효율이 좋은 provitamin A이다.

(2) Xanthophylls

Xanthophyll류는 carotene의 산화 유도체로 -OH, -C=O, -COOH, $-OCH_3$ 등의 형태로 산소를 함유하는 carotenoid로 carotene과 구조와 분포가 유사하다. 주요한 xanthophyll류로는 cryptoxanthin, lutein, zeaxanthin, astaxanthin 등이 있다.

3) 성질

(1) 이성화에 따른 변화

Carotenoid 분자 중 이중 결합 부분은 trans형이나 낮은 pH, 가열, 광선, 산 등에 의해 cis형태로 이성화 되어 최대흡수 파장이 짧아 trans형보다 밝아지며, 비타민 기능의 저하를 가져온다.

(2) 산화에 따른 변화

식물 조직의 손상에 따라 lipoxidase, lipoperoxidase, peroxidase 등의 효소에 의한 산화로 식물조직 내의 변색의 원인이 되며 또한 carotenoid계 색소는 불포화도가 높기 때문에 비효소적으로 자동산화나 열 산화 등을 받기 쉽다. 또한 불포화지방산, 금속이온이 함께 공존하면, 산화가 촉진되어 변색의 원인이 된다. 이러한 비효소적 산화는 식물에 존재하는 비타민 E 등과 같은 물질의 항산화 작용에 의해 변색이 지연된다.

(3) 산, 알칼리, 광선에 따른 변화

Carotenoid계 색소는 열, 산이나 알칼리에 비교적 안정하여 변색이 되지 않으나, 광선에 의해서는 변색을 촉매 한다.

(4) 과일의 성숙에 따른 변화

과일이 성숙, 숙성되어감에 따라 엽록소가 분해되어 엽록소의 양은 감소하는 반면에 carotenoid와 anthocyanin은 증가한다. 예를 들면 숙성 과실류, 가을철 단풍 등이 있다.

3. Flavonoid

Flavonoid계 색소는 식물계에 널리 존재하는 수용성 색소로 특히 녹색이나 백색 채소, 감귤류 껍질에 분포하며, 식물체의 액포(vacuole) 중에 유리 형태로 또는 배당체 형태로 존재한다. 구조는 benzene핵 2개를 가진 C_6-C_3-C_6의 di-phenyl propane을 기본 골격으로 하는 phenol류이다. 또한 flavonoid계 색소는 넓은 의미에서 보면 황색의 anthoxanthin, 적색~자색의 anthocyanin, 무색의 저분자 tannin(catechins, leucoxanthin) 등으로 분류하며, 좁은 의미에서 flavonoid는 anthoxanthin만을 말한다.

1) Anthoxanthin

Anthoxanthin은 라틴어의 노란색에서 유래된 것으로 화황소라고도 하며, 모든 식물의 뿌리, 줄기, 잎 등에 존재하는 담황색(pale yellow)에서 노란색을 나타내는 색소이다. anthoxanthin은 식물체에 대부분 당류(rhamnose, glucose, rutinose)와 결합한 배당체로 존재한다.

(1) 구조

Anthoxanthin의 기본구조는 그림 12-8과 같이 isoflavone을 제외하고는 모두 chromone핵의 C_2에 phenyl기를 갖는 2-phenyl benzopyrone(flavone)의 구조를 갖는다.

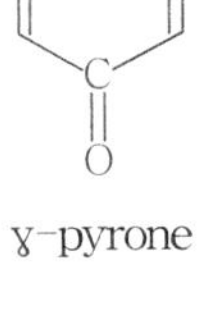

γ-pyrone

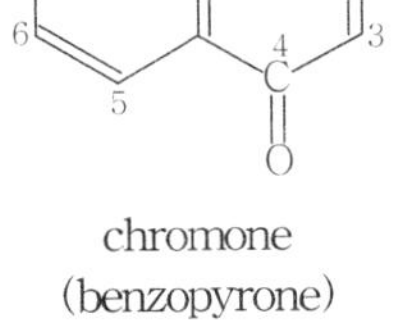

chromone (benzopyrone)

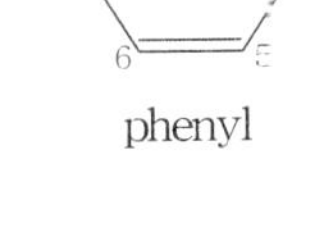

phenyl

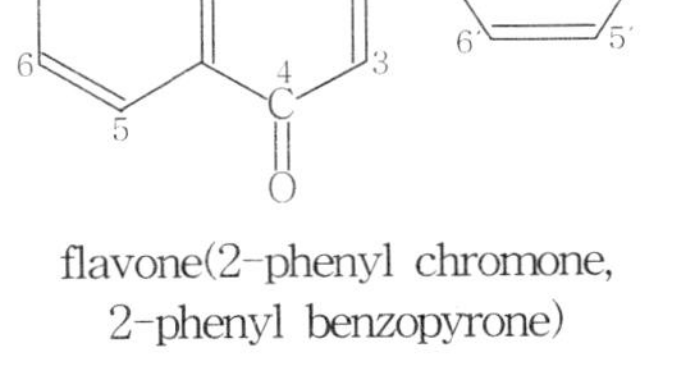

flavone(2-phenyl chromone, 2-phenyl benzopyrone)

Anthoxanthin은 flavone 기본구조에 C_3에 H가 OH로 치환된 flavonol(황색), C_2와 C_3 사이의 이중결합이 포화된 flavanone(무색), flavonone의 C_3의 위치의 H가 OH로 치환된 flavanol(무색)과 flavone 기본구조의 C_3의 위치에 phenyl기를 갖는 isoflavone으로 분류한다.

Flavonoid계 화합물의 배당체 들은 물과 알코올에 잘 녹으며, 담황색을 띠기 때문에 과실이나 채소에 함유된 상태에서는 무색을 나타낸다. anthoxanthin색소의 종류와 분포는 표 12-2와 같다.

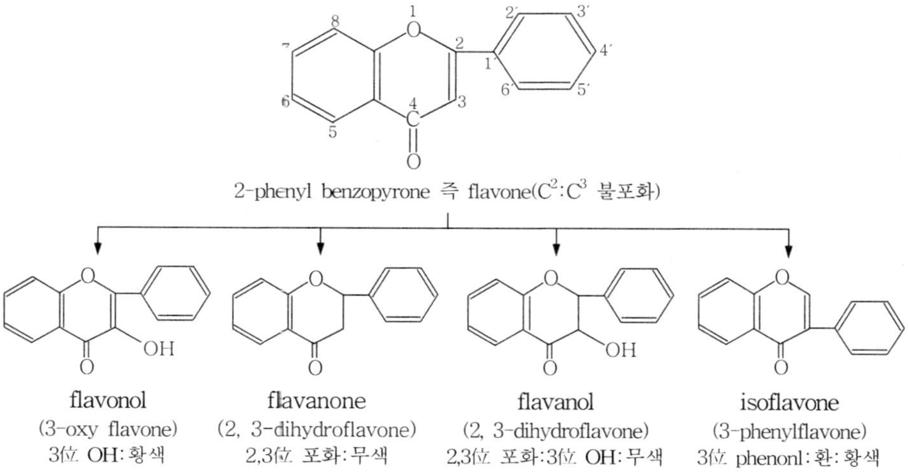

[그림 12-8] Anthoxanthin의 기본구조

[표 12-2] 식품 중 flavonoid 색소의 종류와 소재

종류	배당체명	aglycon	소재
flavone	apiin	apigenin 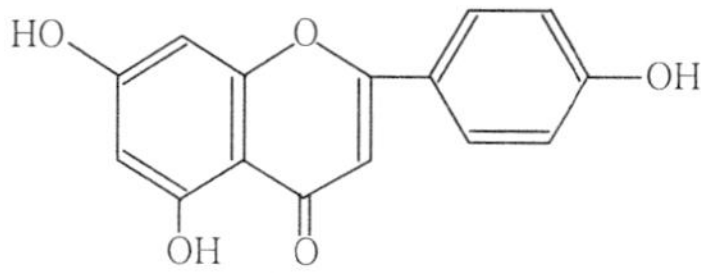	파슬리, 셀러리, 옥수수
flavonol	rutin	quercetin	양파, 메밀, 차
	quercitrin	quercetin 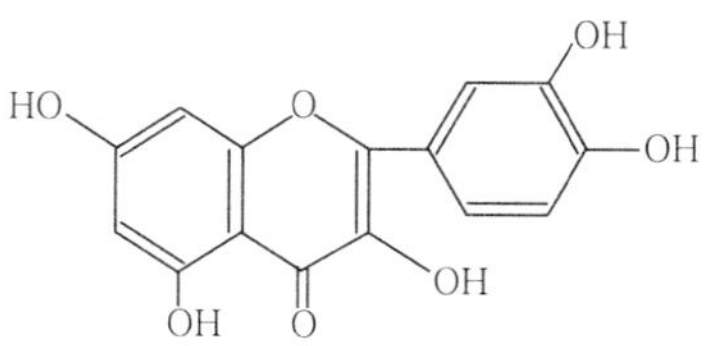	차
	isoquercitrin	quercetin	차, 옥수수

[표 12-2] 계속

종류	배당체명	aglycon	소재
flavonol	myricitrin	myricetin 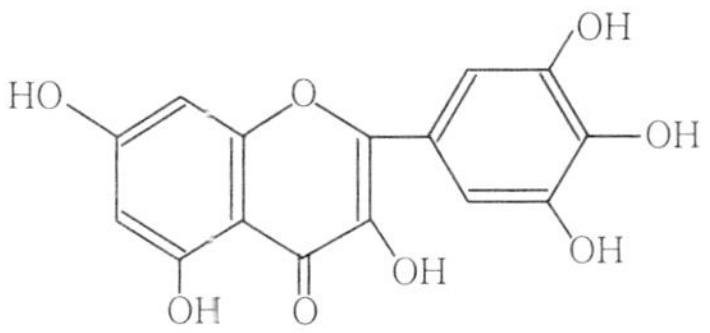	양매
	asteagalin	kaempherol 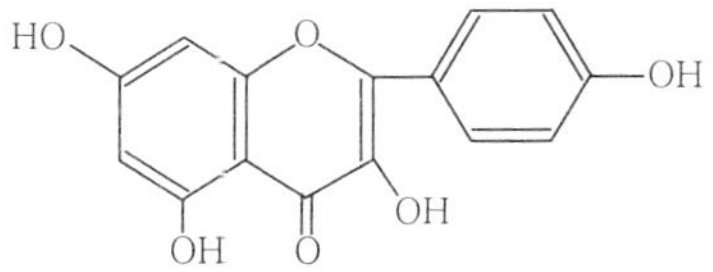	딸기, 고사리
flavanone	hesperidin	hesperitin 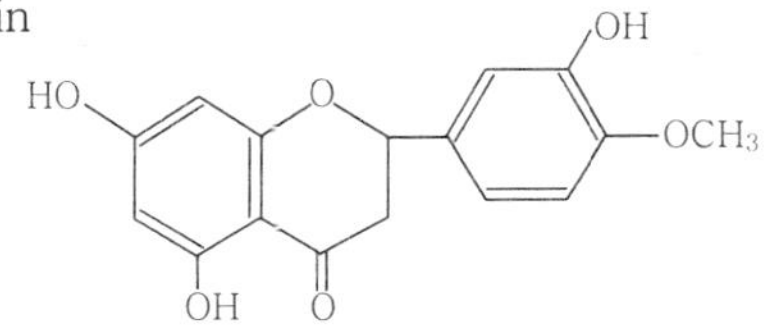	감귤, 자몽
	naringin	naringenin 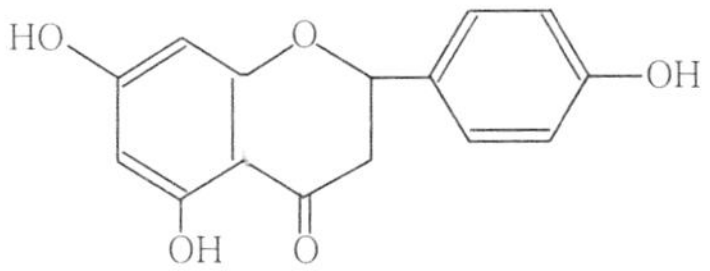	감귤, 자몽
	neohesperidin	hesperitin	탱자, 자몽
isoflavone	daidzin	daidzein 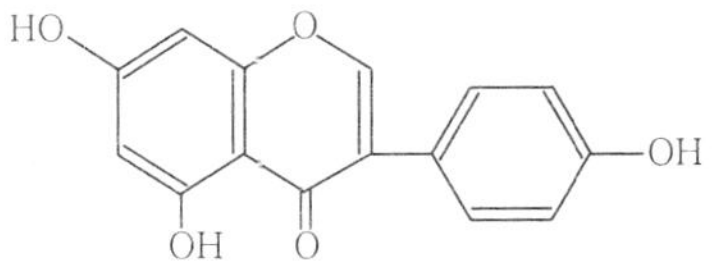	콩

(2) 성질

① pH에 의한 변화

산에는 안정(무색)하나 알칼리에 대하여는 불안정하여 알칼리 용액에서 끓이면 분해하여 황색이나 황갈색으로 변색된다. 예를 들어 hesperidin은 pH 11~12에서 chromone의 고리가 개열되어 생성된 hesperidin chalcone은 황색이나 갈색을 나타내며 단맛을 갖는다. 또한 밀가루에 중조를 첨가하여 빵을 만들 때나 삶은 감자, 경수에 지은 밥, 삶은 양파, 양배추 등이 황색으로 변화하는 것은 모두가 다 알칼리에 의한 변색이다.

② 가열에 의한 변화

Anthoxanthin 배당체를 가열조리하면 가수분해되어 당류와 aglycone으로 분해되는데, 이 aglycone은 짙은 황색을 나타낸다.

③ 금속에 의한 변화

Flavonoid계 화합물은 다수의 phenol성 -OH기를 가지고 있어 금속 이온과 결합하여 불용성 착화합물을 형성하는데, $AlCl_2$로는 황색, lead acetate에 의해서는 백색이나 황색, Cr 이온에 의해서는 적갈색을 나타낸다. 또한 $FeCl_3$와 반응하면 분자 중의 -OH기의 수와 위치에 따라 녹색, 청색, 암청색의 착화합물을 만든다. 그 예로 철제 칼을 사용하여 감자 껍질을 벗길 때 자색, 청갈색을 나타내며, 양파를 알루미늄제 냄비에서 삶을 때 황색으로 변화는 현상은 모두 이런 이유 때문이다.

2) Anthocyanins

Anthocyanins는 과일이나 채소류에 존재하는 선명한 적색, 보라색, 청색을 가진 수용성 색소로 일명 화청소라 하며, 가공 저장 중에 쉽게 퇴색 되어 식품의 품질을 저하 시킨다. 또한 Anthocyanin 색소는 주로 배당체로 존재하며, 이들 배당체를 산, 알칼리, 효소에 의해 가수분해 시키면 다음과 같다.

$$\text{anthocyanins(glycoside)} \xrightarrow{\text{산, 알칼리, 효소}} \text{anthocyanidin(aglycone)} + \text{sugars}$$

배당체인 anthocyanin과 aglycone인 anthocyanidin을 통틀어 anthocyan이라고 부른다.

(1) 구조

Anthocyanins은 배당체로 그림 12-9와 같이 benzopyrylium핵과 phenyl기가 결합한 2-phenyl-3,5,7-trihydroxy benzopylium의 기본 구조로 양으로 하전된 산소원자를 포함하고 있는 oxonium화합물을 형성하고 있다. 이 oxonium구조는 anthocyanidin의 색이 불안정한 원인이 된다.

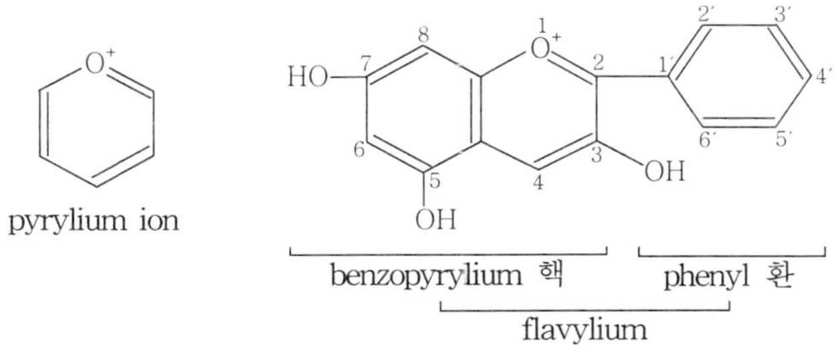

2-phenyl-3,5,7-trihydroxy benzopyrylium)

[그림 12-9] Anthocyanins의 기본 구조

(2) Anthocyanin의 분류

Anthocyanin의 phenyl기의 수산기(OH)의 수에 따라 pelargonidin계(1개), cyanidin계(2개), delphinidin계(3개)의 기본적 집단으로 분류한다. 그림 12-10에 나타난 바와 같이 cyanidin의 3′위치의 -OH기가 methoxyl기로 전환된 경우 peonidin이라 하고, delphinidin의 3′위치의 -OH기하나가 methoxyl(-OCH_3)기로 전환된 경우 petunidin, 또한 delphinidin의 3′ · 5′ 위치의 두개의 -OH기가 methoxyl 기로 전환된 경우를 malvidin이라고 한다. 일반적으로 -OH기가 증가하면 청색이 짙어지고, methoxyl 기가 증가하면 적색이 짙어진다.

(3) 성질

① pH에 의한 변화

Anthocyanin은 그림 12-10과 같이 수용액의 pH가 산성에서 적색, 중성에서 자색, 약알칼리성에서는 청색으로 변하는 불안정한 색소이며, 이 변화는 가역적이다. 일반적으로 anthocyanin 색소는 pH가 낮을수록 안정성이 큰 음이온 상태를 유지하나 지나치게 낮은 경우에는 산에 의해 분해 되어 안정성이 감소한다. 예를 들어 대부분의 과실은 산성이므로 anthocyanin은 적색 또는 청록색을 띠지만 약 알칼리화 시키면 녹청색으로 변하고 식초를 가하면 적색으로 변한다.

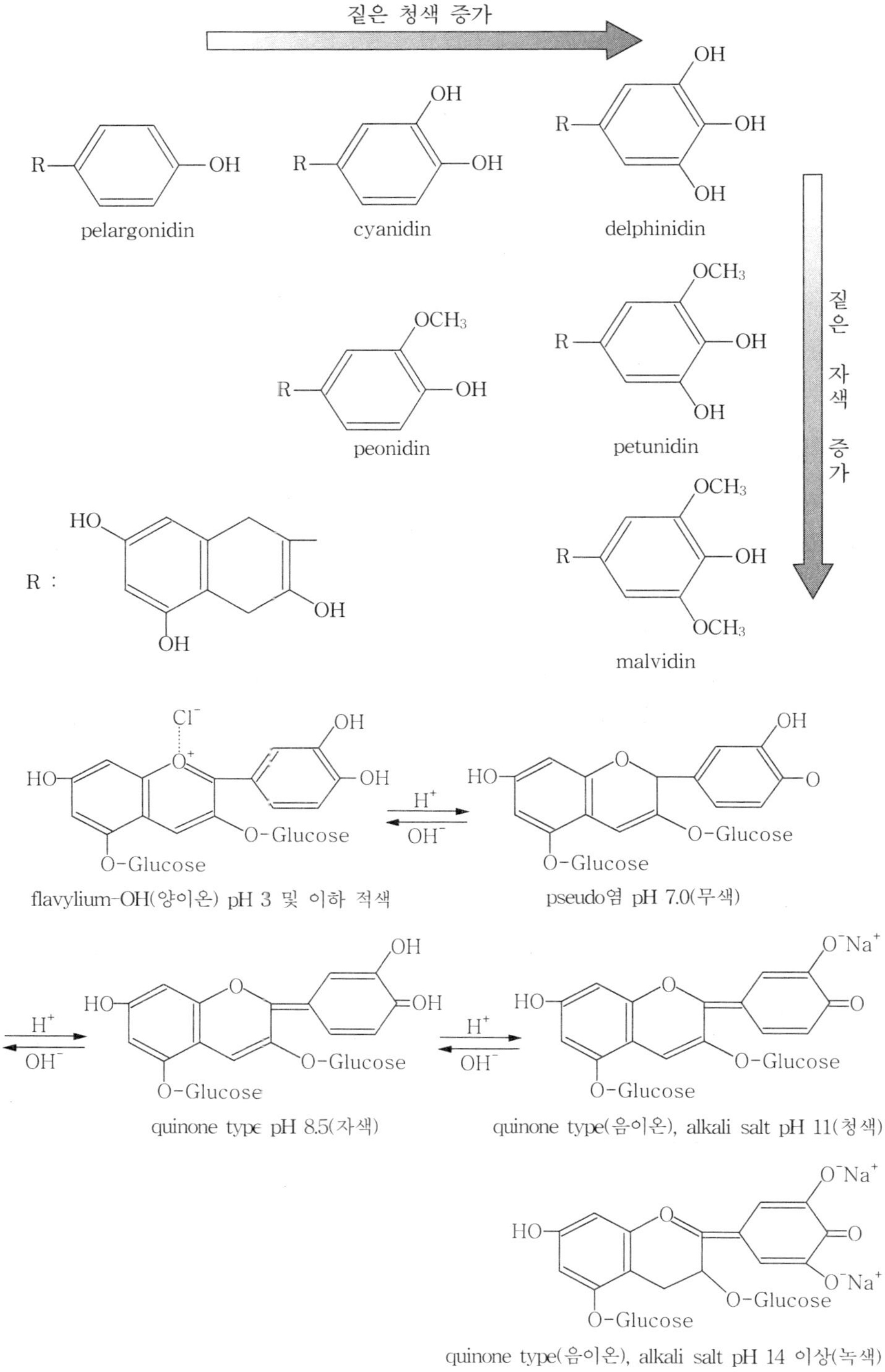

[그림 12-10] pH에 따른 Anthocyanin의 구조와 색의 변화

② 산소와 효소에 의한 변화

Anthocyanin계 색소는 산소가 없는 상태에서는 안정하나, 산소가 존재하면 갈변된다. 예를 들어 가지 절임의 갈변은 과피의 자색색소인 nasnin이 polyphenol oxidase에 의하여 산화되어 생성된 o-quinone이 서로 중합되어 갈색 색소를 형성하기 때문이다.

③ 당류 및 당류 분해물에 의한 변화

Anthocyanin계 색소는 당류(sucrose, glucose, fructose 등)와 당류의 분해물질(furfural, HMF, formic acid)의 존재로 색소의 파괴가 촉진된다. 특히 당류 자체 보다는 당류의 분해산물이 색소의 파괴를 촉진한다.

④ 금속에 의한 변화

Anthocyanin계 색소는 표 12-3과 같이 금속염들과 여러 가지 복합체를 형성하여 자색, 회색, 갈색 등으로 변색하여 anthocyanin 색소의 퇴색을 가져온다. 특히 Cu, Fe 등의 금속은 anthocyanin 퇴색을 촉진한다. 예를 들어 과일, 채소의 통조림에서 흔히 볼 수 있는 청색 변화는 공관에서 용출된 주석(Sn) 또는 철(Fe)에 의한 것이다.

[표 12-3] Anthocyanin과 anthoxanthin의 금속에 의한 색의 변화

금속	anthocyanin			anthoxanthin
	pelargonidin	cyanidin	delphinidin	
Fe		청 색	청 색	청색, 자색, 청갈색
Sn		회색~갈색		변화 없음
Al		연한갈색		황 색

3) Betalains

Beets나 사탕무 등에 함유된 질소함유 색소들을 betalains이라고 하며, 적색의 betacyanins과 황색의 betaxanthins의 두 종류로 분류된다. betalain은 수용성 색소이다.

(1) 구조

그림 12-11과 같이 적색을 가지는 betacyanin류는 대개 배당체 형태로 존재하며, 가장 대표적인 것이 베타닌(betanin)이다. 또한 황색을 가지는 betaxanthins 중 가장 대표적인 것이 불가잔신 I과 불가잔신 II(vulgaxanthin I과 II)이다.

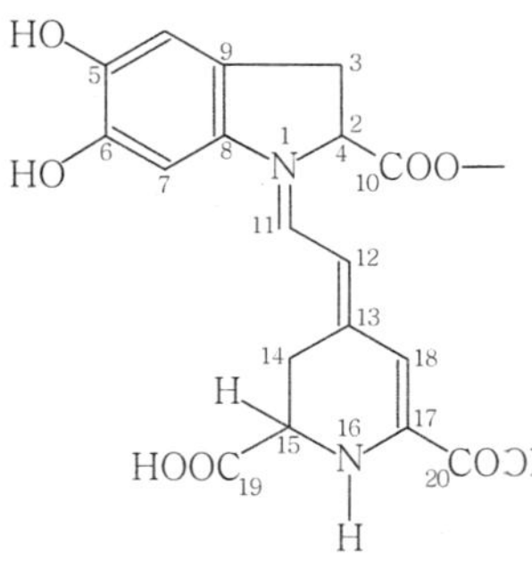

I betanidin
II isobetanidin(betanidin의 C-15 epimer)

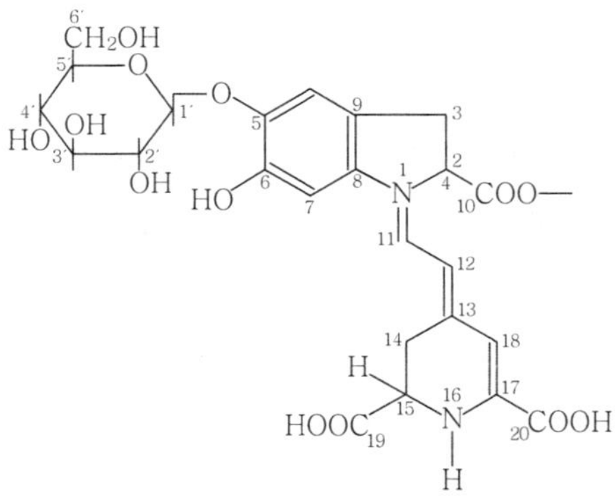

III betanidin
IV isobetanidin(betanidin의 C-15 epimer)

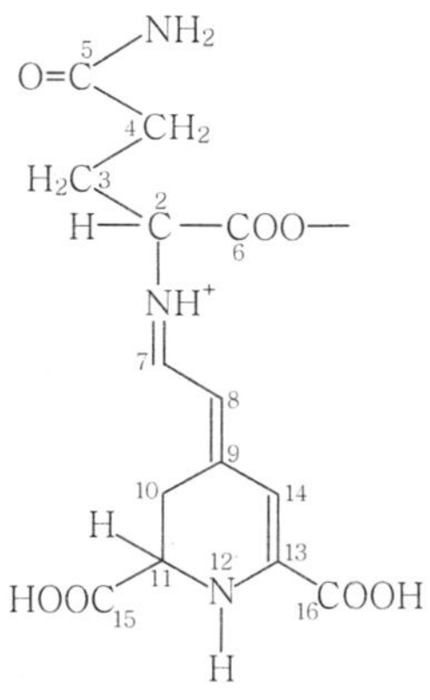

V vulgaxanthin-I

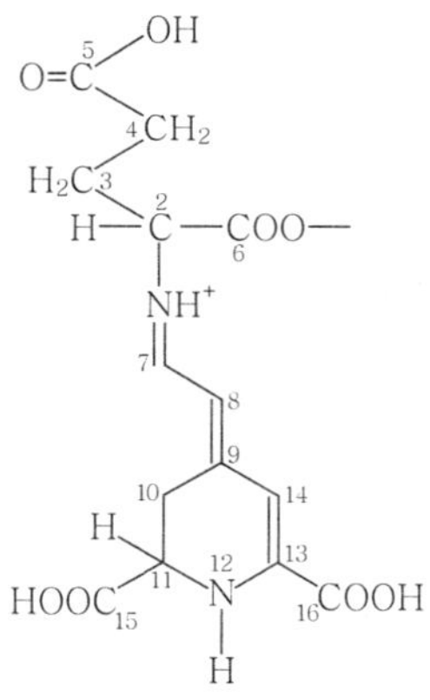

VI vulgaxanthin-II

[그림 12-11] Betalain의 구조

(2) 성질

베탈레인류(betalains) 색소 중 betanin색소는 pH에 영향을 받아 산성에서는 적색을 나타내고, 알칼리 상태에서는 자색이나 청색으로 변색을 한다. betanin인 경우 pH 4.0~6.0 사이에서 가장 안정하다.

4) Tannin류

그림 12-12와 같이 tannin은 원래 무색이나 공기, 금속이온 또는 산화 효소 작용으로 짙은 갈색 또는 흑색으로 변화되는 불안정한 물질로 식품의 색에 중요한 역할을 한다. tannin의 종류로는 catechin과 그 유도체, leucoanthocyanin류, chlorogenic acid 등이 있다.

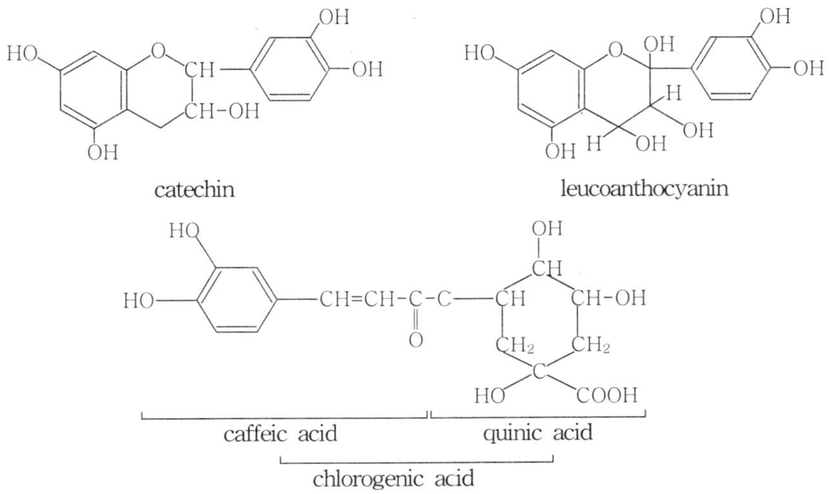

[그림 12-12] Tannin의 종류와 구조

(1) Tannin의 종류

① Catechins

Catechin은 떫은맛은 없고 쓴맛을 나타내는 성분으로 주로 감, 찻잎, 사과, 배, 복숭아 등에 분포되어 있다. catechin은 무색이지만 polyphenol oxidase의 작용으로 쉽게 산화되어 갈변한다. 홍차의 색소인 theaflavin은 발효과정에서 찻잎에 들어있는 catechin과 gallocatechin이 polyphenol oxidase의 작용으로 결합하여 생성된 것이다.

② Leucoanthocyanin

사과, 배, 복숭아, 포도 등의 과실과 커피콩 등에 존재하며, 효소에 의한 산화나 자동산화를 받기 쉬우며 catechin류 보다 쉽게 중합된다.

③ Chlorogenic acid

Chlorogenic acid는 caffeic acid와 quinic acid가 결합한 형태로 물, 알코올, 아세톤 등에 용해되며 쓴갓을 나타낸다. 자외선 조사에는 청색 형광을 나타내고, 암모니아 에서는 강한 황록색을 띈다. polyphenolase 등의 oxidase에 의해 산화되어 갈색으로 된다.

(2) Tannin의 성질

Tannin은 산화로 인해 쉽게 산화 중합되어 흑갈색의 중합체를 형성하여 떫은 맛과 쓴맛을 나타낸다. 그리고 금속이온과 반응하여 복합염을 형성한다.

Tannin이 Fe^{2+} 이온과 반응하면 회색의 복합염을 형성하고, tannin이 Fe^{3+} 이온과 반응하면 흑청색, 청록색의 복합염을 형성한다. 따라서 polyphenol류를 함유한 과일이나 채소의 통조림 개관 시 변색의 원인이 된다.

또한 tannin이 Sn^{2+}, Zn^{2+} 이온과 반응하면 옅은 회색으로 안정하며, Ca^{2+}, Mg^{2+} 이온과 반응하면 적갈색 침전물을 형성한다. 따라서 차를 끓일 때 경수를 사용하면 경수 중의 Ca과 Mg 이온과 tannin이 결합하여 적갈색의 침전이 생긴다.

4) 기타 식물성 색소

(1) 해조류

미역에는 carotene, lutein, fucoxanthin과 같은 carotenoid가 존재하고, 김에는 carotenoid 및 chrophyll과 색소단백질인 phycoerithrin이 함유되어 있다.

구운김의 녹색변화는 김을 가열할 때 phycoerithrin의 분해로 녹색의 phycocyanin으로 변하기 때문이다.

4절. 동물성 색소

동물성 식품의 색소는 식품에 포함되어 있는 heme이나 carotenoid에 의하는 경우와 난백이나 물고기 눈의 황록색은 riboflavin에 의하는 경우가 있다. 또한 우유의 색은 색소에 의하지 않고 백색광을 반사하는 물질의 존재로 흰색을 나타낸다.

1. Myoglobin

식육 색의 주체는 육색소(myoglobin)로 가축의 종류에 따라 다소 차이가 있지만 일반적으로 선명한 적색 또는 담홍색을 나타낸다.

1) Myoglobin의 구조

그림 12-13과 같이 myoglobin은 heme 이라는 Fe-porphyrin 환을 갖는 구조로, 이 heme 구조에 globin이라는 단백질이 결합되어 있다. heme 구조에 있는 Fe은 6개까지 결합이 가능한데 이중 4개는 heme 구조에 있는 porphyrin에 결합하고 있고, 1개는 globin 분자의 histicine과 결합하고 나머지 1개는 산소와 결합하고 있다. myoglobin의 분자량은 17,000 정도이며 등전점은 pH 6.8이고, heme 색소에 포함되어 있는 철이 2가(환원형)일 때는 hemochrome이라 하고, 3가(산화형)일 때에는 hemichrome이라고 한다.

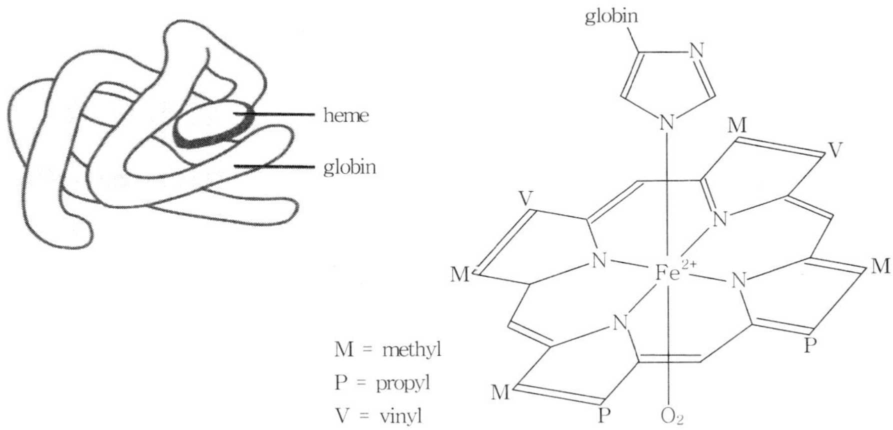

[그림 12-13] Myoglobin의 구조

2) Myoglobin의 변색

(1) 산소화와 산화

Myoglobin의 변색과정은 그림 12-14와 같이 신선한 생육의 myoglobin(Mb)은 2가 철(Fe^{2+})을 함유한 환원형으로 적자색을 나타내나, 공기 중에 노출시켜 분자상의 산소와 결합을 하면 oxymyoglobin(MbO_2)이 되어 선명한 적색을 나타낸다. 이런 현상을 blooming이라한다. 이 경우 myoglobin의 철은 2가이기 때문에 산화가 아닌 산소화(oxygenation)라고 한다. 또한 산소분압이 낮은 상태에서 고기를 저장 하면 oxymyoglobin의 Fe^{2+}(ferrous ion)이 Fe^{3+}(ferric ion)로 산화되어 갈색의 metmyoglobin(Met-Mb)으로 변화하여, heme이 hematin이 되는데, 이런 현상을 met화라고 한다. 이 반응은 가역적이어서 metmyoglobin을 혐기적 상태에서 보관하면 환원작용에 의해서 다시 myoglobin으로 환원된다.

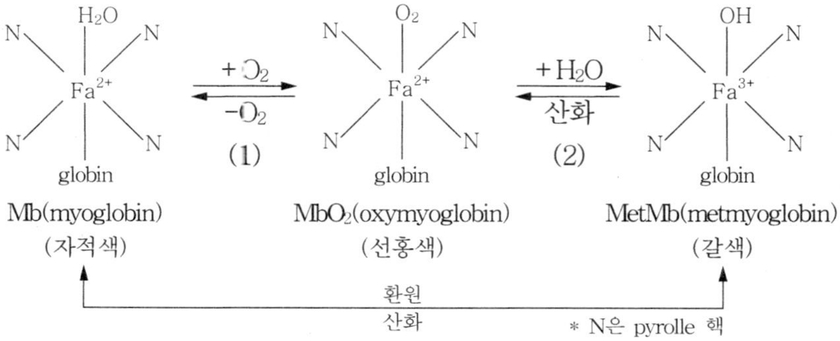

[그림 12-14] Myoglobin의 변색과정

(2) 가열에 의한 변화

Metmyoglobin(Met-Mb)의 생성은 자동산화뿐만 아니라 가열에 의해서도 그림 12-15와 같이 진행되는데, 가열을 계속하면 metmyoglobin의 단백질 부분인 globin은 열 변성을 하여 분리 되며 갈색 또는 회색의 heme 부분이 분리된다.

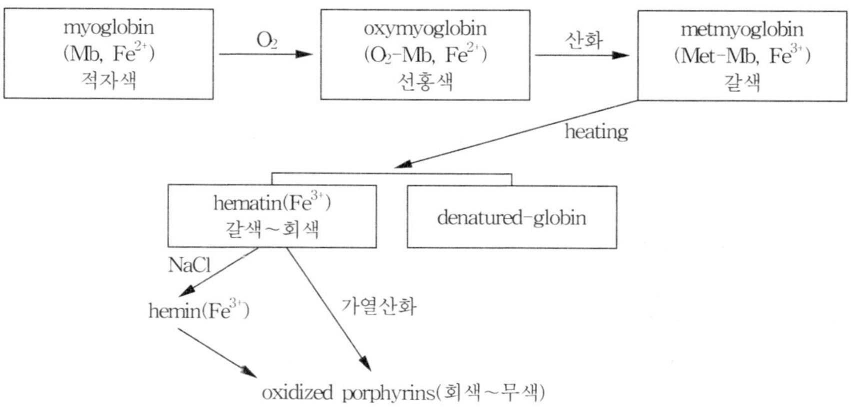

[그림 12-15] 가열에 의한 myoglobin의 변색과정

분리된 heme은 1가의 양이온 형태를 갖기 때문에 수산이온($-OH^-$)이나 염소이온(Cl^-)과 염의 형태로 존재할 수 있다. 전자의 경우를 hematin이라 하고, 후자의 경우를 hemin이라고 한다.

(3) 저장 중 변화

① Sausage의 녹변

신선육의 변색은 그림 12-16과 같이 아질산염의 첨가부족, 세균 등에 의해 일어나는데, 이것은 육 단백질의 -SH기의 감소에 따르는 heme의 산화에 의한 것으로 일반적으로 녹색의 변화는 heme의 porphyrin 핵이 파괴되어 cholemyoglobin, sulfmyoglobin이나 verdoglobin이라는 녹색색소를 생성하기 때문이다.

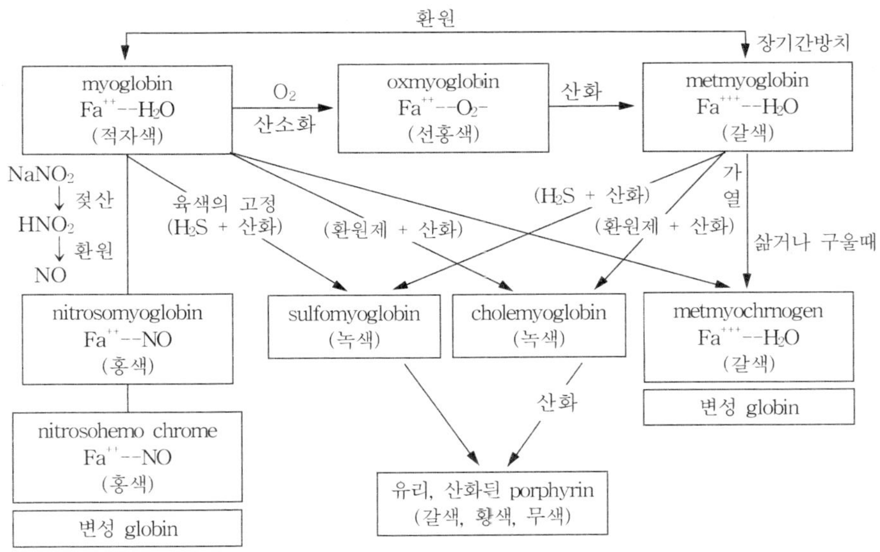

[그림 12-16] 신선육에서 myoglobin의 변화

② 참치 통조림의 녹변

참치 통조림의 녹변 현상은 metmyoglobin, trimethylamine oxide 및 cysteine 상이의 반응에 의해 형성되는 것이다

③ 게 통조림의 청변

선도가 저하 되거나 방혈이 제대로 되지 못한 경우 발생하기 쉽다. hemocyanin의 Cu와 육질을 증숙할 때 발생되는 황화수소(H_2S)에 의해 황화동(CuS)이 생성되기 때문이다.

2. Carotenoid계 색소

Carotenoid는 식물성 식품뿐만 아니라 동물성 식품에도 함유되어 있는데, 이는 먹이 사슬에 의해 동물에게 이행 된 것이다.

1) 식육지방, 유지방, 난황 중의 carotenoid

소고기의 황색 지방에는 α-carotene, β-carotene, γ-carotene 등이 존재하는데 이중에서 65%가 β-carotene이다. 또한 유지방에도 carotenoid가 존재하여 버터나 치즈의 색에 관여한다. 여름철에는 소가 목초를 섭취하기 때문에 버터 등의 색이 진하고, 겨울철에는 건초를 섭취하기 때문에 색이 연하게 된다. 일반적으로 시판하고 있는 버터는 β-carotene, 식용 타르색소를 첨가한 것이다. 그리고 닭과 조류의 난황색은 대부분이 lutein이므로 난황의 색을 진하게 하기 위해서는 lutein 함량이 많이 들어있는 녹초를 사료에 첨가하기도 한다.

2) 어패류의 carotenoid

연어의 적색 육이나 참돔 표피의 carotenoid는 astaxanthin이 주체 성분이고 조개의 붉은 살은 carotene, lutein이 함유되어 있기 때문이다. 물고기의 흑색 표피는 melanin, 연어나 숭어의 녹색형광은 salmenic acid 때문이며, 생선의 광채는 guanine의 존재에 의한다. 또한 냉동 새우의 흑변은 껍질 중의 tyrosine이 tyrosinase에 의해 산화되어 melanin 색소를 형성하기 때문이다.

3) 새우, 게와 같은 갑각류의 색의 변화

새우, 게 등의 갑각류에는 그림 12-17과 같이 astaxanthin이 단백질과 결합하여 청록색을 띠나 가열에 의해 단백질은 변성하여 분리되고, 유리 형태의 astaxanthin이 된다. 이것이 산화하여 astacin이 되어 적색을 나타낸다.

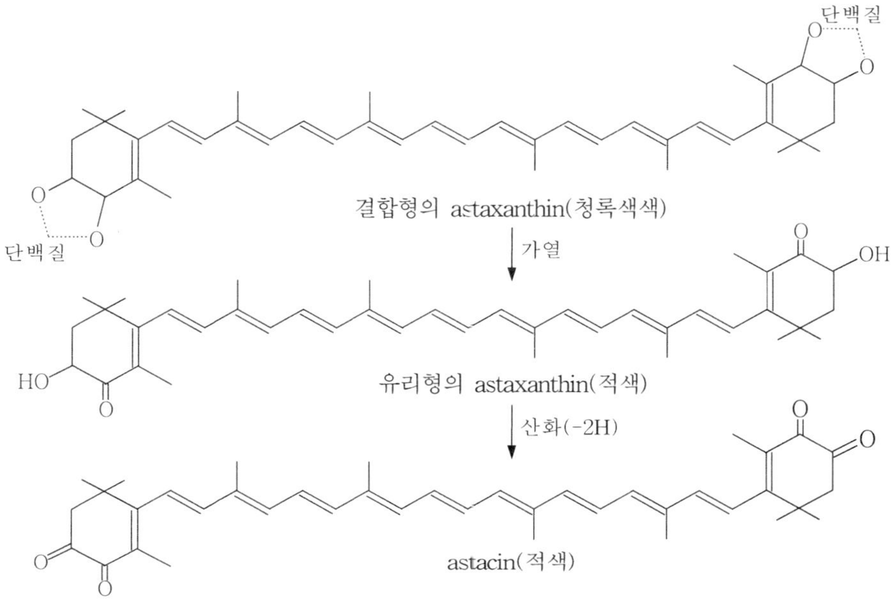

[그림 12-17] Astaxanthin의 산화와 astacin의 구조

제 13장 식품의 갈변 반응

식품을 가공・저장 시 착색되는 현상을 갈변(browning)이라 한다. 따라서 식품의 갈변 반응은 식품전체의 색이 갈색 또는 암갈색을 갖게 되는 여러 가지 복잡한 반응들을 말한다. 식품의 갈변 반응은 식품의 가공・저장 시 단순히 색의 변화뿐만 아니라 그 식품의 맛과 냄새에도 영향을 준다.

이와 같은 갈변 반응은 효소에 의한 갈변 반응과 효소와 관계없이 식품 성분 상호간의 반응으로 갈변되는 경우가 있다 따라서 전자를 효소적 갈변(enzymatic browning reaction)이라 하고 후자를 비효소적 갈변(non-enzymatic browning reaction)이라 한다.

1절. 효소적 갈변 반응 (enzymatic browning reaction)

사과, 배, 복숭아, 바나나, 밤, 감자, 가지, 양송이 등의 과실이나 채소는 절단하거나 껍질을 벗기거나 또는 세균에 오염되면 과실이나 채소 중에 함유된 polyphenol류가 polyphenol oxidase와 O_2에 의해 갈색 색소인 melanin을 생성하는 효소적 갈변반응이 일어난다. 또한 효소적 갈변에는 tyrosine의 산화에 관여하는 tyrosinase에 의한 갈변과 비타민 C의 산화에 관여하는 ascorbate oxidase에 의한 갈변이 있다.

1. Polyphenol oxidase에 의한 갈변

그림 13-1과 같이 polyphenol oxidase는 Cu를 함유하는 효소로 polyphenolase, catecholase, diphenoloxidase라고도 한다. polyphenol oxidase는 Cu, Fe 이온에 의해서 활성화 되며 Cl 이온에 의해서 억제되는 효소로 catechol 형의 polyphenol을 quinone으로 산화한다. 형성된 o-quinone은 산화, 중합하거나 또는 공존하는 아미노산류와 반응하여 흑갈색의 melanin을 생성한다.

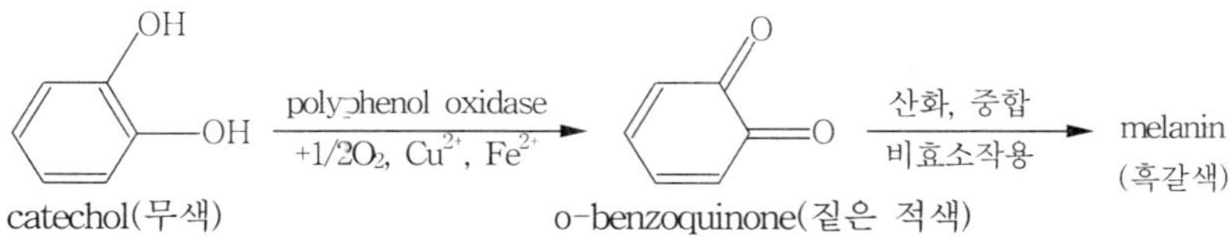

[그림 13-1] Melanin 색소의 생성

2. Tyrosinase에 의한 갈변

Tyrosinase는 Cu를 함유한 산화 효소로 monophenol oxidase라고도 하며 감자의 갈변에 관여한다. 감자를 절단할 때 감자에 존재하는 아미노산인 tyrosine이 그림 13-2와 같이 tyrosinase에 의해 산화되어 DOPA를 거쳐 DOPA-quinone이 되고 이것이 적색의 dihydroxy indole carboxylic acid를 생성하여 산화, 중합하여 갈색의 melanin 색소를 형성한다.

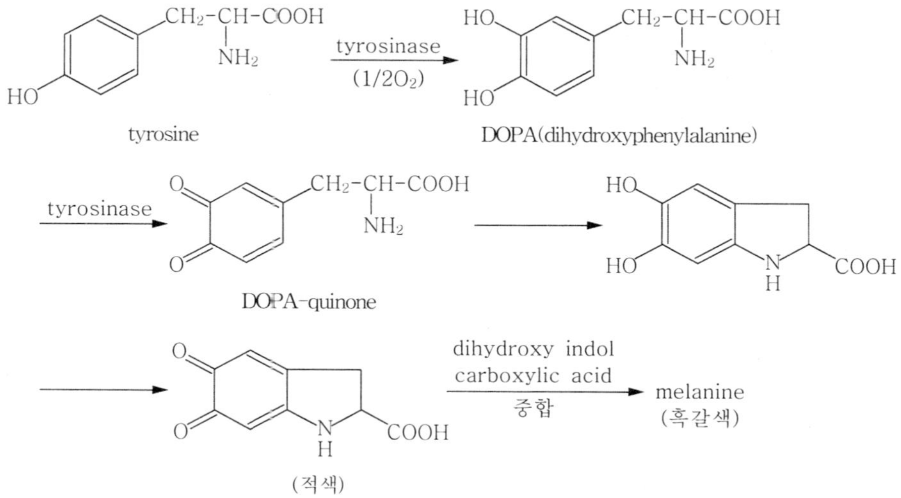

[그림 13-2] Tyrosine으로부터 melanin의 생성

일반적으로 tyrosinase는 수용성이므로 물에 담그거나 또한 Cl^-이온에 의해 억제되므로 소금물에 담그면 효소에 의한 갈변을 억제 할 수 있다. 효소적 갈변의 억제방법은 표 13-1과 같다.

Polyphenol oxidase는 diphenol 이상의 polyphenol을 quinone으로 산화하는 효소로 Cu를 함유하는 효소이고, tyrosine과 monophenol을 diphenol로 산화하는 oxygenase는 철을 함유한 효소로 polyphenol oxidase와는 구별 된다.

[표 13-1] 효소적 갈변의 억제방법

종 류	방 법	예
가열처리 (blanching)	효소는 단백질로 구성되었으므로 ascorbinase, polyphenoloxidase, tyrosinase 등을 가열로 불활성화 시킨다. 고온에서 효소단백질이 변성된다.	냉동채소, 채소 과일 통조림의 blanching
pH 조절	Polyphenoloxidase(최적 5.8~6.8)와 ascorbinase(최적 6.5~6.0) pH를 변화시켜 산성으로 하여 억제. pH 3 이하에서는 거의 작용하지 않으나 pH 5~7에서 빠르다.	과일을 박피 후 산용액에 침지, 구연산이나 사과산 HCl용액에 침지.
기질제거	갈변기질과 효소가 수용성인 경우 물에 침전시키면 polyphenol 화합물에 의한 갈변을 막을 수 있으며 산소의 접촉도 막을 수 있다. Tannin을 제거할 목적으로 과즙에 gelatin 같은 것을 가하면 결합되어 불용성 굴질로 침전되어 제거할 수 있다.	감자, 고구마, 밤 껍질을 벗긴 후 물에 침지.
산소제거	산소가 존재하면 효소적 갈변이나 비효소적 갈변이 촉진 되므로 산소를 제거하여 산소의 접촉을 억제한다.	분유 등의 밀폐용기에 N_2 가스, CO_2가스의 불활성 가스를 충전, 설탕용액, 소금용액, 물에 침지
환원성 물질 첨가	갈색화반응은 산화반응으로 환원성물질을 가하면 억제할 수 있어 효소적, 비효소적잘변도 억제한다.	1. ascorbic acid 첨가 2. SO_2, 아황산염 사용 3. SH화합물 cystein, glutathione 4. 주석산염 사용
금속이온 제거	Heme화합물, ascorbinase, polyphenoloxidase는 효소를 가진 구리효소로 Fe, Cu 용기를 사용하면 효소활성 촉진으로 갈변이 증가한다.	철제금속용기 사용, 대나무, steinless, 범랑제 그릇 사용.
과즙이용	Pineapple juice에는 sulfhydryl 물질이 있고 lemon에는 citric acid와 비타민 C가 많아 환원제의 역할을 한다.	귤, 레몬 파인애플, 토마토 등은 갈변물질이 없으나 사과, 배, 복숭아, 가지, 우엉 등은 polyphenol 화합물이 많아 갈변하기 쉽다.

2절. 비효소적 갈변 반응 (non-enzymatic browning reaction)

비효소적 갈변은 효소의 관여 없이 식품 중의 성분들끼리 반응하여 일어나는 갈색반응으로 식품을 저장 가공 할 때에 자연 발생적으로 일어난다. 이에 속하는 대표적인 갈변반응은 amino-carbonyl 반응, caramelization 반응, ascorbic acid 산화반응 이다.

1. 아미노-카보닐 반응(amino-carbonyl reaction)

이 반응은 amino기(-NH_2)와 carbonyl기(-CHO, -C=O)가 공존 시 일어나므로 aminocarbonyl 반응, 반응 결과의 갈색물질의 이름을 따서 melanoidin 반응, 발견자의 이름을 따서 maillard 반응이라고 한다. 이 반응은 아미노산, 아민류, peptide, 단백질 등의 질소화합물과 carbonyl기(aldehyde, ketone), 당류 등의 carbonyl 화합물과 반응하였을 때 일어난다. 이 반응의 특징은 caramelization 반응과 달리 외부의 에너지 공급 없이도 자연발생적으로 일어나 색, 맛, 향기에 커다란 영향을 준다.

1) Mechanism

(1) 초기단계(무색)

① 당과 아민의 축합반응(질소배당체의 형성)

환원성이 있는 carbonyl 화합물인 glucose와 amino기를 가지고 있는 amine이나 amino acid와 반응하여 질소배당체인 glycosylamine을 형성한다.

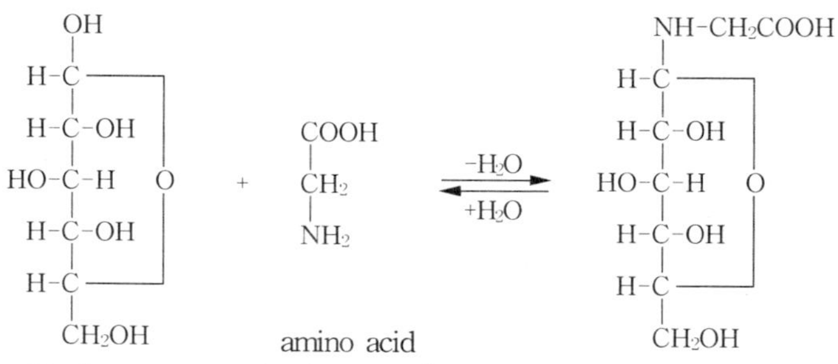

D-glucose　　amino acid (amino group)　　D-glycosyl amine

② Amadori 전위

질소배당체인 glycosyl amine이 산의 촉매 작용에 의해 amino reductone으로 되고 다시 fructosyl amine(ketoseamine)으로 되는 과정을 amadori 전위라고 한다.

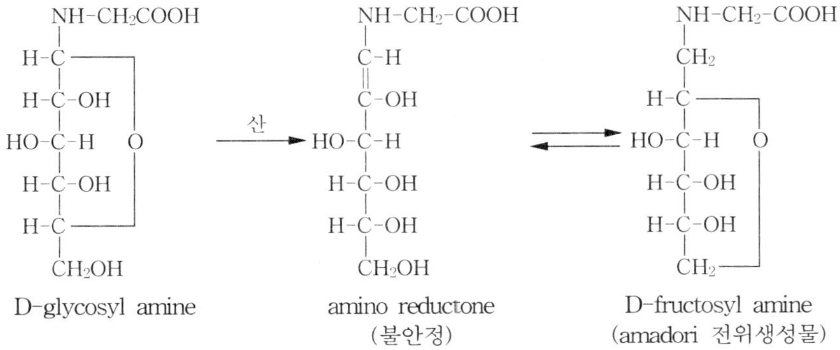

(2) 중간단계(무색~담황색)

① 당의 탈수 반응(osone의 생성)

Amadori 생성물인 amino reductone는 자동 산화하여 glucosone이 되고 탈수되어 3-deoxyglucosone(3-DG)이 된다.

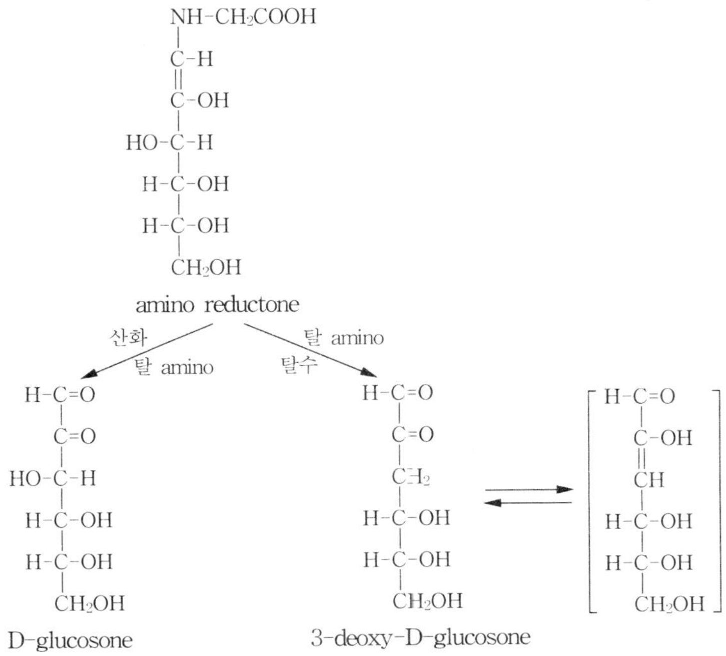

② 불포화 osone의 형성

3-deoxyglucosone은 탈수 반응을 거쳐 불포화 osone(unsaturated-3,4-dideoxyosone)을 형성 한다. 이물질은 반응성 큰 갈색 물질의 중간물질이다.

③ Furfural(HMF)의 생성

3-deoxyglucosone의 enol형은 탈수 되어 환상의 HMF(hydroxy methyl furfural)가 산성이 강할수록 다량 생성된다.

④ 당의 분해산물 형성

당의 환상물질의 분해로 분자량이 적고 휘발성이 강한 분해물질 형성, 즉 glycoaldehyde, diacetyl, acetoin, acetaldehyde 등이 당류의 탄소사슬이 절단됨에 따라 형성되는데, 이들 화합물은 갈색색소 형성에 관여하며 식품에 특유한 냄새를 부여한다.

(3) 최종단계(적갈색~암갈색)

① Aldol 축합반응

Reductone류의 분해에 의해 생성된 활성이 강한 carbonyl 화합물 중 α-위치에 수소를 갖는 물질은 aldol 형 축합 반응을 하여 분자량이 큰 불포화화합물을 생성한다.

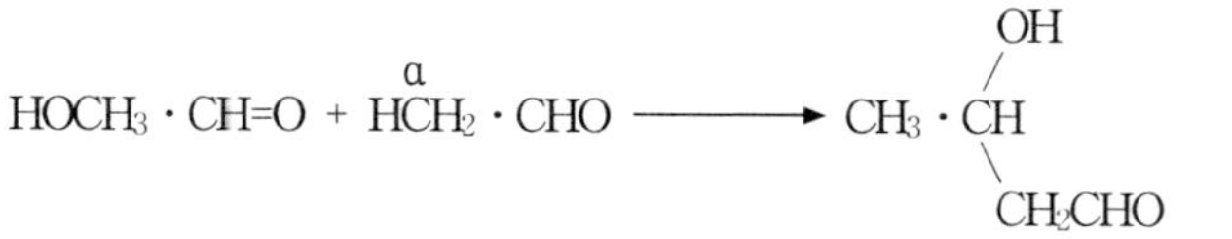

glycoalolehyde acetaldehyde aldol(β-hydroxybutanol)

② Strecker 분해

이 반응은 α-아미노산과 α-dicarbonyl 화합물의 산화적 분해 반응으로 이 때 아미노산은 탈탄산 및 탈아미노 반응이 일어나 아미노산보다 탄소수가 하나 적은 aldehyde와 CO_2가 생성된다. strecker 반응으로 생성된 amino reductone (enaminol)는 갈변 반응에 aldehyde는 향기 성분에 중요한 역할을 한다.

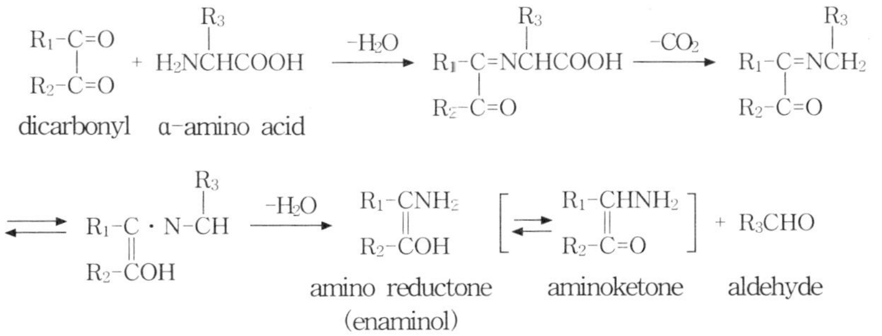

③ Melanoidine 색소의 형성

5-HMF, 각종 당의 분해산물, reductone, strecker 분해산물, aldol 축합산물 등은 활성이 큰 물질이므로 쉽게 반응을 하여 중합체를 형성 한다. 이들 중합체는 분자 내에 질소를 함유하고 있으며 불포화도가 큰 melanoidine 색소를 형성한다.

2. Amino-carbonyl 반응에 영향을 주는 요인

1) 온도

온도가 상승함에 따라 갈변반응속도가 증가하는데 일반적으로 10℃ 상승하면 3~5배가 증가한다. 80℃ 이상에서는 산소의 존재에 관계없이 갈변이 일어나나, 실온에서는 산소가 존재 할 때만 갈변이 촉진된다.

2) pH

pH 3 이하에서는 갈변 속도가 느리고 pH 6.5~8.5 일때 갈변속도가 최대가 된다. 일반적으로 수분이 많은 경우에는 caramelization에 의해서 갈변이 진행되고, 수분이 적으면서 pH 6 이상일 때는 amino-carbonyl 반응에 의해서 갈변된다.

3) 당의 종류와 carbonyl 화합물

Carbonyl 형태의 존재 비율이 높은 pentose가 hexose보다 반응성이 커서 10배 정도 갈변속도가 빠르다. ribose > arabinose > xylose > galactose > mannose > glucose > sucrose의 순이다.

4) Amino 화합물

Amino acid, peptide, protein, amine 등이 갈변에 관여하는데 amine > 염기성 amino acid > 중성 및 산성 amino acid > peptide > protein 순으로 갈변된다.

5) Carbonyl 화합물

α, β-불포화 aldehyde와 furfural은 갈변되기 쉽고, ketones은 갈변되기 어렵다.

6) 수분, 금속, 빛, 산소

수분의 함량이 10~15%일 때 가장 쉽게 갈변되며 건조 상태에서는 반응이 잘 일어나지 않는다. 또한 Cu, Fe 등은 reductone류의 산화를 촉매하며 자외선 또한 갈변을 촉진 시킨다.

7) 반응물질의 농도

Amino-carbonyl 반응 결과 생성된 melanoidin의 양은 환원당의 농도에 비례하고 유리 아미노기를 갖는 질소화합물의 농도와 반응 경과시간의 제곱에 각각 비례한다.

3. Amino-carbonyl 반응의 억제 방법

① 저온저장
② pH 조절(3이하)
③ 반응물질 제거 : 포도당보다는 설탕 사용
④ 화학적 저해제 첨가 : 아황산염, 황산염, thiol
⑤ 수분조절 : 10~15% 이하로 조절
⑥ 금속용기 사용 금지
⑦ 차광 장치
⑧ 산소제거
⑨ 반응물질 희석

3절. Caramelization

캐러멜화는 amino-carbonyl 반응과는 달리 아미노 화합물이나 유기산이 존재하지 않는 상황에서 주로 당류의 가열(180~200℃)로 인한 산화 및 분해산물에 의한 중합, 축합으로 갈색 물질인 캐러멜을 생성하는 반응으로 최적 pH는 6.5~8.2이다. 식품의 가공이나 조리 중에 일어나는 캐러멜화는 식품의 색이나 풍미에 영향을 준다. 생성된 캐러멜은 간장, 된장, 청량음료, 합성청주, 과자류 등에 이용된다. 일반적으로 당류 중에서도 과당이 캐러멜화 하기 쉽고, 포도당은 과당에 비해 탈수가 어려워 착색이 어렵다. 또한 캐러멜화 반응은 표 13-2와 같이 용액의 산성 또는 알칼리성에 따라 반응의 양식이 다르다.

1) 산성 상태

주반응은 탈수반응으로 aldose 나 ketose가 1,2-enol을 형성한 후 탈수반응에 의해서 HMF 및 이와 유사한 furfural 유도체가 만들어 지고 산화, 중합, 축합반응에 의해 흑색 또는 흑갈색의 humin(caramel)이 만들어 진다. 일반적으로 당이 pentose일 경우 2-furfural, hexose인 경우는 5-hydroxymethyl-2-furaldehyde가 humin의 전구물질로 만들어진다.

2) 알칼리 상태

주반응은 분해 반응으로 산성 상태와 마찬가지로 1,2-enol이 형성된 후 탄소수가 적은 각종 aldehyde류 및 ketone의 중간체가 형성된다. 이들이 서로 중합 또는 축합반응에 의해 갈색의 humin이 형성된다.

[표 13-2] 캐러멜화 반응

pH	주반응	결 과
산성	탈수반응 (dehydration)	당 분자가 enol화되고 탈수반응에 의해 hydroxymethyl furfural(HMF) 및 이와 유사한 furfural 유도체가 만들어지고 개열 중합반응으로 흑색 또는 흑갈색의 humin(caramel)을 만든다.
알칼리성	분해반응 (degradation)	산성 때와 마찬가지로 1, 2enol화 되고 탄소수가 작은 각종 aldehyde류 및 ketone의 중간체가 된다. 이것은 서로 축합 또는 중합반응을 일으켜 갈색의 humin 물질을 형성한다.

4절. Ascorbic acid의 산화 반응

비타민 C는 강한 환원력 때문에 항산화제(antioxidant), 항갈변제(anti-browning agent)로서 과채류 등의 가공 식품에 널리 이용되고 있으나 첨가된 비타민 C는 그림 13-3과 같이 일단 산화된 후에는 비가역적이어서 산화 방지제나 또는 갈변 방지제로서의 기능을 잃고, 그 자체가 갈색화 반응에 참여하게 된다. 이 비타민 C에 의한 갈색화 반응은 pH가 낮을수록 현저하므로 비타민 C 함량이 많이 들어있는 감귤류 가공품, 즉 오렌지 주스나 분말 오렌지 등에서 매우 중요한 갈변 반응이다.

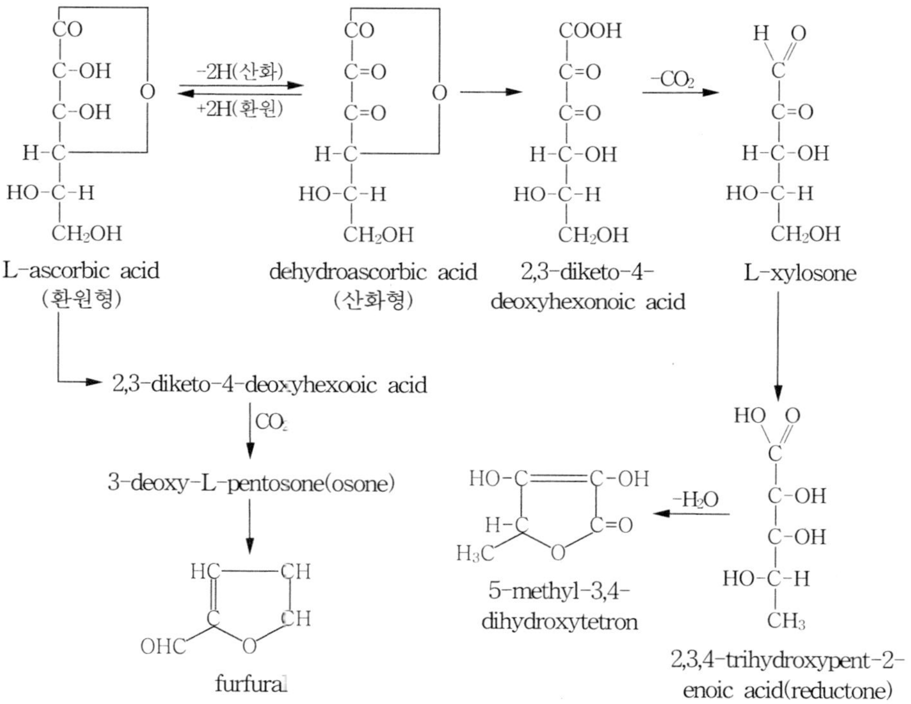

[그림 13-3] 비타민 C의 산화과정

비타민 C의 산화 과정은 reductone류 형성과 osone 형성의 두 가지 과정이 있다.

제 14장 식품의 맛 (Taste of Foods)

1절. 식품의 미각

1. 혀와 미각

우리가 평상시 섭취하고 있는 모든 식품은 각기 특유한 맛을 가지고 있다. 식품의 맛은 색, 냄새와 함께 식품의 기호적 가치뿐만 아니라, 식품의 품질을 결정하여 주는 하나의 중요한 요소가 된다. 식픔에서 맛을 내는 물질을 그 맛의 근원물질(source material)이라 한다. 그림 14-1과 같이 맛 성분의 물질이 입속으로 들어오면 혀의 표면에 분포하고 있는 유두(papillae) 중의 미뢰(taste bud)에 존재하는 미각세포에 흡착하게 되어 이로 인하여 미각세포의 전위가 변화되어 미신경에 전기적 충격이 발생하여 대뇌의 미각 중추에서 인지하게 된다.

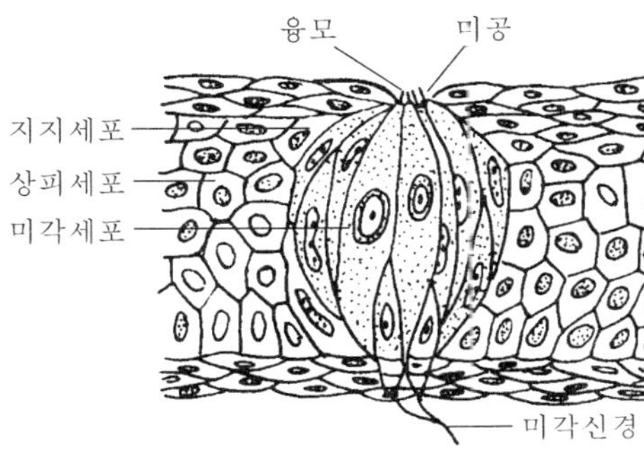

[그림 14-1] 미뢰의 구조 및 맛의 전달과정

2. 맛의 분류

식품의 맛에 관련되는 요인은 여러 가지가 있는데, 화학적 성분에 의한 맛, 혀끝에서 느끼는 감촉 등의 물리적인 맛, 온도 등이 있다. 일반적으로 맛의 분류는 henning이 분류한 단맛, 쓴맛, 신맛, 짠맛을 맛의 사원미 또는 기본맛이라 한다. 그 외에도 매운맛, 감칠맛, 떫은맛, 아린맛, 알칼리맛, 금속맛 등이 있으나 생리적으로 감각을 받는 양상이 기본맛과 달라 맛의 분류에는 포함 시키지 않는다. 예를 들어 매운맛은 구강내의 전체 표면의 통감과 온도 감각의 복합감각으로 미뢰를 통한 미각이 아니다. 또한 떫은맛도 구강내의 수렴감이 혼합된 것이다.

그림 14-2와 같이 기본맛에 대한 감수성은 혀의 부위에 따라 차이가 있는데 단맛은 혀의 끝 부분으로 느끼고 쓴맛은 혀의 안쪽에서 느끼며, 신맛은 혀의 가장자리에서 그리고 짠맛은 혀의 앞 양쪽 가장자리에서 강하게 느낀다.

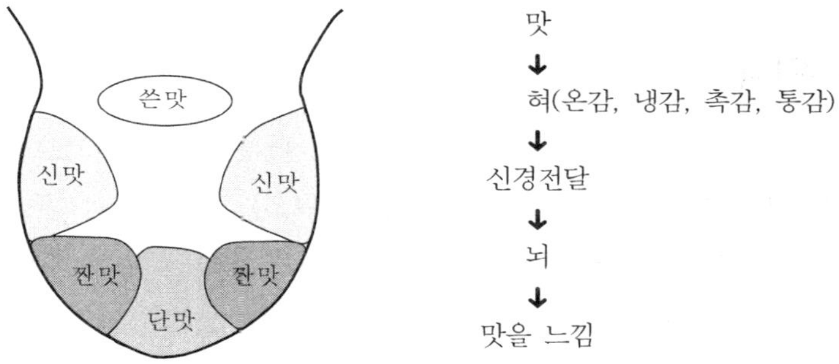

[그림 14-2] 사원미에 대한 혀의 감수도 분포 및 맛의 전달과정

3. 맛의 역치(threshold value)

맛의 민감도를 수량화할 수는 없으나 맛성분을 느낄 수 있는 최저농도를 그 맛성분의 역치라 한다. 일반적으로 쓴맛 성분이 가장 낮고 단맛 성분이 가장 높다. 역치의 표시방법은 몰(mole)농도와 백분율(%)로 나타낸다.

4. 미각에 영향을 주는 요인

1) 온도

일반적으로 혀의 미각은 10~40℃일 때 잘 느끼는데, 특히 30℃가 가장 민감하며 이보다 멀어질수록 미각이 둔감해진다. 보통 온도에 사원미도 영향을 받아 온도가 상승함에 따라 단맛은 증가하고, 짠맛과 쓴맛은 감소하며 신맛은 온도에 영향을 적게 받는다. 일반적으로 단맛은 20~25℃, 쓴맛은 40~50℃, 짠맛은 30~40℃, 신맛은 5~25℃, 매운맛은 50~60℃에서 맛을 가장 잘 느낄 수 있다.

2) 용매

맛의 근원물질이 물에 녹았을 때와 국이나 주스 등의 다른 용매에 녹았을 때 맛과 역치에 차이가 있다. 설탕, 소금, 카페인 등의 역치는 주스나 기타 용매의 경우보다 수용액의 경우가 가장 낮다.

3) 수면

3일간의 불수면에 대한 단맛과 짠맛에 대한 최소 감미량은 별로 영향을 받지 않고 신맛의 역치는 현저하게 증가한다고 한다.

4) 연령과 성별

미각에 대한 감도의 저하는 50대 후반 또는 60세 이후에 현저히 나타난다고 하며, 성별의 차이는 여자가 단맛과 짠맛에 대해 남자보다 감도가 높고, 신맛은 감도가 낮다고 한다. 쓴맛에 대해서는 성별의 차이가 별로 나타나지 않는다.

5) 흡연

흡연자와 비흡연자의 미각의 차이는 단맛, 신맛, 짠맛에 대한 역치는 별 차이가 없으나 쓴맛에 대한 역치는 흡연자가 비흡연자에 비해 매우 높다고 한다.

5. 미각의 생리현상

1) 맛의 대비효과(contrast effect)

맛 성분(주된 맛 성분)물질에 소량의 다른 맛 성분이 혼합될 경우 주된 맛 성분의 맛이 강해지는 현상을 말한다. 예를 들어 단맛 성분에 소량의 짠맛이나 쓴맛, 짠맛 성분에 소량의 신맛, 감칠맛 성분에는 소량의 짠맛 성분이 혼합되면 주된 맛 성분의 맛이 강화된다.

예) 단팥죽 + 설탕 + 소금 ⟶ 단맛 증가
소금 + 유기산(구연산, 젖산) ⟶ 짠맛 증가

2) 맛의 억제 효과(inhibitory effect)

서로 다른 맛 성분이 혼합되었을 경우 주된 맛 성분이 다른 맛성분에 의해 약화되는 현상이다.

예) 커피의 쓴맛에 설탕을 첨가하면 쓴맛이 약해진다.
강한 신맛을 가진 과일에 설탕을 첨가하면 신맛이 약해진다.
김치, 된장의 숙성 시 생성된 신맛이나 감칠맛이 소금과 결합하여 짠맛이 약해진다.

3) 맛의 상승효과(synergistic effect)

같은 종류의 맛 성분을 서로 혼합하면 각각이 갖고 있던 맛 보다 훨씬 더 강한 맛을 느껴지는 현상이다.

예) MSG에 소량의 핵산계 조미료를 가하면 감칠맛이 강해진다.

4) 맛의 변조현상(modulation effect)

한 가지 맛을 느낀 직후에 다른 맛을 정상적으로 느끼지 못하는 현상이다.

예) 쓴 약을 먹은 직후 물을 마시면 달게 느끼게 된다.
오징어를 먹은 직후에 식초나 밀감을 먹으면 쓴맛을 느낀다.

5) 맛의 피로(fatique)

동일한 맛을 장시간 되풀이하여 맛보면 미각이 둔해져 맛이 약할 때는 거의 느끼지 못하는 현상으로 미각세포의 피로에 기인한다.

6) 미맹(taste blind)

Phenylthiocarbamide(PTC)는 쓴맛을 갖는 물질로 대부분의 사람은 쓴맛을 느끼나 일부 사람의 경우에는 쓴맛을 못 느끼는데 이런 사람을 미맹이라고 한다. PTC를 미맹물질이라고 하며, PTC에 대한 미맹은 유전적인 요인에 의해서 결정된다.

2절. 맛 성분의 종류

1. 단맛(sweet taste) 성분

맛 성분 중에서 사람들이 가장 호감을 갖는 맛으로 감미물질은 천연물과 합성물로 그 수가 대단히 많다. 대표적인 감미물질은 당류로 일상적으로 사용하고 있는 것이 설탕이며 당알코올이나 아미노산 중에도 감미를 갖는 것이 있다. 단맛을 나타내기 위해서는 그림 14-3과 같이 감미 발현단과 조미단을 가지고 있어야 한다.

감미 발현단	조미단
hydroxyl기(-OH), sulfonamide기(-SO_2NH_2) aldehyde기(-CHO), nitro기(-NO_2) amino기(-NH_2), nitrile기(-CN) sulfon산기(-SO_3H), oxime(-CH=NOH)	H -CH_3 CH_2OH CH_2CH_2OH

[그림 14-3] 단맛을 나타내는 원자단

1) 당류

당류는 대표적인 천연감미의 성분으로 단당류와 이당류는 단맛을 가지고 있으며, 감미도는 각각 다르다.

(1) 단당류

① Glucose

α형이 β형 보다 1.5배 감미도가 크다. 일반적으로 포도당의 결정은 α형이나 수용액 상태로 용해하면 일부가 β형이 되고, 온도가 상승하면 β형이 증가하여 감미도가 감소한다. 따라서 glucose 사용 시 분말당을 쓰거나 냉수에 녹여 사용하면 감미가 증가한다.

② Fructose

천연당류 중에서 단맛이 가장 강하며, 상쾌한 단맛(pleasant taste)으로 표현된다. 감미도는 β형이 α형 보다 3배의 단맛을 가지며, 이런 단맛의 차이는 동일 분자내의 수산기(-OH)의 상대적 위치에 의해 생기는 것으로 hemiacetal-OH기와 인접한 OH기가 같은 방향에 있는 cis형이 반대의 trans형보다 더 달다. 또한 β형은 불안정하여 가열하거나 방치하면 β형이 α형으로 평형을 이루는데 고온일 때는 α형으로 기울고, 저온에서는 β형이 되어 단맛이 증가한다. 따라서 벌꿀은 가열하지 않고, 또는 물에 타지 않고 그대로 먹는 것이 가장 달며, 과일 또한 차게 해서 먹는 것이 더 달다.

(2) 이당류

보통 α형은 β형에 비해 단맛을 가지고 있고, β형은 쓴맛이나 무미의 것도 있으나, lactose는 반대로 β형이 감미도가 강하다.

① Maltose

맥아당은 일반적으로 β형보다 α형이 더 달다. 수용액으로 가열하면 일부 β형이 α형으로 전환되어 감미가 증가한다(식혜).

② Lactose

α형에 비해 β형이 조금 더 감미를 가지고 있다. 따라서 분유가 흡습되면 β형이 α형으로 전환된다. 일반적으로 β형은 비결정성이고 α형은 결정형이다.

③ Sucrose

Glycoside성 -OH기가 없어 비환원당으로 α, β이성체가 없어서 변선광을 일으키지 않으므로, 감미의 변화가 없다. 따라서 설탕이 감미의 표준물질 또는 기준물질로 쓰인다.

2) 당 알코올

(1) Sorbitol

Glucose를 Ni 촉매하에서 수소를 첨가하면 aldehyde가 환원되어 얻을 수 있다. 화학적으로 안정하여 물에 잘 녹고 흡습성이 있어 단맛 성분인 동시에 보습제(humectant)로 이용되며 당뇨병환자의 감미료로 이용된다.

(2) Mannitol

Mannose가 환원되어 생성된 당알코올로 물에 잘 녹지 않고 갈조류, 버섯류, 미생물 등에 존재하며 식물체가 부패 시 생성되는 점질물에 함유되어 있다.

(3) Xylitol

Xylose를 환원하여 생성된 당알코올로 당뇨병환자의 감미료로 이용되며 충치 예방용으로도 사용된다.

3) 아미노산

(1) L-leucinic acid

L-leucine에 아질산을 작용시켜 얻어지겨, 온화한 단맛을 가져 당뇨병환자의 감미료로 이용된다.

(2) Aspartame

Aspartic acid와 phenylalanine으로 구성된 dipeptide로 상쾌한 단맛을 가져 인공 감미료로 이용된다.

4) 방향족 화합물

(1) Glycyrrhizin

감초의 뿌리에 존재하며 glycyrrhizinic acid에 disodium glucuronate 2분자가 결합한 물질로 Ca과 K의 염으로 되어있다. 독성이 강해 식용으로는 사용 할 수 없고 담배 향료로 이용된다.

(2) Phyllodulcin

감차의 감미 성분으로 flavonoid계 화합물이다. 잎을 건조시켜 차를 끓이면 단맛이 난다. 당뇨병 환자의 감미 성분으로 이용된다.

(3) Perillartin

청소엽의 향기 성분으로 perillaldehyde는 독성이 강해 식품에는 부적당 하나 담배의 향신료로 사용된다

(4) Stevioside

국화과에 속하는 stevia 잎에서 추출 분리한 천연감미료이다. aglycone과 포도당 3분자로 이루어진 배당체로 열, 산, 알칼리에 안정하다. 저열량 감미료로 사용된다.

5) 황 화합물

무, 양파, 마늘 등의 자극적인 매운맛은, 가열 조리로 매운맛은 사라지고 단맛이 생긴다. 황화합물로는 methylmercaptan(무), propylmercaptan(양파, 마늘) 등이 있다.

$$\underset{\text{dipropyl disulfide}}{(CH_3CH_2CH_2)_2S_2} \xrightarrow{+2H} \underset{\text{propyl mercaptan}}{2CH_3CH_2CH_2SH}$$

6) 인공 감미료

인공 감미료는 극히 소량만 사용하여도 단맛이 있으나 흡수나 대사가 어려워 비만 예방용이나 당뇨병 환자의 감미료로 사용된다.

(1) Sacchrin

Sacchrin은 무색 또는 백색의 결정성 분말로 설탕의 500~700배의 단맛을 가지고 있으며 열과 pH에 비교적 안정하다. 물에 잘 녹지 않아 물에 잘 녹는 나트륨염을 이용하고 있다. 또한 체내에서 분해되지 않고 배설되므로 영양이 없어 당뇨병 환자의 감미료로 사용된다. 우리나라에서는 김치류를 제외한 절임식품류, 어육가공품, 유산균 음료를 제외한 청량음료, 이유식을 제외한 특수영양식품에만 사용이 허가 되었다.

(2) Aspartame

Aspartic acid와 phenylalanine으로 구성된 dipeptide로 백색의 무취 분말로서 중성 및 알칼리 조건과 가열에 의해 분해되므로 비가열 식품과 산성 식품에 많이 사용된다.

2. 짠맛 성분(salty taste)

1) 무기염

짠맛은 소금의 맛을 말하는 것으로, 주로 알칼리 금속의 할로겐 화합물들이 짠맛을 나타낸다. Li, Na, K, Rb 등 1A족 원소의 양이온과, F, Cl, Br, I 등 할로겐 음이온들의 염이 관여한다. 일반적으로 짠맛은 음이온에 의해 나타나고 양이온은 쓴맛을 나타내며 양이온이나 음이온의 분자량이 증가하며 염류는 오히려 쓴맛이 증가한다. 소금 이외에 여러 중성염들도 짠맛을 가지지만 짠맛 이외에 쓴맛, 떫은 맛의 복합미를 갖는다.

① 짠맛을 강하게 나타내는 것 : NaCl, KCl, NH_4Cl, NaBr, NaI
② 짠맛과 쓴맛을 비슷하게 갖는 것 : KBr, NH_4I
③ 쓴맛을 강하게 갖는 것 : KI, $MgCl_2$, $MgSO_4$
④ 불쾌한 맛을 갖는 것 : $CaCl_2$

2) 유기염

유기산의 알칼리염 중에도 짠맛을 갖는 것이 있는데 disodium malate, diammonium malonate, sodium gluconate 등으로, 과거에 소금대용으로 무염간장, 감염식, 무염식 등에 사용하였다. 최근에는 신장병, 간장 장애, 고혈압 등의 질환을 가지고 있는 경우 Na^+이 영향을 미치므로 Na^+의 섭취가 금지된 환자인 경우에는 diammonium malate, diammonium sebacinate KCl, NH_4Cl 등이 사용된다.

3. 신맛 성분(sour taste)

무기산, 유기산의 맛이지만, 식품성분으로서는 탄산 이외에 초산, 젖산, 구연산,

주석산 등의 유기산이 주요한 산이다. 신맛을 나타내는 원인은 용액 중에 녹아 있는 H^+에 의해서 신맛을 나타내는 것이다. 그러나 신맛이 강한 것은 수소이온 농도와 반드시 비례하는 것은 아니며 동일 pH에서는 유기산 쪽이 무기산 보다 신맛이 강하다. 또한 신맛은 해리되는 음이온과 관계가 있는데 무기산에서는 쓴맛과 떫은맛이 나고, 유기산에서는 상쾌한 신맛과 특유의 감칠맛을 나타낸다. 예를 들어 구연산, 주석산은 청량감이 있는 신맛이고, 글루탐산, 이노신산, 호박산 등은 신맛뿐만 아니라 특유의 감칠맛을 갖는다. 화학적으로 신맛은 H^+, $-OH^-$, COOH의 수, $-NH_2$의 존재와 많고 적음에 영향을 받는데 $-OH^-$가 있으면 온화한 신맛을 내고, $-NH_2$가 존재하면 쓴맛이 강한 신맛을 낸다.

대부분의 식품은 pH 5.0~6.5의 산성을 띠나, 식초나 과일 이외에는 신맛을 별로 느낄 수 없는데, 이는 산 이외에 다른 맛 성분이 포함 되어있기 때문이다.

4. 쓴맛 성분

식품에 쓴맛의 기준으로서는 키닌(quinine), 카페인(caffeine), 스트리히닌(strychnine)과 같은 알칼로이드(alkaloids)와 감귤류에 포함된 플라바논 배당체와 같은 flavonoid에 의한 것이 가장 많다. 오늘날에는 쓴맛을 이용한 식품도 다양한데 맥주, 차류, 커피, 코코아, 초콜릿 등은 기호적인 가치뿐만 아니라 약리작용, 식품의 자극성, 흥분성과 관련이 있다.

1) Alkaloid

식물체의 염기성 함질소화합물로 쓴맛과 약리작용을 갖는 물질로 차(3%), 커피(1%)에 함유된 caffeine은 흥분작용을 하고, 코코아, 초콜릿에 함유된 theobromine은 이뇨작용을 한다.

2) 배당체

배당체는 과일, 채소의 쓴맛 성분으로 존재한다. 배당체 중 쓴맛을 가지고 있는 것으로는 양파 외피와 녹차의 quercetin, 감귤류의 외피의 naringin과 hesperidin, 오이 끝부분의 cucurbitacin, 메밀의 rutin 등이다. naringin은 naringinase로 가수분해하면 쓴맛이 제거된다.

3) Ketone

Ketone류로는 맥주를 양조할 때 단백질에 의한 혼탁을 방지하기위해 사용하는 hop에 존재하는 humulone, lupulone이 있다. 주로 맥주에 이행되는 것은 humulone으로 기호적인 쓴맛을 가지게 한다. 고구마의 흑반병에 의해 생긴 쓴맛은 ipomeamarone에 의한 것으로 유독성분이다.

4) 단백질의 분해 산물

Pepsin으로 단백질을 가수분해하여 생성된 leucine이 존재하는 dipeptide는 쓴맛을 내고, 세균에 의해 tyrosine에서 생성된 tyramine, 변질된 치즈나 건어물 복부의 쓴맛도 peptide에 기인한다. 아미노산 중에서는 L-tryptophan, L-leucine, L-phenylalanine 등이 쓴맛을 나타낸다.

5) 기타 쓴맛 성분

① 두부 응고제로 사용하는 간수의 $CaCl_2$, $MgCl_2$는 무기염류의 쓴맛 성분이다.
② 콩, 팥과 같은 두류나 도토리나 인삼에 존재하는 saponin은 쓴맛 성분이다.
③ 정제 포도당의 쓴맛 성분으로 gentiobiose가 있다.
④ 감귤과즙의 저장 시 생성되는 지연형의 쓴맛 성분인 limonin이 있다.

5. 매운맛 성분(hot taste)

고추로 대표되는 맛으로 매운맛은 4가지 기본 맛에 포함되지 않는 것으로 구강 내 통각을 자극하므로 생성되는 맛이다. 적당한 농도의 매운맛은 식욕을 증진시키므로 식품가공이나 조리에 매우 중요한 향신료이다. 일반적으로 매운맛은 불쾌한 맛과 냄새를 순화시켜 주는 마스크작용(masking)을 하기도 한다. 또한 매운맛 성분은 화학구조에 따라 acid-amide, guaiacol 유도체, 함황화합물, 정유류 및 amine으로 분류한다.

1) Acid-amide

(1) Capsaicine

고추의 매운맛 성분으로 냉수에는 불용성 성분이지만 알코올, 에테르, 클로로포름, 벤젠 등에는 가용성으로 체내 항산화작용이 있어 상용하면 고혈압에 효과가 있다.

(2) Chavicine

후추에 약 1% 정도 함유된 매운맛 성분으로 chavicine의 trans이성체인 piperine는 매운맛이 없으며 cis형인 chavicine만이 매운맛을 갖는다. 따라서 분말 상태의 후추를 장기간 저장하면 매운맛이 감소된다.

(3) Sanshool

산초에 존재하는 향기를 갖는 약한 매운맛 성분이다

2) 황화합물, 정유류

(1) 겨자유(mustard oil)

겨자유는 십자과 식물에 배당체인 aglycone으로 존재하는데, 종류로는 흑겨자유와 백겨자유가 있다.

① 흑겨자유

그림 14-4와 같이 배당체인 sinigrin이 myrosinase에 의해 가수분해 하여 allyisothiocyanate를 생성하여 매운맛을 나타낸다.

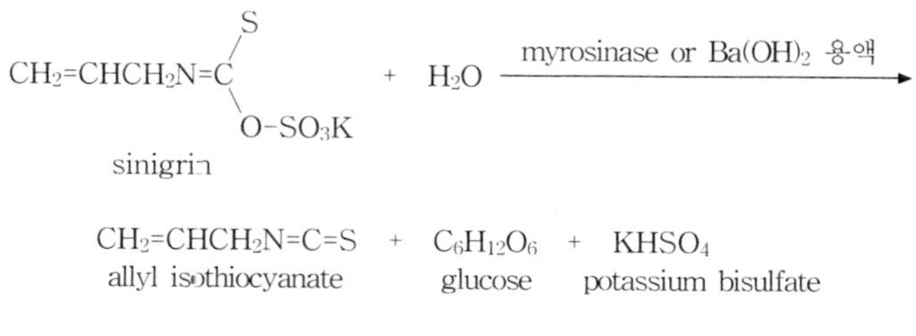

[그림 14-4] 흑겨자유의 생성

② 백겨자유

그림 14-5와 같이 배당체인 sinalbin이 myrosinase에 의해 매운맛인 ρ-hydroxybenzyl isothiocyanate를 생성하여 매운맛을 띤다.

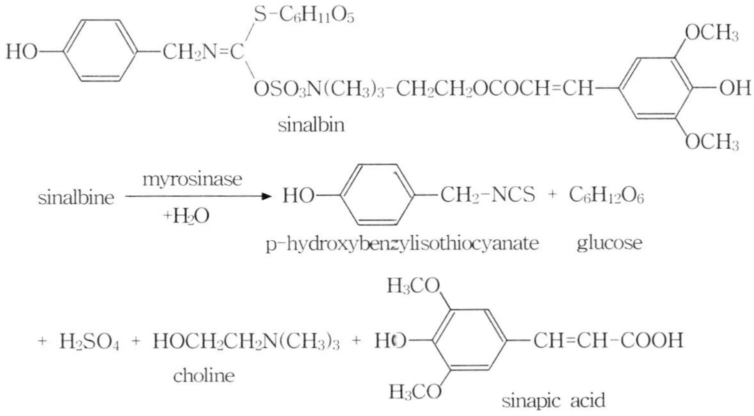

[그림 14-5] 백겨자유의 생성

3) 황화 allyl류

그림 14-6과 같이 마늘, 양파, 부추 등 나리과 파류의 정유를 부추유(leek oil)

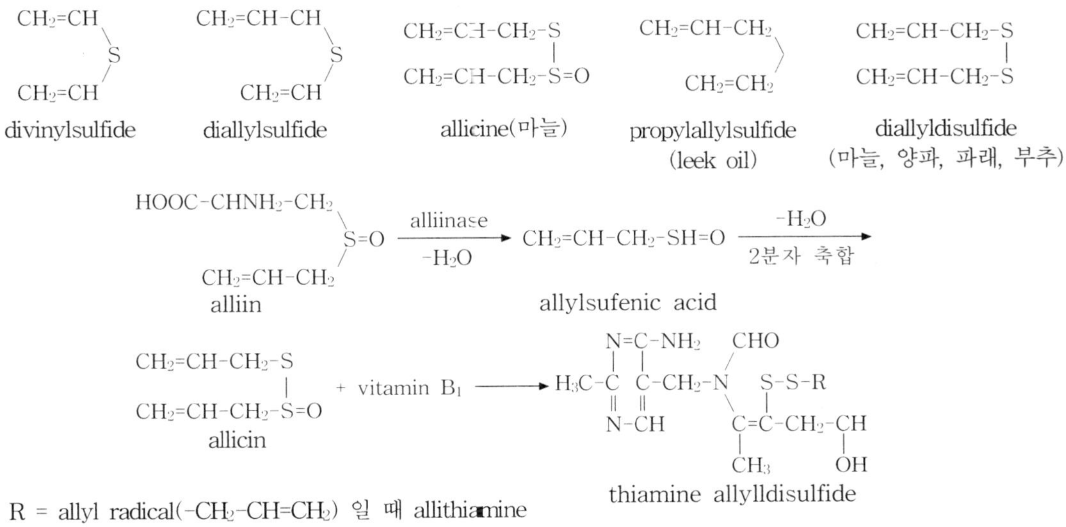

R = allyl radical($-CH_2-CH=CH_2$) 일 때 allithiamine

R = propyl radical($-CH_2-CH_2-CH_3$) 일 때 allonamone

[그림 14-6] 황화 allyl류 및 allicine의 생성

라고 하며 여기에 존재하는 매운맛 성분은 겨자유와 마찬가지로 S기를 가지고 있으나 N을 가지고 있지 않다.

4) Guaiacol 유도체

생강의 매운맛 성분으로 zingerone, shogaol, gingerol 등이다. 한편 gingerol은 zingerone, shogaol의 전구물질이며, curcumine은 강황의 매운맛 성분이고 vanillin는 vanilla 콩의 방향성 매운맛 성분이다. 또한 cinnamic aldehyde는 계피의 향신료로 사용된다.

5) Amine 류

부패한 생선이나 변패된 간장에는 histidine, tyrosine이 세균에 의해 탈탄산되어 histamine, tyramine이 생성되는데 이들은 각각 매운맛을 나타낸다.

6. 감칠맛 성분(palatable taste)

감칠맛은 기본 사원미인 단맛, 짠맛, 신맛, 쓴맛이 조화를 이룬 맛으로 단일 성분에 의한 맛이 아니다. 예를 들어 육류의 열수 추출물, 간장과 된장, 조개류, 젓갈류, 해조류(다시마), 버섯, 죽순 등에서 느끼는 맛이다. 감칠맛은 amino acid, peptide, choline 및 그 유도체, nucleotide, amide, 유기염기, 유기산 등이 관계하고 있다.

1) Amino acid

① Glycine

Glycine은 겨울철의 조개류, 새우, 게류 등에 약 1% 정도 함유된 감칠맛 성분으로 독특한 풍미를 띤다.

② Betaine

여름철 오징어, 새우, 문어, 조개류, 게 등에 함유된 감칠맛 성분으로 glycine이 methyl화한 것이다.

③ Creatine, Creatinine

어류나 육류의 일반적인 감칠맛 성분으로 glycine의 유도체이다. glycine과 그 유도체의 감칠맛 성분은 그림 14-7과 같다.

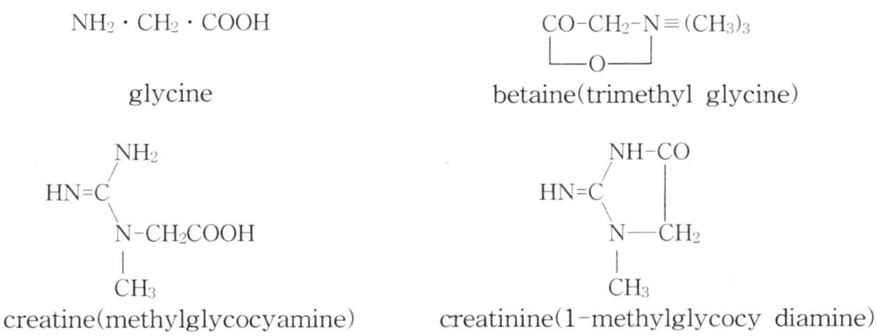

[그림 14-7] 어류 및 육류의 감칠맛 성분

④ Theanine

햇빛을 가리고 재배한 녹차(옥로차)에 1% 정도 함유한 glutamic acid의 ethyl amide로 단맛을 곁들인 감칠맛 성분이다.

⑤ Asparagine

어류, 육류, 채소류에 포함되어 있는 감칠맛 성분이다.

⑥ Glutamine

Asparagine과 더불어 어류, 육류, 채소류에 포함되어 있는 감칠맛 성분이다.

⑦ Monosodium glutamate(MSG)

L-glutamic acid의 α 위치에 있는 COOH에 -Na가 결합한 것으로 다시마와 미역의 감칠맛 성분으로 D형은 맛이 없고, L형만이 감칠맛을 낸다. MSG의 감칠맛은 pH 6~8에서 좋으나 강산성 식품과 혼용하면 감칠맛이 저하된다. 또한 MSG는 물에 잘 용해되고 모든 요리의 사용 기준량은 0.1~0.3%가 좋다.

2) Peptides

① Carnosine, anserine

Dipeptide로 육류, 어류에 들어 있는 감칠맛 성분이다. carnosine은 수육 중에 많이 들어 있고 methyl carnosine인 anserin은 참다랭어에 많이 들어있다.

② Glutathione

Tripeptide로 glycine, cysteine, glutamate가 결합한 감칠맛 성분으로 다랑어에 많이 존재하는데, 최근에는 감칠맛이 있는지 의심하는 보고도 있다.

3) Choline 및 그 유도체

① Choline

Choline과 그 유도체인 carnitin과 betaine도 일반적인 식품에 널리 분포하는 감칠맛 성분이다.

4) Trimethylamine oxide

해수어의 감칠맛 성분으로 세균에 의해 환원되면 비린내 성분인 trimethylamine이 된다.

5) Nucleotides

Nucleotide의 구조는 그림 14-8과 같이 염기 부위에 purine환의 6의 위치에 -OH기를 가지고 ribose의 C_5가 인산화 될 때 감칠맛을 갖는다. nucleotide 중 5′-IMP는 표고버섯, 송이버섯의 감칠맛 성분이고, 5′-GMP는 육류, 어류의 감칠맛 성분이다. 5′-mononucleotide류의 감칠맛은 GMP > IMP > XMP의 순이고 GMP는 IMP에 비해 2~3배 정도 강한 감칠맛을 갖는다. 이들 nucleotide류는 MSG와 혼합될 때 감칠맛에 강한 상승효과가 있다. 또한 nucleotide는 식품에 감칠맛 이외에 부드러운 맛을 주고, 신맛과 쓴맛을 억제하는 맛의 완충작용도 있다.

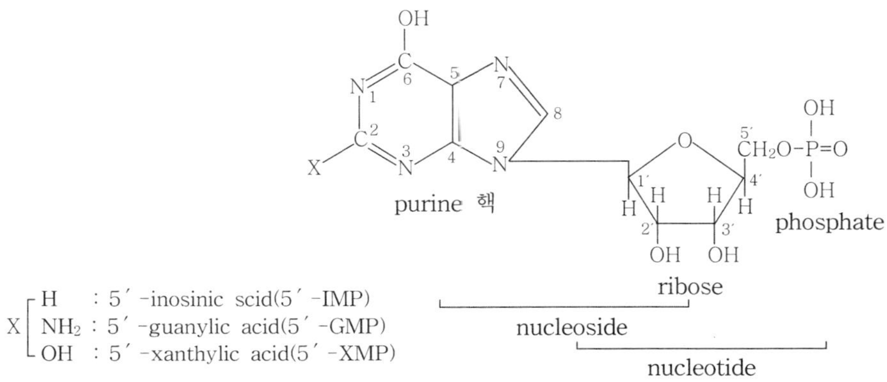

[그림 14-8] Nucleotide의 구조

6) 기타 감칠맛 성분

조개류, 고동, 청주에 함유된 감칠맛 성분으로는 일종의 유기산인 sodium succinate가 있고, 오징어, 문어 등에 함유된 감칠맛 성분으로는 taurine이 있다.

7. 떫은맛 성분(astringent taste)

Tannin으로 대표되는 맛으로 혀 표면에 점성 단백질이 일시적으로 변성응고되어 미각신경이 마비됨으로서 일어나는 수렴성(astringency)의 불쾌한 맛이다. 식품에서 떫은맛은 tannin, fatty acid, aldehyde, Fe와 Al와 같은 금속류가 원인이 된다.

1) Tannin

Tannin은 gallic acid와 그 유도체가 phenol류와 결합한 고분자 화합물로서 단백질과 결합하면 응고, 중합, 산화되어 수렴성이 강한 불용성의 물질을 만든다. 또한, Fe과 반응하여 흑색의 tannin-Fe이 된다. 따라서 철분이 함유된 물로 차를 우려내면 검게 변한다. 식품에 존재하는 tannin성분들은 다음과 같다.

① Diospyrin(shibuol)

Gallic acid와 phloroglucinol의 축합물로 감의 떫은맛을 나타낸다. 감이 익어감에 따라 떫은맛이 적어지는 것은 alcohol, aldehyde가 diospyrin과 중합하여 불용성 물질로 변하기 때문이다.

② 녹차

대부분 catechins으로 존재하며, theanin은 단맛을 갖는 감칠맛과 청량감을 갖는 떫은맛으로 존재한다.

③ 홍차

Catechin과 gallocatechin으로 이들은 발효과정에서 산화효소에 의해 thea-flavine이 되어 적색으로 변하면서 떫은맛이 적어진다.

④ 밤

밤 속껍질의 떫은맛은 두 분자의 gallic acid가 축합한 ellagic acid이다.

⑤ 커피

Coffee의 탄닌은 caffeic acid와 quinic acid가 축합한 chlorogenic acid이다

2) 지방산 및 aldehyde

불포화 지방산 함량이 많은 생선 등을 장기간 저장하면 떫은맛이 생성되는데 이는 불포화지방산의 자동산화로 생성된 유리 불포화 지방산과 이들의 산화분해 물질인 aldehyde가 혀 점막에 점착하기 때문이다.

8. 아린맛 성분(acrid taste)

아린맛은 떫은맛과 쓴맛이 혼합된 불쾌한 맛으로 가지, 우엉, 죽순, 고사리, 토란 등을 물에 침지 했을 때 침출액에서 얻어진다. 아린맛 성분은 alkaloid, 각종의 tannin, aldehyde, 유기산, 무기염류인 Ca^{2+}, K^{+}, Mg^{2+} 등에 의해서 나타난다.

우엉, 토란, 죽순의 아린맛 성분은 그림 14-9와 같이 방향족 아미노산인 phe-nylalanine, tyrosine 등에 의해 생성된 homogentisic acid에 의한다.

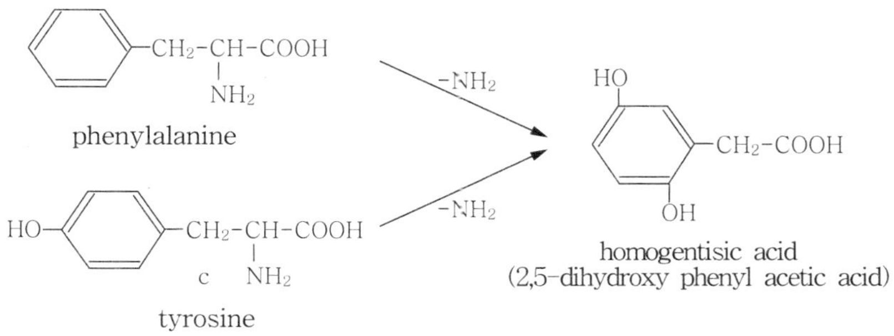

[그림 14-9] Homogentisic acid의 생성

9. 금속맛과 알칼리맛 성분(metallic and alkaline taste)

금속맛은 주석, 철, 은 등의 금속이온에 의해 spoon, fork 등에서 느끼는 맛이고, 알칼리맛은 OH^-이온의 맛으로 중조나 재에서 느끼는 맛이다.

10. 점활미 성분(colloidal teste)

점활미는 교질미, 원활미라고도 하는 교질성 감각이다. 점활미는 혀 표면과 점막의 접촉에 의해 촉감을 좋게 하는 맛으토, colloid로부터 유래하며 다당류나 단백질도 그 원인이 된다. 예를 들면 밥이나 떡의 호화, 찹쌀의 amylopectin에 의한 맛, 해초의 alginic acid, 한천의 galactan, jam의 pectin질, 육수의 gelatin, 버터나 마요네즈에 의한 유화된 맛, 밀가루의 gluten 등이 점활미를 주는 성분이다.

제 15장 식품의 냄새성분

1절. 식품과 냄새성분

1. 냄새성분의 특성

식품은 각각 특유의 냄새를 가지고 있으며, 냄새에는 즐거움을 주는 것과 불쾌감을 주는 것이 있어, 식품의 가치를 결정하는 중요한 요인이 되고 있다. 실제 냄새는 맛과의 상호작용에 의해 느끼기 때문에 맛을 포함한 냄새를 풍미 또는 향미라고 한다. 냄새는 코 안에 들어와 후각 신경을 자극 시켜, 일어나는 것으로서 자극을 주는 물질이 공기 중에 미세한 분자로 휘발하여 기류에 의해 코 점막에 녹게 되면 점막 중에 분포하고 있는 후각신경을 자극하는 것이다. 또한 냄새를 결정하는데 중요한 요인으로는 관능기, 분자의 크기와 형태, 입체구조 등이 있다. 일반적으로 냄새에 관계하는 관능기로서는 -OH, C=O, CHO, COOH, COO, -O- 등이 있다.

2. 냄새의 종류와 분류

1) 냄새와 화학구조

① 탄소사슬이 짧은 저급지방산 ester은 강한 악취를 내지만, 탄소수가 길어져 C_{16} 이상의 지방산은 냄새가 약해진다.

② 일반적으로 방향족화합물은 냄새가 강하고, 지방족화합물은 냄새가 약하다.

③ 이중결합을 가진 것은 냄새가 강하고, 삼중결합의 지방족화합물의 냄새는 좋지 아는데 비해 방향족화합물은 좋은 냄새가 난다.

④ 저분자지방족 알코올은 C_{10} 까지는 좋은 냄새가 나며, 특히 3급알코올은 장뇌냄새가 난다.

⑤ 입체이성체 중 menthol은 박하향이 나고, iso, neo-menthol은 불쾌한 곰팡이 냄새가 난다. 3-hexenol의 cis-이성체는 신선한 풋내를 나타내고 trans-이성체는 국화향이 난다.

3. 냄새 성분의 기능

향미의 자극에 의한 식욕증진 작용과 향신료의 품질을 보존, 향상시키는 작용과 마스크(masking)작용 및 약리작용으로 냄새성분이 있는 식물은 피로회복, 노화억제, 소화 촉진 등의 작용을 한다.

2절. 식물성 식품의 냄새성분

식물성 식품에 주로 들어있는 냄새성분은 ester류, alcohol류, aldehyde류, terpene류 및 유황화합물 등이다.

1. Ester류

표 15-1과 같이 과실류의 주된 냄새성분으로 C_{10} 이하인 화합물은 과일의 냄새이며 탄소수가 커지면 냄새가 진해져 꽃향기가 된다.

[표 15-1] 식품의 ester 냄새

명 칭	구 조 식	함유식품
Amyl formate	$HCO \cdot O \cdot CH_2(CH_2)_3CH_3$	사과, 배
Isoamyl formate	$HCO \cdot O \cdot CH_2CH_2CH(CH_3)_2$	사과, 배
Ethyl acetate	$CH_3CO \cdot O \cdot CH_2CH_3$	파인애플
Isoamyl acetate	$CH_3CO \cdot O \cdot CH_2CH_2CH(CH_3)_2$	사과, 배
Methyl butyrate	$CH_3CH_2CH_2CO \cdot O \cdot CH_3$	코코아
Methyl valerate	$CH_3CH_2CH_2CH_2CO \cdot O \cdot CH_2CH_3$	사과
Isoamyl isovalerate	$(CH_3)_2CHCH_2CO \cdot O \cdot CH_2CH_2CH(CH_3)_2$	바나나
Methyl cinnamate	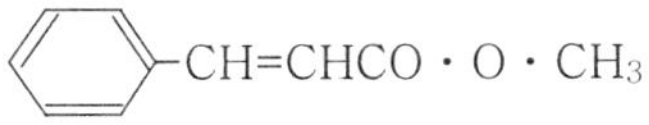	송이버섯
Sedanolide	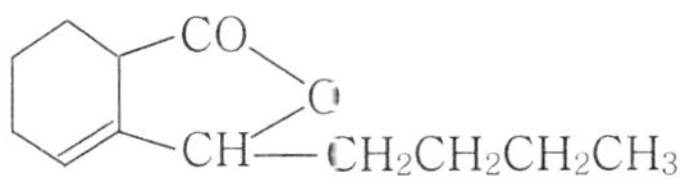	셀러리
Apiol	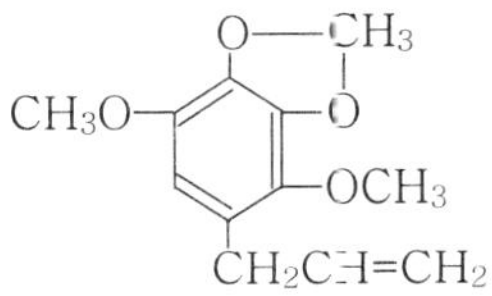	parsley

2. Alcohol류

표 15-2와 같이 과일과 채소의 풋내는 청엽 alcohol(aba alcohol)이며 C_5 이하의 alcohol은 과채류의 냄새성분이다.

[표 15-2] 식품의 alcohol 냄새

명 칭	구 조 식	함유식품
Ethyl alcohol	CH_3CH_2OH	주 류
Propanol	$CH_3CH_2CH_2OH$	양 파
Amylalcohol(pantanol)	$CH_3CH_2CH_2CH_2CH_2OH$	감 자
β,γ-hexenol	$CH_3CH_2CH=CHCH_2CH_2OH$	찻잎, 채소의 푸른잎
1-octen-3-ol	$CH_3(CH2)_4CHOHCH=CH_2$	송이버섯
2,6-nonadienol	$CH_3CH_2CH=CH(CH_2)_2CH=CHCH_2OH$	오 이
Furfuryl alcohol	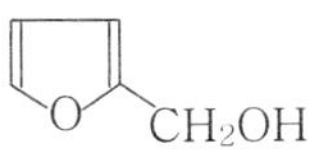	커 피
Eugenol	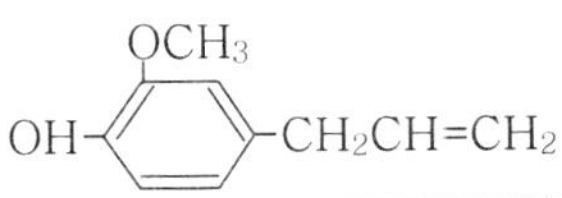	계 피

3. Aldehyde류

일반적으로 표 15-3과 같이 지방족 aldehyde는 유제품, 육류의 냄새와 관계되며, 방향족 aldehyde는 지방족 aldehyde에 비해 냄새가 짙은 것이 특징이다.

[표 15-3] 식품의 aldehyce 류

명 칭	구 조 식	함유식품
Aba aldehyde(α,β-2-hexenal)	$CH_3CH_2CH_2CH{=}CHCHO$	차엽, 논엽
Benzaldehyde	C_6H_5CHO	almond
Cinnamic aldehyde	$C_6H_5CH{=}CHCHO$	육계향
Vanillin	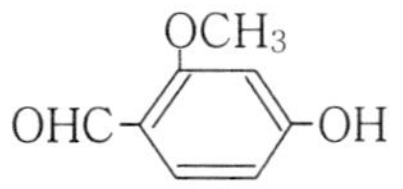	vanilla

4. Terpene류

Terpene류 표 15-4, 표 15-5와 같이 꽃, 잎 등 식물체를 수증기로 증류할 때 얻어지는 방향성분으로, 분자구조에 isoprene을 가지고 있는 물질로 일반적으로 냄새와 매운맛을 가지고 있다.

[표 15-4] 식품의 terpene류

명 칭	구조식	함유식품	명 칭	구조식	함유식품
sesquiterpene					
zingilbeme	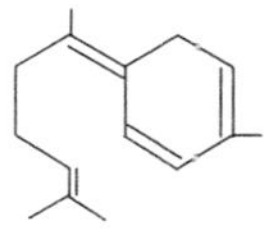	생강	humulene	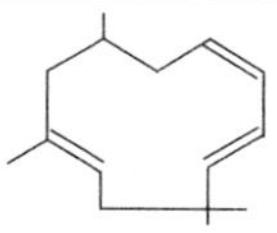	홉
β-selinene	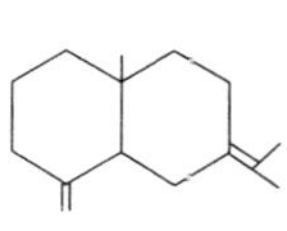	샐러리유	farnesol	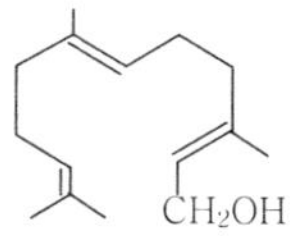	사향초유 보리수꽃유

[표 15-5] 식품의 terpene류

명 칭	구조식	함유식품	명 칭	구조식	함유식품
		monote-pene			
myrcene	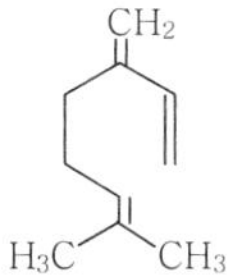	미나리	menthol	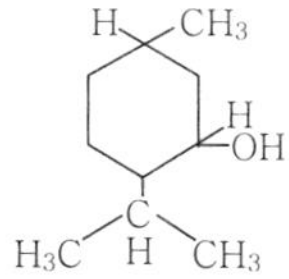	박하
limonene	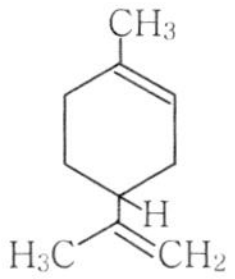	오렌지	1,8-cineole	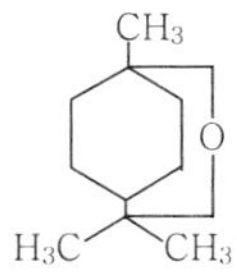	cardamon
α-phellandrene	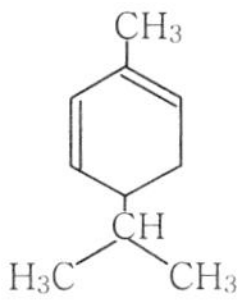	후추	β-citral	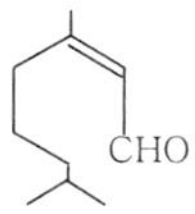	레몬
camphene	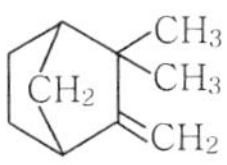	레몬	carvone	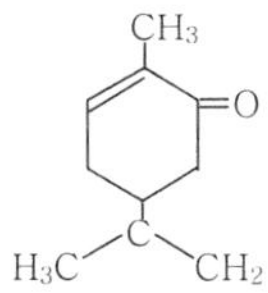	caraway유
linalool	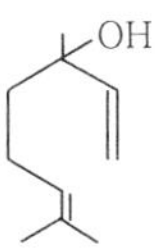	등화유	menthone	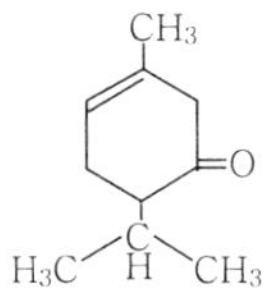	박하
geraniol	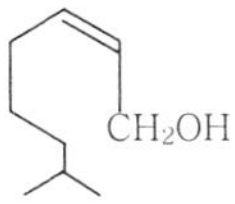	녹차			

5. 유황 화합물

채소류 중 엽채류와 근채류에 함유된 냄새성분으로 표 15-6과 같이 휘발성 S-화합물은 악취와 특유의 매운맛을 갖는다.

[표 15-6] 식품의 유황 화합물

명 칭	구 조 식	함유식품
Methyl mercaptan	CH_3SH	무
Propyl mercaptan	$CH_3CH_2CH_2SH$	양파
dimethyl mercaptal	$CH_3CH(SCH_3)_2$	단무지
S-Methyl cysteine sulfoxide	$CH_3S(=O)CH_2CH(NH_2)COOH$	양배추, 순무
Methyl β-methylmerca propionate	$CH_3SCH_2CH_2COOCH_3$	파인애플
β-Methyl mercapto propyl alcohol	$CH_3SCH_2CH_2CH_2OH$	간장
β-Methyl mercapto propyl alcohol	$CH_3SCH_2CH_2CH_2OH$	된장
Furfuryl mercaptan	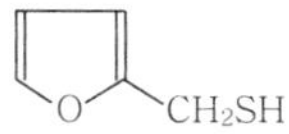	커피
Alkyl isothiocyanate	R-N=C=S	겨자, 무
Dimethyl sulfide	CH_3SCH_3	고추냉이, 구운김

6. 야채류의 냄새성분

야채류의 냄새성분은 ester, aldehyde, ketone, acid 등 뿐만 아니라 휘발성 성분인 유황화합물 및 H_2S 등으로 신선한 냄새를 주어 식욕을 촉진한다.

1) 무의 냄새성분

무에 매운맛의 냄새성분은 trans-4-methylthio-3-butenyl-isothiocyanate가 주요 성분이고, butylcrotonyl isothiocyanate sulfide, butyl-butyl iso-thiocyanate sulfide, allyl isothiocyanate, dimethyl disulfide 등으로 구성되어 있다.

2) 양배추의 냄새성분

생야채 상태에서는 냄새가 별로 나지 않으나 가열 조리 시 강한 냄새를 갖게 되는데 이는 야채에 들어있는 유황함유 단백질이 가열에 의해 분해되어 H_2S나 유황 화합물들을 형성하기 때문이다.

3) 토마토의 냄새성분

토마토의 냄새성분으로는 휘발성 유기산류(volatile acids)와 methyl alcohol이 중요한 성분을 이루고 있으며 그 외에 acetaldehyde, ethyl acetate, iso-valeraldehyde, isoamyl alcohol, pentanol 등이 존재한다.

4) 오이의 냄새성분

그림 15-1과 같이 오이냄새의 주성분은 2,6-nonadienal이며, 그 이외에 2-nonenal, ethanal, propanal, hexenal, 2-hexenal 등이다

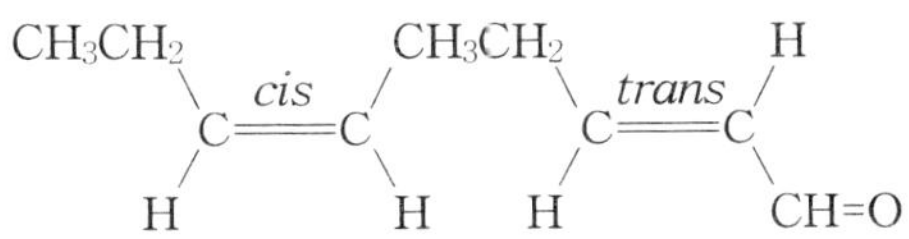

2,6-nonadienal

[그림 15-1] 오이의 중요 냄새 성분

5) 당근의 냄새성분

당근의 주요 냄새성분으로는 aldehyde류인 heptanal, octanal, 2-nonenal, 2-decanal과 terpenoid 탄화수소인 terpinolene, γ-bisabolene, γ-terpinene, caryophyllene, sabinene 등이 있다

6) 샐러리의 냄새성분

샐러리의 냄새성분으로는 aldehyde류, 알코올류, 에스테르류, 산류 이외에 phthalide류가 함유되어 있다. 이중에서 특히 sedanolide류가 샐러리의 주요한 냄새성분이다.

7) 버섯류의 냄새성분

표고버섯의 주요 냄새성분은 lenthionine이며, 그 형성과정은 그림 15-2와 같다. 송이버섯의 냄새성분으로는 methyl cinnamate, 1-octen-3-ol이다.

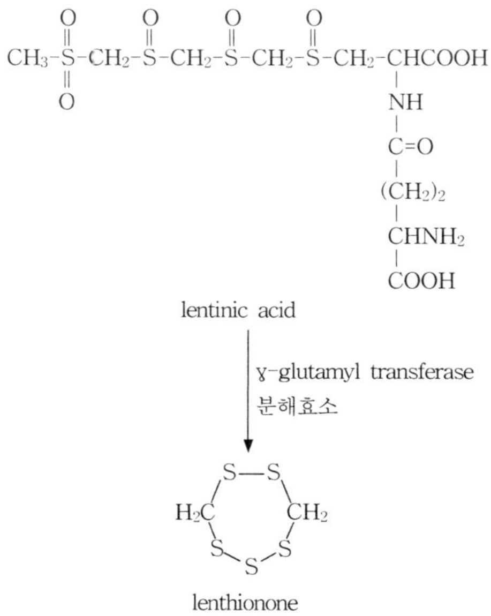

[그림 15-2] 표고버섯의 냄새성분 형성 과정

7. 과일의 냄새성분

과일의 냄새는 그 과일의 특성이나 신선도를 알아내는데 매우 중요하다. 과일류의 상쾌한 냄새의 주성분은 에스테르, 락톤, 테르펜류 등이다.

1) 사과의 냄새성분

C_2~C_6의 alcohol류 와 C_2~C_6의 aldehyde류 및 산류와 에스테르류가 주성분이다.

2) 감귤류의 냄새성분

(1) 오렌지

오렌지의 주요 냄새성분은 ethyl acetate, ethyl butyrate, limonene, ethyl caproate, ethyl caprylate 등이다.

(2) 자몽

자몽의 주요 냄새성분은 nootkatone이다.

(3) 바나나의 냄새성분

바나나의 휘발성 냄새성분으로는 acetic acid, methanol, ethanol, methyl acetate, ethyl acetate 등 이다.

(4) 파인애플의 냄새성분

파인애플의 특유한 냄새성분으로 1,3,5-undecatriene, 1,3,5,8-undecatetraene, chavicol, γ-caprolactone, 2,5-dimethyl-4-hydroxy-3(2H)-furanone 등이 있다.

(5) 포도의 냄새성분

Methyl anthranilate, acetone, ethanol, methanol 등 이다.

(6) 복숭아

γ-decalactone, δ-decalactone 등 이다.

8. 파과류의 냄새성분

파과류에 속하는 것으로 양파, 파, 부추, 마늘 등이 있으며, 이들의 특징은 다음과 같다.

냄새성분으로 휘발성 유기황화합물을 함유하고 이들 화합물은 효소반응에 의해 형성된다. 그리고 이들 냄새성분은 최루성분을 포함한다.

1) 마늘의 냄새성분

대부분이 diallyl disulfide이며 그 외에 diallyl sulfide, diallyl trisulfide, divinyl sulfide 등의 휘발성 황화합물이다.

2) 양파의 냄새성분

양파의 휘발성 냄새성분으로 중요한 것이 thiopropanal-5-oxide(신선한 양파의 냄새성분과 최루성분), mercaptan류, aldehyde류 등이다.

9. 향신료의 냄새성분

향신료의 냄새성분은 alcohol, aldehyde, terpene 등으로 각종 향신료의 주요 냄새성분은 다음과 같다. 산초에는 geraniol, 고추에 capsaicin, 흑겨자에 allylisothiocyannate, 백겨자에 ρ-hydroxybenzylisothiocyannate, 생강에 zingerone, 강황에 citral, sage에 salven, 박하에 1-mentol, 차조기에 perillaldehyde 등이다. 이들 방향성 향신료는 육류나 어류의 교취(마스크 작용)나 부가적 냄새로 이용되기도 한다. 그밖에 향신료는 강한 항산화작용과 항균작용이 있어, 식품의 품질을 보존하는데 주요한 역할을 한다.

3절. 동물성 식품의 냄새성분

동물성 식품 중 어류와 육류 중에는 amine류, ammonia가 우유 및 유가공품에는 carbonyl화합물 및 지방산류가 냄새성분의 주체를 이루고 있으며, 식물성 식품과 마찬가지로 alcohol과 aldehyde류가 관여한다.

1. 어류의 냄새성분

어류는 선도의 저하와 함께 비린내가 강하게 나는데, 이것은 세균에 대한 오염으로 각종 amine류가 생성되기 때문이다. 그림 15-3과 같이 해수어의 냄새성분은 trimethylamine으로 이것은 맛성분인 trimethylamine oxide가 선도저하와 함께 세균의 환원작용에 의해 생긴 것으로 민물고기 보다 상어와 같은 연골 해수어에 많이 함유되어있다. 따라서 trimethylamine의 함량을 측정하면 신선도를 알 수 있다. 일반적으로 trimethylamine이 1mg%이면 맛이 저하되고, 2~3mg% 검출되면 부패 식품으로 판정하다.

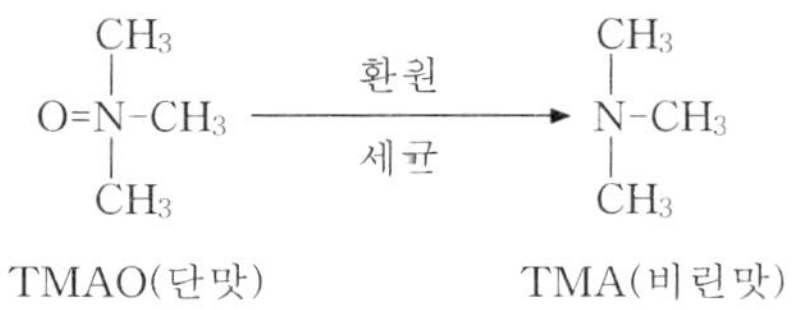

[그림 15-3] 해수어의 비린내 생성과정

또한 담수어(민물고기)의 비린내 성분은 그림 15-4와 같이 어체에 존재하는 lysine이 세균에 의해 생성된 piperidine이나, lysine과 arginine에 의해 생성된 δ-aminovaleraldehyde, δ-aminovaleric acid가 주체이다.

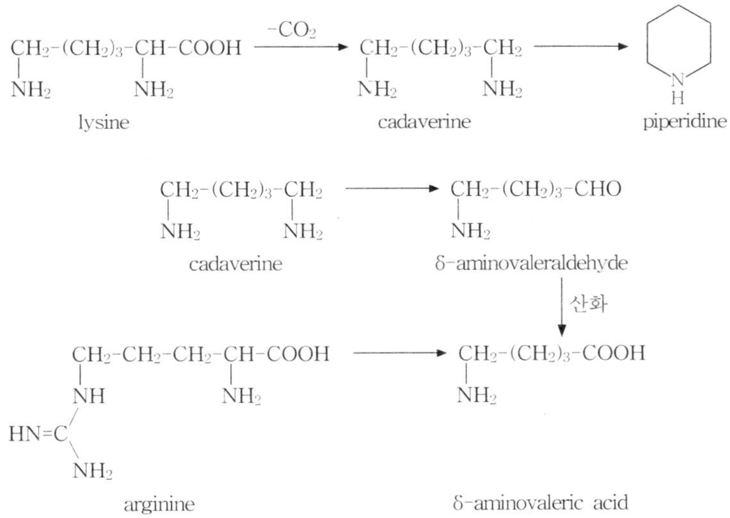

[그림 15-4] 담수어의 비린내 생성 과정

어류의 신선도가 상당히 저하된 후 ammonia가 지극취의 원인이 되는데, 이것은 요소가 세균작용으로 분해되어 생성된 것이며 또한 부패가 되면 methyl mercaptan, H_2S, indole, skatol 등이 부패취의 주체가 된다.

2. 육류의 냄새성분

육류와 같은 단백질 식품의 냄새는 단백질을 구성하는 함황아미노산에서 생기는 함황화합물, 지방에서 유래하는 휘발성지방산이나 carbonyl화합물이 주체가 된다.

신선한 소고기의 경우 acetaldehyde가 냄새의 주체가 되며, 선도가 저하되면 단백질이나 아미노산이 세균의 작용에 의해 ammonia, H_2S, mercaptan류가 냄새의 주체가 된다. 그리고 고기를 가열 조리하는 경우 발생하는 냄새성분으로는 acetone, acetaldehyde, n-hexanal 등의 carbonyl화합물, mercaptan, H_2S, dimethyl sulfide와 같은 황화합물, methylamine, ammonia와 같은 amine류, acetic acid, propionic acid, isobutyric acid와 같은 산류 및 pyrazine(불고기 냄새)과 같은 질소화합물 등이 생성되며, 돼지고기의 특유한 냄새성분의 주체는 C_5, C_9, C_{12}의 γ-lactone류 이고 양고기의 특유한 냄새성분의 주체는 4-methyloctanoic acid 이다.

3. 우유 및 유제품의 냄새성분

신선한 우유의 냄새성분은 acetone, acetaldehyde와 같은 carbonyl화합물, propionic acid, butyric acid와 같은 저급지방산, 황화합물인 methyl sulfide 등이 주체이며 우유 가열취는 단백질의 열변성에 의해 형성되는 H_2S, SH-화합물들, carbonyl화합물들, 지방의 가수분해로 생성된 ketone, δ-lactone류의 혼합취이다. 그리고 발효유제품에 해당하는 버터와 치즈는 둘다 가공 중에 미생물의 작용으로 지방이나 단백질을 분해시키지만 사용하는 미생물의 종류에 따라 다른 냄새성분이 생성된다.

(1) 버터

버터 냄새성분의 주체는 acetoin, diacetyl이며 그 이외에 휘발성지방산 등이다.

$$\underset{\text{acetoin}}{CH_3CHOHCOCH_3} \underset{+H_2}{\overset{-H_2}{\rightleftharpoons}} \underset{\text{diacetyl}}{CH_3CO \cdot CO \cdot CH_3}$$

(2) 치즈

치즈 고유의 냄새성분은 methionine로부터 생성된 ethyl-β-methylmercaptopropionate로 된장에도 존재한다.

4절. 가열 혹은 가공 중에 형성되는 냄새성분

1. Amino-carbonyl 반응

$$\text{dicarbonyl} + \text{amino acid} \xrightarrow{\text{가열}} \underset{(\text{pyrazine})}{\text{2aminoreductone}} + \underset{(\text{가열냄새성분})}{\text{aldehyde}}$$

Pyrazine은 냄새의 역치가 낮아 미량으로도 가열취를 느낀다. 예를 들어 보리차, coffee, 땅콩, 볶은 참깨 등의 주된 냄새성분이다.

2. 식빵의 냄새

빵은 발효와 굽기 과정에서 냄새성분을 생성한다. 발효과정에서 acetoin이 산화하여 diacetyl을 생성하며, 굽기 과정에서는 carbonyl화합물이 생성되어 냄새성분의 주체가 된다.

3. Caramel의 냄새

당류의 가열 분해산물로 furfural, hydroxymethyl furfural(HMF)가 주요 냄새성분이다.

4. 밥의 냄새

밥의 냄새성분으로는 ammonia, acetaldehyde, acetone, C_3, C_4, C_6의 aldehyde, H_2S 등이고 묵은 쌀의 이취성분은 n-caproaldehyde이다.

5. 야채를 삶을 때의 냄새

야채를 삶을 때 formaldehyde, acetaldehyde, dimethyl sulfide, H_2S, ethylmercaptane, propylmercaptane가 생성되며 특히 양배추는 가열로 다량의 dimethyl sulfide가 생성된다.

6. 훈연 취

훈연 취의 주체 성분은 methanol, formaldehyde, acetate, phenol, pyridine 유도체가 식품성분과 결합하여 냄새와 살균력을 형성한다.

제 16장 식품의 물성(Physical properties of foods)

식품이 맛이 있다는 것은 단순히 그 맛뿐만 아니라 색, 향 그 이외에 입안에서의 촉감(혀에서 느끼는 느낌, 씹는 맛) 등의 물리적 성질이 관계한다. 따라서 식품의 물성은 식품 섭취 시 기호성의 향상과 밀접한 관계가 있다. 식품의 물성에 관여하는 것으로는 식품의 교질상태(colloidal state)와 식품의 texture와 관계있는 유동학(rheology)이 있다.

1절. 식품의 교질상태

전분, gelatin 등을 물에 용해하면 설탕이나 소금 용액과 달리 흐리게 되고 방치하면 불용성 침전물이 형성되는데 흐린 부분은 크기가 1~100nm 입자들이 물에 분산되어 있어 현미경으로도 볼 수가 없다(그림 16-1). 일반적으로 이와 같은 입자들을 교질(colloid)라고 부르고, 이런 상태를 교질상태(colloidal state)라고 한다. 일반적으로 colloid 입자의 크기는 10^{-5}~10^{-7}cm이다.

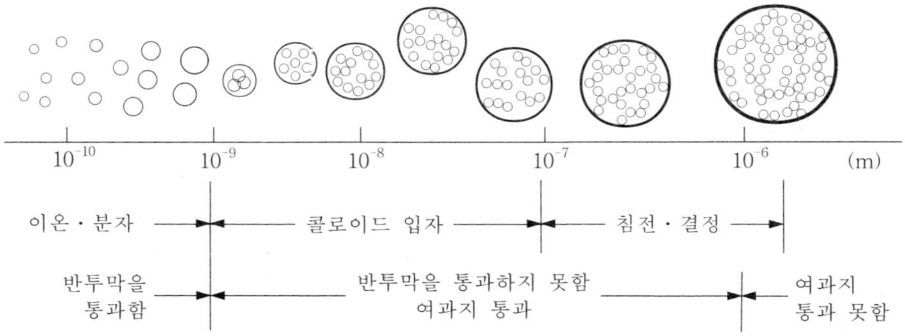

[그림 16-1] 콜로이드 입자의 크기

1. Colloid의 종류

교질상태에 분산되어 있는 것을 분산질(dispersed phase)이라 하고, 물과 같이 분산시키는 용매를 분산매(dispersed medium)이라고 한다. 일반적으로 분산질이 한분자로 이루어진 것을 colloid 분자라고 하고, 분자들이 회합하여 micelle 상태를 이루어 colloid 성질을 나타내는 것을 micelle colloid라고 한다. 따라서 표 16-1과 같이 colloid의 종류는 기체, 액체, 고체로 구성된 분산매에 분산질이 어떤 형태로 조합되었는가에 따라 구별된다.

[표 16-1] 식품에서 colloid의 종류

분산질	분산매	교질상태	예
기체	액체	거품	맥주의 거품, 발효 중의 거품
액체	액체	유화액	우유, 크림, 마요네즈
고체	액체	sol	전분액, 된장국, 풀, 젤리
액체	고체	고체 sol	버터, 초콜릿, 마가린
고체	고체	고체 sol	사탕과자, 과자

Colloid 중에서 유동성인 것을 sol이라 하며 유동성을 상실하고 일정한 형태를 가지고 있는 것을 gel이라고 한다.

1) Sol

분산매가 액체이고, 분산질이 고체 또는 액체의 교질 입자로 분산되어 전체가 액체상태를 띠는 것을 말한다. 예를 들어 우유, 전분액, 된장국, 한천이나 gelatin에 물을 넣고 가열하는 경우 sol에 속한다. 또한 sol은 물과의 친화력에 따라 친수성 sol과 소수성 sol로 나눈다.

(1) 친수성 sol(hydrophilic sol)

분산질과 물과의 친화성이 커서 전해질을 첨가하여도 안정한 교질 상태가 유지되는 것을 말한다(전분 및 gelatin의 수용액).

(2) 소수성 sol(hydrophobic sol)

분산질과 물과의 친화력을 작아 전해질을 첨가하면 침전하는 것을 말한다(금, 염화은).

(3) 보호교질(protective colloid)

전해질에 대한 sol의 안정성을 높이기 위해 친수성 sol을 첨가하는 것을 말한다. 예를 들어 우유 중의 casein은 불안정한 소수성 sol에 가까우나 lactalbumin이 보호교질로 작용하여 안정성을 증가 시킨다.

2) Gel

Gelatin이나 한천 등을 가열하여 녹인 후 냉각시키거나 또는 수분을 증발시키면 반고체 상태로 굳어지는 상태를 말한다. 식품의 예로는 젤리, 잼, 도토리묵, 삶은 달걀 등이다.

(1) Gel의 이액 현상(syneresis)

Gel을 장시간 방치하면 망상구조가 수축하여 분산매를 분리시켜 부피의 감소가 생기는 현상이 나타난다.

(2) 건조겔(xerogel)

분말 한천이나 판상 gelatin과 같이 gel이 건조 상태가 된 것을 말한다.

2. Colloid의 성질

설탕물이나 소금물과 같이 진용액의 용질보다 입자가 큰 분산질은 진용액과 다른 성질을 갖는다.

1) 반투성

일반적으로 입자가 작은 이온이나 분자들은 cellophane 막을 통과하나 단백질과 같이 입자가 큰 colloid는 통과하지 못하는데 이와 같은 막을 반투막이라고 한다. 반투성의 성질은 식품의 조리와 가공 상 매우 중요한데 생식품인 경우 세포의 원형질막이 반투성을 지니고 있으나, 조리, 가공을 하면 막이 손실되어 내용물이 녹아 나온다.

2) 브라운 운동(brownian motion)

Sol 상태인 경우 분산매인 물분자는 항상 불규칙적인 운동을 하고 있기 때문에 분산질인 교질입자에 충돌하여 교질 입자가 불균일한 힘의 작용을 받아 지속적으로 운동을 하는 현상을 말한다. 따라서 브라운 운동에 의해서 colloid 입자가 침전하지 않고 물속에 분산될 수 있는 것이다.

3) 응결(coagulation)

소수성인 sol에 소량의 전해질을 첨가하면 colloid 입자가 침전하는데 이런 현상을 응결이라고 한다. 소수성 sol인 경우는 교질 입자의 전하에 의해 불안정하게 분산되어 있으므로 소량의 전해질의 첨가로 쉽게 회합하여 응결하게 되는 것이다. 그러나 친수성 sol인 경우는 분산질과 물의 친화력이 커 쉽게 응결하지 않으나 다량의 전해질을 첨가하면 전하의 중화뿐만 아니라 colloid 입자와 결합하고 있는 물분자를 유리시킬 수 있어 친수성 졸이 침전되는데 이런 현상을 염석(salting-out)이라고 한다.

4) 흡착(adsorption)

Colloid 입자는 표면적이 크기 때문에 다른 물질을 흡착 하는 성질이 매우 크다. 이런 성질은 colloid성 식품이 용액 중에서 식염과 같은 무기염류를 흡착하는 현상에서 종종 볼 수 있다.

5) 유화(emulsification)

분산질과 분산매가 다 같이 액체인 colloid 상태를 유지할 때 이를 유화액(emulsion)이라 하고, 유화액을 이루는 작용을 유화(emulsification)라고 한다. 예를 들어 섞이지 않는 물과 기름의 혼합액에 비누 또는 단백질과 같이 동일 분자 내에 친수기와 소수기를 함께 가지고 있는 유화제(emulsifier)를 소량 첨가 후 교반을 하면 안정한 유화액을 얻을 수 있다. 이유로는 물과 기름의 계면에 유화제 분자의 피막을 형성하여 계면장력을 저하시키기 때문이다.

유화의 형태로는 다음과 같다.

① 수중유적형(oil in water : O/W)

물속에 기름이 분산되어 있는 형태로 식품의 예로는 우유, 아이스크림, 마요네즈 등이 있다.

② 유중수적형(water in oil : W/O)

기름속에 물이 분산되어 있는 형태로 식품의 예로는 버터, 마가린 등이 있다.

유화제의 종류로는 단백질, lecithin, sterol, monoglyceride, diglyceride, sorbitan fatty acid ester, sucrose fatty acid ester 등이 있다.

6) 거품(foam)

거품이란 분산매인 액체에 공기와 같은 기체가 분산되어 있는 것을 말하며 식품 섭취 시 입안의 촉감과 깊은 관계가 있다. 또한 안정한 거품을 얻기 위해서는 기체와 액체의 계면에 기포제가 흡착되어 있어야 된다. 맥주의 거품이 안정한 것은 맥주 중의 단백질, hop의 성분 등이 기체와 액체의 계면에 흡착되어 기포제 역할을 하기 때문이다. 그러나 탄산음료의 거품에는 기포제가 흡착되어 있지 않기 때문에 쉽게 소멸된다.

일반적으로 액체의 표면장력이 크면 거품이 잘 형성되지 않으나 일단 형성된 거품은 잘 소실되지 않는다. 액체의 표면장력은 온도의 상승에 따라 감소하게 되는데 예로서 차가운 맥주는 거품이 잘 일어나지 않는 반면 형성된 거품은 또한 잘 소실되지 않는다. 이에 비해 상온에 방치한 맥주는 거품은 잘 일어나지만 쉽게 소실된다.

맥주의 거품과 같이 바람직한 경우도 있지만 두부제조 시에는 거품이 형성되는 것을 막아야 한다. 이런 경우 거품의 표면장력을 감소시키는 방법으로는 기름, 지방산, 알코올 등을 첨가하거나 또는 소포제를 사용하면 된다.

2절. 식품의 유동학(rheology)

식품의 기호성은 식품의 색, 맛, 냄새 이외에 씹을 때의 촉감도 포함된다. 즉, 씹을 때 느끼는 경도, 점성, 탄성 등 식품의 물리적 성질이 식품의 기호성에 크게 영향을 주는데 이런 물리적 성질을 연구하는 학문이 식품의 rheology이다.

1. Rheology의 개념

1) 점성(viscosity)과 점조성(consistency)

점성과 점조성은 유체에 대한 흐름에 대한 저항을 나타내는 성질들이다. 점성이 높은 식품일수록 유동성이 낮은 것은 내부 마찰 저항이 크기 때문이다. 용액의 점성은 용매의 점성 이외에 용질의 종류나 농도에 따라서도 변화를 한다.

(1) 점성이 적용

균일한 형태와 크기를 갖는 저분자의 단일물질로 구성된 newton액체(물, 시럽)

(2) 점조성이 적용

다른 형태와 크기를 갖는 복합물질로 구성된 비 newton액체(토마토 케첩, 마요네즈)

2) 탄성(elasticity)

외부의 힘에 의하여 변형된 물체가 외부의 힘이 제거되었을 때 원래의 상태로 돌아가려는 성질을 말한다. 젤리, 곶감, 밀가루 반죽과 같이 탄성이 있는 물체는 탄성 한계 안에서 변형을 하게 되는데 외부의 힘을 제거하게 되면, 탄성 변형(elastic deformation)을 하게 된다.

3) 소성(plasticity)

외부의 힘에 의해 변형된 물체가 그 힘을 제거 하여도 원형으로 되돌아가지 않는 성질이다.

식품의 예로는 버터, 마가린, 생크림 등이 있다. 생크림의 경우 외부에서 작은 힘을 가할 때는 탄성을 나타내지만 큰 힘을 작용시키면 소성을 나타내는 것과 같이 탄성에서 소성으로 변화하는 한계점의 힘을 항복치(yield value)라 하고 이때의 소성을 bringham 소성이라고 한다.

4) 점탄성(viscoelasticity)

어떤 물체에 외부의 힘을 작용시켰을 경우 점성유동과 탄성변형이 동시에 일어나는 성질을 말한다. 또한 점탄성은 온도 및 그 변화와 시간에 영향을 받는다. 종류로는 다음과 같다.

(1) 고체상 점탄성체

Polyethylene film을 잡아당기면 탄성의 고무와 같이 늘어남과 동시에 아스팔트와 같이 퍼지는 성질을 말한다.

(2) 유체상 점탄성체

아마인유와 같은 건성유를 공기 중에서 가열하면 차차 점도가 높아져서 막대로 휘저어준 다음 막대를 끌어 올리면 고구줄처럼 길게 실이 뽑아지며 끊어지면 힘차게 되돌아오는 성질을 말한다.

점탄성체는 여러 가지 복잡한 성질을 가지고 있다.

① 예사성(spinability)

청국장, 달걀 난백 등에 젓가락을 넣고 당겨 올리면 이들 물질이 실처럼 따라 올라오는 성질을 말한다.

② Weissenberg 효과

연유 중에 젓가락을 세워서 회전시키면 연유가 젓가락을 따라 올라가는 성질을 말한다.

③ 경점성(consistency)

그림 16-2와 같이 점탄성을 나타내는 식품의 경도를 말하며 밀가루 반죽이나 떡의 경점성은 farinograph로 나타낸다.

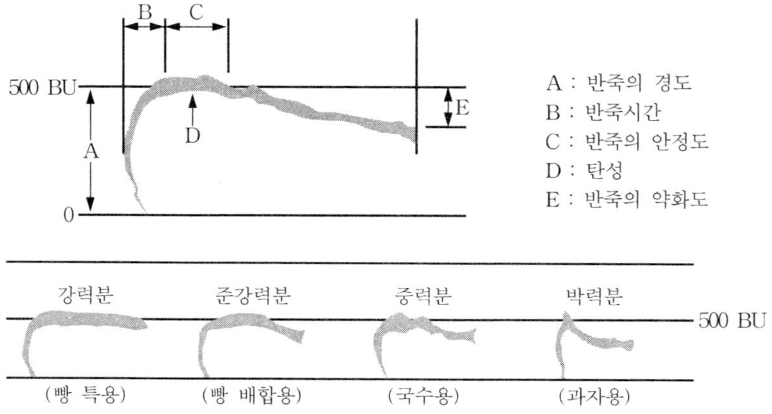

[그림 16-2] 각종 밀가루의 farinogram

④ 신전성(extensibility)

빵의 반죽이나 어묵에서처럼 늘어나는 성질을 말한다.

제 17 장 식품의 독성물질

인체에 섭취되어 해를 입히거나 정상적인 건강상태를 유지하는데 지장을 주는 물질을 일반적으로 독성물질(toxic compcunds)이라고 한다. 표 17-1과 같이 이런 독성물질은 천연식품 중에 널리 분포되어 있어 자연독 식중독(natural food poisoning)의 원인이 된다.

[표 17-1] 독성물질에 의한 식중독의 분루

분류	종 류
내인성	① 독성성분 - 자연독 ② 생리작용물질 - 항갑상선물질
외인성	① 생물적 - 곰팡이 독성물질 unintentional additives(잔류농약, 폐기물, 미생물대사물질) ② 인위적 - 혼입독성물질 식품첨가물 - intentional additivrs(첨가물)
유인성	① 물리적 ② 화학적 처리에 의해 생성되는 독성물질(가열, 조사, 첨가물의 변화)

1절. 동물성 독성물질

동물성 독성물질은 자연적으로 동물자체의 유독성분이 문제되거나 특정 부위 또는 특정 시기에 유독성분을 함유하고 있는 것을 먹이사슬을 통하여 인간이 섭취함으로써 식중독을 일으키게 된다. 주로 어류독과 조개독이 있는데 어장의 확대, 수입어패류의 증가 등으로 발생률이 증가되고 있는 실정이다. 특히 조개류는 특정 시기에 특이한 환경조건에 의해 독화되므로 양식 환경의 정화와 채취시기에 주의하여야 한다. 어패류의 독은 기원에 따라 내인성(endogeneous)과 외인성(exogeneous)으로 구분한다.

내인성은 특정 조직에 항상 존재하는 독으로 권패(고둥, 소라, 우렁이처럼 껍데기가 하나로 돌돌 말린 조개)의 타액선에 함유된 cholinester, 어란독, 어류의 피부독 등이 있다.

외인성은 지역과 계절에 따라 먹이 연쇄와 관련이 있는 것으로 주로 와편모조류(dinoflagellate)의 이상 증식으로 이매패가 독성화 되는 경우와 같이 환경 요인이 관계한다.

1. 복어의 독성물질(puffer poisoning)

1) Tetrodotoxin

Tetrodotoxin은 물에 잘 녹지 않고 일광, 산, 열에 안정하므로 보통의 조리조건으로는 무독화 되지 않고 또 그 존재여부를 관능적으로 감지할 수도 없다. 일반적으로 산란기(12~6월)에 독력이 강해지며, 장기별로는 난소와 간의 독성이 크다.

2) 중독증상

증상은 식후 20분~3시간 후에 나타나는데 4~6시간에 가장 많이 사망한다. 초기 증상으로는 섭취 후 2~3시간 내에 먼저 입술, 혀끝, 손끝이 저리고 두통, 복통, 구토가 계속되며 이어서 운동마비, 지각마비, 언어장해, 혈압강하, 호흡곤란(cyanosis)이 나타난다. 이어서 전신마비를 보이면서 의식을 잃고, 호흡과 심장박동이 정지된다. 치사율은 60%로 매우 높은 편이다.

3) 예방법

복어요리 전문가에 의해 요리된 것을 먹도록 하며 알, 난소, 간, 내장, 껍질 등 독성이 많아 폐기된 부분의 처리를 철저히 하여 다른 사람이 먹어 중독되는 일이 없도록 하여야 한다. 또한 사용한 조리 기구는 완전히 살균 한다.

2. 조개류의 독성물질

일부 조개류는 강력한 유독성분을 함유하고 있다. 이러한 조개류 중독(shellfish poisoning)의 원인이 되는 유독물질은 조개의 체내에서 형성되는 것이 아니라, 해양편모조류(dinoflagellate)에 의해 생성된 독소를 조개류가 섭취하여 체내에 축적하여 함유하게 되는 것으로, 주로 적조현상과도 관계가 있다. 조개류 중독은 특정지역에 국한해서 발생되고 계절적으로는 독성이 증가하는 시기와 일치하는 것이 보통이므로 이 시기에는 조개류의 채취와 섭취을 금하는 것이 좋다.

1) 마비성 조개중독(paralytic shellfish posoning, PSP)

이매패류인 *Mytilus edulis*(섭조개), *Mytilus coruscus*(홍합), *Meretrix lusoria*(대합조개) 등에 의해서 발생하는 식중독이다. 이 중독은 처음에는 섭조개중독(mussel poisoning)이라고 하였으나 중독증상의 특징이 마비증상이므로 최근에는 마비성 조개중독이라고 불리어지고 있다.

(1) 독성분

Saxitoxin(STX), gonyautoxin(GTX), protogonyautoxin(PX) 등이 있는데 이 중에서 saxitoxin은 복어독에 버금가는 맹독성을 지니며, 시기적으로는 5~9월 특히 한 여름철에 독성이 강하다.

(2) 중독증상

식 후 30분~3시간의 잠복기를 거쳐 말초신경의 마비증상이 나타난다. 입술, 혀, 잇몸 등이 마비되기 시작하여 사지가 마비되어 기립보행이 곤란해지며 언어장애, 침흘림, 두통, 구갈, 오심, 구토 등을 일으키고 심하면 호흡곤란, 호흡마비를 일으키며, 보통 12시간 이내에 사망하고, 이 기간을 넘기면 보통 회복된다. 치사율은 10% 정도이다.

(3) 예방과 치료

위세척이나 인공호흡 등이 있으며, 독은 수용성이어서 끓이거나 가공과정에서 다른 조직으로 이행될 수 있으므로 주의를 요한다. 허용기준치는 패류 및 그 가공품에 80μg/100g이다.

2) 설사성 조개독(diarrheic shellfish poisoning, DSP)

섭조개, 가라비, 백합, 민들조개 등 다수의 이매패가 플랑크톤에 의해서 독화되며, 독화된 조개의 섭취에 의해 발생한다. 설사를 주요증상으로 하는 급성위장염을 일으킨다. 원인독소는 dinophysistoxin으로 물에는 녹지 않고 유기용매에 녹는 지용성 물질이다. 독은 내열성이 있어서 조리에 의한 독의 감소는 기대할 수 없고, 독화는 5~8월경으로 알려져 있으나 지역이나 생산년도에 따라 다소 차이가 있다. 양식을 하면 수심이 깊을수록 독력이 강하여 수심 10m 이하에서는 독화율이 높아진다.

중독증상으로는 식후 1~2시간 후에 소화기계 장해가 주로 일어나며, 가장 발증율이 높은 것은 설사이고, 메스꺼움, 구토, 복통 등을 일으킨다. 발열은 거의 없고 복통은 장염 비브리오보다는 가벼운 정도이다. 환자의 70% 정도는 식후 4시간 이내에 발증하지만 3일 후에는 거의 회복된다.

3) 모시조개독(venerupin 중독)

모시조개, 바지락, 굴 등의 이매패에 의하여 일어나는 식중독으로, 모시조개로부터 분리된 독성물질은 venerupin 인데 독화의 원인은 확실하지 않지만 환경의 변화, 또는 와편모조류 등의 유독플랑크톤의 식이와 깊은 관련이 있을 것으로 생각 된다. venerupin 중독의 발생 시기는 3~4월경이며, 또한 venerupin은 열에 안정하여 pH 5~8에서 100℃, 1시간 가열하여도 파괴되지 않는다. 그러나 pH 9에서는 오랫동안 가열할 경우 파괴된다.

증상은 12시간~1주일의 잠복기를 거치며 초기증상은 불쾌감, 권태감, 식욕부진, 복통, 오심, 구토, 변비이고 대퇴부에 출혈반점이 나타나고, 간장비대, 황달 등의 간 기능 저하를 볼 수 있는 간독성이다. 중증일 경우에는 토혈, 뇌증상이 나타나고 의식장애를 일으켜 1주일 이내에 사망한다. 경증인 경우도 회복기간이 길어 20일이 지나도 전신권태를 호소하며, 어린이나 노인에게는 회복이 빠르지 못하다.

4) 신경성 조개독

와편모조류가 생산하는 독소인 brevetoxin에 의해 독화된 굴을 섭취함으로서 발생하는 것으로 섭취 후 수시간 뒤에 술에 취한 것 같은 상태가 되고 동공확대, 운동실조, 설사 등의 증상이 나타난다.

2절. 식물성 자연독(poisonous plant)

식물성 자연독은 세균의 독소와 진균독을 제외한 주로 엽록소를 갖는 고등 식물의 독을 말한다(버섯류 포함). 식중독을 일으키는 식물성 자연독은 생태 상관 화학 물질(ecochemical)의 일종으로 경구적 섭취에 의해 사람에게 유해한 2차 대사산물 이다.

유독 물질은 성분에 따라

- 청산 배당체를 함유한 것(청매 등).
- 기타 배당체를 함유 한 것(감자).
- 알칼로이드를 함유한 것(미치광이풀).
- 성분 불명의 것 등으로 분류 한다.

1. 독버섯의 유독 성분

1) Muscarin

맹독성이며 땀버섯에 가장 많고 붉은 광대버섯과 마귀버섯에도 함유되어 있는 알카로이드의 일종이며 부교감신경을 흥분시켜 섭취 후 2시간 내에 각종 분비항진, 호흡곤란, 위장 및 자궁 수축 등의 증상이 나타난다. 독성은 사람인 경우 피하주사로 LD_{50} = 3~5mg이고 경구 투여의 경우는 500mg이다.

2) Muscaridine

광대버섯에 들어 있으며 atropine과 유사한 뇌증상이 특징이다.

3) Choline

삿갓외대버섯 등의 독버섯에 들어있으며 muscarine과 작용은 유사하나 독성은 약하여 거의 문제가 되지 않을 정도이다.

4) Neurine

화학구조적으로는 choline에서 물 한 분자가 빠진 화합물이며 식품 중의 단백질 성분에 대장균이나 고초균 등의 부패균에 오염되었을 때 choline으로부터 쉽게 생성된다. 중독증상은 muscarine과 유사하게 호흡곤란, 설사, 경련, 사지마비 등의 증상을 보인다.

5) Amanitatoxin

알광대버섯 등에 함유되어 있으며 버섯류에 함유된 유독성분 중 가장 맹독성이고 내열성이다. amatoxin군과 phallotoxin군으로 구분되며, 식후 6~12시간이 지나면 구토, 설사를 일으킨 후 콜레라와 유사한 증상이 나타난다. 치사율은 50 % 이상이다.

2. 중독 증상

① 위장염 중독 : 주로 위장염을 유발 시키고 갈증, 구토, 설사 등의 증상이 나타난다.

② 콜레라성 중독 : 심한 위장염 증상을 나타내며 쇠약, 경련, 용혈작용, cyanosis 등의 증상이 나타난다.

③ 뇌증상형 중독 : 이 증상은 두 가지로 분류되는데, amanitatoxin에 의한 근육경직, 동공확대, 웃음을 참지 못하는 증상 등이 있고, muscarine에 의한 동공 수축, 땀을 흘리고, 허탈 등의 증상이 나타난다.

④ 신경장해 증상 : 헛소리, 환각, 경련 등의 중추신경계의 장해를 유발한다.

3. 감자 중의 solanine

1) 중독 성분

일반적으로 감자에는 0.04~0.1g/kg의 solanine을 함유한다. 인체에는 무해하나 감자의 발아부위와 녹색부위의 solanine 함량이 0.2~0.48g/kg 이상일 때는 중독의 위험성이 있으므로 주의해야 한다.

2) 중독 증상

중독증상은 복통, 설사, 구토, 현기증, 졸림, 가벼운 의식장애 등이 나타나며, 발열은 없다.

3) 예방법

그늘지고 통풍이 잘되는 곳에 감자를 보관하고 조리 전처리 과정에서 발아 부위와 녹색부위를 제거한 후 조리한다.

4. 식품 중의 cyan 배당체

자연계의 여러 식물 중에는 각종 cyan 배당체들이 널리 분포되어 있으며, cyan 배당체가 산이나 효소에 의해 가수분해 되면 cyan산(HCN)을 형성하여 독성 작용을 한다.

독성은 매우 크며, 성인에 대한 치사량은 200mg 정도로 추정(생체내 호흡효소 cytochrome oxidase)에 대해 강한 억제작용을 한다.

1) 식품에 관련된 독성분

① Amygdalin : 미숙한 매실, 사과, 살구, 버찌, 복숭아, 배 등과 같은 장미과에 속하는 식물에 존재

② Dhurrin : 곡류 중의 수수류

③ Linamarin : 여러 가지 고등식물

④ Phaseolunatin : 오색콩(일명 버마콩)

2) 중독증상

소화불량, 구토, 설사, 복통 등의 소화기계 증상, 호흡곤란, 강직성 경련 등의 증상이 나타난다.

3) 예방법

장시간 물에 끓여 청산(HCN)을 휘발시키거나 깨끗한 물로 수세 제거한다.

5. 목화씨 중의 gossypol

1) 독성분

Polyphenol 화합물인 gossypol은 정제가 덜된 면실유와 그 박에 존재하는 물질로 항산화작용을 가지고 있으나, 그 독성작용이 더 문제이므로 제거하여야 한다(정제 시 제거됨).

2) 중독증상

복통, 구토, 설사 등의 위장 장애를 일으킨다.

3) 예방법

면실유의 정제를 철저히 한다.

6. 피마자씨 중의 ricin 및 ricinin

Ricin의 독성은 크나 열에 의해 쉽게 파괴(phytohemagglutinin 단백의 일종), 정제과정 중 제거된다.

Ricinin은 독성은 ricin 보다 적은 것으로 추정되는 alkaloid 독소로 극소량 함유하고 있으며, 독성이 불확실한 allergen은 비교적 내열성이 강하기 때문에 불활성화 시키기 어렵다.

7. 독미나리

독성분은 cicutoxin이고, 중독증상으로는 구토, 복통, 위의 통증을 일으키고 호흡곤란으로 사망하기도 한다.

8. 콩류 중의 독성물질

Protease inhibitor로 대두, 완두, 땅콩, 강낭콩 등에 함유되어 있고, 대표적인 protease inhibitor는 trypsin inhibitor가 잘 알려져 있다.

단백질 분해효소의 구조를 변형시켜 효소의 기능이 상실되면 정상적인 동물의 성장이 억제된다.

Saponin과 그 aglycone인 sapogenin은 콩류에 함유되어 있으며, 실험실적 조건하에서 강한 용혈작용을 하고 열에 강하나 식사섭취량으로는 무해하다.

9. 곰팡이 독(mycotoxin)

곰팡이가 생산하는 유독성 대사물질로 사람이나 동물에게 급성 혹은 만성의 생리작용을 유발하는 물질을 곰팡이 독이라고 한다.

1) Aflatoxin

원인균 *Aspergillus flavus*에 의해 생산되는 형광대사산물에 의하여 급성 간장장애를 유발하고 인간에게 암발생률이 매우 높다. Aflatoxin은 B_1, B_2, G_1, G_2, M_1, M_2, B_{2a}, G_{2a} 등으로 이들의 독성은 서로 다르다.

특히 aflatoxin B_1, B_2는 무색~담황색의 결정으로 자외선 조사 시 청색 형광을 나타내고, G_1, G_2는 녹색 형광을 나타낸다. 소변, 대변, 우유 중에서 발견되는 aflatoxin은 M_1, M_2가 있다. 이중 식품위생상 중요한 것은 aflatoxin B_1, M_1이 있으며 모두 강력한 발암작용을 가지고 있다.

Aflatoxin의 특징으로는 물에 잘 녹지 않으며, 메탄올, 아세톤, 클로로포름에 녹으며, 열에는 강하여 280~300℃로 가열 하여야만 분해되고 매우 강력한 간장독으로 독성의 세기는 $B_1 = M_1 > G_1 > B_2 > M_2 > G_2$의 순이다.

2) 황변미중독

쌀은 수분을 14~15% 이상 함유하면 *Penicillium, Aspergillus* 등의 곰팡이의 생육에 알맞은 기질이 되어, 독소를 생산하는 이들 곰팡이에 오염된다. 변질된 쌀은 황색을 나타내기 때문에 황변미(yellow rice)라고 한다. 이 독소는 주로 신장 장애를 일으킨다.

(1) Toxicarium 황변미

Penicillium citreoviridin 곰팡이가 생산하는 유해물질을 citreoviridin이라고 한다. 이 유해물질은 신경독으로서 호흡장애, 혈액순환이상, 경련 등이 나타나며 호흡마비를 일으켜 사망한다. citreoviridin의 최적 생성 온도는 12~18℃이다.

(2) 태국 황변미

*Penicillium citrinin*이 쌀에 기생하여 유독 물질인 citrinin 만들어 진다.
전형적인 신장독으로서 급성 또는 만성의 necrosis를 일으킨다.

(3) Isladia 황변미

*Penicillium islandicum*이 생성하는 황색색소인 luteoskyrin과 함염소 peptide(islanditoxin, cyclochlorotin)이다.

① Luteoskyrin : 지용성, 간장독을 일으키며, DNA합성을 저해

② Islanditoxin : 강력한 발암성 간장독성

③ Cyclochlorotin : 강력한 간장독성, luteoskyrin 보다 강력

3) 맥각독(ergot)

호밀, 밀, 귀리, 보리 등에 서식하는 claviceps purpurea와 claviceps paspali가 생산하는 ergotamine, ergotoxin 등이 원인 물질이다. 곡물 중에 맥각이 0.5% 혼입되면 독성, 7% 이상은 치사량이 된다. 중독 증상으로는 소화기계통의 장애 및 두통, 이명, 무기력 등이 일어나며, 이어서 신경 증상으로 지각 및 운동 장애와 혈압의 상승이 일어난다.

3절. 화학적 식중독(chemical food poisoning)

유독 화학 물질이 함유된 식품을 통해 식중독의 원인이 되는 것으로 독성 물질의 유입경로는 고의 또는 오용에 의해 식품에 첨가, 식품 제조, 가공 중에 혼입, 기구, 용기 및 포장재 등으로부터 용출, 이행, 제조, 가공 및 저장 중에 생성 등이며 식품재료의 성분으로 존재하는 경우도 있다. 특징은 계절과 관계없고 발생의 빈도는 세균성보다 낮으며 독성물질의 체내 흡수 속도가 빨라 중독량에 도달하면 특이한 작용에 의해 급성 증상이 나타나고 치사량을 초과하면 사망한다. 미량이라도 지속적으로 섭취하면 체내에 축척되어 만성 중독을 일으킨다.

1. 고의 또는 오용에 의한 식중독

1) 감미료

(1) Dulcin

백색 결정으로 냉수에 잘 녹지 않고 뜨거운 물에 녹으며 감미는 설탕의 250배이다. 설탕과 유사한 맛을 가지고 있어 청량음료, 과자류, 절임류 등에 널리 사용되었으나 독성 때문에 우리나라에서는 1966년 11월부터 사용이 금지 되었다. dulcin의 독성은 소화효소 작용을 억제하그, 분해 시 생성 되는 ρ-aminophenol 때문에 혈액독이 생기고, 실험동물의 간에 종양을 유발 시키거나 적혈구의 생산을 억제 한다.

(2) ρ-nitro-o-toluidine

원래 염료의 중간 산물로 황색결정이며, 설탕보다 약 200배의 단맛을 가지고 있으나 독성 때문에 일명 살인당, 또는 원폭당이라고도 부른다. 중독 증상으로는 분자 중에 nitro기나 amine기를 가지고 있어 혈액과 신경에 독작용을 보이며 간, 신장 등에도 장애를 나타낸다.

(3) Ethylene glycol

무색, 무취의 점조성의 액체로서 부동액으로 사용되며, 체내에서 산화되어 수산(oxalic acid)이 생성되고 신경, 신장 등에 장애를 유발 시킨다. 중독 증상으로는 구토, 요의(尿意) 빈발, 호흡 곤란 등이며, 중증일 때는 의식불명 후 사망 한다.

(4) Cyclamate

무색~백색의 결정성 분말로 물에는 잘 녹고 유기용매에는 불용성이며, 설탕보다 약 40~50배의 단맛을 갖는다. 최근까지 가장 많이 사용한 감미료 중 하나이나 방광암을 유발시키는 것으로 알려져 우리나라에서도 1970년부터 허가가 취소되어 사용이 금지 되었다.

(5) Peryllartine

백색의 결정이며 단맛은 설탕의 2,000배로서 열이나 타액에 의해 aldehyde로 분해되어 신장을 자극하여 염증을 유발 시킨다.

2) 착색료

(1) Auramine

염기성의 황색 tar색소로 착색성이 좋고 값이 저렴해 과자, 단무지, 팥앙금류, 카레가루 등에 널리 사용될 가능성이 높다. 중독 증상으로는 다량 섭취 시 20~30분 후에 피부에 흑자색의 반점이 나타나고, 두통, 맥박감소, 의식불명 등의 증상이 나타난다.

(2) Rhodamine B

핑크색의 염기성 색소로 과자류, 어묵에 널리 사용된 적이 있었다. 사람의 경우 0.1g/kg 섭취 시 착색된 소변과 전신이 착색 된다. 간장 및 신장에 강하게 장애, 혈액 및 신경에 대하여도 유해 작용, 특히 만성독성이 있으며 합성타르색소 중 가장 독성이 강하다.

(3) ρ-nitroaniline

황색 결정으로 맛과 냄새가 없으며 방향족 아민이나 nitro기를 화합물에서 공통적으로 나타나는 혈액독, 신경독, 섭취 후 10~30분 후에 두통, cyanosis, 맥박감소, 혼수 등의 증상이 나타난다.

(4) Silk scarlet

등적색의 수용성 색소로 견사나 모직물의 염색에 흔히 사용된다.

구토, 설사, 복통, 마비증상을 보인다.

3) 표백료

(1) Rongalite

물속에서 아황산의 환원작용으로 표백작용을 나타내는데 이것 이외에 formaldehyde가 유리되어 신장을 자극한다. 과거 우리나라에서는 물엿의 표백제로 사용하여 왔으나 중독사건 후 사용이 금지 되었다.

(2) 삼염화질소(NCl_3)

밀가루 표백제로 과거 미국에서 쓰였던 것으로 휘발성의 황색 액체로 개에 대한 실험 결과 histery 증상을 나타내 현재는 사용이 금지 되었다.

(3) 형광 표백제

독성이 명확히 밝혀지지는 않았으나 발암성으로 의심되어 식품에 사용을 금하고 있다.

4) 보존료, 살균료

(1) 붕산(H_3BO_3)

과거 영국에서 마가린, 버터, 베이컨 등의 보존료로 사용 하였으나 독성 관계로 각 나라에서 사용이 금지 되어있다. 붕산은 체내 축적성이 있고, acidosis에 의한 대사 장애, 소화 효소작용 억제 등을 일으킨다.

(2) 불소 화합물

불소 화합물은 강한 방부력 때문에 육류, 우유, 알코올음료 등에 방부 살균 목적으로 사용하기도 하였으나 강한 독성으로 식품 방부제로 사용이 금지 되었다. 또한 불소 화합물은 세포에 직접 작용하여 칼슘 대사를 저해하므로 반상치, 불소증(골연화, 골수장애, 빈혈 등)을 유발 시킨다.

(3) Formaldehyde

Formaldehyde는 핵산의 $-NH_2$, -OH기와 결합하여 단백질을 변성시키기 때문에 살균 및 방부작용을 나타낸다. 독성이 강하기 때문에 우리나라 식품위생법에도 식품 및 용기에서 검출을 금지하고 있다. 중독 증상으로는 두통, 구토, 위경련, 식도나 위의 괴사 등을 일으키고, 체내에서 개미산(HCOOH)로 산화되어 신장에 염증을 유발 시킨다.

(4) 승홍($HgCl_2$)

강한 살균력을 가져 의약품으로도 사용되며, 또한 강한 방부력을 가져 주류 등에 쓰이기도 한다. 독성 아주 강해 체내의 -SH기와 결합하여 효소의 기능 장애를 유발시켜 사구체, 세뇨관에 변성을 일으킨다. 급성 중독인 경우 구토, 복통, 요독증이 일어나며, 만성인 경우는 신장장애와 구내염을 일으킨다.

(5) β-naphthol

phenol 유도체로서 냉수에는 녹지 않고, 끓는 물에 약간 녹고, 알코올과 에테르에 잘 녹는 물질로서 간장의 방부제로서 일시 사용 하였지만 독성이 강해 사용이 금지 되었다. 만성 중독 일 때는 두통, 현기증, 방광 궤양 등을 일으킨다.

(6) Nitrofuran계

살균제에 속하는 황색 결정성 분말로서 어육연제품에 사용한 적이 있으나 1972년부터 사용이 금지되었다. 중독 증상으로는 간장 장애, 구토, 신장 종창을 일으킨다.

(7) Chloramin류

살균 작용이 있으나 독성 문제로 1972년부터 사용 금지가 되었다. 섭취하면 호흡 촉박, 복통, 의식 불명 등을 일으킨다.

(8) 항생 물질

식품의 방부, 보존의 목적으로 penicillin 등을 식품에 첨가하면 내성균의 출현 등을 나타나 항생 물질의 사용을 금지 하고 있다.

5) 증량제

곡분, 설탕, 어분, 향신료 등의 용적이나 중량을 늘릴 목적으로 모래, 산성백토, 규조토, 탄산칼슘, 황산칼슘, 섬유 등의 광물성 물질을 첨가되면 위장 장애(소화 불량, 복통, 설사, 구토) 증상을 나타낸다.

6) 기타 유해 물질

(1) Methanol

주류에 위조물로 첨가하거나 알코올 발효 과정 중 펙틴의 존재로 생성되기도 한다. 주류 중의 methanol의 허용량은 0.5mg/mL(과실주는 1.0mg/mL) 이하로 규제 한다. 섭취 시 체내에서 배설이 늦고 산화불충분으로 formaldehyde에 의한 시신경 장애, 개미산에 의한 산성 체질 등을 나타낸다. 메탄올의 중독 증상으로는 급성인 경우 두통, 구토, 영구 시력 감퇴, 복통, 호흡 장애로 사망. 만성인 경우는 마취 상태에 빠져 호흡장애, 심장쇠약 등으로 인해서 사망 한다.

(2) 4에틸납(tetraethyl lead)

구서제인 핵소겐을 오인하여 조리에 사용하여 구역질, 어지러움, 경련 등의 중독 증상을 보였다

2. 식품에 잔류나 오염에 의한 유해 물질

1) 잔류 농약

농약은 농작물 등을 저해하는 균, 진드기, 곤충, 쥐 등과 바이러스 방제에 사용되는 살균제, 살충제 기타의 약제 및 농작물 등의 생리기능 증진 또는 억제에 사용되는 성장촉진제, 발아억제제 등을 말한다. 이런 농약의 유독성분이 물이나 토양을 오염시키고 잔류된 농작물, 어패류, 조류, 가축을 통해 인체로 이행 되어 오염이 되면 다른 무기 화합물보다 쉽게 흡수 축적되며, 반대로 체외 배설 속도는 매우 느리기 때문에 체내에서 독성을 제거 하기는 매우 힘들다.

(1) 유기인계 농약

주로 살충제, 살균제, 제초제 등으로 사용하는 침투성이 강한 속효성의 농약으로서 동물의 신경자극전달에 관여하는 효소인 acetylcholinesterase와 결합하여 혈액과 조직 중에 생성된 유해한 acetylcholine이 분해되지 않고 축적되어 독작용을 나타낸다. 유기인계 농약은 체내에서의 분해가 빠르고 체내축적성이 없기 때문에 주로 급성중독이 일어나며 만성중독의 경우는 드물다. 중독 증상으로는 두통, 구토, 권태감, 동공축소, 경련 후 혼수상태에 이른다.

(2) 유기염소계 농약

유기염소계 농약은 살충력이 강하며 축적성과 잔류성이 있고, 가격이 저렴하면서도 인축에 대하여 비교적 독성이 낮아 중독 사고는 적은 편이나 오용으로 인해 중독 사고가 가끔 발생한다. 유기염소제로는 DDT, γ-BHC, aldrin, endrin, heptachlor 등으로 급성 중독 사고는 endrin을 제외하고는 문제가 되지 않으나, DDT 등의 친유성 농약을 장기간 투여한 경우, 체내에서의 대사속도가 늦고, 간장 및 체지방 중에 축적되어 간의 비대 등을 일으키는 원인이 된다.

(3) 유기불소계 농약

유기불소제 농약은 모두 독성이 강하며 심장장애와 중추신경증상을 일으키며 섭취 후 30분내지 2시간 정도에서 두통, 구토, 현기증 등을 일으키고 중증인 때는 보행 장애, 언어장애, 간질 발작과 유사한 강직성 경련을 거쳐 의식혼탁, 심장

장애를 일으키고 심부전으로 사망하게 된다. 유기불소제에는 쥐약인 fratol(sodium monofluoroacetate, CH_2 FCOONa)와 침투성 살충제인 fussol(monofluoro- acetamide, FCH_2CONH_2)이 있다.

(4) 카바마이트계(carbamates)

카바메이트제는 화학적으로 N-methyl carbamate의 에스테르이며 1950년대 이후 사용되었다. carbamate의 독성은 유기인제와 같이 acetylcholinesterase의 저해에 의한다. 그러나 유기인제보다는 가역적이며 독성이 낮고, 화학적으로 안정하여 빨리 체내에서 대사되므로 체내에 축적되어 만성중독을 일으킬 염려는 없다. 또한 피부에 잘 흡수되지 않아 급성중독이 일어날 가능성도 적다. 그러나 경피와 경구독성이 강력하여 1991년 6월 금지되었다.

(5) 유기수은제

유기수은제는 살균제로서 종자소독, 과수와 채소의 각종 병해방제, 토양소독제 등으로 광범위하게 사용되어 왔으나 1965년 일본에서 발생한 미나마타병이 원인이 되어 세계 각국에서 종자소독용 외의 다른 목적에의 사용을 금지시켰고, 우리나라에서도 현재 전면 금지조치를 취하고 있다. 중독 증상으로는 신경계, 특히 뇌신경을 침범하여 시야축소, 언어장애, 입이나 손발의 감각이상, 보행곤란, 정신착란 등의 중추신경 증상 유발시킨다. 우리나라에서는 1981년 7월 콩나물의 총 수은함량이 0.1ppm 이상 초과하지 못하도록 규제하였다.

2) 유해 중금속 물질

중금속이란 비중이 4.0 이상으로 오염과 관련해서는 기구, 용기, 포장으로부터 용출되거나 첨가물의 불순물 또는 먹이 연쇄에 따른 농축에 의해 식품에 혼입되는데 일반 적으로 축적성을 갖는다.

(1) 비소(As)

오용으로 식품에 혼입되는 경우와 농작물의 잔류독에 의한 것이 주된 중독 경로로 중독 증상으로는 급성 중독 시 구토, 설사 등의 위장 장애와 경련, 마비, 순환기 장애를 유발시켜 사망한다. 만성 중독 시는 빈혈, 신장 및 심장 장애, 간 장애를 일으킨다. 식품위생법에서 일반 식품의 비소 허용량은 아비산으로 고체 식품은 1.5ppm 이하, 액체 식품인 경우는 0.3ppm 이하이며, 조미식품인 경우는 1.5ppm 이하로 규정 하고 있다.

(2) 안티몬(Sb)

안티몬에 의한 식중독은 많지 않지만, 구리와 합금한 기구류가 식품 중의 유기산과 반응하여 주석산칼륨안티몬이 되어 중독을 일으킨다. 중독증상으로는 구토, 설사, 경련, 두통, 빈혈, 체중감소 등으로 증상이 비소 중독과 유사하다.

(3) 구리(Cu)

구리제품을 이용하여 음식물을 조리 시 녹청이 혼입되거나 지방산 구리가 생겨서 중독을 일으킨다. 구리염을 섭취함으로서 발생하는 급성중독은 구강의 작열감이 있고, 구강 점막은 녹색을 나타내며, 타액분비 증가, 오심, 구토, 위의 동통, 복통, 혈액이 섞인 설사, 다음은 두통, 현기증, 경련 등의 신경증상을 유발시켜 사망에 이르는 경우도 있다.

치사량은 황산구리로는 10~20g, 초산구리로는 15~20g, 녹청의 중독량은 3~10g이다.

(4) 납(Pb)

납은 독성이 강한 중금속으로 납과 그 화합물은 저 농도 이긴 하지만 널리 자연계에 분포하고 있다. 따라서 우리들이 사용하는 식품 중에도 포함되어 있다. 납은 급성중독은 별로 볼 수 없고 거의가 공장에서 증기의 형태로 기도를 거쳐 흡수되어 발생되는 만성중독이다. 그러나 때로는 상수도용 납관에서 음료수 중으로 납이 용출되어 중독을 일으키는 경우나, 농약중의 납이 식품 중으로 이행하여 중독을 일으키거나, 도자기용의 그림에는 납을 포함한 화합물이 사용되고 있어 이러한 경우 충분히 고온 처리된 도자기에서는 용출의 염려는 없으나, 굽는 온도가 낮은 경우에는 납이 식품 중으로 용출할 염려가 있다고 한다. 표 17-2는 식품위생법상 납의 규제량이다.

급성중독의 경우에는 구토, 위통, 설사, 고갈, 두통, 지각이상, 경련, 마비, 심장쇠약, 혼수, 허탈을 일으키지만, 사망하는 수는 좀처럼 없다.

만성중독에서는 초기에는 식욕부진, 두통, 치육의 납 무늬를 볼 수 있으며, 더욱 진행됨에 따라 팔, 다리, 관절 등의 동통, 사지 감각 장애를 일으킨다.

[표 17-2] 식품위생법에 의한 식품 중의 납의 규제량

식 품	규제량(mg/kg 이하)	식 품	규제량(mg/kg 이하)
어 패 류	2.0	탄산음료	0.3
통조림류	0.3	혼합음료	0.3
과채류 음료	0.3	인삼음료	0.3

(5) 수은(Hg)

수은은 극히 독성이 강한 원소이고 그 화합물도 대단히 강한 독성을 가지고 있으며, 소독제, 살균제, 농약을 널리 사용되고 있다. 중독을 자주 문제가 되는 것은 염화 제2수은과 유기 수은이다. 유기 수은 화합물은 농약으로 널리 사용되며, 농약의 사용할 때에 일어나는 중독, 식품이나 물의 오염이 문제가 되었다.

금속수은은 점막, 손상 부의 및 피부에서 용이하게 흡수되어 단백질과 결합해서 수은 albuminate를 만들고 이것이 체액에 용해되어 체내를 순환하면서 특히 신장에서 가장 많은 양이 발견되고 있다. 배설은 타액, 땀, 담즙, 위장점막, 유즙 및 소변으로 이루어진다. 특히 장점막으로의 배설이 많다. 이 때문에 장관에 심한 염증을 초래하여 작열감, 동통이 심하게 일어난다. 기타 오심, 구토, 설사, 구강내의 염증, 타액 분비 증가를 일으키고 잇몸, 혀 등을 어두운 색으로 변하며, 종창, 궤양이 발생하고 현저한 신장장애, 뇨폐색을 일으킨다.

만성중독으로는 소화기 증상, 피부증상, 신경증상 특히 불안감, 침울, 환각, 망상 등을 일으킨다. 유기수은은 무기수은보다 독성이 강하고 중추신경계 특히 뇌장해를 일으키기 쉽고 보행기립불능, 사지운동 마비, 언어장해, 난청, 시야 축소, 정신장해, 뇌병변 등으로 사망 등을 일으키는 미나마타병을 유발한다. 일본에서는 수은에 의한 어패류의 오염을 방지하기 위하여 어패류의 수은 함량을 잠정적으로 총 수은 0.4ppm 이하, 메틸수은 0.3ppm 이하로 규제하고 있다. 우리나라에서는 심해성 어패류와 참치류를 제외한 해산 어패류에 대하여 총 수은 0.5ppm 이하로 규제하고 있고 콩나물에 대해서는 수은계 살균, 살충제의 사용을 방지하기 위한 목적으로 총 수은 0.1ppm 이하로 규제하고 있다.

(6) 카드뮴(Cd)

카드뮴은 자연계에서는 아연, 동, 연과 공존하며 이들의 금속을 정련할 때의 부산물로서 얻어진다. 주로 도금 재료, 플라스틱의 안정제로 쓰이는데 산성 식품

에 의해 용출되는 급성 중독이 강한 금속으로서, 급성 중독 증상으로는 구토, 설사, 복통, 어깨, 무릎, 허리의 통증, 골격의 변형과 위축 등을 일으키고, 만성 중독으로는 이타이이타이병으로 이 병은 공장폐수에 의한 식품오염의 결과로 일어난 공해성 질환의 한 예로서 광산에서 배출된 폐수 중의 카드뮴이 장기간 체내에 흡수, 축적됨으로써 일어나는 것이다.

(7) 아연(Zn)

아연은 기구의 합금, 도금 재료로 쓰이는데 산성 식품에 의해 아연염이 된다. 가열시 산화 아연이 되고 섭취 시 위 속에서 염화아연이 되어 소화관에 강한 부식작용을 초래하고, 타액 분비 증가, 구토, 위통, 설사, 부정맥, 호흡곤란, 허탈, 혼수 등을 일으켜 사망에 이른다.

만성중독은 이른바 직업적 중독으로 놋그릇 공장에서와 같이 아연 증기에 중독 된 경우가 많다. 증상은 감기와 비슷하여, 기도 자극, 사자가 떨리는 동통, 빈맥 등을 일으킨다.

(8) 주석(Sn)

통조림관 내면에 도금 재료로 사용 하는데, 특히 통조림 주스의 경우가 용출되기 쉽다. 용출량이 200~300ppm에 달하면 중독을 일으킨다. 우리나라는 통조림 중의 주석 용출 허용량을 250ppm(산성 통조림), 200ppm(무산성 통조림) 이하로 규정하고, 일본에서는 주석의 용출 허용량을 150ppm 이하로 규제하고 있으며 주요증상으로는 구토, 설사, 복통을 일으킨다.

(9) 크롬(Cr)

섭취된 크롬은 간, 비장, 골수, 신장에 축적되고 흡입된 크롬은 폐와 머리카락에 축적된다.

크롬산 또는 중 크롬산의 중독증상으로는 구토, 설사, 복통 등의 위장 장애와 신장 장애로 요독증을 일으키고 간장 장애로 황달을 일으킨다.

(10) 은(Ag)

은도금 그릇, 은-납땜, 은박지 등으로부터 식품에 혼입될 수 있는데, 피부에 닿으면 흑색으로 착석이 된다. 가용성 금속 은염은 위장관을 자극하여 위통과 위염을 일으킨다.

3. 식품의 제조, 가공 중 혼입되는 유해물질

1) 비소(As_2O_3)

조제분유의 안정제로 첨가한 제2인산나트륨에 함유 되었던 무기 비소에 의해 발생된 중독사고로 무기 비소는 축적성 독은 아니고 세포독으로 체내에 -SH기를 갖는 많은 효소의 활성을 저해한다. 급성 중독으로는 복통, 구역질, 구토, 경련 등이고 만성인 경우는 색소 침착, 탈색, 손, 발바닥의 각화증, 호흡기 장애, 말초 순환장애, 다발성 신경염 등으로 이어져 사망에 이르게 된다.

2) Polychlorinated biphenyl(PCB)

미강유의 탈취 공정에서 열매체로 사용한 카네크롤(kanechlor-400)이 스테인리스 열 교환 파이프에 생긴 미세 구멍(pin hole)을 통해 흘러나와 미강유에 섞임으로서 발생 되었다. 중독증상으로는 눈곱과다, 손톱의 흑변, 흑색여드름 등이 있다.

4. 식품제조, 가공 및 저장 중에 형성되는 유해물질

1) N-nitrosamine 화합물

발색제로 쓰이는 아질산염은 아민류와 쉽게 반응하여 nitrosamine을 형성한다. 일반적으로 N-nitroso 화는 산성 조건에서 진행되기 쉽고 가장 적합한 pH는 3.4이다. 아민으로는 2급 아민에서 생성되는 nitrosamine이 강한 발암성을 나타낸다. 이와 같은 nitroso화는 비타민 C에 의해서 억제가 된다고 한다.

2) 산화유지

유지 식품 중에 포함된 불포화 지방산은 자동산화나 열 산화에 의해서 과산화물이나 또는 저급의 분해산물이나 중합체가 생성된다. 이들 지질의 산화생성물은 독성이 강해 식욕감퇴, 구토, 설사, 간, 신장의 비대 등을 가져온다.

3) 다환 방향족 탄화수소(PAH)

PAH는 어육이나 식육류의 가열 공정에 의해서 생성되는 물질로 이중 benzo-pyrene이 강력한 발암 물질로 알려져 있다. 이것은 단백질, 아미노산, 크레아틴, 크레아티닌 등의 가열 분해물로 동물 실험에 의해 발암성이 인정되고 있으므로 많은 연구가 필요하다.

5. 기구, 용기 및 포장 재료에 의한 유해물질

1) 유리

유리 제품은 독성은 적으나 과거에는 비소화합물을 유리의 연화점을 낮추기 위해 사용 하였으나 최근에는 미술공예품 등을 제외하고는 거의 사용 하지 않는다.

2) 도자기 법랑 제품

도자기는 무기물질을 원료로 성형한 것으로 그 자체는 별 독성이 없으나 도자기 표면에 그림, 색등을 넣기 위해 사용한 안료가 저온에서 산성 물질과 접촉 시 쉽게 용출 될 수 있다. 법랑은 금속의 표면에 유약을 얇게 구워 붙인 것으로 각종 중금속이 용출될 가능성이 크다.

3) 플라스틱 제품

플라스틱 제품이 식품의 포장이나 용기에 이용되면서 플라스틱에서 유기화합물이 식품으로 용출 되는 것이 문제가 된다. 플라스틱에는 안정제, 가소제, 윤활제, 형광제 등의 여러 용도의 첨가제를 사용 하는데 이들이 식품에 용출되어 문제를 야기하며, PVC의 가소제인 DOP는 내분비장애물질로, PE에 사용하는 항산화제 DLTP는 발암성을 유발시키는 것으로 의심을 받고 있다.

4) 종이제품

종이제품은 식품 포장용을 제외하고는 원료 펄프에 표백한 수십%의 폐지를 섞기 때문에 PCB 등의 유해 물질이 첨가 될 수 있고, 일부 업자들 중에는 종이를 희게 하기위해 발암성이 의심되는 형광염료를 사용하고, 또한 종이에 파라핀을 도포한 가공지에서 인체 내 축적성과 발암성이 있는 물질이 검출 되어 문제가 되었다.

참고문헌

1. 식품화학, 손종연, 도서출판 진로, 2013.
2. 식품화학, 김건희 외, 수학사, 2011.
3. 식품화학, 김종희 외, 도서출판 진로, 2008.
4. 식품화학, 장현기 외, 도서출판 진로, 2008.
5. 식품화학, 이형주 외, 수학사, 2014.
6. 식품화학, 조신호 외, 교문사, 2011.
7. 식품화학, 김건희 외, 수학사, 2011.
8. 기본식품화학, 채수규, 석학당, 2011.
9. 식품화학, 권중호 외, 신광출판사, 2010.
10. 식품과학사전, 한국식품과학회, 교문사, 2012.
11. 식품화학, 송태희 외, 효일, 2009.
12. 식품화학, 이숙영, 파워북, 2009.
13. 식품화학, 안명수, 신광출판사, 2006.
14. 표준식품성분표, 농촌진흥청 국립농업과학원, 교문사, 2012.
15. 식품화학, 김동훈, 탐구당, 2000.
16. 식품화학, 한명규, 신광출판사, 2010.
17. 식품화학연습, 노봉수, 신광출판사, 1996.
18. 최신식품화학, 이서래 외, 신광출판사, 1994.
19. 식품화학, 김광수 외, 학문사, 2000.
20. 식품과학, 이경애 외, 라이프사이언스, 2008.
21. 식품화학, 안승요 외, 교문사, 2010.
22. 쉬운 식품화학, 양종범 외, 유한문화사, 2011.
23. 식품학, 조신호 외, 교문사, 2008.
24. 기초가 탄탄한 식품학, 황인경 외, 수학사, 2010.
25. Food Chemistry, Belitz H.D., Springer-Verlag.
26. Basic Foods, June C. Gates, HBJ, Harcourt Brace Jovanvich Colleges Publishers.

27. Foods, Experimental perspectives, Margaret Macwilliams, Macmilan Publishing Company.

28. Understanding Food, Brown A., Wadswuorth.

29. Introductory Foods, Bennion M., Prentice Hall.

30. Principles of food chemistry, Deman, J. M., Van Nostrand Reinhold.

31. Food chemistry, Meyer L.H., Affiliated East-West Press PVT. LTD.

32. Food Chemistry, Lee Frank A., AVI.

33. Food Chemistry, Fennema. Owen R., Marcel Dekker.

INDEX

(D)

(E)

찾아보기

[저자소개]

· 정은자

현) 을지대학교 식품영양학과 교수

· 김만수

현) 을지대학교 식품영양학과 강사
유한대학교 식품영양학과 강사

· 강창수

현) 한국농수산대학교 교양공통과 교수

식품화학

2015년 4월 12일 초 판 인쇄
2016년 7월 28일 수정판 발행

저 자 : 정은자 · 김만수 · 강창수
발행인 : 임 종 철
발행처 : 도서출판 **진 로**
등록 : 제305-2003-28호
주소 : 서울특별시 동대문구 고미술로 49 (의증빌딩 3층)
TEL : 02-2215-0203
FAX : 02-2216-0208
ISBN : 978-89-86877-80-9(93570)

정가 22,000 원